魅力葡萄酒丛书

# 世界最佳

## 500款

# 葡萄酒指南

主编 王桂科 宋海增

SPM 南方出版传媒

全国优秀出版社
全国百佳图书出版单位

广东教育出版社

·广州·

## 图书在版编目（CIP）数据

世界最佳500款葡萄酒指南／王桂科，宋海增主编.
—广州：广东教育出版社，2015.10
　　（魅力葡萄酒书系）
　　ISBN 978-7-5548-0814-6

　　Ⅰ．①世…　Ⅱ．①王…　②宋…　Ⅲ．①葡萄酒—介绍—世界　Ⅳ．①TS262.6

中国版本图书馆CIP数据核字（2015）第186771号

责任编辑：陈定天　倪洁玲　田　晓　高　斯　李　鹏
特邀编辑：熊育炯　冯巧玲　赵宝霞
责任技编：杨启承
封面设计：书窗设计工作室
版式设计：友间文化
图片提供：试酒石独立葡萄酒评分机构

## 世界最佳500款葡萄酒指南
### SHIJIE ZUIJIA 500 KUAN PUTAOJIU ZHINAN

广东教育出版社出版发行
（广州市环市东路472号12-15楼）
邮政编码：510075
网址：http：//www.gjs.cn
广东新华发行集团股份有限公司经销
广东信源彩色印务有限公司印刷
（广州市番禺区南村镇南村村东兴工业园）
787毫米×1092毫米　1/32开本　18.75印张　375 000字
2015年10月第1版　2015年10月第1次印刷
ISBN 978-7-5548-0814-6
定价：118.00元
质量监督电话：020-87613102　购书咨询电话：020-87621848

## 编委会

主编：王桂科　宋海增

编委：朱卫东　李清华　董海燕

策划：试酒石独立葡萄酒评分机构

编写：试酒石独立葡萄酒评分机构

## 试酒石独立葡萄酒评分机构

本书由试酒石独立葡萄酒评分机构编著。试酒石（Wine Stone）创立于2011年，是中国首家专业葡萄酒评分机构，依靠独创的葡萄酒评分系统和最具代表性的评酒团队，通过与葡萄酒专业机构、葡萄酒生产商及葡萄酒销售商的有效沟通，致力于成为世界上最公正、最权威、最具创新性和代表性的独立葡萄酒评分机构，目前机构信息授权旺埠葡萄酒交易平台（www.1bourse.com）独家发布和推广。

## 试酒石评委团名单

| | |
|---|---|
| Jean Baptiste Adam | Franck Fourcade |
| David Oliver | Gilles Perrier |
| Bernard bouvier | Pascal duconget |
| Christophe Lauger | |

| | | | |
|---|---|---|---|
| 乔　庆 | 王惠楠 | 陈留现 | 梁棹伟 |
| 袁建平 | 卢建华 | 赵　品 | 宋海芳 |
| 李建平 | 韩孟春 | 刘　伟 | 董海燕 |
| 李艳萍 | | | |

## 特邀评委

### 宋海增　专家评委

广州裕凯酒业总经理，香港遨富海国际贸易有限公司董事长。2002年远赴法国勒芒大学深造，于2004年获得工商管理硕士学位。在法国留学期间，对葡萄酒产生了浓烈的兴趣，进而到法国各大酒庄学习。2005年回国后，创办广州裕凯酒业至今。

对于葡萄酒，宋先生一直推崇"中国审美"的原则，发起试酒石独立葡萄酒评分机构，吸纳了国内外众多葡萄酒专业人士，开创了中国人的葡萄酒评分体系。

### 朱卫东　专家评委

国家一级葡萄酒品酒师，ISG国际高级侍酒师（SDP），国际侍酒师高级讲师（TEP），广州九乐商务咨询有限公司首席顾问，广州酒类行业协会首席葡萄酒讲师、副会长，广东省品酒师侍酒师管理专业委员会副秘书长。

### 李清华　评委

国家二级美术师，多家美术研究院画家，国际文化交流中心理事、会长，长期致力于花鸟画的研究与创作。在国际交往和长期美术创作过程中，以茶论道、以酒会友，形成了独特审美视觉和高超的葡萄酒审美能力。

### 董海燕　评委

常州市拉菲红商贸有限公司董事长，常州市浙江商会理事，从事葡萄酒行业长达10年，积累了丰富的葡萄酒挑选、品鉴经验。

# 这一次，你将创造中国

THIS TIME, YOU WILL CREATE CHINA

# 序　　言

Je connais Pierre (son prénom français) depuis bientôt 10 ans. Très vite nous sommes devenus familiers, il est devenu 海增 et maintenant que nous nous sommes retouvés à Pékin, il est devenu mon弟 (petit frère).

Pierre possède des qualités rares. Il est d'abord fidèle en amitié et on peut avoir absolument confiance en lui. Il a le sens de la parole donnée. C'est aussi un homme bon et bien éduqué, et je dirais même raffiné. Pierre parle un excellent français et est très cultivé surtout au sujet des plaisirs de la table et du vin français.

Il sait distinguer les goûts, les parfums, les caractères des plus grands vins français comme aucun autre. Quelle est la meilleure température, le verre adéquat, le meilleur crû, l'année....c'est une vraie encyclopédie, il sait tout au sujet du vin qui, pour un Français ou un Européen, est le véritable critère pour distinguer le degré d'éducation et de culture d'une personne.

Le vin c'est comme le parfum pour les femmes, c'est un objet de luxe et de parfait raffinement. C'est pour toutes ces qualités que Pierre est devenu mon ami et je dirais même l'ami de la France, tant il a fait pour enrichir les relations entre nos deux pays. Merci Pierre!

Jean-Raphaël Peytregnet

Ambassade de France en Chine

Consul général – Premier conseiller

我认识宋海增先生有10年了。不久我们就熟悉了，之后我就称他为海增。如今我们又在北京重逢，他已经成为我的兄弟了。

　　海增拥有少有的优异素质。他是一个充满自信并且很友善的人，他待人真诚，言为心声，绝对值得信赖。他具有完善的品格，受过高等的教育，温文儒雅。海增的法语极好，学识渊博，尤其在饮食文化和法国葡萄酒文化方面深有研究。

　　他对法国葡萄酒佳酿的味道、香味、特点的辨别鉴赏能力甚于任何人。何为葡萄酒最佳温度、酒杯搭配、何为最好的成熟度、年份……这些学问构成了一本百科全书，他知道关于葡萄酒的一切，而这些对于法国人或欧洲人来说是真正用来衡量一个人的受教育程度和文化水平的标准。

　　葡萄酒好比女人的香水，是奢华和极致的艺术品。正因他们所有这些品质，海增跟我成了好朋友，应该说是法国的好朋友，他所做的贡献增进了中法两国之间的关系。在此感谢宋海增先生！

Jean–Raphaël Peytregnet　　/ 章泰年

Ambassade de France en Chine　　/ 法国驻华大使馆

Consul general–Premier conseiller　　/ 领事处总领事兼一等参赞

# 前　　言

## 试酒石的葡萄酒评分

品酒，是一种审美活动，葡萄酒评分是通过口腔来实现的一种审美方式。

对于葡萄酒，几乎每一个人都有自己喜欢的口感、香味，因此，他喜好的就会被认为是好酒。这种以个人喜好来评价葡萄酒的方式，实际上只是达到葡萄酒审美认知的第一层境界。当大多数个人的喜好都表现出某种类似特征时，就形成了具有特定社会特征和审美习惯的评判标准，也就是葡萄酒评分系统。

## 01　现代葡萄酒评分体系

目前，国际专业的葡萄酒圈中，被认为有世界影响力的评分系统有4个，统称为"3W1D"：

《葡萄酒倡导家》，Wine Advocate，简称WA；

《葡萄酒观察家》，Wine Spectator，简称WS；

《葡萄酒爱好者》，Wine Enthusiast，简称WE；

《品醇客》，Decanter，简称DE。

前三者是美国的知名葡萄酒杂志或网站，均采取百分制为标准，最高为100分；最后一个为英国的知名葡萄酒网站，采取星级为标准，最高为五颗星。这4个体系是目前国际上比较流行的葡萄酒评分体系，是欧美葡萄酒市场发展的结果。

## 02　葡萄酒评分产生的背景

在中世纪，随着教会精英阶层的大力推广，葡萄酒得到了快速的发展。但受限于当时的酿制技术，葡萄还未完全成熟时便开始采摘酿酒，酿造的葡萄酒味道单一且苦涩。直到19世纪，随着酿酒技术和航海术的发展，葡萄酒的味道也逐渐变得丰富起来。为了让消费者更容易找到自己喜欢的酒款，一些欧洲的酒商开始探索一套评判标准。

20世纪80年代后，现代酿酒技术被运用到葡萄酒上。因酿酒师、酿造技术、酿酒过程的差异，造成了葡萄酒风格呈现出多样化的特征。这不但丰富了葡萄酒的风味，也使得消费者的口味逐渐趋向多样化，为了方便消费者找到适合自己口感的产品，西方人最先发明了"3W1D"葡萄酒评分体系。

　　这4个体系反映的都是专家对葡萄酒的不同看法，评委团大多由西方人士组成，他们的生长环境、饮食习惯、口感偏好都与中国人截然不同，并不能代表中国人的味蕾感受。无论是从中国整体的消费实力，还是从中国独特的口感习惯来看，中国人都需要一个以中国葡萄酒饮用者为主导的，具有权威性的评分系统。在这种背景下，试酒石独立葡萄酒评分机构（简称试酒石）成立了。

## 03　葡萄酒评分的意义

　　建立中国人自己的葡萄酒评分体系，具有十分重要的意义。国外评分体系常用果味来表达审美，中国人对事物的认识却是整体的。我们对葡萄酒的品鉴不会永远只停留在欣赏果味的层面上，葡萄酒品鉴将成为中国传统文化和社会知识的再体现。

　　作为中国首家专业葡萄酒评分机构，试酒石汇集了一支由地地道道的中国人组成的评酒团队。他们是各自领域的精英，也是当今中国最有话语权的人群。他们热爱葡萄酒，经常饮用葡萄酒，热衷于挖掘高性价比的葡萄酒，执迷于找到高品质葡萄酒的惊喜——对于优质葡萄酒，他们有着毋庸置疑的专业鉴赏能力和评判能力。

　　目前国内的葡萄酒评分系统针对的只是已在国内流通的葡萄酒，而试酒石的评酒团队除了对国内流通的葡萄酒进行评判之外，还会亲赴原产地，对"流落在外"的优质葡萄酒进行评判，为广大葡萄酒爱好者带回第一手信息。

## 04　葡萄酒评分的理论基础

　　要正确认识试酒石评分体系与"3W1D"评分体系的不同之处，可从西方油画和中国山水画的区别讲起。两者都要求画面有气场，各个细节的布局整体协调，但西方油画更倾向于描述，讲究强烈色彩的运用；中国山水画则注重于意境的表达，注重传达画家对理想生活的理解。这种意识形态上的差异，与生产和生活条件密切相关，表现在葡萄酒评判上也是不同的。

试酒石葡萄酒评分体系的理论基础，可归纳为三种方法和八重境界。

## 05　三种审美方法

三种方法即是"高远、深远、平远"，由中国山水画绘画技法而来，北宋郭思纂集的《林泉高致》载其父郭熙之说："山有三远：自山下而仰山巅，谓之'高远'；自山前而窥山后，谓之'深远'；自近山而望远山，谓之'平远'。"这三种认识高度，与葡萄酒的审美方法是相同的。

第一种方法"高远"，可解释为对葡萄酒认知的高度。简单来说，就是停留在物质感官享受的层面，还是已经提升精神生活的层面。葡萄酒中酸、涩等各种味道，与中国人遇到不同人生境遇的心境有着异曲同工之妙，关键是我们怎么来看待这种味道，认识的高度在哪里。

第二种方法"深远"，即是对葡萄酒认知的深度。在现在的评分系统中，可以从质感和力感两个方面来分析，也就是葡萄酒的细腻度、集中度、浓郁度、收敛性、扩张性。这些只是一种分析方法，对葡萄酒审美的深度分析，应该是从这些因素中，了解并赏析出酿酒师所传递出的生活理念——这恰恰是国外评分系统中所没有的。

第三种方法"平远"，可引申为对葡萄酒认识的广度。俗话说"一方水土养一方人"，葡萄酒也是一样。对于同一种葡萄品种，不同产区、不同酿造方法、不同搭配比例都会对葡萄酒风格、口味产生深远影响。这些明显的特征是与当地的风土气候和审美习惯密切相关的，了解这些特征，对引进符合中国人消费习惯的葡萄酒尤为重要。

## 06　八重审美境界

这三种方法中国人用了上千年，很多人都了解，但是运用到葡萄酒上却只是近几年的事。葡萄酒的审美，是要讲究境界的，不同的人运用这三种方法就会得出不同结论，体现出不同的审美境界。近代儒学大师梁漱溟先生的哲学思想，在葡萄酒审美上，同样具有指导作用。

**第一层境界：形成主见。**

凡是品酒的人，都会有自己的意见，这款酒喜不喜欢，都有自己的看法，所以形成主见是很容易的事，要学会有主见地喝酒。

**第二层境界：发现不能解释的事情。**

你越是爱喝，越能发现有许多你不能解释的事，比如说这款酒搭配什么菜比较合适？为什么同是一种葡萄酿造的酒，风格会差异那么大？为什么同是一款酒，有人喜欢有人不喜欢？

**第三层境界：融会贯通。**

这个时候，你就需要听了，喜欢的人会说出他的理由，不喜欢的人也会说出他的原因，这些说法、理论无论你认不认同，都应该注意，逐渐消化并引入自己的知识体系。只要有自己的主见，并吸收他人的学识，你对葡萄酒的认知便会更深入。

**第四层境界：知不足。**

无论哪一种主见，都有它合理的地方，背后都有一整套的审美方式和理论在支撑它。比如说，有人认为果香浓郁的就是好酒，而有人认为口感甜美的酒就是好酒，这两种认知都有合理性，你都应该学习掌握。

**第五层境界：以简御繁。**

你越是掌握不同的主见，你对葡萄酒的认识，就会越全面、越清晰，对消费者提出的各种问题，都能了解到原因并给出合理建议。当你面对不同的消费者时，你说的话别人才能听得懂。

**第六层境界：运用自如。**

在日常的葡萄酒品鉴中，各种注意事项、各个环节、各种问题你都能掌握了解，各种词句信手拈来，别人就会问不倒你。

**第七层境界：一览众山小。**

要做到这一步并不容易，作为葡萄酒的初学者，往往会局限于果味的追求。当我们了解中国文化的审美精髓之后，才能很容易地评价出这款酒好在哪里，好到什么程度。

**第八层境界：通透。**

以上这些就是一个葡萄酒专家都能够做到的，但是要做到葡萄酒大师的程度，除了思精理熟之外，还必须结合所处时代的发展需要，力求符合市场、消费者消费的发展需求，这样心里就不可能不通透，讲出的每一句话才会晶亮透彻。

当然要做到通透，绝非一件易事，这是审美的境界问题，要做到以简御繁、运用自如却是很多人都可以做到的事情。但是无论你处于何种境界，你的口味必然代表着和你一样的人的口味，所以人人都可以是品酒师。

# 使用指南

## 葡萄品种及译名

由于目前国内未有统一的葡萄品种中文译名，本书采用国内常见译名。常见葡萄品种如下，少见葡萄品种则在书中注明原名。

| 红葡萄品种 | | 白葡萄品种 | |
|---|---|---|---|
| 英文 | 中文 | 英文 | 中文 |
| Cabernet Franc | 品丽珠 | Altesse | 阿尔地斯 |
| Cabernet Sauvignon | 赤霞珠 | Chardonnay | 霞多丽 |
| Carignan | 佳丽酿 | Chenin Blanc | 白诗南 |
| Gamay | 佳美 | Gewürztraminer | 琼瑶浆 |
| Grenache | 歌海娜 | Muscadelle | 蜜斯卡黛 |
| Jacquere | 贾给尔 | Pinot Blanc | 白皮诺 |
| Malbec | 马尔贝克 | Pinot Gris | 灰皮诺 |
| Merlot | 梅洛 | Pinot Meunier | 比诺曼尼耶 |
| Mondeuse | 蒙德斯 | Riesling | 雷司令 |
| Nebbiolo | 内比奥罗 | Sauvignon Blanc | 长相思 |
| Petit Verdot | 小华帝 | Savagnin | 萨瓦涅 |
| Pinot Noir | 黑皮诺 | Semilion | 赛美蓉 |
| Sangiovese | 桑娇维塞 | Viognier | 维奥尼尔 |
| Syraz/Shiraz | 西拉 | | |
| Tempranillo | 添帕尼洛 | | |

# 年份表格使用说明图

通过本表格可查询到2001至2012年12个年份酒款的参考价格（元）、分数、最佳饮用时间、侍酒温度（℃）、醒酒时间（分钟）等信息。

## 年份

本书可查询到2001至2012年12个年份的大部分酒款。某些葡萄酒适合陈年饮用，故生产年份较早；而某些葡萄酒由于某些年份不产酒，因此无资料。

## 分数

本书提供的参考分数综合了世界各大葡萄酒交易网站和酒评家分数而生成。

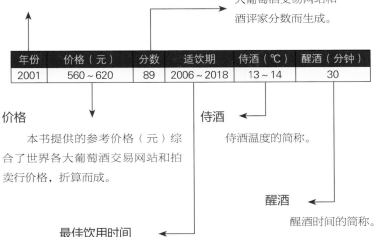

| 年份 | 价格（元） | 分数 | 适饮期 | 侍酒（℃） | 醒酒（分钟） |
|------|-----------|------|--------|-----------|-------------|
| 2001 | 560～620 | 89 | 2006～2018 | 13～14 | 30 |

## 价格

本书提供的参考价格（元）综合了世界各大葡萄酒交易网站和拍卖行价格，折算而成。

## 侍酒

侍酒温度的简称。

## 醒酒

醒酒时间的简称。

## 最佳饮用时间

本书根据葡萄酒的陈年天赋、发展潜力等因素为使用者提供最佳饮用时间参考。因某些葡萄酒陈年时间较长，无法确定其最佳适饮期，故用"*"表示。

## 试酒石独立葡萄酒评分机构评分表

| 评酒日期 | | 评酒时间 | |
| --- | --- | --- | --- |
| 样酒类别 | | 样酒编号 | |
| 葡萄酒名称 | | 葡萄酒年份 | |

| | | | | 客观部分 |
| --- | --- | --- | --- | --- |
| | 基础分项 | 评委评分 | 负分项 | 评委评分 |
| 外观<br>（10分） | 无浑浊感<br>（5分） | | 有浑浊感 | |
| 香气<br>（20分） | 无刺鼻感<br>（10分） | | 有刺鼻感 | |
| 口感<br>（40分） | 有平衡感<br>（20分） | | 无平衡感 | |
| 余味<br>（5分） | 有余味<br>（2.5分） | | 无余味 | |
| 回味<br>（5分） | 有回味<br>（2.5分） | | 无回味 | |
| 开瓶后的变化（10分） | 有变化<br>（5分） | | 无变化 | |
| 陈年潜力<br>（10分） | 可陈年5~8年（5分） | | 无潜力 | |
| 总计<br>（100分） | | | | |

| | | | | 主观部分 | | |
|---|---|---|---|---|---|---|
| | | 评酒场合 | | | | |
| | | 评审团编号 | | | | |
| | | | | | | |
| 加分项 | | | 评委评分 | 个人喜好 | 评委评分 | 评语 |
| 光泽（2分） | | | | （1分） | | |
| 挂杯（2分） | | | | | | |
| 典型性（3分） | | | | （1分） | | |
| 协调性（3分） | | | | | | |
| 复杂性（3分） | | | | | | |
| 质感（8分） | 基础分项 | 是否有质感（2分） | | （4分） | | |
| | 加分项 | 细腻度（2分） | | | | |
| | | 集中度（2分） | | | | |
| | | 浓郁度（2分） | | | | |
| 力感（8分） | 基础分项 | 是否有力感（2分） | | | | |
| | 加分项 | 收敛性（2分） | | | | |
| | | 扩张性（2分） | | | | |
| | | 作用点是否集中（2分） | | | | |
| 时间长短（1分） | | | | （0.5分） | | |
| 是否有变化（1分） | | | | | | |
| 时间长短（1分） | | | | （0.5分） | | |
| 是否有变化（1分） | | | | | | |
| 峰值出现时间早晚（1分） | | | | （1分） | | |
| 峰值出现时间长短（1分） | | | | | | |
| 可陈年5～8年（2分） | | | | | | |
| 可陈年15～20年（3分） | | | | | | |
| 可陈年20年以上（5分） | | | | | | |

签名：

# 目 录

## 03　勃艮第产区　212
WINE REGIONS OF BOURGOGNE

### 夏布利
chablis

### 夜丘
cote de nuits

## 宝望丘
Cote de Beaune

# 04 香槟产区 311
## WINE REGIONS OF CHAMPAGNE

## 05　汝拉产区　329
### WINE REGIONS OF JURA

## 06　朗格多克－露喜龙产区　337
### WINE REGIONS OF LANGUEDOC–ROUSSILLON

## 07　卢瓦河谷产区　352
### WINE REGIONS OF LOIRE

## 08　罗纳河谷产区　361
### WINE REGIONS OF RHONE

## 09　西南产区　389
### WINE REGIONS OF SUDOUEST

## 10　萨瓦产区　396
### WINE REGIONS OF SAVOIE

## 甜美国度
## 奥地利　471

## 严谨的国度
## 德　国　459

## 遍洒阳光的圣土
## 澳大利亚　479

# 牛仔的柔情
# 美 国　505

# 来了之后就不想再走
# 的地方
# 新西兰　519

## 新旧世界交相辉映的产区
## 智 利 533

## 附 录 543

你好，法国

# 法国葡萄酒产区
# Wine Regions of France

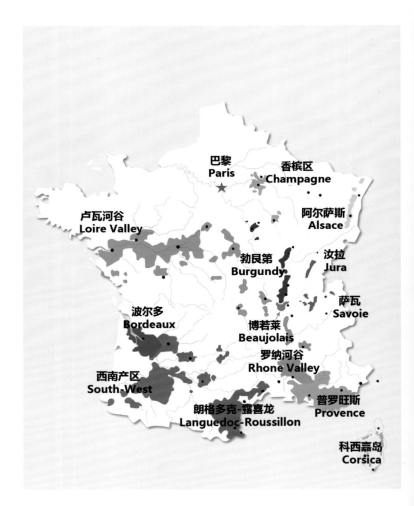

巴黎
Paris

香槟区
Champagne

卢瓦河谷
Loire Valley

阿尔萨斯
Alsace

勃艮第
Burgundy

汝拉
Jura

萨瓦
Savoie

波尔多
Bordeaux

博若莱
Beaujolais

罗纳河谷
Rhone Valley

西南产区
South West

普罗旺斯
Provence

朗格多克-露喜龙
Languedoc-Roussillon

科西嘉岛
Corsica

# 法国葡萄酒概况

## 地理位置

　　法国位于欧洲西部，其本土大致呈六边形，三面临水：南临地中海，西濒大西洋，西北隔英吉利海峡与英国相望。地势东南高西北低。平原占总面积的2/3。

## 风格特点

　　法国是世界葡萄酒爱好者的朝圣之地，它的美誉来源于它生产着世界上最优秀的葡萄酒。法国葡萄酒至今已有2000多年的历史，无论是气候条件、地理位置、土壤组成、酿酒技术与葡萄酒管理制度，法国都是当之无愧的世界第一。无可否认，世界最名贵的葡萄酒都汇聚在法国。

## 主要产区

　　波尔多（Bordeaux）、勃艮第（Burgundy）、香槟区（Champagne）、罗纳河谷（Rhone Valley）、卢瓦河谷（Loire Valley）、阿尔萨斯（Alsace）、普罗旺斯 - 科西嘉岛（Provence - Corsica）、朗格多克 - 露喜龙（Languedoc - Roussillon）和汝拉（Jura）、萨瓦（Savoie）。

## 葡萄品种

　　赤霞珠（Cabernet Sauvignon）、梅洛（Merlot）、品丽珠（Cabernet Franc）、小华帝（Petit Verdot）、长相思（Sauvignon Blanc）、赛美蓉（Semillon）、蜜斯卡黛（Muscadelle）。

## 分级制度（由低到高）

　　日常餐酒 （VDF）Vin de France；

　　地区餐酒 （IGP）Indication Geographique Protegee；

　　法定地区酒 （AOP）Appellation d'Origine Protegee。

01

# 阿尔萨斯产区
WINE REGIONS OF ALSACE

# 阿尔萨斯葡萄酒产区
# Wine Regions of Alsace

阿尔萨斯
Alsace

# 产区特征

## 地理位置

  阿尔萨斯坐落在法国的东北，靠近德国，葡萄园大多位于莱茵河西岸，且在历史上曾属德国。

## 主要产区

  阿尔萨斯产区和法国其他产区的最大区别是，这里不像法国其他产区多以地区命名，而是以酿酒葡萄的品种命名。

## 葡萄品种

  阿尔萨斯的葡萄酒多以单一葡萄酿制，并在酒标明示葡萄品种的名字，有七大主要品种：雷司令（Riesling）、灰皮诺（Pinot Gris）、蜜斯卡黛（Muscadelle）、琼瑶浆（Gewürztraminer）、西万尼（Sylvanier）、白皮诺（Pinot Blanc）和黑皮诺（Pinot Noir）。

## 分级制度

  阿尔萨斯法定产区葡萄酒（AOC Alsace）；

  阿尔萨斯法定产区起泡酒（Cremant d'Alsace）；

  阿尔萨斯特级酒庄葡萄酒（Alsace Grand cru）。

## Domaine Weinbach–Riesling Schlossberg
# 云赫庄园－特级雷司令（甜白）

所属产区：法国阿尔萨斯

所属等级：阿尔萨斯特级酒园

葡萄品种：雷司令

土壤特征：花岗岩

每年产量：60 000瓶

配餐建议：鹅肝、芝士、蔬菜或鸡肉菜肴

### 相关介绍

　　云赫庄园早在1612年由修道士建立，1898年由Faller家族买下，出产阿尔萨斯地区顶级的甜白葡萄酒之一。早自1998年起，部分葡萄园就以生物动力法来种植。此酒香气浓郁，口感甜而不腻，余韵带甘。

### 云赫庄园－特级雷司令（甜白）　年份表格

| 年份 | 价格（元） | 分数 | 适饮期 | 侍酒（℃） | 醒酒（分钟） |
|------|-----------|------|--------|-----------|-------------|
| 2001 | 375～430 | 91 | 2003～2013 | 9～11 | 10～15 |
| 2002 | 410～475 | 90 | 2004～2014 | 9～11 | 10～15 |
| 2003 | 375～430 | 87 | 2005～2015 | 10～12 | 10～15 |
| 2004 | 340～375 | 89 | 2005～2015 | 10～12 | 10～15 |
| 2005 | 410～450 | 89 | 2006～2016 | 8～10 | 15～20 |
| 2006 | 395～435 | 87 | 2007～2018 | 8～10 | 15～20 |
| 2007 | 410～450 | 86 | 2009～2020 | 8～10 | 15～20 |
| 2008 | 375～415 | 89 | 2010～2020 | 8～10 | 15～20 |
| 2009 | 356～410 | 90 | 2011～2021 | 7～9 | 15～20 |
| 2010 | 356～410 | 90 | 2014～2024 | 7～9 | 20～25 |
| 2011 | 410～475 | 91 | 2014～2025 | 7～9 | 20～25 |
| 2012 | 340～375 | 88 | 2013～2023 | 7～9 | 20～25 |

## Domaine Zind Humbrecht-Pinot Gris Clos Saint Urbain Rangen
# 辛酒庄－圣乌班园灰皮诺

所属产区：法国阿尔萨斯

所属等级：阿尔萨斯特级酒园

葡萄品种：灰皮诺

土壤特征：火山岩、花岗岩

每年产量：40 000瓶

配餐建议：辣味菜肴、甜点

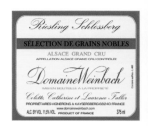

### 相关介绍

　　庄主兼首席酿酒师Olivier Humbrecht是第一个考上葡萄酒大师（Master of Wine）的法国人，他也是生物动力法协会（Byodivin）会长以及阿尔萨斯特级酒园协会的主席。此酒色泽金黄晶亮，初闻有烟熏及打火石气味，甜美深厚而不张扬；入口有雪茄及菌类气味，尾韵有香瓜及蜂蜜气息，余韵悠长。

辛酒庄－圣乌班园灰皮诺　年份表格

| 年份 | 价格（元） | 分数 | 适饮期 | 侍酒（℃） | 醒酒（分钟） |
|------|-----------|------|--------|----------|-------------|
| 2001 | 525～605 | 91 | 2005～2020 | 10～12 | 10～15 |
| 2002 | 580～670 | 92 | 2006～2022 | 10～12 | 10～15 |
| 2003 | 410～450 | 88 | 2007～2025 | 11～12 | 10～15 |
| 2004 | 375～410 | 89 | 2008～2028 | 11～12 | 10～15 |
| 2005 | 695～800 | 94 | 2009～2029 | 8～10 | 15～20 |
| 2006 | 635～700 | 86 | 2010～2030 | 9～10 | 15～20 |
| 2007 | 615～710 | 92 | 2012～2032 | 8～10 | 15～20 |
| 2008 | 430～500 | 93 | 2012～2032 | 8～10 | 15～20 |
| 2009 | 470～540 | 94 | 2013～2033 | 7～9 | 15～20 |
| 2010 | 655～755 | 93 | 2014～2034 | 7～9 | 20～25 |
| 2011 | 770～925 | 95 | 2015～2035 | 7～9 | 25～30 |
| 2012 | 555～640 | 93 | 2015～2035 | 7～9 | 20～25 |

## Domaine Zind Humbrecht–Riesling Clos Saint Urbain Rangen
# 辛酒庄－圣乌班园雷司令

所属产区：法国阿尔萨斯

所属等级：阿尔萨斯特级酒园

葡萄品种：雷司令

土壤特征：火山岩、花岗岩

每年产量：40 000瓶

配餐建议：海鲜、辣味菜肴

相关介绍

  圣乌班园（Clos Saint Urbain）为该庄的独占园，可嗅出橙橘与苹果泥的香甜气息，入口矿物与打火石气息明显。口感浑厚扎实，整体强劲而深邃，尾韵有核桃及烟熏余韵。

辛酒庄－圣乌班园雷司令　年份表格

| 年份 | 价格（元） | 分数 | 适饮期 | 侍酒（℃） | 醒酒（分钟） |
|---|---|---|---|---|---|
| 2001 | 675～810 | 95 | 2004～2010 | 10～12 | 15～20 |
| 2002 | 560～645 | 92 | 2006～2010 | 10～12 | 10～15 |
| 2003 | 300～345 | 90 | 2007～2012 | 10～12 | 10～15 |
| 2004 | 410～475 | 90 | 2008～2012 | 10～12 | 10～15 |
| 2005 | 655～755 | 93 | 2009～2016 | 8～10 | 15～20 |
| 2006 | 600～690 | 92 | 2010～2016 | 8～10 | 15～20 |
| 2007 | 620～680 | 89 | 2012～2018 | 8～10 | 15～20 |
| 2008 | 730～840 | 93 | 2012～2018 | 8～10 | 15～20 |
| 2009 | 620～710 | 93 | 2013～2022 | 7～9 | 15～20 |
| 2010 | 675～775 | 92 | 2014～2025 | 7～9 | 20～25 |
| 2011 | 710～855 | 95 | 2015～2028 | 7～9 | 25～30 |
| 2012 | 775～930 | 95 | 2015～2028 | 7～9 | 25～30 |

## Jean–Baptiste Adam–Crement
# 亚丹酒庄－气泡酒

所属产区：法国阿尔萨斯

所属等级：阿尔萨斯气泡酒AOC

葡萄品种：黑皮诺、白皮诺

土壤特征：泥灰质灰岩、花岗岩

每年产量：400 000瓶

配餐建议：甜点、海鲜、辣味菜肴

### 相关介绍

　　亚丹酒庄是阿尔萨斯历史最悠久的酒庄之一，成立于1614年，目前已传至亚丹家族的第14代传人。此酒在木桶发酵6～8个月，采用香槟区传统酿造方法酿造，酒色金黄，气泡持久，葡萄和成熟水果的香气令人印象深刻。

### 亚丹酒庄－气泡酒　年份表格

| 年份 | 价格（元） | 分数 | 适饮期 | 侍酒（℃） | 醒酒（分钟） |
|------|-----------|------|--------|-----------|-------------|
| 2001 | 560～645 | 85 | 2003～2010 | 10～12 | 10～15 |
| 2002 | 685～790 | 88 | 2004～2012 | 10～12 | 10～15 |
| 2003 | 730～840 | 85 | 2004～2011 | 10～12 | 10～15 |
| 2004 | 760～875 | 86 | 2005～2012 | 10～12 | 10～15 |
| 2005 | 690～795 | 89 | 2006～2014 | 8～10 | 15～20 |
| 2006 | 600～690 | 88 | 2007～2015 | 8～10 | 15～20 |
| 2007 | 740～855 | 89 | 2008～2015 | 8～10 | 15～20 |
| 2008 | 745～860 | 90 | 2009～2015 | 8～10 | 20～25 |
| 2009 | 800～920 | 88 | 2010～2018 | 7～9 | 15～20 |
| 2010 | 790～910 | 88 | 2011～2018 | 7～9 | 20～25 |
| 2011 | 680～780 | 87 | 2013～2019 | 7～9 | 20～25 |
| 2012 | 705～810 | 88 | 2014～2020 | 7～9 | 20～25 |

## Jean–Baptiste Adam–Gewürztraminer
# 亚丹酒庄－琼瑶浆

所属产区：法国阿尔萨斯

所属等级：阿尔萨斯AOC

葡萄品种：琼瑶浆

土壤特征：泥灰质灰岩、花岗岩

每年产量：400 000瓶

配餐建议：甜点、海鲜、辣味菜肴

### 相关介绍

　　此酒在100年的老木桶里进行发酵，带有迷人的蜂蜜、荔枝、香梨芳香，口感清爽，韵味十足，与辣味菜肴搭配一流。

### 亚丹酒庄－琼瑶浆　年份表格

| 年份 | 价格（元） | 分数 | 适饮期 | 侍酒（℃） | 醒酒（分钟） |
|---|---|---|---|---|---|
| 2001 | 675～740 | 88 | 2003～2010 | 10～12 | 10～15 |
| 2002 | 680～750 | 89 | 2004～2012 | 10～12 | 10～15 |
| 2003 | 745～820 | 85 | 2004～2011 | 10～12 | 10～15 |
| 2004 | 760～840 | 86 | 2005～2012 | 10～12 | 10～15 |
| 2005 | 695～765 | 89 | 2006～2014 | 8～10 | 15～20 |
| 2006 | 480～530 | 82 | 2007～2015 | 8～10 | 15～20 |
| 2007 | 580～640 | 85 | 2008～2015 | 8～10 | 15～20 |
| 2008 | 480～765 | 83 | 2009～2015 | 8～10 | 15～20 |
| 2009 | 470～520 | 84 | 2010～2018 | 7～9 | 15～20 |
| 2010 | 680～750 | 89 | 2011～2018 | 7～9 | 20～25 |
| 2011 | 800～880 | 85 | 2012～2020 | 7～9 | 20～25 |
| 2012 | 615～680 | 84 | 2013～2020 | 7～9 | 20～25 |

## Louis Hauller–Gewürztraminer
# 路易斯郝勒酒庄 – 琼瑶浆

所属产区：法国阿尔萨斯

所属等级：阿尔萨斯AOC

葡萄品种：琼瑶浆

土壤特征：花岗岩

每年产量：60 000瓶

配餐建议：鹅肝、芝士、蔬菜或鸡肉菜肴

### 相关介绍

　　酒庄位于阿尔萨斯的中心地带。庄主家族原是当地著名的橡木桶生产商，后遵循阿尔萨斯地区的传统转为生产葡萄酒。此酒是该酒庄的旗舰产品，带有迷人的花香和蜂蜜香气，口感清雅宜人。

### 路易斯郝勒酒庄－琼瑶浆　年份表格

| 年份 | 价格（元） | 分数 | 适饮期 | 侍酒（℃） | 醒酒（分钟） |
|------|-----------|------|--------|-----------|-------------|
| 2001 | 520 ~ 570 | 85 | 2003 ~ 2010 | 10 ~ 12 | 10 ~ 15 |
| 2002 | 510 ~ 560 | 85 | 2004 ~ 2012 | 10 ~ 12 | 10 ~ 15 |
| 2003 | 500 ~ 550 | 84 | 2004 ~ 2011 | 10 ~ 12 | 10 ~ 15 |
| 2004 | 500 ~ 550 | 84 | 2005 ~ 2012 | 10 ~ 12 | 10 ~ 15 |
| 2005 | 510 ~ 560 | 83 | 2006 ~ 2014 | 8 ~ 10 | 15 ~ 20 |
| 2006 | 480 ~ 530 | 83 | 2007 ~ 2015 | 8 ~ 10 | 15 ~ 20 |
| 2007 | 510 ~ 560 | 85 | 2008 ~ 2015 | 8 ~ 10 | 15 ~ 20 |
| 2008 | 575 ~ 630 | 86 | 2009 ~ 2015 | 8 ~ 10 | 15 ~ 20 |
| 2009 | 470 ~ 520 | 83 | 2010 ~ 2018 | 7 ~ 9 | 15 ~ 20 |
| 2010 | 500 ~ 550 | 85 | 2011 ~ 2018 | 7 ~ 9 | 20 ~ 25 |
| 2011 | 390 ~ 430 | 83 | 2013 ~ 2019 | 7 ~ 9 | 20 ~ 25 |
| 2012 | 420 ~ 460 | 86 | 2014 ~ 2020 | 7 ~ 9 | 20 ~ 25 |

# 02

波 尔 多 产 区
WINE REGIONS OF BORDEAUX

# 波尔多葡萄酒产区
# Wine Regions of Bordeaux

波尔多
Bordeaux

圣达使堤芬
St. Estephe

波尔多谷
Cotes de Bordeaux

波亚克
Pauillac

穆利斯
Moulis

玛歌
Margaux

弗龙萨克
Fronsac

圣达美隆
Saint-Emilion

上梅多克
Haut-Medoc

贝萨克里奥良
Pessac-Leognan

两海之间
Entre-Deux-Mers

格拉芙
Graves

# 产区特征

## 地理位置

位于法国西南部，纬度45°的波尔多是全世界最重要的葡萄酒产区，且名酒荟萃。

## 主要产区

全区由吉隆河（Gironde）分为左右两岸：左岸包括梅多克（Medoc）、格拉芙（Graves）苏玳和巴萨克（Sauternes & Barsac）。其中，梅多克的波亚克（Pauillac）、玛歌（Margaux）、圣达使堤芬（St. Estephe）、圣朱利安（St. Julien）和上梅多克（Haut－Medoc）是众多顶级葡萄酒的诞生地。格拉芙的好酒则集中在贝萨克（Pessac）和里奥良（Leognan）两个名村，苏玳和巴萨克则是全球最著名的贵腐甜酒产地。右岸的著名产区有圣达美隆（Saint Emilion）、玻美侯（Pomerol）和波尔多谷（Cotes de Bordeaux）。

## 葡萄品种

梅洛（Merlot）、赤霞珠（Cabernet Sauvignon）、品丽珠（Cabernet Franc）、赛美蓉（Semillon）、长相思（Sauvignon Blanc）。

## 分级制度

波尔多葡萄酒分级分为两个体系：地区的分级体系和酒庄分级体系。地区的分级有大区级、地区级、村庄级；酒庄分级有1855年梅多克酒庄分级制度、1855年苏玳和巴萨克分级制度、圣达美隆分级制度、梅多克中级庄分级制度。

## Chateau Calon Segur
# 凯隆世家

所属产区：法国波尔多梅多克区圣达使堤芬村

所属等级：1855年梅多克评级列级酒庄第三级

葡萄品种：赤霞珠、梅洛、品丽珠

土壤特征：石灰质、黏土、砂质

每年产量：200 000瓶

配餐建议：嫩牛肉、煎羊排、红烧鲍鱼、硬
　　　　　奶酪

相关介绍

　　凯隆世家位于圣达使堤芬村的北部，它的悠久历史要追溯到法国罗马时期，当时这里就是一处身世显赫的贵族庄园。17世纪末，凯隆世家归属于Vines王子Nocolas de Segur，他同时还拥有拉菲和拉图两大庄园。他当时有句名言："我在拉菲和拉图庄园酿制葡萄酒，可是我的心却给了凯隆世家。"于是就有了凯隆心型酒标。在很多浪漫爱情影片中，也都采用凯隆的酒做重要的引子，所以它也被称为"爱之酒"。凯隆葡萄酒强劲、高单宁、结构紧密、慢熟、酒质稳定。

### 凯隆世家　年份表格

| 年份 | 价格（元） | 分数 | 适饮期 | 侍酒（℃） | 醒酒（分钟） |
|------|-----------|------|---------|-----------|-------------|
| 2001 | 866～953 | 86 | 2006～2021 | 14～15 | 30 |
| 2002 | 846～931 | 87 | 2007～2021 | 14～15 | 35 |
| 2003 | 998～1148 | 89 | 2008～2023 | 14～15 | 40 |
| 2004 | 734～881 | 89 | 2009～2024 | 14～15 | 45 |
| 2005 | 1036～1243 | 91 | 2011～2026 | 16～17 | 55 |
| 2006 | 772～888 | 89 | 2011～2026 | 15～17 | 55 |
| 2007 | 752～827 | 87 | 2012～2027 | 15～17 | 60 |
| 2008 | 678～814 | 91 | 2014～2029 | 16～17 | 70 |
| 2009 | 1112～1334 | 91 | 2015～2030 | 16～18 | 75 |
| 2010 | 1110～1332 | 94 | 2016～2031 | 17～18 | 80 |
| 2011 | 790～948 | 92 | 2017～2032 | 17～18 | 85 |
| 2012 | 990～1045 | 92 | 2018～2033 | 17～18 | 90 |

法国·波尔多产区·梅多克·圣达使堤芬

# Chateau Cos D'Estournel
# 爱士图尔庄

所属产区：法国波尔多梅多克区圣达使堤芬村

所属等级：1855年梅多克评级列级酒庄第二级

葡萄品种：赤霞珠、梅洛

土壤特征：砂砾层、砾石地质

每年产量：200 000瓶

配餐建议：嫩牛肉、煎羊排、红烧鲍鱼、硬奶酪

## 相关介绍

　　爱士图尔庄是由一名叫Louis - Gaspard D'Estournel的葡萄酒痴爱者建立于19世纪初，位于波尔多左岸梅多克区名村圣达使堤芬的边缘，与邻村波亚克村（Pauillac）的一级名庄拉菲庄相连接。酒庄拥有面积为91公顷的葡萄园，葡萄园的种植葡萄比例为60%赤霞珠、40%梅洛，葡萄树平均树龄为35年。爱士图尔在1855年梅多克列级酒庄分级中获评二级酒庄，酒庄出产的酒款据传是恩格斯送给马克思的大婚礼物。爱士图尔是典型的圣达使堤芬风格，它以单宁浓密、结构佳、味道集中而优雅、有丰富的层次感著称。

## 爱士图尔庄　年份表格

| 年份 | 价格（元） | 分数 | 适饮期 | 侍酒（℃） | 醒酒（分钟） |
| --- | --- | --- | --- | --- | --- |
| 2001 | 1356～1559 | 90 | 2007～2022 | 14～15 | 35 |
| 2002 | 1298～1493 | 90 | 2008～2023 | 14～15 | 40 |
| 2003 | 2056～2882 | 93 | 2009～2024 | 14～15 | 45 |
| 2004 | 1204～1385 | 90 | 2010～2025 | 14～15 | 50 |
| 2005 | 2390～2749 | 94 | 2011～2026 | 15～16 | 55 |
| 2006 | 1336～1536 | 92 | 2012～2027 | 15～16 | 60 |
| 2007 | 1110～1277 | 91 | 2013～2028 | 15～16 | 65 |
| 2008 | 1078～1240 | 92 | 2014～2029 | 15～16 | 70 |
| 2009 | 3670～4404 | 95 | 2016～2031 | 14～15 | 90 |
| 2010 | 2880～3456 | 95 | 2017～2032 | 16～17 | 95 |
| 2011 | 1544～1776 | 92 | 2017～2032 | 17～18 | 90 |
| 2012 | 1392～1601 | 92 | 2018～2033 | 17～18 | 95 |

# Chateau Cos Labory
# 柯斯拉柏丽酒庄

所属产区：法国波尔多梅多克区圣达使堤芬村

所属等级：1855年梅多克评级列级酒庄第五级

葡萄品种：赤霞珠、梅洛、品丽珠、小华帝

土壤特征：砂砾土

每年产量：100 000瓶

配餐建议：红肉、野味、高达奶酪

## 相关介绍

　　柯斯拉柏丽酒庄的历史大约可以追溯到250年前一个名叫克斯·加斯顿（Cos - Gaston）的葡萄园，名称的前半部分取自它所在的那座属于加斯顿家族的小山。1847酒庄离奇地落入爱士图尔酒庄的庄主Louis - Gaspard D'Estournel的手中。五年后Louis把柯斯拉柏丽卖给了英国银行家查尔斯·塞西尔·玛蒂斯（Charles Cecil Martyns），查尔斯见证了酒庄在1855年被评为五级酒庄。但此后酒庄便经历了频繁易主的过程，直至1922年被现庄主的祖先安布罗修（Ambrosio）和奥格斯托·韦伯（Augusto Weber）买下。这个酒庄的酒有着漂亮的宝石红色泽，以及美妙的酒香，果香成熟且辛辣，还带着橡木风味，非常的优雅。

### 柯斯拉柏丽酒庄　年份表格

| 年份 | 价格（元） | 分数 | 适饮期 | 侍酒（℃） | 醒酒（分钟） |
| --- | --- | --- | --- | --- | --- |
| 2001 | 358～430 | 86 | 2007～2022 | 14～15 | 30 |
| 2002 | 302～362 | 87 | 2008～2023 | 14～15 | 35 |
| 2003 | 376～451 | 89 | 2009～2024 | 14～15 | 40 |
| 2004 | 338～406 | 89 | 2010～2025 | 14～15 | 45 |
| 2005 | 508～615 | 90 | 2011～2026 | 16～17 | 55 |
| 2006 | 414～622 | 87 | 2012～2027 | 15～16 | 55 |
| 2007 | 320～384 | 88 | 2013～2028 | 15～16 | 60 |
| 2008 | 302～362 | 88 | 2014～2029 | 15～16 | 65 |
| 2009 | 396～475 | 89 | 2015～2031 | 15～16 | 70 |
| 2010 | 432～518 | 89 | 2016～2032 | 17～18 | 75 |
| 2011 | 338～406 | 88 | 2017～2032 | 17～18 | 80 |
| 2012 | 320～384 | 88 | 2018～2033 | 17～18 | 85 |

## Chateau Lafon Rochet
# 拉科鲁锡酒庄

所属产区：法国波尔多梅多克区圣达使堤芬村

所属等级：1855梅多克评级列级酒庄第四级

葡萄品种：赤霞珠、梅洛、品丽珠、小华帝

土壤特征：混合了石英、天然砥石、硅石、火山岩、砂子和黏土

每年产量：220 000瓶

配餐建议：牛肉、家禽

### 相关介绍

　　拉科鲁锡酒庄曾是大酒庄Roussillon Valley Fiefdom的一部分，于1557年被Leyssac家族所拥有，之后拉科家族（Lafon）继承了该酒庄并管理了一个世纪之久，期间酒庄不断发展壮大。在1855年的波尔多列级酒庄评级中，拉科鲁锡被列为四级酒庄，可惜19世纪末的葡萄病虫害令酒庄受到毁灭性的打击，后酒庄被迫易主。自1926年开始酒庄的产量骤减，品质呈直线下降。直到1959年，酒庄被泰瑟家族买下（Tesseron），泰瑟家族通过一系列计划逐渐把酒庄重建起来，面积从15公顷扩展到41公顷，葡萄种植品种由之前的两种增加到目前的四种。时至今日，泰瑟家族仍然管理着拉科鲁锡酒庄，拥有41公顷葡萄种植园，葡萄植株平均树龄为30年。

### 拉科鲁锡酒庄　年份表格

| 年份 | 价格（元） | 分数 | 适饮期 | 侍酒（℃） | 醒酒（分钟） |
|------|-----------|------|--------|-----------|-------------|
| 2001 | 432～517 | 91 | 2006～2020 | 15～16 | 35 |
| 2002 | 432～523 | 86 | 2007～2022 | 14～15 | 35 |
| 2003 | 470～569 | 90 | 2009～2023 | 15～16 | 45 |
| 2004 | 490～593 | 88 | 2010～2024 | 14～15 | 45 |
| 2005 | 546～661 | 90 | 2010～2025 | 17～17 | 55 |
| 2006 | 414～501 | 87 | 2011～2026 | 15～16 | 55 |
| 2007 | 358～433 | 87 | 2012～2027 | 15～16 | 60 |
| 2008 | 396～436 | 88 | 2014～2028 | 15～16 | 65 |
| 2009 | 526～579 | 90 | 2015～2030 | 16～17 | 75 |
| 2010 | 526～579 | 90 | 2016～2030 | 17～17 | 80 |
| 2011 | 396～479 | 89 | 2016～2032 | 17～18 | 80 |
| 2012 | 376～455 | 88 | 2017～2033 | 17～18 | 85 |

## Chateau Montrose
# 玫瑰庄园

所属产区：法国波尔多梅多克区圣达使堤芬村

所属等级：1855年梅多克评级列级酒庄第二级

葡萄品种：赤霞珠、品丽珠、梅洛、小华帝

土壤特征：砂砾和少量黏土

每年产量：160 000瓶

配餐建议：嫩牛肉、煎羊排、红烧鲍鱼、硬奶酪

### 相关介绍

　　玫瑰庄园的历史可追溯至18世纪末，但开始种植葡萄是1815年，系圣达美隆山产区十大顶级庄园之一。玫瑰庄园的得名，是缘自庄园中随处可见的玫瑰花。在庄园里种植玫瑰，不单是因为雅努艾克斯热情浪漫的个性，还有一个重要的原因，就是玫瑰花的生长情况可以直接反映出葡萄树的健康状况，它担当着庄园预警器的重要角色。庄园土壤表层为砾石，土质坚硬，园内种植着优质梅洛、赤霞珠等葡萄，平均树龄为30年。玫瑰庄园的品质与其名字同样优美，每一支佳酿皆以梅洛为主要基调，同时具有赤霞珠的美味余韵，酒体温和雅致，果香丰盈充沛，结构均衡完美，是一款难得的波尔多佳酿，深为饮家青睐。

### 玫瑰庄园　年份表格

| 年份 | 价格（元） | 分数 | 适饮期 | 侍酒（℃） | 醒酒（分钟） |
| --- | --- | --- | --- | --- | --- |
| 2001 | 1092～1256 | 93 | 2008～2025 | 14～15 | 35 |
| 2002 | 846～937 | 91 | 2009～2028 | 14～15 | 40 |
| 2003 | 1195～1721 | 96 | 2009～2035 | 14～15 | 50 |
| 2004 | 866～996 | 92 | 2007～2030 | 14～15 | 50 |
| 2005 | 1506～1732 | 93 | 2011～2030 | 15～16 | 55 |
| 2006 | 998～1320 | 92 | 2012～2032 | 15～16 | 60 |
| 2007 | 810～932 | 91 | 2015～2033 | 15～16 | 65 |
| 2008 | 960～1104 | 93 | 2016～2035 | 15～16 | 70 |
| 2009 | 1619～1943 | 96 | 2018～2036 | 16～17 | 80 |
| 2010 | 1317～1580 | 95 | 2020～2037 | 17～18 | 85 |
| 2011 | 1036～1191 | 92 | 2021～2039 | 17～18 | 85 |
| 2012 | 904～1040 | 92 | 2022～2040 | 17～18 | 90 |

## Chateau Clerc Milon
# 克拉米伦庄园

所属产区：法国波尔多梅多克区波亚克村

所属等级：1855年梅多克评级列级酒庄第五级

葡萄品种：赤霞珠、梅洛、品丽珠、小华帝、卡曼纳

土壤特征：深层砂砾土及黏土

每年产量：14 000瓶

配餐建议：烧鸭、烧鹅、烤乳鸽、椒盐虾蟹类

### 相关介绍

　　克拉米伦庄园地理位置优越，与一级庄拉菲和木桐两大庄园毗邻。庄园名字中的米伦（Milon）是波亚克产区内的村庄名，而克拉（Clerc）则是1855年庄园被评为五级庄园时的拥有者。1970年，木桐庄的老板罗富齐（Baron Philippe de Rothschild）将此庄园买下并进行了酒窖设备更新、庄园维修与重建、技术引入等一系列的改革，使庄园重返辉煌。酒标上的"双人跳舞"的灵感来源于一件珠宝设计，和另一木桐旗下庄园达玛雅克（Chateau D'Armailhac）的"单人跳舞"相呼应，现两件艺术作品均存放于木桐庄内的"博物馆"内。克拉米伦的酒除了采用波尔多传统葡萄品种，还加入了当今波尔多庄园非常少见的葡萄品种卡曼纳，值得一试。

### 克拉米伦庄园　年份表格

| 年份 | 价格（元） | 分数 | 适饮期 | 侍酒（℃） | 醒酒（分钟） |
|---|---|---|---|---|---|
| 2001 | 720～730 | 91 | 2006～2019 | 14～15 | 35 |
| 2002 | 660～730 | 89 | 2007～2020 | 14～15 | 35 |
| 2003 | 810～935 | 93 | 2008～2025 | 14～15 | 45 |
| 2004 | 620～720 | 90 | 2011～2026 | 14～15 | 50 |
| 2005 | 850～1020 | 95 | 2012～2025 | 15～16 | 60 |
| 2006 | 720～830 | 91 | 2013～2030 | 15～16 | 60 |
| 2007 | 550～600 | 88 | 2013～2028 | 15～16 | 60 |
| 2008 | 600～695 | 90 | 2016～2026 | 15～16 | 65 |
| 2009 | 740～850 | 93 | 2017～2028 | 16～17 | 75 |
| 2010 | 890～1020 | 91 | 2018～2030 | 17～18 | 80 |
| 2011 | 625～720 | 90 | 2020～2034 | 17～18 | 85 |
| 2012 | 530～610 | 90 | 2021～2033 | 17～18 | 90 |

## Chateau Croizet Bages
# 歌碧庄园

所属产区：法国波尔多梅多克区波亚克村
所属等级：1855年梅多克评级列级酒庄第五级
葡萄品种：赤霞珠、梅洛、品丽珠、小华帝
土壤特征：砂砾
每年产量：125 000瓶
配餐建议：嫩牛肉、煎羊排、红烧鲍鱼、硬奶
　　　　　酪

### 相关介绍

　　歌碧庄园位于波亚克南边的Bages村，最初建于16世纪。18世纪上半叶，克鲁瓦泽（Croizet）兄弟购买下周围相邻的大量小块葡萄树种植园地，最终建成了南波亚克地区的一座大型庄园。目前，庄园由Jean‑Michel先生掌管，葡萄园占地30公顷，种植葡萄比例为60%赤霞珠、32%梅洛与8%品丽珠。由于位处高地，庄园出产的酒性刚强结实，被誉为性价比最高的波亚克村酒之一。

### 歌碧庄园　年份表格

| 年份 | 价格（元） | 分数 | 适饮期 | 侍酒（℃） | 醒酒（分钟） |
|---|---|---|---|---|---|
| 2001 | 430～480 | 82 | 2006～2017 | 14～15 | 30 |
| 2002 | 395～440 | 82 | 2007～2018 | 14～15 | 35 |
| 2003 | 400～440 | 83 | 2008～2020 | 14～15 | 40 |
| 2004 | 400～470 | 86 | 2009～2020 | 14～15 | 45 |
| 2005 | 380～420 | 86 | 2010～2022 | 15～16 | 50 |
| 2006 | 380～420 | 85 | 2012～2025 | 15～16 | 55 |
| 2007 | 370～410 | 83 | 2012～2025 | 15～16 | 60 |
| 2008 | 320～350 | 87 | 2015～2026 | 15～16 | 65 |
| 2009 | 380～420 | 88 | 2015～2028 | 15～16 | 70 |
| 2010 | 400～440 | 88 | 2016～2030 | 17～18 | 75 |
| 2011 | 340～375 | 86 | 2016～2030 | 17～18 | 80 |
| 2012 | 320～350 | 88 | 2018～2032 | 17～18 | 85 |

## Chateau D'Armailhac
# 达玛雅克酒庄

所属产区：法国波尔多梅多克区波亚克村

所属等级：1855年梅多克评级列级酒庄第五级

葡萄品种：赤霞珠、梅洛、品丽珠、小华帝

土壤特征：轻质砂砾土

每年产量：220 000瓶

配餐建议：腌红肉、汁烧禽肉、鲍鱼

### 相关介绍

　　酒庄由达玛雅克家族（D'Armailhac）建于18世纪末，位于一级名庄木桐庄和拉菲庄隔壁，它相当特殊的地理位置赋予了其不简单的历史渊源，不仅因为其在建园之后历经几个主人之手，还因其与罗斯齐集团有着千丝万缕的关系。目前，酒庄与一级庄木桐庄同属罗富齐集团（Rothschild SA），前庄主菲利普·罗富齐曾将其改名为木桐菲利普男爵夫人（Mouton‑Baronne‑Philippe）以纪念已故爱妻，罗富齐集团对其的重视程度可见一斑。目前，酒庄面积为50公顷，其中大部分面积种植赤霞珠葡萄，平均树龄47年，每一个年份均在30%新橡木桶中陈年16个月，其余70%的木桶来自木桐庄园。

### 达玛雅克酒庄　年份表格

| 年份 | 价格（元） | 分数 | 适饮期 | 侍酒（℃） | 醒酒（分钟） |
|---|---|---|---|---|---|
| 2001 | 590～645 | 89 | 2006～2020 | 14～15 | 30 |
| 2002 | 490～540 | 87 | 2007～2022 | 14～15 | 35 |
| 2003 | 680～780 | 91 | 2009～2023 | 15～16 | 45 |
| 2004 | 550～630 | 90 | 2010～2024 | 15～16 | 50 |
| 2005 | 720～830 | 90 | 2010～2025 | 15～16 | 55 |
| 2006 | 600～660 | 89 | 2011～2026 | 15～16 | 55 |
| 2007 | 490～540 | 84 | 2012～2027 | 15～16 | 60 |
| 2008 | 490～590 | 89 | 2014～2028 | 15～16 | 65 |
| 2009 | 600～695 | 90 | 2015～2030 | 16～17 | 75 |
| 2010 | 600～695 | 90 | 2017～2033 | 17～18 | 80 |
| 2011 | 550～630 | 90 | 2017～2032 | 17～18 | 85 |
| 2012 | 430～500 | 90 | 2018～2033 | 17～18 | 90 |

法国·波尔多产区·波亚克

# Chateau Duhart Milon
## 都夏美隆庄园

所属产区：法国波尔多梅多克区波亚克村
所属等级：1855梅多克评级列级酒庄第四级
葡萄品种：赤霞珠、梅洛、品丽珠
土壤特征：混杂着成砂的细砂砾
每年产量：600 000瓶
配餐建议：红色肉类、如牛扒、羊扒

### 相关介绍

　　都夏美隆庄园与拉菲庄园毗邻。从18世纪初开始，作为向拉菲地方领主纳贡的一项岁贡，产自美隆山丘的葡萄酒进入拉菲庄园的"副牌酒"行列，这也证明当时这片土地出产的酒已有不错的品质。1830至1840年之间，卡斯特加家族（Casteja）将其收购整合后，将这块土地命名为Duhart Milon。在卡斯特加家族管理下庄园成绩斐然，1855年列级庄园第四级的称号便是证明。1962年由拥有拉菲庄的罗斯柴尔德家族购买下，庄园的品质更上一层楼，产品的酒性与拉菲甚为相似。都夏美隆的酒呈饱和的深宝石红色或紫色，带有多种甜黑加仑子的香味、香草味和矿物的香味。中度的酒体但不失结实，单宁成熟，余韵里透着甘美，回味悠长。

### 都夏美隆庄园　年份表格

| 年份 | 价格（元） | 分数 | 适饮期 | 侍酒（℃） | 醒酒（分钟） |
|------|-----------|------|--------|-----------|--------------|
| 2001 | 760～830 | 89 | 2007～2020 | 14～15 | 30 |
| 2002 | 810～890 | 88 | 2008～2022 | 14～15 | 35 |
| 2003 | 1000～1150 | 92 | 2009～2023 | 15～16 | 45 |
| 2004 | 910～1000 | 87 | 2010～2025 | 14～15 | 45 |
| 2005 | 1040～1190 | 93 | 2012～2030 | 16～17 | 55 |
| 2006 | 945～1040 | 89 | 2012～2025 | 15～16 | 55 |
| 2007 | 945～1040 | 87 | 2013～2026 | 15～16 | 60 |
| 2008 | 910～1000 | 89 | 2016～2027 | 15～16 | 65 |
| 2009 | 1100～1260 | 91 | 2018～2030 | 16～17 | 75 |
| 2010 | 1190～1370 | 90 | 2019～2032 | 17～18 | 80 |
| 2011 | 870～1000 | 90 | 2020～2033 | 17～18 | 85 |
| 2012 | 830～955 | 90 | 2021～2035 | 17～18 | 90 |

## Chateau ( Grand Puy ) Ducasse
# 都卡斯酒庄

所属产区：法国波尔多梅多克区波亚克村
所属等级：1855年梅多克评级列级酒庄第五级
葡萄品种：赤霞珠、梅洛、品丽珠、小华帝
土壤特征：加伦河砂砾、沙地
每年产量：240 000瓶
配餐建议：羊肉、玛瑞里斯奶酪、家禽

### 相关介绍

　　都卡斯酒庄起源于中世纪位于波亚克村北部一个名叫"大普伊Grand Puy"的酒庄，1750年酒庄的部分土地被售予了律师出身的Pierre Ducasse，这就是都卡斯酒庄的来历。由于醉心于葡萄种植及葡萄酒酿造，Pierre进行了一系列的土地收购和合并，在把酒庄传给其子小Pierre时面积已达60公顷。几经沉浮后，酒庄仍由Pierre的后人拥有，并在1932年成立了以都卡斯酒庄命名的民营公司。从1971年开始，在新股东们的策划下进行了一系列对葡萄园的整顿和拓展：1982年开始每年使用30%到40%的新橡木桶进行陈酿；1991年采摘工作全部采用人工，等等。目前，都卡斯酒庄被知名的葡萄酒酒评人公认为波亚克优等酒庄的上品之一。

### 都卡斯酒庄　年份表格

| 年份 | 价格（元） | 分数 | 适饮期 | 侍酒（℃） | 醒酒（分钟） |
|---|---|---|---|---|---|
| 2001 | 430～480 | 83 | 2006～2020 | 14～15 | 30 |
| 2002 | 530～580 | 83 | 2007～2022 | 14～15 | 35 |
| 2003 | 570～625 | 89 | 2009～2023 | 14～15 | 40 |
| 2004 | 470～520 | 87 | 2010～2024 | 14～15 | 45 |
| 2005 | 550～600 | 87 | 2010～2025 | 15～16 | 50 |
| 2006 | 530～580 | 85 | 2011～2026 | 15～16 | 55 |
| 2007 | 380～420 | 83 | 2012～2027 | 15～16 | 60 |
| 2008 | 360～395 | 89 | 2014～2028 | 15～16 | 65 |
| 2009 | 490～540 | 89 | 2015～2030 | 15～16 | 70 |
| 2010 | 530～585 | 89 | 2016～2030 | 17～18 | 75 |
| 2011 | 430～485 | 88 | 2017～2032 | 17～18 | 80 |
| 2012 | 400～440 | 88 | 2018～2033 | 17～18 | 85 |

法国·波尔多产区·波亚克

## Chateau Grand Puy Lacoste
# 拉古斯酒庄

所属产区：法国波尔多梅多克区波亚克村
所属等级：1855年梅多克评级列级酒庄第五级
葡萄品种：赤霞珠、梅洛、品丽珠
土壤特征：深层砂砾土质，底土为石灰石
每年产量：200 000瓶
配餐建议：羊肉、牛肉

### 相关介绍

拉古斯酒庄（Chateau Grand Puy Lacoste）位于波尔多左岸的波亚克产区内，这个产区的五级庄总是令人有种耐人寻味的感觉，虽不至于挑衅四级庄，但多少带着讨巧之处，而拉古斯就是其中之一。拉古斯酒庄的前身是波亚克北部的一个大葡萄园。地处名庄云集的波亚克地区，这里自然有着出色的风土和上乘的酿酒理念，拉古斯酒庄自1981年份开始便以稳定的素质和浓厚的波亚克风格赢得众多饮家的爱戴，酒体呈深邃的砖红色，并有着成熟的红、黑色水果气息。

### 拉古斯酒庄　年份表格

| 年份 | 价格（元） | 分数 | 适饮期 | 侍酒（℃） | 醒酒（分钟） |
|------|-----------|------|--------|-----------|-------------|
| 2001 | 550～600 | 87 | 2006～2020 | 14～15 | 30 |
| 2002 | 530～580 | 86 | 2007～2022 | 14～15 | 35 |
| 2003 | 620～690 | 89 | 2009～2023 | 14～15 | 40 |
| 2004 | 550～600 | 88 | 2010～2024 | 14～15 | 45 |
| 2005 | 1080～1240 | 92 | 2010～2025 | 15～16 | 55 |
| 2006 | 620～720 | 90 | 2011～2026 | 15～16 | 60 |
| 2007 | 530～580 | 88 | 2012～2027 | 15～16 | 60 |
| 2008 | 490～540 | 88 | 2014～2028 | 15～16 | 65 |
| 2009 | 940～1090 | 91 | 2015～2030 | 16～17 | 75 |
| 2010 | 1040～1190 | 92 | 2016～2030 | 17～18 | 80 |
| 2011 | 640～740 | 90 | 2017～2033 | 17～18 | 85 |
| 2012 | 490～560 | 88 | 2018～2035 | 17～18 | 85 |

# Chateau Haut Bages-Liberal
# 奥巴里奇庄园

所属产区：法国波尔多梅多克区波亚克村

所属等级：1855年梅多克评级列级酒庄第五级

葡萄品种：赤霞珠、梅洛、品丽珠、小华帝、马
　　　　　尔贝克

土壤特征：典型的梅多克砂砾土质

每年产量：180 000瓶

配餐建议：烤肉、煎牛仔骨、烤鸭、软奶酪

## 相关介绍

　　在众多五级庄中，奥巴里奇庄园的产品是最值得购买或收藏的酒款之一。酒庄近几年的推荐年份有着相当讨巧的酒体结构和层次感，如果陈年10年以上表现更佳。

### 奥巴里奇庄园　年份表格

| 年份 | 价格（元） | 分数 | 适饮期 | 侍酒（℃） | 醒酒（分钟） |
|------|-----------|------|---------|-----------|-------------|
| 2001 | 490～540 | 86 | 2006～2018 | 14～15 | 30 |
| 2002 | 360～390 | 84 | 2007～2020 | 14～15 | 40 |
| 2003 | 530～580 | 86 | 2009～2023 | 14～15 | 50 |
| 2004 | 400～440 | 86 | 2010～2024 | 14～15 | 50 |
| 2005 | 550～600 | 85 | 2010～2025 | 15～16 | 55 |
| 2006 | 470～520 | 85 | 2011～2026 | 15～17 | 60 |
| 2007 | 380～420 | 82 | 2012～2027 | 15～16 | 65 |
| 2008 | 430～480 | 87 | 2014～2028 | 15～17 | 70 |
| 2009 | 530～580 | 88 | 2015～2030 | 15～17 | 80 |
| 2010 | 570～620 | 89 | 2016～2032 | 17～18 | 85 |
| 2011 | 420～460 | 89 | 2016～2032 | 17～18 | 85 |
| 2012 | 360～390 | 89 | 2018～2034 | 17～18 | 90 |

## Chateau Haut Batailley
# 奥巴特利酒庄

所属产区：法国波尔多梅多克区波亚克

所属等级：1855年梅多克评级列级酒庄第五级

葡萄品种：赤霞珠、梅洛、品丽珠

土壤特征：碎石土壤

每年产量：100 000瓶

配餐建议：烧烤牛羊排、红肉

### 相关介绍

　　奥巴特利酒庄是五级庄巴特利酒庄（Chateau Batailley）的小分身，在1942年时由于财产分割的原因从巴特利酒庄中独立出来，主人同时也拥有二级庄宝嘉隆酒庄（Chateau Ducru - Beaucaillou）。目前，酒庄每年更新40%的橡木桶，酒液在橡木桶中陈年20个月。有酒评家说奥巴特利的酒是平易近人型的葡萄酒，带有温和的浆果风味以及香草底蕴，比较容易欣赏。

### 奥巴特利酒庄　年份表格

| 年份 | 价格（元） | 分数 | 适饮期 | 侍酒（℃） | 醒酒（分钟） |
|------|-----------|------|---------|-----------|--------------|
| 2001 | 470～570 | 84 | 2006～2020 | 14～15 | 30 |
| 2002 | 430～480 | 84 | 2007～2022 | 14～15 | 35 |
| 2003 | 470～520 | 86 | 2009～2023 | 14～15 | 40 |
| 2004 | 450～500 | 85 | 2010～2024 | 14～15 | 45 |
| 2005 | 590～645 | 89 | 2010～2025 | 15～16 | 50 |
| 2006 | 450～500 | 87 | 2011～2026 | 15～16 | 55 |
| 2007 | 380～420 | 85 | 2012～2027 | 15～16 | 60 |
| 2008 | 400～440 | 89 | 2014～2028 | 15～16 | 65 |
| 2009 | 490～540 | 89 | 2015～2030 | 16～17 | 70 |
| 2010 | 510～560 | 89 | 2016～2030 | 17～18 | 75 |
| 2011 | 360～390 | 89 | 2016～2031 | 17～18 | 80 |
| 2012 | 340～370 | 88 | 2017～2033 | 17～18 | 85 |

## Chateau Lafite Rothschild
# 拉菲庄园

所属产区：法国波尔多梅多克区波亚克村
所属等级：1855年梅多克评级列级酒庄第一级
葡萄品种：赤霞珠、梅洛、品丽珠
土壤特征：白垩土、砾石地质
每年产量：180 000～240 000瓶
配餐建议：嫩牛肉、煎羊排、红烧鲍鱼、硬奶酪

### 相关介绍

　　拉菲在葡萄酒界是财富、名望与历史的代名词。拉菲庄园的出现证明了一瓶名酒如同一幅名画一样具有永久的收藏价值，除此之外，拉菲庄园也创造了世界上最贵的葡萄酒记录。拉菲的历史可追溯至1234年，位于波亚克村北部的维尔得耶修道院正是今天拉菲古堡的所在地。加斯科涅方言中"la fite"意为"小山丘"，"拉菲"因此得名。拉菲庄葡萄园面积为112公顷，园区日照充足，底土为第三纪白垩土，混有风成砂的砾石地质为葡萄种植提供了优越的排水条件。拉菲庄园使用传统酿造工艺，严格控制单位产量，人工采摘，树龄超过80年时，庄园就会将其连根拔掉。

### 拉菲庄园　年份表格

| 年份 | 价格（元） | 分数 | 适饮期 | 侍酒（℃） | 醒酒（分钟） |
|---|---|---|---|---|---|
| 2001 | 7580～8720 | 93 | 2007～2035 | 14～15 | 30 |
| 2002 | 7480～8600 | 92 | 2008～2038 | 14～15 | 40 |
| 2003 | 10590～12710 | 96 | 2009～2040 | 14～15 | 50 |
| 2004 | 7480～8970 | 95 | 2010～2041 | 14～15 | 50 |
| 2005 | 9990～11990 | 96 | 2012～2043 | 15～16 | 55 |
| 2006 | 7910～9490 | 95 | 2014～2045 | 15～16 | 60 |
| 2007 | 7760～8920 | 92 | 2015～2045 | 15～16 | 65 |
| 2008 | 8460～10150 | 95 | 2016～2050 | 15～16 | 70 |
| 2009 | 10910～13090 | 98 | 2018～2051 | 16～17 | 80 |
| 2010 | 10230～12280 | 98 | 2020～2053 | 17～18 | 85 |
| 2011 | 6740～7750 | 94 | 2023～2055 | 17～18 | 85 |
| 2012 | 5320～6120 | 93 | 2025～2055 | 17～18 | 90 |

所属产区：法国波尔多梅多克区波亚克村

所属等级：1855年梅多克评级列级酒庄第一级

葡萄品种：赤霞珠、梅洛、小华帝

土壤特征：砾石、石英

每年产量：180 000瓶

配餐建议：嫩牛肉、煎羊排、红烧鲍鱼、硬奶酪

## 相关介绍

　　拉图酒庄是法国的国宝级酒庄，位于波尔多波亚克村南部一个地势比较高的碎石河岸上。有文献记载拉图酒庄的历史可以追溯到1331年，现在拉图酒庄由法国百货业巨子巴黎春天百货集团（Printemps）老板Francois Pinault掌握主控权。酒庄拥有葡萄园面积65公顷，其中47公顷在领地的中心地带，葡萄品种以赤霞珠为主，占75%左右，梅洛占20%，植株的平均年龄为35年。拉图酒庄的酒，酒体一贯强劲、厚实，并有丰满的黑加仑和细腻的黑樱桃香味，一般要放10～15年才会完全成熟。

## 拉图酒庄　年份表格

| 年份 | 价格（元） | 分数 | 适饮期 | 侍酒（℃） | 醒酒（分钟） |
|------|-----------|------|--------|----------|-------------|
| 2001 | 5650～6490 | 94 | 2007～2035 | 15～16 | 40 |
| 2002 | 5440～6530 | 95 | 2008～2038 | 15～16 | 55 |
| 2003 | 10400～12480 | 98 | 2009～2043 | 16～17 | 65 |
| 2004 | 5380～6190 | 94 | 2010～2038 | 15～16 | 65 |
| 2005 | 10670～12800 | 97 | 2012～2040 | 17～18 | 75 |
| 2006 | 6080～7300 | 95 | 2014～2042 | 17～18 | 75 |
| 2007 | 5360～6170 | 93 | 2015～2045 | 15～16 | 75 |
| 2008 | 5850～6160 | 95 | 2016～2047 | 17～18 | 80 |
| 2009 | 15220～18260 | 99 | 2018～2048 | 16～17 | 95 |
| 2010 | 15350～18420 | 98 | 2020～2050 | 17～18 | 100 |
| 2011 | 6610～7930 | 95 | 2022～2055 | 17～18 | 100 |
| 2012 | 5740～6600 | 94 | 2022～2055 | 17～18 | 100 |

# Chateau Lynch Bages
# 靓茨伯庄园

所属产区：法国波尔多梅多克区波亚
克村

所属等级：1855年梅多克评级列级酒
庄第五级

葡萄品种：赤霞珠、梅洛、品丽珠、
小华帝

土壤特征：砂砾

每年产量：300 000瓶

配餐建议：嫩牛肉、煎羊排、红烧鲍鱼、硬奶酪

## 相关介绍

  靓茨伯庄园又名林卓贝斯庄园，创建于17世纪，是唯一由两任市长担任庄主的庄园。由于庄园名字发音与香港粤剧名伶靓次伯名字相似，加上又是香港国泰航空公司头等舱的指定用酒，在香港备受追捧。虽然是五级名庄，近几年靓茨伯庄园却被许多酒评家认为其展现出了至少第三级甚至是第二级酒庄的水准。庄园目前由Cases家族的Andre和Sylvie两兄妹掌管，而Sylvie更是波尔多列级名庄联合会（UGC）的主席。靓茨伯葡萄酒有着惹人喜欢的深沉厚实的颜色，芬芳宜人的香味，浓郁而平衡的单宁，强而有力的酒体，非常适合陈年存放。

## 靓茨伯庄园　年份表格

| 年份 | 价格（元） | 分数 | 适饮期 | 侍酒（℃） | 醒酒（分钟） |
|---|---|---|---|---|---|
| 2001 | 1190～1370 | 91 | 2004～2028 | 15～16 | 40 |
| 2002 | 1190～1370 | 90 | 2005～2026 | 15～16 | 45 |
| 2003 | 1550～1780 | 93 | 2008～2030 | 15～16 | 50 |
| 2004 | 1245～1430 | 91 | 2007～2026 | 15～16 | 55 |
| 2005 | 1740～2000 | 94 | 2008～2030 | 16～17 | 60 |
| 2006 | 1320～1520 | 92 | 2012～2032 | 16～17 | 75 |
| 2007 | 1150～1325 | 90 | 2010～2033 | 16～17 | 80 |
| 2008 | 1260～1570 | 92 | 2013～2035 | 16～17 | 85 |
| 2009 | 1290～1480 | 94 | 2015～2040 | 16～17 | 90 |
| 2010 | 1660～1910 | 93 | 2016～2040 | 17～18 | 95 |
| 2011 | 1150～1320 | 91 | 2018～2043 | 17～18 | 100 |
| 2012 | 1150～1320 | 91 | 2020～2045 | 17～18 | 105 |

法国·波尔多产区·波亚克

## Chateau Lynch Moussas
# 靓茨摩酒庄

所属产区：法国波尔多梅多克区波亚克村
所属等级：1855年梅多克评级列级酒庄第五级
葡萄品种：赤霞珠、梅洛、品丽珠、小华帝
土壤特征：砂砾土
每年产量：15 000箱
配餐建议：牛肉、家禽、奶酪

### 相关介绍

  靓茨摩酒庄的历史可以追溯到靓茨家族（Lynch）时期，名字来源于一位叫做约翰·靓茨（John Lynch）的爱尔兰军人。约翰在1691年离开爱尔兰并在法国定居。18世纪期间，靓茨家族大量购买土地，除了靓茨摩外，还拥有波亚克五级庄靓茨伯酒庄以及位于玛歌区的五级庄杜扎克酒庄（Dauzac）。靓茨摩酒庄中的"Moussas"一词来自于葡萄园附近的一个同名小村，靓茨家族拥有这个酒庄数十年之久。在1845年威廉·弗兰克（Wilhelm Franck）的评级之中，首次提到了靓茨摩酒庄并将其列为五级庄，1855年最终确定了其五级庄的地位。靓茨摩的酒有着非常丰富的黑色水果香气，并展现出明显的香草风味。就一款波亚克酒而言，靓茨摩的葡萄酒有着较高的梅洛比例，因而与它的许多邻居对比，它总是显得更为柔和、丝滑且甘美一些。

### 靓茨摩酒庄　年份表格

| 年份 | 价格（元） | 分数 | 适饮期 | 侍酒（℃） | 醒酒（分钟） |
|------|-----------|------|--------|-----------|--------------|
| 2001 | 285～315 | 84 | 2006～2018 | 14～15 | 30 |
| 2002 | 395～440 | 83 | 2007～2020 | 14～15 | 35 |
| 2003 | 435～480 | 85 | 2009～2023 | 14～15 | 40 |
| 2004 | 360～395 | 84 | 2010～2024 | 14～15 | 45 |
| 2005 | 490～540 | 88 | 2010～2025 | 15～16 | 50 |
| 2006 | 420～460 | 85 | 2011～2026 | 15～16 | 55 |
| 2007 | 360～395 | 83 | 2012～2027 | 15～16 | 60 |
| 2008 | 360～435 | 85 | 2014～2028 | 15～16 | 65 |
| 2009 | 420～460 | 88 | 2015～2030 | 15～16 | 70 |
| 2010 | 420～460 | 88 | 2016～2030 | 17～18 | 75 |
| 2011 | 360～435 | 87 | 2016～2030 | 17～18 | 80 |
| 2012 | 370～450 | 87 | 2017～2032 | 17～18 | 85 |

## Chateau Mouton Rothschild
# 木桐庄园

所属产区：法国波尔多梅多克区波亚克村
所属等级：1973年梅多克评级列级酒庄第一级
葡萄品种：赤霞珠、品丽珠、梅洛、小华帝
土壤特征：砂质土、黏土、砂砾土、石灰岩
每年产量：33 000箱
配餐建议：嫩牛肉、煎羊排、红烧鲍鱼、硬奶酪

### 相关介绍

  1853年，菲利普男爵的高曾祖父购买木桐庄园时，已有37公顷葡萄园，以种赤霞珠葡萄为主。从1945年开始，木桐庄园每年都会聘请一名艺术家为其酒设计酒标，开创了艺术与葡萄酒结合的先河。1973年木桐庄园正式升级为一级葡萄庄园，是梅多克1855年分级后唯一调整并升级为一级园的庄园。木桐庄园的红葡萄酒具有典型的赤霞珠特征，有成熟的黑加仑子果味，咖啡、烤木香气，单宁劲道，是世界顶级收藏酒之

### 木桐庄园　年份表格

| 年份 | 价格（元） | 分数 | 适饮期 | 侍酒（℃） | 醒酒（分钟） |
| --- | --- | --- | --- | --- | --- |
| 2001 | 4530～5210 | 92 | 2007～2030 | 15～16 | 35 |
| 2002 | 4230～4865 | 92 | 2008～2035 | 15～16 | 45 |
| 2003 | 5155～5930 | 92 | 2009～2038 | 15～16 | 45 |
| 2004 | 4530～5210 | 93 | 2010～2038 | 15～16 | 55 |
| 2005 | 7160～8590 | 96 | 2012～2040 | 16～17 | 65 |
| 2006 | 6080～7300 | 96 | 2014～2042 | 16～17 | 70 |
| 2007 | 4660～5360 | 94 | 2015～2045 | 15～16 | 70 |
| 2008 | 4870～5850 | 96 | 2016～2047 | 16～17 | 80 |
| 2009 | 8990～10790 | 97 | 2018～2048 | 16～17 | 85 |
| 2010 | 9360～11240 | 97 | 2020～2050 | 17～18 | 95 |
| 2011 | 5270～6060 | 94 | 2022～2055 | 17～18 | 95 |
| 2012 | 4080～4690 | 94 | 2022～2055 | 17～18 | 100 |

## Chateau Pedesclaux
## 百德诗歌酒庄

所属产区：法国波尔多梅多克区波亚克村
所属等级：1855年梅多克评级列级酒庄第五级
葡萄品种：赤霞珠、梅洛、品丽珠、小华帝
土壤特征：硅钙质黏土、砂砾
每年产量：120 000瓶
配餐建议：牛肉、奶油意粉、野味

### 相关介绍

　　百德诗歌酒庄位于砂砾高原上，俯瞰整个菩依乐区，与木桐、拉菲和宝得根庄园相毗邻。1810年由皮埃尔·百德诗歌（Pierre de Pedesclaux）先生建立，后来传给其子——乌拜恩·皮埃尔·百德诗歌（Urbain Pierre de Pedesclaux）先生。1855年时百德诗歌酒庄被评为五级酒庄。乌拜恩·皮埃尔去世后，由其遗孀接管酒庄。几经转售后，1950年由卢森·朱格拉（Lucien Jugla）买下，并一直由朱格拉家族管理至今。目前，酒庄面积为28公顷，得益于对年产量的控制，酒庄对每一个年份的出品都控制得异常严格，无论酒体结构、单宁粗浅和层次感，都带有典型的波亚克地区特色。

### 百德诗歌酒庄　年份表格

| 年份 | 价格（元） | 分数 | 适饮期 | 侍酒（℃） | 醒酒（分钟） |
|------|-----------|------|--------|----------|-------------|
| 2001 | 315～350 | 84 | 2006～2018 | 14～15 | 30 |
| 2002 | 250～270 | 76 | 2007～2020 | 13～14 | 35 |
| 2003 | 470～520 | 83 | 2009～2023 | 14～15 | 40 |
| 2004 | 305～330 | 81 | 2010～2024 | 14～15 | 45 |
| 2005 | 380～420 | 81 | 2010～2025 | 16～17 | 50 |
| 2006 | 340～375 | 78 | 2011～2026 | 15～16 | 50 |
| 2007 | 300～330 | 89 | 2012～2027 | 16～17 | 60 |
| 2008 | 380～420 | 78 | 2014～2028 | 15～16 | 60 |
| 2009 | 420～460 | 87 | 2015～2030 | 16～17 | 75 |
| 2010 | 395～440 | 87 | 2016～2030 | 17～18 | 80 |
| 2011 | 320～350 | 86 | 2016～2031 | 17～18 | 85 |
| 2012 | 300～330 | 86 | 2018～2033 | 17～18 | 90 |

# Chateau Pichon Longueville Comtesse De Lalande
# 碧尚女爵庄园

所属产区：法国波尔多梅多克区波亚克村

所属等级：1855年梅多克评级列级酒庄第二级

葡萄品种：赤霞珠、梅洛、品丽珠、小华帝

土壤特征：石灰岩和黏土

每年产量：350 000瓶

配餐建议：嫩牛肉、煎羊排、红烧鲍鱼、硬奶酪

## 相关介绍

　　碧尚女爵庄园的历史可追溯到17世纪的碧尚庄园，由于遗产分割，于1850年分为碧尚女爵庄园和碧尚男爵庄园，目前，由香槟区著名的路易王妃（Louis Roederer）家族接管。葡萄园分布在城堡周围的河流附近，葡萄园的总面积为75公顷，葡萄的种植比例为45%赤霞珠、35%梅洛、12%品丽珠和8%小华帝，平均树龄为35年。庄园与著名的一级庄拉菲庄园毗邻，因此酒质带有一些刚强；又由于靠近圣朱利安，且梅洛比例较高，其酒兼有圆润的一面。碧尚女爵庄园是许多酒评家公认的超级二级庄，而在美国酒评家Robert Parker的评级中已经将其列入一级名庄，其品质可见一斑。

## 碧尚女爵庄园　年份表格

| 年份 | 价格（元） | 分数 | 适饮期 | 侍酒（℃） | 醒酒（分钟） |
|---|---|---|---|---|---|
| 2001 | 1420～1630 | 93 | 2007～2020 | 14～15 | 35 |
| 2002 | 1130～1300 | 92 | 2008～2022 | 14～15 | 45 |
| 2003 | 1570～1810 | 93 | 2009～2023 | 14～15 | 55 |
| 2004 | 1190～1370 | 92 | 2010～2025 | 14～15 | 55 |
| 2005 | 1430～1650 | 93 | 2012～2030 | 15～16 | 60 |
| 2006 | 1320～1520 | 93 | 2013～2025 | 15～16 | 60 |
| 2007 | 1110～1280 | 90 | 2015～2026 | 15～16 | 65 |
| 2008 | 1130～1300 | 92 | 2016～2028 | 16～17 | 70 |
| 2009 | 1925～2310 | 95 | 2018～2030 | 16～17 | 80 |
| 2010 | 2230～2565 | 94 | 2020～2035 | 17～18 | 85 |
| 2011 | 1210～1390 | 91 | 2016～2036 | 17～18 | 90 |
| 2012 | 945～1090 | 92 | 2020～2038 | 17～18 | 95 |

法国·波尔多产区·波亚克

## Chateau Pichon Longueville Baron
# 碧尚男爵庄园

所属产区：法国波尔多梅多克区波亚克村
所属等级：1855年梅多克评级列级酒庄第二级
葡萄品种：赤霞珠、梅洛
土壤特征：砂砾
每年产量：240 000瓶
配餐建议：嫩牛肉、煎羊排、红烧鲍鱼、硬奶酪

### 相关介绍

　　1850年碧尚庄园分裂成为今天我们所熟悉的碧尚男爵庄园和碧尚女爵庄园，目前碧尚男爵庄园由保险巨头AXA集团拥有。碧尚男爵庄园种植面积达到73公顷，其中赤霞珠占62%。葡萄种植密度为9000株/公顷，平均单产在4500升/公顷。碧尚男爵庄园的酒如其名一样阳刚有力，酒底深厚，单宁成熟强劲，整体结构结实，适合陈年20年以上。

### 碧尚男爵庄园　年份表格

| 年份 | 价格（元） | 分数 | 适饮期 | 侍酒（℃） | 醒酒（分钟） |
|------|-----------|------|--------|-----------|-------------|
| 2001 | 1340～1540 | 91 | 2007～2020 | 14～15 | 35 |
| 2002 | 1000～1150 | 91 | 2008～2022 | 14～15 | 40 |
| 2003 | 1400～1615 | 92 | 2009～2023 | 14～15 | 50 |
| 2004 | 1130～1300 | 90 | 2010～2025 | 14～15 | 50 |
| 2005 | 1600～1920 | 95 | 2012～2030 | 16～17 | 60 |
| 2006 | 1130～1300 | 92 | 2013～2025 | 15～16 | 60 |
| 2007 | 1010～1160 | 91 | 2015～2026 | 15～16 | 65 |
| 2008 | 1130～1240 | 94 | 2016～2028 | 15～16 | 70 |
| 2009 | 1770～2120 | 96 | 2018～2030 | 16～17 | 85 |
| 2010 | 2230～2680 | 96 | 2020～2033 | 17～18 | 90 |
| 2011 | 1210～1330 | 91 | 2017～2035 | 17～18 | 90 |
| 2012 | 1040～1145 | 92 | 2019～2040 | 17～18 | 95 |

## Chateau Pontet Canet
# 宝得根庄园

所属产区：法国波尔多梅多克区波亚克村
所属等级：1855年梅多克评级列级酒庄第五级
葡萄品种：赤霞珠、梅洛、品丽珠、小华帝
土壤特征：第四纪砂砾土覆盖于黏土和石灰石
　　　　　土之上
每年产量：400 000瓶
配餐建议：牛排、烤炙肉和炖焖肉

### 相关介绍

　　宝得根庄园的起源可以追溯到18世纪初期，尽管让·弗朗索瓦是庄园的创立者，但庄园形成风格的最主要几年是处在皮埃尔·伯纳德·宝得根（Pierre - Bernard de Pontet）管理之下，是他为庄园葡萄酒建立起了良好名声。但在其1836年去世后，酒质开始下降，在1855年评级时，宝得根庄园只能屈居五级庄。进入20世纪后，庄园经过了一系列的变故，后由著名的干邑商人盖伊·泰瑟隆（Guy Tesseron）买下。而1994年被人们认为是庄园酒质有了切实性进步的转折点。如今的宝得根庄园已经恢复到列级名庄的地位，其酒带有美妙的黑加仑果香，并伴有持久和完美的和谐度，表现出极佳的纯度，活泼但又不失些许收敛，具有极好的贮藏价值。

### 宝得根庄园　年份表格

| 年份 | 价格（元） | 分数 | 适饮期 | 侍酒（℃） | 醒酒（分钟） |
|---|---|---|---|---|---|
| 2001 | 905～1095 | 88 | 2007～2020 | 13～14 | 30 |
| 2002 | 815～980 | 88 | 2008～2022 | 13～14 | 35 |
| 2003 | 1190～1370 | 92 | 2009～2023 | 14～15 | 45 |
| 2004 | 925～1065 | 90 | 2010～2025 | 14～15 | 50 |
| 2005 | 1550～1780 | 94 | 2012～2030 | 15～16 | 60 |
| 2006 | 1040～1195 | 90 | 2013～2028 | 15～16 | 65 |
| 2007 | 830～915 | 89 | 2015～2028 | 15～16 | 65 |
| 2008 | 1060～1220 | 92 | 2016～2030 | 16～17 | 75 |
| 2009 | 2515～3020 | 97 | 2018～2033 | 16～17 | 85 |
| 2010 | 2325～2790 | 96 | 2020～2035 | 17～18 | 90 |
| 2011 | 1080～1245 | 93 | 2020～2035 | 17～18 | 90 |
| 2012 | 1000～1325 | 94 | 2022～2040 | 17～18 | 95 |

## Chateau Beychevelle
# 龙船庄园

所属产区：法国波尔多梅多克区圣朱利安村

所属等级：1855年梅多克评级列级酒庄第四级

葡萄品种：赤霞珠、梅洛、小华帝

土壤特征：砂砾

每年产量：500 000瓶

配餐建议：嫩牛肉、煎羊排、红烧鲍鱼、硬奶酪

### 相关介绍

龙船庄园由Foix de Candale创立于1446年。1587年家族后人Marguerite嫁给当时波尔多地区总督Duc D'Epernon，龙船庄园作为她的嫁妆进入了亦任法国海军总司令的Duc D'Epernon家门。传闻说，凡是经过他庄园的船只都必须下半帆以示忠贞。因此，庄名由"Baisse - Voile"（意为下半帆）演变为"Beychevelle"。庄园占地250公顷，但只有90公顷种植葡萄。由于"龙船"在汉语里寓意吉祥，因此在中国的知名度极高。

### 龙船庄园　年份表格

| 年份 | 价格（元） | 分数 | 适饮期 | 侍酒（℃） | 醒酒（分钟） |
|------|-----------|------|---------|-----------|--------------|
| 2001 | 960～1050 | 87 | 2007～2020 | 14～15 | 30 |
| 2002 | 920～1015 | 88 | 2008～2020 | 14～15 | 35 |
| 2003 | 1070～1180 | 89 | 2008～2025 | 14～15 | 40 |
| 2004 | 960～1055 | 89 | 2009～2028 | 14～15 | 45 |
| 2005 | 1150～1320 | 90 | 2010～2030 | 16～17 | 55 |
| 2006 | 1030～1140 | 88 | 2012～2026 | 15～16 | 55 |
| 2007 | 1000～1100 | 86 | 2013～2028 | 15～16 | 60 |
| 2008 | 920～1010 | 87 | 2014～2030 | 15～16 | 65 |
| 2009 | 980～1125 | 90 | 2015～2030 | 16～17 | 75 |
| 2010 | 1000～1100 | 89 | 2016～2031 | 17～18 | 75 |
| 2011 | 790～870 | 88 | 2016～2033 | 17～18 | 80 |
| 2012 | 660～720 | 89 | 2018～2035 | 17～18 | 85 |

GRAND VIN 2004
CHÂTEAU BEYCHEVELLE
SAINT-JULIEN

## Chateau Branaire Ducru
# 班尼尔酒庄

所属产区：法国波尔多梅多克区圣朱利
安村

所属等级：1855年梅多克评级列级酒庄
第三级

葡萄品种：赤霞珠、梅洛、品丽珠、小
华帝

土壤特征：砂砾土

每年产量：220 000瓶

配餐建议：羊肉、野味、火腿、酸辣芥末酱兔肉以及烤肉

### 相关介绍

　　班尼尔酒庄的起源可以追溯到17世纪，当时是龙船酒庄产业的一部分，后来龙船酒庄将部分葡萄园出售给班尼尔先生（Jean - Baptiste Braneyre），也就是后来班尼尔酒庄的主人。酒庄几经易手后，现任主人是为酒庄引进现代酿酒理念的马龙图（Patrick Maroteaux）。酒庄种植面积约50公顷，酒液在装备精良的现代化地窖里进行发酵，随后进入橡木桶内陈年18到24个月。值得一提的是，此酒在香港的译名为周伯通，是香港国泰航空有限公司的头等舱用酒。

### 班尼尔酒庄　年份表格

| 年份 | 价格（元） | 分数 | 适饮期 | 侍酒（℃） | 醒酒（分钟） |
|---|---|---|---|---|---|
| 2001 | 550～630 | 90 | 2006～2018 | 15～16 | 35 |
| 2002 | 560～620 | 88 | 2007～2020 | 14～15 | 35 |
| 2003 | 960～1100 | 93 | 2009～2023 | 15～16 | 45 |
| 2004 | 440～480 | 88 | 2010～2024 | 14～15 | 45 |
| 2005 | 1000～1100 | 88 | 2010～2025 | 15～16 | 50 |
| 2006 | 600～690 | 90 | 2011～2026 | 15～16 | 60 |
| 2007 | 530～580 | 89 | 2012～2027 | 15～16 | 60 |
| 2008 | 530～600 | 91 | 2014～2028 | 15～16 | 70 |
| 2009 | 850～970 | 93 | 2015～2030 | 15～16 | 75 |
| 2010 | 830～950 | 91 | 2016～2030 | 17～18 | 80 |
| 2011 | 510～560 | 89 | 2016～2031 | 17～18 | 80 |
| 2012 | 450～500 | 89 | 2017～2032 | 17～18 | 85 |

## Chateau Ducru Beaucaillou
# 宝嘉隆庄园

所属产区：法国波尔多梅多克区圣朱利
安村

所属等级：1855年梅多克评级列级酒庄
第二级

葡萄品种：赤霞珠、梅洛

土壤特征：砂砾

每年产量：300 000瓶

配餐建议：嫩牛肉、煎羊排、红烧鲍鱼、硬奶酪

### 相关介绍

宝嘉隆的葡萄园是17世纪中后期从龙船庄园（Chateau Beychevelle）分割而来。18世纪初该庄名字叫Bergeron，后来庄主发现园中有很多美丽的小石，因此将其重新命名为Beaucaillou，意为美丽的小石。1795年，爱好葡萄酒的富商Bertrand Ducru买下了此庄，并加上自己的姓氏改名为Ducru Beaucaillou。目前，葡萄园面积75公顷，包括70%赤霞珠、30%梅洛。宝嘉龙的酒是圣朱利安村的代表作，温柔细腻，芳香浓郁，优雅和绝妙平衡。但不宜年份短时饮用，最起码要放上十年。

### 宝嘉隆庄园　年份表格

| 年份 | 价格（元） | 分数 | 适饮期 | 侍酒（℃） | 醒酒（分钟） |
|------|-----------|------|--------|----------|-------------|
| 2001 | 1260～1450 | 90 | 2007～2020 | 14～15 | 30 |
| 2002 | 1190～1305 | 88 | 2008～2022 | 14～15 | 35 |
| 2003 | 1734～1990 | 93 | 2008～2025 | 14～15 | 40 |
| 2004 | 1318～1520 | 91 | 2009～2028 | 14～15 | 45 |
| 2005 | 2450～2940 | 95 | 2010～2030 | 15～16 | 50 |
| 2006 | 1430～1450 | 93 | 2012～2028 | 15～16 | 55 |
| 2007 | 1240～1430 | 90 | 2013～2028 | 15～16 | 60 |
| 2008 | 1360～1560 | 92 | 2014～2030 | 15～16 | 65 |
| 2009 | 2250～2695 | 96 | 2015～2035 | 15～16 | 70 |
| 2010 | 2660～3190 | 96 | 2018～2036 | 17～18 | 75 |
| 2011 | 1260～1450 | 93 | 2018～2036 | 17～18 | 80 |
| 2012 | 1090～1260 | 93 | 2019～2038 | 17～18 | 85 |

法国·波尔多产区·梅多克·圣朱利安

# Chateau Gruaud–Larose
# 拉路斯庄园

所属产区：法国波尔多梅多克区圣朱利安村
所属等级：1855年梅多克评级列级酒庄第二级
葡萄品种：赤霞珠、梅洛、品丽珠、小华帝、马尔贝克
土壤特征：砾石层下为石灰质黏土
每年产量：250 000瓶
配餐建议：嫩牛肉、煎羊排

## 相关介绍

　　拉路斯庄园的历史可追溯至1725年，因长期处于分裂状态，直到1935年Cordier家族大举收购后才合为一个。葡萄园面积82公顷，位于吉隆特河的砂砾石层及沙地构成的高地，分别种植57%赤霞珠、30%梅洛、8%品丽珠、3% 小华帝与2%马尔贝克。拉路斯是一款以酒劲和独特性为特色的酒，有非常漂亮、强烈、浓厚的红色。它还有一阵强烈的酒香，其中五种葡萄的芳香与矮树丛的微妙芬芳优美地融合在一起。此酒口感结构不错，有着平滑、丰富的单宁以及相当可观的劲度。

## 拉路斯庄园　年份表格

| 年份 | 价格（元） | 分数 | 适饮期 | 侍酒（℃） | 醒酒（分钟） |
|------|-----------|------|--------|-----------|--------------|
| 2001 | 890～975 | 91 | 2006～2018 | 15～16 | 35 |
| 2002 | 660～720 | 87 | 2007～2020 | 14～15 | 35 |
| 2003 | 750～830 | 89 | 2009～2023 | 14～15 | 40 |
| 2004 | 640～700 | 88 | 2010～2024 | 14～15 | 45 |
| 2005 | 900～1040 | 91 | 2010～2025 | 16～17 | 55 |
| 2006 | 600～660 | 89 | 2011～2026 | 15～16 | 55 |
| 2007 | 570～620 | 88 | 2012～2027 | 15～16 | 60 |
| 2008 | 600～660 | 89 | 2014～2028 | 15～16 | 65 |
| 2009 | 940～1080 | 91 | 2015～2030 | 16～17 | 75 |
| 2010 | 850～975 | 91 | 2016～2031 | 17～18 | 80 |
| 2011 | 600～660 | 89 | 2017～2032 | 17～18 | 80 |
| 2012 | 550～630 | 90 | 2019～2034 | 17～18 | 90 |

## Chateau Lagrange
# 拉格喜庄园

所属产区：法国波尔多梅多克区圣朱利安村
所属等级：1855年梅多克评级列级酒庄第三级
葡萄品种：赤霞珠、梅洛、小华帝
土壤特征：砂砾
每年产量：250 000瓶
配餐建议：牛扒、羊扒及烧烤食物

### 相关介绍

庄园的第一任主人为当地贵族Lagrange Montei，当时拉格喜并不出名，产量也仅够圣朱利安村一带享用。在1855年的波尔多列级酒庄评级中，拉格喜被列为第三级，与同村的宝马庄、迪仙庄等平起平坐。1983年，庄园迎来了一次轰动整个梅多克甚至法国的大事件：日本知名餐饮集团三得利株式会社（Suntory Group）收购了拉格喜。把庄园卖给亚洲人，这是之前法国庄园不曾想过的。三得利集团接手拉格喜之后马上投入大量资金修葺庄园，引进新设备，整合葡萄园，优化种植比例，最后还聘请多名波尔多名酿酒师亲自打理庄园，令庄园重返昔日光辉，达到二级甚至一级庄园水准。日本自然是拉格喜庄园的主要销售地。《神之水滴》是如此诠释拉格喜庄园的：充满野心，利用年轻的力量，把世界葡萄酒势力范围改变的时代已经来临了。

### 拉格喜庄园 年份表格

| 年份 | 价格（元） | 分数 | 适饮期 | 侍酒（℃） | 醒酒（分钟） |
|------|-----------|------|--------|----------|------------|
| 2001 | 560～650 | 90 | 2006～2018 | 14～15 | 30 |
| 2002 | 620～710 | 92 | 2007～2020 | 14～15 | 35 |
| 2003 | 600～690 | 92 | 2009～2023 | 14～15 | 40 |
| 2004 | 530～605 | 90 | 2010～2024 | 14～15 | 45 |
| 2005 | 690～800 | 93 | 2010～2025 | 15～16 | 50 |
| 2006 | 530～605 | 90 | 2011～2026 | 15～16 | 55 |
| 2007 | 430～475 | 89 | 2012～2027 | 15～16 | 60 |
| 2008 | 470～520 | 89 | 2014～2028 | 15～16 | 65 |
| 2009 | 640～730 | 92 | 2015～2030 | 15～16 | 70 |
| 2010 | 660～760 | 92 | 2016～2030 | 17～18 | 75 |
| 2011 | 430～475 | 89 | 2017～2032 | 17～18 | 80 |
| 2012 | 380～415 | 89 | 2017～2033 | 17～18 | 85 |

法国·波尔多产区·梅多克·圣朱利安

# Chateau Langoa Barton
# 丽冠巴顿酒庄

所属产区：法国波尔多梅多克区圣朱利安村
所属等级：1855年梅多克评级列级酒庄第二级
葡萄品种：赤霞珠、梅洛、品丽珠、小华帝
土壤特征：砂砾土、黏土
每年产量：80 000瓶
配餐建议：兔肉、鸭肉和各种类型的红肉

## 相关介绍

　　丽冠巴顿酒庄的历史就是一个家族200多年来设法守住他们祖业的历史，创建至今都是由巴顿家族拥有，这在当今葡萄酒庄园是非常少见的。1722年，爱尔兰人Thomas Barton来到波尔多创建了一家葡萄酒贸易商行，后来由其孙Hugh Barton拓展了家族的葡萄酒事业，Hugh Barton于1821年买下了建于1758年的丽冠巴顿酒庄，并在1826年入股了露维利酒庄（Chateau Leoville），这两家酒庄都在1855年被评为二级酒庄。目前，丽冠巴顿酒庄由Anthony和女儿Liliane掌管，葡萄园面积约37公顷，高雅精致是其酒的标志，带有多层次的果香和柔顺优雅的单宁，很好地表达了圣朱利安村的风土特性。

## 丽冠巴顿酒庄　年份表格

| 年份 | 价格（元） | 分数 | 适饮期 | 侍酒（℃） | 醒酒（分钟） |
|------|------------|------|-----------|-----------|--------------|
| 2001 | 600～690 | 92 | 2006～2018 | 15～16 | 35 |
| 2002 | 510～580 | 90 | 2007～2020 | 15～16 | 40 |
| 2003 | 540～630 | 92 | 2009～2023 | 15～16 | 45 |
| 2004 | 600～690 | 91 | 2010～2024 | 15～16 | 50 |
| 2005 | 810～930 | 92 | 2010～2025 | 15～16 | 55 |
| 2006 | 560～650 | 91 | 2011～2026 | 15～16 | 60 |
| 2007 | 490～540 | 88 | 2012～2027 | 15～16 | 60 |
| 2008 | 530～605 | 91 | 2014～2028 | 16～17 | 70 |
| 2009 | 690～800 | 93 | 2015～2030 | 16～17 | 75 |
| 2010 | 810～930 | 91 | 2016～2030 | 17～18 | 80 |
| 2011 | 540～600 | 89 | 2015～2035 | 17～18 | 80 |
| 2012 | 470～520 | 88 | 2018～2032 | 17～18 | 85 |

法国·波尔多产区·梅多克·圣朱利安

## Chateau Leoville Barton
# 路易斯巴顿庄园

所属产区：法国波尔多梅多克区圣朱利安村
所属等级：1855年梅多克评级列级酒庄第二级
葡萄品种：赤霞珠、梅洛、品丽珠
土壤特征：黏土、砂砾土
每年产量：220 000瓶
配餐建议：嫩牛肉、煎羊排、红烧鲍鱼、硬奶酪

### 相关介绍

　　庄园的历史可以追溯到1722年。当时，托马斯·巴顿（Thomas Barton）创建了以自己姓氏命名的葡萄酒公司。1826年，休·巴顿购买了现今路易斯巴顿庄园的部分葡萄园，形成庄园雏形。目前，庄园葡萄园占地47公顷，葡萄树平均树龄30年，种植葡萄比例为72%赤霞珠、20%梅洛、8%品丽珠。其酒采用高含量的赤霞珠酿造，是一款丰富而果味浓郁的葡萄酒，同时也带有了圣朱利安典型的黑醋栗风味。在一些一流的年份中，最好在装瓶15年后饮用。

### 路易斯巴顿庄园　年份表格

| 年份 | 价格（元） | 分数 | 适饮期 | 侍酒（℃） | 醒酒（分钟） |
|---|---|---|---|---|---|
| 2001 | 850～970 | 92 | 2006～2018 | 15～16 | 35 |
| 2002 | 830～950 | 92 | 2007～2020 | 15～16 | 40 |
| 2003 | 1310～1580 | 95 | 2009～2023 | 15～16 | 50 |
| 2004 | 810～930 | 92 | 2010～2024 | 15～16 | 50 |
| 2005 | 1200～1440 | 96 | 2010～2025 | 16～17 | 60 |
| 2006 | 790～910 | 93 | 2011～2026 | 16～17 | 60 |
| 2007 | 710～820 | 91 | 2012～2027 | 16～17 | 65 |
| 2008 | 715～850 | 93 | 2014～2028 | 16～17 | 70 |
| 2009 | 1220～1400 | 94 | 2015～2030 | 16～17 | 75 |
| 2010 | 1330～1600 | 95 | 2016～2032 | 17～18 | 85 |
| 2011 | 770～890 | 91 | 2017～2035 | 17～18 | 90 |
| 2012 | 850～970 | 91 | 2018～2035 | 17～18 | 95 |

# Chateau Leoville Las Cases
# 雄狮庄园

所属产区：法国波尔多梅多克区圣朱利安村
所属等级：1855年梅多克评级列级酒庄第二级
葡萄品种：赤霞珠、梅洛、品丽珠、小华帝
土壤特征：黏土、砂砾土
每年产量：450 000瓶
配餐建议：嫩牛肉、煎羊排

## 相关介绍

　　雄狮庄园位于圣朱利安（Saint Julien）和波亚克（Pauillac）的边缘，与一级名庄拉图庄园相连接。自1707年始，雄狮庄园就成为梅多克产区规模最大、资格最老的庄园之一，后经过数次分裂，庄园现有面积为97公顷，葡萄树平均树龄为30年，主要种植65%赤霞珠、19%梅洛、13%品丽珠、3%小华帝。雄狮庄园的酒质高雅，结构紧密，单宁度高，因此，需要较长时间的陈年。雄狮庄园一般被行家称为超二级酒庄（Super 2），而Robert Parker早就将雄狮庄园放在他所评定的波尔多一级之列与传统五大名庄齐名。

### 雄狮庄园　年份表格

| 年份 | 价格（元） | 分数 | 适饮期 | 侍酒（℃） | 醒酒（分钟） |
|------|-----------|------|---------|-----------|--------------|
| 2001 | 1730～2070 | 95 | 2008～2030 | 15～16 | 40 |
| 2002 | 1630～1880 | 94 | 2009～2030 | 15～16 | 40 |
| 2003 | 2028～2330 | 94 | 2009～2030 | 15～16 | 45 |
| 2004 | 1620～1860 | 94 | 2010～2032 | 15～16 | 50 |
| 2005 | 3170～3810 | 97 | 2012～2034 | 16～17 | 60 |
| 2006 | 1900～2275 | 95 | 2013～2035 | 16～17 | 65 |
| 2007 | 1560～1790 | 93 | 2014～2038 | 16～17 | 65 |
| 2008 | 1650～1980 | 95 | 2015～2040 | 16～17 | 75 |
| 2009 | 2380～2855 | 97 | 2017～2042 | 16～17 | 80 |
| 2010 | 2890～3470 | 97 | 2018～2043 | 17～18 | 85 |
| 2011 | 1635～1880 | 93 | 2020～2045 | 17～18 | 85 |
| 2012 | 1370～1580 | 93 | 2020～2045 | 17～18 | 90 |

法国·波尔多产区·梅多克·圣朱利安

## Chateau Leoville–Poyferre
# 波菲庄园

所属产区：法国波尔多梅多克区圣朱利安村
所属等级：1855年梅多克评级列级酒庄第二级
葡萄品种：赤霞珠、梅洛、品丽珠、小华帝
土壤特征：黏土、石灰岩、砂质
每年产量：200 000瓶
配餐建议：嫩牛肉、煎羊排、红烧鲍鱼、硬奶酪

### 相关介绍

　　庄园的历史可追溯至1769年，目前是属于法国会计师Didier Cuvelier的产业。葡萄园占地80公顷，葡萄种植比例为65%赤霞珠、25%梅洛、8%小华帝、2%品丽珠，平均树龄为35年。老年份的波菲葡萄酒有着各种芬芳复杂的红色水果香，如樱桃、覆盆子的芳香。它在酒精度、酸度和单宁之间展示了完美的均衡性，华丽柔软的酒质之外还显得极为优雅细腻，而且有着非常优越的陈年潜能。

### 波菲庄园　年份表格

| 年份 | 价格（元） | 分数 | 适饮期 | 侍酒（℃） | 醒酒（分钟） |
|------|-----------|------|--------|----------|-------------|
| 2001 | 900～990 | 89 | 2006～2020 | 14～15 | 30 |
| 2002 | 790～870 | 88 | 2007～2022 | 14～15 | 35 |
| 2003 | 1650～1900 | 93 | 2009～2023 | 15～16 | 45 |
| 2004 | 1155～1330 | 90 | 2010～2024 | 15～16 | 50 |
| 2005 | 1110～1270 | 93 | 2010～2025 | 15～16 | 55 |
| 2006 | 750～830 | 89 | 2011～2026 | 15～16 | 55 |
| 2007 | 660～720 | 88 | 2012～2027 | 15～16 | 60 |
| 2008 | 715～820 | 90 | 2014～2028 | 16～17 | 70 |
| 2009 | 1760～2110 | 95 | 2015～2033 | 16～17 | 79 |
| 2010 | 1520～1830 | 95 | 2016～2035 | 17～18 | 80 |
| 2011 | 860～990 | 90 | 2017～2038 | 17～18 | 85 |
| 2012 | 695～800 | 90 | 2018～2040 | 17～18 | 90 |

# Chateau Saint Pierre
## 圣皮尔庄园

所属产区：法国波尔多梅多克区圣朱利安村
所属等级：1855年梅多克评级列级酒庄第四级
葡萄品种：赤霞珠、梅洛、品丽珠、小华帝
土壤特征：砂砾土
每年产量：50 000瓶
配餐建议：烧鸭、风干和烟熏肉类、腊味

### 相关介绍

  圣皮尔庄园的起源大概要追溯到17世纪，那时候庄园被称为塞兰桑（Seranan），拥有者是德雪夫利（De Cheverry）家族。1855年波尔多列级庄园评级中，庄园作为一个单一的庄园被评为四级庄。随后庄园几经易手，命途坎坷，直到1982年，庄园幸运地落到了对面歌丽雅庄园（Chateau Gloria）的庄主亨利·马丁（Henri Martin）的手上。马丁家族的出现令圣皮尔这个圣祖利安的小庄园重焕生机。圣皮尔庄园面积大约有17公顷，庄园的酿制技术非常严谨，与其他列级庄不同，圣皮尔酒庄专注于酿制正牌酒，暂时没有其副牌酒的出现。正牌葡萄酒酒色深厚诱人，酒体偏向厚重丰腴，口感颇为成熟，丰满圆润，收尾醇厚动人。很多个年份都具有长期陈年的潜力。

### 圣皮尔庄园 年份表格

| 年份 | 价格（元） | 分数 | 适饮期 | 侍酒（℃） | 醒酒（分钟） |
|------|------------|------|--------|-----------|--------------|
| 2001 | 510～560 | 89 | 2006～2018 | 14～15 | 30 |
| 2002 | 530～580 | 89 | 2007～2018 | 14～15 | 35 |
| 2003 | 510～585 | 90 | 2008～2020 | 15～16 | 45 |
| 2004 | 470～540 | 90 | 2010～2024 | 15～16 | 50 |
| 2005 | 670～770 | 93 | 2012～2026 | 16～17 | 55 |
| 2006 | 540～630 | 90 | 2012～2026 | 16～17 | 60 |
| 2007 | 510～580 | 90 | 2013～2027 | 16～17 | 65 |
| 2008 | 530～580 | 89 | 2014～2030 | 15～16 | 65 |
| 2009 | 1090～1250 | 93 | 2016～2032 | 16～17 | 75 |
| 2010 | 958～1100 | 91 | 2017～2035 | 17～18 | 80 |
| 2011 | 530～580 | 89 | 2018～2035 | 17～18 | 80 |
| 2012 | 490～560 | 90 | 2019～2038 | 17～18 | 85 |

# 大宝庄园

所属产区：法国波尔多梅多克区圣朱利安村

所属等级：1855年梅多克评级列级酒庄第四级

葡萄品种：赤霞珠、梅洛、小华帝

土壤特征：砂砾土和黏土土质

每年产量：300 000瓶

配餐建议：嫩牛肉、煎羊排

## 相关介绍

　　大宝庄园的得名归功于英国的大宝将军（Talbot），他是15世纪中期西耶纳省的统治者。19世纪初庄园在多克斯侯爵（Marquis D'Aux）家族掌管下声名益隆，后来两度易主后于1917年被波尔多著名的酿酒世家Desire Cordier先生收购。在Desire Cordier先生的儿子乔治和孙子让的细心经营下，大宝庄园的名气达到顶峰，成为波尔多最著名的庄园之一。大宝庄园的酒适合存放，果味浓郁，层次丰富，初喝时感觉平庸，但随着存放的时间愈久，其味愈佳。

## 大宝庄园　年份表格

| 年份 | 价格（元） | 分数 | 适饮期 | 侍酒（℃） | 醒酒（分钟） |
|------|-----------|------|-----------|----------|------------|
| 2001 | 715～785 | 87 | 2006～2020 | 14～15 | 30 |
| 2002 | 510～560 | 88 | 2007～2022 | 14～15 | 35 |
| 2003 | 660～725 | 89 | 2009～2023 | 14～15 | 40 |
| 2004 | 690～760 | 89 | 2010～2024 | 14～15 | 45 |
| 2005 | 770～890 | 90 | 2010～2025 | 16～17 | 55 |
| 2006 | 600～660 | 89 | 2011～2026 | 15～16 | 55 |
| 2007 | 560～620 | 85 | 2012～2027 | 15～16 | 60 |
| 2008 | 580～640 | 88 | 2014～2028 | 15～16 | 65 |
| 2009 | 690～800 | 91 | 2015～2033 | 16～17 | 75 |
| 2010 | 710～820 | 90 | 2015～2033 | 17～18 | 80 |
| 2011 | 510～560 | 88 | 2016～2034 | 17～18 | 80 |
| 2012 | 450～495 | 89 | 2018～2035 | 17～18 | 85 |

# Chateau Boyd Cantenac
# 贝卡塔纳酒庄

所属产区：法国波尔多梅多克区玛歌村

所属等级：1855年梅多克评级列级酒庄第三级

葡萄品种：赤霞珠、梅洛、品丽珠、小华帝

土壤特征：第四时期砂砾沉积土

每年产量：72 000瓶

配餐建议：牛扒、羊肉

## 相关介绍

  贝卡塔纳酒庄由爱尔兰人雅克·贝（Jacques Boyd）创建于1754年。1852年，整片葡萄园被分割成贝卡塔纳和肯德布朗（Cantenac-Brown）两部分，两家酒庄也同时在1855年获得三级酒庄的称号。由于城堡归属了肯德布朗，贝卡塔纳成为一座没有城堡的酒庄。酒庄进入20世纪之后，受到经济大萧条和战争等影响沉寂了一段时间，直到1932年吉耶梅（Guillemet）家族成为酒庄新主，并进行了一系列改革后重现辉煌。贝卡塔纳的酒在橡木桶中陈年12至18个月（新橡木桶的比例视年份不同维持在30%～60%），酒体深厚，层次感明显，有着玛歌村特有的精致优雅。

## 贝卡塔纳酒庄 年份表格

| 年份 | 价格（元） | 分数 | 适饮期 | 侍酒（℃） | 醒酒（分钟） |
|---|---|---|---|---|---|
| 2001 | 470～545 | 90 | 2006～2018 | 14～15 | 35 |
| 2002 | 435～480 | 85 | 2007～2020 | 13～14 | 35 |
| 2003 | 585～640 | 83 | 2009～2023 | 13～14 | 40 |
| 2004 | 585～640 | 86 | 2010～2024 | 13～14 | 45 |
| 2005 | 640～740 | 92 | 2010～2025 | 15～16 | 55 |
| 2006 | 520～600 | 90 | 2011～2026 | 15～16 | 60 |
| 2007 | 490～540 | 86 | 2012～2027 | 14～15 | 60 |
| 2008 | 508～560 | 89 | 2014～2028 | 14～15 | 65 |
| 2009 | 546～600 | 89 | 2015～2030 | 14～15 | 70 |
| 2010 | 640～705 | 88 | 2016～2030 | 16～17 | 75 |
| 2011 | 645～710 | 89 | 2017～2031 | 16～17 | 80 |
| 2012 | 630～690 | 88 | 2020～2042 | 16～17 | 85 |

## Chateau Brane Cantenac
# 布莱恩康特纳

所属产区：法国波尔多梅多克区玛歌村

所属等级：1855年梅多克评级列级酒庄第二级

葡萄品种：赤霞珠、梅洛、品丽珠

土壤特征：含粗卵石的砂砾混合土

每年产量：30 000箱

配餐建议：嫩牛肉、煎羊排、红烧鲍鱼、硬奶酪

### 相关介绍

　　酒庄前身为格尔斯酒庄（Gorce），由格尔斯家族建于18世纪，在1855年建立分级制度之前就已跻身梅多克声望最高的酒庄之列。在二级庄中，格尔斯的葡萄酒售价曾是最高的。1833年，布莱恩男爵（Baron de Brane）卖掉布莱恩木桐酒庄（Brane - Mouton）——即今日的木桐罗思柴尔德堡（Mouton - Rothschild）后转手买下格尔斯酒庄。作为发展酿酒技术的先锋人物，布莱恩男爵瞄准了格尔斯酒庄优越的地理条件，认定它有着极大的发展潜力。1838年，布莱恩男爵将酒庄更名为"布莱恩康特纳"，希望其繁盛康庄，声名永传。目前，酒庄的每一个年份均在50%新的橡木桶中陈年12至18个月，其酒层次感丰富，口感醇厚。

### 布莱恩康特纳　年份表格

| 年份 | 价格（元） | 分数 | 适饮期 | 侍酒（℃） | 醒酒（分钟） |
|---|---|---|---|---|---|
| 2001 | 755 ~ 865 | 91 | 2006 ~ 2018 | 14 ~ 15 | 35 |
| 2002 | 640 ~ 740 | 91 | 2007 ~ 2020 | 14 ~ 15 | 40 |
| 2003 | 770 ~ 850 | 89 | 2009 ~ 2023 | 13 ~ 14 | 40 |
| 2004 | 700 ~ 770 | 88 | 2010 ~ 2024 | 13 ~ 14 | 45 |
| 2005 | 905 ~ 1040 | 92 | 2010 ~ 2025 | 15 ~ 16 | 55 |
| 2006 | 640 ~ 705 | 88 | 2011 ~ 2026 | 14 ~ 15 | 55 |
| 2007 | 660 ~ 725 | 87 | 2012 ~ 2027 | 14 ~ 15 | 60 |
| 2008 | 600 ~ 660 | 88 | 2014 ~ 2028 | 14 ~ 15 | 65 |
| 2009 | 830 ~ 910 | 89 | 2015 ~ 2030 | 14 ~ 15 | 70 |
| 2010 | 1000 ~ 1145 | 90 | 2016 ~ 2030 | 17 ~ 18 | 80 |
| 2011 | 1310 ~ 1510 | 91 | 2017 ~ 2032 | 17 ~ 18 | 85 |
| 2012 | 1210 ~ 1390 | 90 | 2018 ~ 2033 | 17 ~ 18 | 90 |

# Chateau D'issan
# 迪仙庄园

所属产区：法国波尔多梅多克区玛歌村
所属等级：1855年梅多克评级列级酒庄第三
　　　　　级
葡萄品种：赤霞珠、梅洛
土壤特征：砂砾土
每年产量：60 000瓶
配餐建议：嫩牛肉、煎羊排、红烧鲍鱼、硬
　　　　　奶酪

## 相关介绍

　　迪仙庄园17世纪前由希刚家族（Segur）拥有。葡萄园占地面积52公顷，葡萄种植比例为65%赤霞珠、35%梅洛，平均树龄35年。迪仙庄园的酒颜色都比较深，甚至有点发黑。闻之果香优美，带成熟黑加仑子和樱桃味。入口单宁结构细致结实，酒体主骨明显，像一匹跑起来平衡而有力的骏马。和其他玛歌村的名庄一样，迪仙庄园比较容易明白和欣赏。迪仙庄园的酒是很多欧洲国家皇室的所爱，并经常被选作皇家宴会、婚礼等场合的专用酒。

## 迪仙庄园　年份表格

| 年份 | 价格（元） | 分数 | 适饮期 | 侍酒（℃） | 醒酒（分钟） |
|------|-----------|------|--------|-----------|--------------|
| 2001 | 490～540 | 86 | 2006～2020 | 13～14 | 30 |
| 2002 | 430～475 | 84 | 2007～2022 | 13～14 | 35 |
| 2003 | 580～640 | 86 | 2009～2023 | 13～14 | 40 |
| 2004 | 565～620 | 87 | 2010～2024 | 13～14 | 45 |
| 2005 | 900～1035 | 90 | 2010～2025 | 15～16 | 55 |
| 2006 | 770～850 | 88 | 2011～2026 | 14～15 | 55 |
| 2007 | 580～640 | 86 | 2012～2027 | 14～15 | 60 |
| 2008 | 545～600 | 88 | 2014～2028 | 14～15 | 65 |
| 2009 | 770～890 | 90 | 2015～2030 | 15～16 | 75 |
| 2010 | 846～970 | 91 | 2016～2031 | 17～18 | 80 |
| 2011 | 550～600 | 89 | 2016～2031 | 16～17 | 80 |
| 2012 | 590～600 | 90 | 2018～2033 | 17～18 | 90 |

## Chateau Dauzac
# 杜萨庄园

所属产区：法国波尔多梅多克区玛歌村
所属等级：1855年梅多克评级列级酒庄
　　　　　第五级
葡萄品种：赤霞珠、梅洛、品丽珠
土壤特征：砂砾土、黏土和石灰质
每年产量：230 000瓶
配餐建议：嫩牛肉、煎羊排、红烧鲍鱼、硬奶酪

### 相关介绍

　　杜萨庄园的历史最早要追溯到17世纪初，为波尔多的商人Pierre Drouillard所有，现任庄主是安德烈·勒顿。庄园总占地面积120公顷，其中葡萄园种植面积为45公顷，土壤表面为砂砾层，底层为黏土和石灰质，以及铁质砂砾层。杜萨庄园的酒以优雅感著称，酒香复杂，带烙子、烟熏和木料的芳香。优雅感显著，单宁圆滑柔软，并慢慢地融合在嘴里，妙不可言。

### 杜萨庄园　年份表格

| 年份 | 价格（元） | 分数 | 适饮期 | 侍酒（℃） | 醒酒（分钟） |
|------|-----------|------|---------|-----------|-------------|
| 2001 | 485～535 | 86 | 2006～2018 | 13～14 | 30 |
| 2002 | 375～410 | 83 | 2007～2020 | 13～14 | 35 |
| 2003 | 410～450 | 83 | 2009～2023 | 13～14 | 40 |
| 2004 | 450～495 | 86 | 2010～2024 | 13～14 | 45 |
| 2005 | 730～805 | 88 | 2010～2025 | 14～15 | 50 |
| 2006 | 410～455 | 85 | 2011～2026 | 14～15 | 55 |
| 2007 | 410～455 | 84 | 2012～2027 | 14～15 | 60 |
| 2008 | 450～490 | 86 | 2014～2028 | 14～15 | 65 |
| 2009 | 600～660 | 88 | 2015～2029 | 14～15 | 70 |
| 2010 | 600～660 | 89 | 2016～2030 | 16～17 | 75 |
| 2011 | 570～625 | 87 | 2016～2031 | 16～17 | 80 |
| 2012 | 530～580 | 88 | 2017～2032 | 16～17 | 85 |

法
国
·
波
尔
多
产
区
·
梅
多
克
·
玛
歌

# Chateau Desmirail
## 狄士美酒庄

所属产区：法国波尔多梅多克区玛歌村
所属等级：1855年梅多克评级列级酒庄第三级
葡萄品种：赤霞珠、梅洛、品丽珠
土壤特征：由砂砾土、沙和黏土组成
每年产量：180 000瓶
配餐建议：羊扒、西冷牛扒、烤鸭、软奶酪

### 相关介绍

　　酒庄早在17世纪之前已开始酿酒，但真正为人所知的是在17世纪狄士美家族收购之后，该家族收购之后凭借其强大的影响力和丰富的酿酒经验令酒庄在短时间内上升数个等级，最终在1855年的列级酒庄评级中被评为三级庄。酒庄获得评级以后被易主到另一家族，此后相继进入了几个主人手中，而20世纪以来在沉寂了将近半个世纪以后狄士美才开始回复昔日水平。1981年，勒顿家族（Lurton）收购该酒庄并将其建造成玛歌地区优秀的三级庄之一。该酒庄目前依然由勒顿家族管理。

### 狄士美酒庄　年份表格

| 年份 | 价格（元） | 分数 | 适饮期 | 侍酒（℃） | 醒酒（分钟） |
|------|-----------|------|---------|-----------|-------------|
| 2001 | 470～515 | 85 | 2006～2018 | 13～14 | 30 |
| 2002 | 335～370 | 81 | 2007～2020 | 13～14 | 35 |
| 2003 | 505～555 | 84 | 2009～2023 | 13～14 | 40 |
| 2004 | 390～430 | 80 | 2010～2024 | 13～14 | 45 |
| 2005 | 470～510 | 86 | 2010～2025 | 14～15 | 50 |
| 2006 | 375～410 | 83 | 2011～2026 | 14～15 | 55 |
| 2007 | 340～370 | 82 | 2012～2027 | 14～15 | 60 |
| 2008 | 355～390 | 83 | 2014～2028 | 14～15 | 65 |
| 2009 | 355～390 | 82 | 2015～2030 | 14～15 | 70 |
| 2010 | 335～370 | 82 | 2016～2030 | 16～17 | 75 |
| 2011 | 385～425 | 86 | 2016～2031 | 16～17 | 80 |
| 2012 | 425～470 | 87 | 2018～2032 | 16～17 | 85 |

## Chateau Du Tertre
# 杜特酒庄

所属产区：法国波尔多梅多克区玛歌村

所属等级：1855年梅多克评级列级酒庄第五级

葡萄品种：赤霞珠、梅洛、品丽珠、小华帝

土壤特征：砂砾土

每年产量：245 000瓶

配餐建议：炖肉、野味

### 相关介绍

杜特酒庄（Chateau Du Tertre）建于18世纪初，此前曾有一段时间被达雅萨克家族（D'Arsac）作为葡萄园拥有，后易主到15～18世纪时期梅多克地区同时拥有最多顶级酒庄的希刚家族（Segur），在其家族的管理下，杜特酒庄只用了30年的时间就有了飞跃式的进步，酒庄面积不仅扩展了一倍之多，出品质量亦逐渐受到众多饮家认可，在1855年的梅多克列级酒庄评级中，杜特酒庄被列为五级庄。酒庄易主后品牌受到了很大的影响，直到1995年，同产区的三级酒庄美人鱼庄（Ch.Giscours）的主人杰斯玛家族（Jelgersma）购下了酒庄才挽救了其尴尬的地位。时至今日，杜特酒庄（Chateau Du Tertre）的酒质已恢复到五级庄的普遍水平。其酒体均衡轻柔，和谐适口，单宁框架感较好，具有樱桃等红色浆果的迷人香气，奶油香甜气息较强，偶尔会有黑莓的味道，好年份的酒具有更好的陈年潜力与价值。

### 杜特酒庄　年份表格

| 年份 | 价格（元） | 分数 | 适饮期 | 侍酒（℃） | 醒酒（分钟） |
|------|-----------|------|--------|-----------|--------------|
| 2001 | 525～580 | 86 | 2004～2018 | 13～14 | 30 |
| 2002 | 410～455 | 83 | 2005～2018 | 13～14 | 35 |
| 2003 | 525～580 | 85 | 2006～2019 | 13～14 | 40 |
| 2004 | 490～535 | 85 | 2007～2019 | 13～14 | 45 |
| 2005 | 580～640 | 88 | 2009～2021 | 14～15 | 50 |
| 2006 | 390～430 | 84 | 2009～2021 | 14～15 | 55 |
| 2007 | 360～390 | 82 | 2010～2022 | 14～15 | 60 |
| 2008 | 375～410 | 82 | 2011～2023 | 14～15 | 65 |
| 2009 | 485～535 | 87 | 2013～2025 | 14～15 | 70 |
| 2010 | 415～450 | 83 | 2013～2025 | 16～17 | 75 |
| 2011 | 450～500 | 88 | 2014～2026 | 16～17 | 80 |
| 2012 | 495～550 | 89 | 2016～2028 | 16～17 | 85 |

# Chateau Durfort Vivens
# 杜霍庄园

所属产区：法国波尔多梅多克区玛歌村

所属等级：1855年梅多克评级列级酒庄
第二级

葡萄品种：赤霞珠、梅洛、品丽珠

土壤特征：第四时期的深层砂砾土壤

每年产量：80 000瓶

配餐建议：烤鸭、野味、奶酪

## 相关介绍

　　杜霍庄园的历史要追溯到12世纪，最初由杜霍·杜哈斯（Durfort De Duras）家族创建。杜哈斯的后代们坐拥庄园超过7个世纪，期间还拥有拉蒙德庄园（La Mothe），也就是今天广为人知的玛歌庄园（Chateau Margaux），其实力可见一斑。1824年，庄园被维文（Vivens）买下并更名为"杜霍·维文"（Durfort-Vivens）。1855年杜霍庄园被评为二级庄。庄园的现任主人是在1961年接手的勒顿家族（Lurton），该家族同时也是布朗康田庄园Chateau Brane-Cantenac和克莱门庄园Chateau Climens的拥有者。目前，葡萄树平均树龄为25年，平均单产为4500升/公顷，其酒精致且严肃，单宁细致且坚实深邃，品尝时很容易发现有紫罗兰、黑樱桃和松露的香气。

## 杜霍庄园　年份表格

| 年份 | 价格（元） | 分数 | 适饮期 | 侍酒（℃） | 醒酒（分钟） |
|------|-----------|------|--------|----------|-------------|
| 2001 | 560～620 | 89 | 2006～2018 | 13～14 | 30 |
| 2002 | 360～390 | 86 | 2007～2020 | 13～14 | 35 |
| 2003 | 470～515 | 89 | 2009～2023 | 13～14 | 40 |
| 2004 | 340～370 | 86 | 2010～2024 | 13～14 | 45 |
| 2005 | 710～820 | 90 | 2010～2025 | 15～16 | 55 |
| 2006 | 410～455 | 87 | 2011～2026 | 14～15 | 55 |
| 2007 | 450～495 | 84 | 2012～2027 | 14～15 | 60 |
| 2008 | 375～410 | 86 | 2014～2028 | 14～15 | 65 |
| 2009 | 490～560 | 90 | 2015～2030 | 15～16 | 75 |
| 2010 | 580～640 | 89 | 2016～2030 | 16～17 | 75 |
| 2011 | 410～450 | 87 | 2016～2031 | 16～17 | 80 |
| 2012 | 455～500 | 89 | 2018～2032 | 16～17 | 85 |

法国·波尔多产区·梅多克·玛歌

## Chateau Ferriere
# 费里埃酒庄

所属产区：法国波尔多梅多克区玛歌村
所属等级：1855年梅多克评级列级酒庄第三级
葡萄品种：赤霞珠、梅洛、品丽珠、小华帝
土壤特征：砂砾土质
每年产量：4 000箱
配餐建议：牛肉、浓味炖肉、野味

### 相关介绍

　　费里埃酒庄有两个显著特点，其一是它的面积在所有玛歌酒庄中是最小的，其次是酒庄自18世纪建立以来到20世纪这段时间只被两个家族管理过，所以此段时期的表现一直比较稳定。酒庄的名字来自其首任主人加百利·费里埃（Ferriere），而后相继转手到费耶拉家族（Feuillerat）和荔仙家族手中。目前，酒庄拥有8公顷的葡萄园，葡萄植株平均树龄为35年，由一位女庄主克莱尔掌管，她通过不断的努力已将酒庄建设成一个极具玛歌风格的酒庄，其酒深厚强劲而又细腻有致。

### 费里埃酒庄　年份表格

| 年份 | 价格（元） | 分数 | 适饮期 | 侍酒（℃） | 醒酒（分钟） |
|------|-----------|------|---------|-----------|-------------|
| 2001 | 410～450 | 85 | 2006～2018 | 13～14 | 30 |
| 2002 | 320～350 | 84 | 2007～2020 | 13～14 | 35 |
| 2003 | 470～515 | 89 | 2009～2023 | 13～14 | 40 |
| 2004 | 400～440 | 87 | 2010～2024 | 13～14 | 45 |
| 2005 | 525～580 | 90 | 2010～2025 | 15～16 | 50 |
| 2006 | 360～390 | 86 | 2011～2026 | 14～15 | 55 |
| 2007 | 375～410 | 85 | 2012～2025 | 14～15 | 60 |
| 2008 | 410～455 | 83 | 2014～2026 | 14～15 | 65 |
| 2009 | 430～475 | 87 | 2015～2027 | 14～15 | 70 |
| 2010 | 410～455 | 84 | 2015～2030 | 16～17 | 75 |
| 2011 | 450～500 | 86 | 2016～2031 | 16～17 | 80 |
| 2012 | 500～550 | 87 | 2018～2032 | 16～17 | 85 |

法国·波尔多产区·梅多克·玛歌

## Chateau Giscours
## 美人鱼庄园

所属产区：法国波尔多梅多克区玛歌村
所属等级：1855年梅多克评级列级酒庄第三级
葡萄品种：赤霞珠、梅洛、品丽珠、小华帝
土壤特征：富含砂砾、小鹅卵石
每年产量：200 000瓶
配餐建议：牛柳、红烧鹅掌海参、烧羊扒、羊奶酪

### 相关介绍

　　美人鱼庄园的历史可以追溯到1330年。1552年，庄园卖给了Pierre L'Homme，法国酒书FERET（被看作是波尔多葡萄酒的《圣经》）中曾记载，路易十四国王非常喜欢美人鱼庄园的葡萄酒，所以庄园的酒常侍君左右。后庄园多次易主，庄主之一的巴黎大银行家Count of Pescatore为迎接乌婕妮皇后的光临，曾于1847年重建庄园，许多建筑仍保留至今。在1855年的分级制中，美人鱼庄园名列梅多克产区三级庄园，后来在主人代代更替的历史长河中，美人鱼庄园的地位不断下滑。时至今日，庄园已完全为Eric Albada Jelgersma及其家族所有，庄园的葡萄酒品质才慢慢提高，大有回复几世纪前的风采之势。

### 美人鱼庄园　年份表格

| 年份 | 价格（元） | 分数 | 适饮期 | 侍酒（℃） | 醒酒（分钟） |
|------|-----------|------|--------|-----------|--------------|
| 2001 | 560～650 | 90 | 2006～2020 | 14～15 | 35 |
| 2002 | 675～775 | 90 | 2007～2022 | 14～15 | 40 |
| 2003 | 655～750 | 90 | 2009～2023 | 14～15 | 45 |
| 2004 | 675～740 | 88 | 2010～2024 | 13～14 | 45 |
| 2005 | 898～1030 | 91 | 2010～2025 | 15～16 | 55 |
| 2006 | 525～580 | 88 | 2011～2026 | 14～15 | 55 |
| 2007 | 505～555 | 87 | 2012～2027 | 14～15 | 60 |
| 2008 | 540～600 | 87 | 2014～2028 | 14～15 | 65 |
| 2009 | 690～760 | 89 | 2015～2030 | 14～15 | 70 |
| 2010 | 765～840 | 89 | 2016～2031 | 16～17 | 75 |
| 2011 | 770～845 | 89 | 2017～2032 | 16～17 | 80 |
| 2012 | 840～970 | 90 | 2019～2033 | 16～17 | 90 |

法国·波尔多产区·梅多克·玛歌

## Chateau Kirwan
## 麒麟酒庄

所属产区：法国波尔多梅多克区玛歌村
所属等级：1855年梅多克评级列级酒庄第三级
葡萄品种：赤霞珠、梅洛、品丽珠、小华帝
土壤特征：砂砾土、黏土
每年产量：120 000瓶
配餐建议：鸭肉和各种类型的红肉

### 相关介绍

麒麟酒庄的历史可追溯到18世纪初，由Collingwood家族建立，后来家族女儿嫁给爱尔兰商人Mark Kirwan，酒庄亦正式易名为Chateau Kirwan，Kirwan在中文里的意思为麒麟，中文名字由此而来。麒麟酒庄在18世纪时期享誉整个波尔多地区，时任美国总统的Thomas Jefferson对麒麟酒庄钟爱有加，在1855年波尔多评级中，麒麟酒庄被列为三级酒庄。进入20世纪，酒庄质量大受打击，直到1950年，酒庄被Schyler家族收购并管理至今，他们重新整合葡萄园，引进新酿酒设备，才令酒庄回复昔日光彩。其精致的酒体和出色的果香是玛歌产区的基本特点。时至今日，麒麟酒庄拥有30公顷左右葡萄园，葡萄植株平均树龄为27年，出品素质很稳定。

麒麟酒庄　年份表格

| 年份 | 价格（元） | 分数 | 适饮期 | 侍酒（℃） | 醒酒（分钟） |
|------|-----------|------|--------|-----------|-------------|
| 2001 | 340～370 | 86 | 2006～2018 | 13～14 | 30 |
| 2002 | 470～515 | 87 | 2007～2020 | 13～14 | 35 |
| 2003 | 490～540 | 89 | 2009～2023 | 13～14 | 40 |
| 2004 | 525～580 | 87 | 2010～2024 | 13～14 | 45 |
| 2005 | 675～775 | 90 | 2010～2025 | 16～17 | 55 |
| 2006 | 540～600 | 88 | 2011～2026 | 14～15 | 55 |
| 2007 | 470～515 | 85 | 2012～2027 | 14～15 | 60 |
| 2008 | 560～620 | 87 | 2014～2028 | 14～15 | 65 |
| 2009 | 710～780 | 89 | 2015～2030 | 14～15 | 70 |
| 2010 | 670～740 | 88 | 2016～2030 | 16～17 | 75 |
| 2011 | 740～815 | 89 | 2016～2031 | 16～17 | 80 |
| 2012 | 795～875 | 89 | 2017～2032 | 16～17 | 85 |

## Chateau Lascombes
# 力士金庄园

所属产区：法国波尔多梅多克区玛歌村
所属等级：1855年梅多克评级列级酒庄第二级
葡萄品种：赤霞珠、梅洛、品丽珠、小华帝
土壤特征：砂砾和黏土土质
每年产量：300 000瓶
配餐建议：乳鸽、嫩牛肉、煎羊排

### 相关介绍

  力士金庄园距离著名的玛歌庄园只有数百米之隔，是玛歌村一个著名的葡萄酒庄园，其名起源于1625年出生的力士金先生。目前，力士金庄园的庄主由曾任拉菲庄酿酒师的Dominique Befve担任，拥有118公顷的葡萄园，是梅多克最大的酒庄之一，葡萄的种植比例主要为50%梅洛和47%赤霞珠，平均树龄在35年左右。其酒通常带有浆果、烟草的香气，口感浓郁而不失优雅。

### 力士金庄园　年份表格

| 年份 | 价格（元） | 分数 | 适饮期 | 侍酒（℃） | 醒酒（分钟） |
|------|-----------|------|--------|-----------|-------------|
| 2001 | 770～840 | 86 | 2006～2020 | 13～14 | 30 |
| 2002 | 805～885 | 84 | 2007～2022 | 13～14 | 35 |
| 2003 | 790～865 | 88 | 2009～2023 | 13～14 | 40 |
| 2004 | 750～820 | 87 | 2010～2024 | 13～14 | 45 |
| 2005 | 1050～1150 | 88 | 2010～2025 | 14～15 | 50 |
| 2006 | 800～885 | 88 | 2011～2026 | 14～15 | 55 |
| 2007 | 730～800 | 87 | 2012～2027 | 14～15 | 60 |
| 2008 | 750～820 | 88 | 2014～2028 | 14～15 | 65 |
| 2009 | 940～1080 | 90 | 2015～2031 | 16～17 | 75 |
| 2010 | 1160～1330 | 90 | 2016～2032 | 17～18 | 80 |
| 2011 | 710～820 | 88 | 2016～2033 | 16～17 | 80 |
| 2012 | 560～650 | 88 | 2017～2034 | 16～17 | 85 |

# Chateau Malescot Saint Exupery
# 马利哥酒庄

所属产区：法国波尔多梅多克区玛歌村
所属等级：1855年梅多克评级列级酒庄第三级
葡萄品种：赤霞珠、梅洛、品丽珠、小华帝
土壤特征：砾质土壤
每年产量：100 000瓶
配餐建议：浓味炖肉、披萨、野味

## 相关介绍

　　酒庄的酿酒史可以追溯到1608年。其后酒庄几经易手。1827年，让·巴蒂斯特·圣艾斯佩利伯爵（Count Jean - Boptiste Saint - Exupery）买下酒庄，对其进行修缮，并用自己的名字将酒庄命名为马利哥.圣艾斯佩利酒庄（Chateau Malescot Saint - Exupery），简称马利哥酒庄。1855年，酒庄被评为三级庄，庄主是波尔多的银行家霍卡德（Fourcade）。他对葡萄园进行大面积扩展，重植葡萄树，修缮外屋和刷新酒窖，并增设酿酒设备。随后酒庄又进入了一个相对坎坷的发展时期。直到1955年由保罗·札格（Paul Zuger）接管后，酒庄的命运才发生了逆转。目前，酒庄仍由札格家族掌管，正在竭尽全力地使马利哥成为玛歌产区最优质的葡萄酒之一。

法国·波尔多产区·梅多克·玛歌

## 马利哥酒庄　年份表格

| 年份 | 价格（元） | 分数 | 适饮期 | 侍酒（℃） | 醒酒（分钟） |
|------|-----------|------|--------|-----------|--------------|
| 2001 | 690～760 | 88 | 2006～2018 | 13～14 | 35 |
| 2002 | 670～775 | 90 | 2007～2020 | 14～15 | 35 |
| 2003 | 750～860 | 92 | 2009～2023 | 14～15 | 40 |
| 2004 | 560～650 | 90 | 2010～2024 | 14～15 | 45 |
| 2005 | 1310～1570 | 95 | 2010～2025 | 15～16 | 60 |
| 2006 | 540～620 | 90 | 2011～2026 | 15～16 | 55 |
| 2007 | 525～580 | 88 | 2012～2027 | 14～15 | 60 |
| 2008 | 580～640 | 89 | 2014～2028 | 14～15 | 65 |
| 2009 | 1050～1260 | 95 | 2015～2030 | 15～16 | 80 |
| 2010 | 990～1140 | 90 | 2016～2030 | 17～18 | 80 |
| 2011 | 540～620 | 89 | 2018～2033 | 16～17 | 80 |
| 2012 | 600～660 | 90 | 2020～2035 | 17～18 | 85 |

# Chateau Margaux
# 玛歌庄园

所属产区：法国波尔多梅多克区玛歌村

所属等级：1855年梅多克评级列级酒庄
第一级

葡萄品种：赤霞珠、品丽珠、梅洛、小
华帝

土壤特征：黏土和石灰石

每年产量：12 500箱

配餐建议：嫩牛肉、煎羊排、烧鹅

## 相关介绍

　　玛歌庄园由Pierre De Lestonnac建园于1590年，是梅多克地区最宏伟的建筑之一，同时也是玛歌村名庄中最灿烂的一颗明珠。历史上的玛歌庄园多次易主，现在属于希腊裔法国人安德烈·门采尔普洛斯家族产业。目前，酒庄的红葡萄种植面积有78公顷，其中赤霞珠占75%，梅洛占20%，品丽珠和小华帝占5%。其酒被誉为法国的国酒。

### 玛歌庄园　年份表格

| 年份 | 价格（元） | 分数 | 适饮期 | 侍酒（℃） | 醒酒（分钟） |
|------|-----------|------|---------|-----------|--------------|
| 2001 | 4580～5500 | 95 | 2007～2035 | 14～15 | 40 |
| 2002 | 4380～5030 | 93 | 2008～2038 | 14～15 | 40 |
| 2003 | 6450～7740 | 98 | 2009～2040 | 14～15 | 50 |
| 2004 | 4530～5430 | 95 | 2010～2042 | 14～15 | 55 |
| 2005 | 9050～10860 | 98 | 2012～2044 | 15～16 | 60 |
| 2006 | 5070～6080 | 95 | 2014～2044 | 15～16 | 65 |
| 2007 | 4450～5120 | 93 | 2015～2045 | 15～16 | 65 |
| 2008 | 4675～5380 | 94 | 2016～2047 | 15～16 | 70 |
| 2009 | 6595～7910 | 98 | 2018～2048 | 15～16 | 80 |
| 2010 | 9350～11220 | 98 | 2020～2050 | 17～18 | 85 |
| 2011 | 5270～6065 | 94 | 2020～2050 | 17～18 | 85 |
| 2012 | 4040～4650 | 94 | 2022～2055 | 17～18 | 90 |

# Chateau Marquis De Terme
# 德达侯爵酒庄

所属产区：法国波尔多梅多克区玛歌村

所属等级：1855年梅多克评级列级酒庄第四级

葡萄品种：赤霞珠、梅洛、品丽珠、小华帝

土壤特征：典型的砂砾土，底层土壤为黏土

每年产量：12 000箱

配餐建议：烤鸭、野味、排骨

### 相关介绍

　　酒庄建于15世纪，但真正开始活跃起来是在16世纪，时任主人为鲁臣家族（Rauzan），该家族亦是玛歌地区鲁臣世家和露仙歌两个著名的二级酒庄的创建人。后酒庄传到德达侯爵手中，并正式以Chateau Marquis De Terme命名。此后庄园在19世纪末和20世纪初不断易主，直到1935年被皮耶尔家族（Pierre）收购并管理至今。时至今日，德达侯爵酒庄拥有38公顷葡萄园，随着庄主的不断投入与改造，德达侯爵酒庄近几年来的表现开始回到昔日水平，某些推荐年份如2004年有着深邃的颜色和微妙的层次感。

## 德达侯爵酒庄　年份表格

| 年份 | 价格（元） | 分数 | 适饮期 | 侍酒（℃） | 醒酒（分钟） |
|------|-----------|------|--------|-----------|--------------|
| 2001 | 640～700 | 85 | 2006～2018 | 13～14 | 30 |
| 2002 | 470～515 | 82 | 2007～2020 | 13～14 | 35 |
| 2003 | 360～390 | 83 | 2009～2023 | 13～14 | 40 |
| 2004 | 370～410 | 86 | 2010～2024 | 13～14 | 45 |
| 2005 | 520～580 | 88 | 2010～2025 | 14～15 | 50 |
| 2006 | 410～455 | 83 | 2011～2026 | 14～15 | 55 |
| 2007 | 580～640 | 85 | 2012～2027 | 14～15 | 60 |
| 2008 | 430～520 | 84 | 2014～2028 | 14～15 | 65 |
| 2009 | 410～450 | 84 | 2015～2030 | 14～15 | 70 |
| 2010 | 450～490 | 84 | 2016～2030 | 16～17 | 75 |
| 2011 | 540～590 | 87 | 2017～2032 | 16～17 | 80 |
| 2012 | 605～670 | 89 | 2018～2033 | 16～17 | 85 |

## Chateau Marquis–D'Alesme Becker
# 碧加侯爵庄园

所属产区：法国波尔多梅多克区玛歌村
所属等级：1855年梅多克评级列级酒庄第三级
葡萄品种：赤霞珠、梅洛、品丽珠、小华帝
土壤特征：砂质砾石
每年产量：10 000箱
配餐建议：浓味炖肉

### 相关介绍

　　庄园建于1585年，并以碧加侯爵的名字命名，首次葡萄栽培记录为1616年。在接下来的几个世纪里，庄园经过多次易主，2006年由休伯特·毕罗度（Hubert Perrodo）接手。毕罗度制订了一系列对碧加侯爵庄园进行全面革新的计划。然而不幸的是，毕罗度在度假时死于滑雪事故，革新计划被迫搁浅。目前，酒庄仍由毕罗度家族掌管，碧加侯爵庄园的未来再次变得安危难定。庄园面积达15公顷，其酒酒体轻盈，被视为适合年份短饮用的果香型葡萄酒。

### 碧加侯爵庄园　年份表格

| 年份 | 价格（元） | 分数 | 适饮期 | 侍酒（℃） | 醒酒（分钟） |
|------|-----------|------|--------|----------|-------------|
| 2001 | 356～390 | 82 | 2006～2018 | 13～14 | 30 |
| 2002 | 430～470 | 87 | 2007～2020 | 13～14 | 35 |
| 2003 | 450～490 | 86 | 2009～2023 | 13～14 | 40 |
| 2004 | 415～450 | 80 | 2010～2024 | 14～15 | 45 |
| 2005 | 450～490 | 85 | 2010～2024 | 14～15 | 50 |
| 2006 | 370～405 | 83 | 2011～2025 | 14～15 | 55 |
| 2007 | 375～410 | 84 | 2012～2026 | 15～16 | 60 |
| 2008 | 470～515 | 85 | 2014～2027 | 15～16 | 65 |
| 2009 | 360～390 | 83 | 2015～2027 | 15～16 | 70 |
| 2010 | 330～360 | 83 | 2016～2028 | 17～18 | 75 |
| 2011 | 390～440 | 88 | 2019～2031 | 17～18 | 80 |
| 2012 | 480～530 | 88 | 2020～2032 | 17～18 | 85 |

## Chateau Palmer
# 宝马庄园

所属产区：法国波尔多梅多克区玛歌村
所属等级：1855年梅多克评级列级酒庄
　　　　　第三级
葡萄品种：赤霞珠、品丽珠、梅洛
土壤特征：砂砾
每年产量：120 000瓶
配餐建议：嫩牛肉、煎羊排、红烧鲍
　　　　　鱼、硬奶酪

### 相关介绍

　　1814年，英国少将军官Charles Palmer先生从Gascq家族手中购得了这片葡萄园，并用自己家族的姓氏为它命名。之后庄园分别被波尔多多个家族控制，自1938年起，两个波多尔家族Mähler家族、Sichel家族成为庄园的新主人。宝马庄园葡萄酒的精致与典雅令人啧啧称奇，它所弥漫着的一丝一毫的芳香味也足以令人难以忘怀。它微妙地平衡着低调的单宁酸与醇厚的芳香味所制造的美感，使宝马葡萄酒即使在年份短时也令其他酒无可比拟，成为一种令人迷恋的葡萄酒。

### 宝马庄园　年份表格

| 年份 | 价格（元） | 分数 | 适饮期 | 侍酒（℃） | 醒酒（分钟） |
|---|---|---|---|---|---|
| 2001 | 2020~2320 | 90 | 2008~2023 | 14~15 | 35 |
| 2002 | 1815~2090 | 90 | 2009~2025 | 14~15 | 40 |
| 2003 | 1830~2015 | 88 | 2010~2026 | 14~15 | 40 |
| 2004 | 1925~2215 | 92 | 2012~2027 | 14~15 | 50 |
| 2005 | 3200~3680 | 94 | 2013~2028 | 15~16 | 55 |
| 2006 | 1960~2260 | 92 | 2014~2030 | 15~16 | 60 |
| 2007 | 2000~2200 | 89 | 2015~2032 | 15~16 | 60 |
| 2008 | 2020~2325 | 93 | 2016~2033 | 15~16 | 70 |
| 2009 | 3495~4195 | 95 | 2017~2035 | 15~16 | 75 |
| 2010 | 3810~4580 | 95 | 2018~2038 | 17~18 | 80 |
| 2011 | 2670~3075 | 94 | 2019~2039 | 17~18 | 85 |
| 2012 | 2470~2840 | 93 | 2020~2040 | 17~18 | 90 |

# Chateau Pouget
# 宝爵酒庄

所属产区：法国波尔多梅多克区玛歌村

所属等级：1855年梅多克评级列级酒庄第四级

葡萄品种：赤霞珠、梅洛、品丽珠

土壤特征：第四纪元时期的砂砾沉积物，有出
色的自然排水功能

每年产量：25 000瓶

配餐建议：烤蔬菜或油炸蔬菜、蒸菜

## 相关介绍

　　1748年，Antoine Pouget继承了这个酒庄，并将酒庄以自己的名字命名，就是今天我们所称的Chateau Pouget。1771年，他的女儿与波尔多的市政秘书长、律师喜结连理，从此，两个家族共同掌管宝爵酒庄长达150年。在1855年的酒庄评级中，宝爵酒庄被评为四级名庄。从1906年开始，Elie‐Guillemet家族开始掌管宝爵酒庄至今，目前，拥有10公顷的葡萄种植园，植株平均树龄为35年。葡萄酒产量并不多，大多都是提供专营。酒体大多呈深红色，带有果香，浓郁而优雅。近几年酒庄主人更是严格把控产品的质量：更注重葡萄树生长的状况和成熟度；更注意对橡木桶的精挑细选。宝爵酒庄虽然产量不多，但价格非常实惠。它可以说是饮家经常喝得起的玛歌村列级名酒。

## 宝爵酒庄　年份表格

| 年份 | 价格（元） | 分数 | 适饮期 | 侍酒（℃） | 醒酒（分钟） |
|------|-----------|------|--------|-----------|-------------|
| 2001 | 590～650 | 87 | 2006～2018 | 14～15 | 30 |
| 2002 | 740～810 | 88 | 2007～2020 | 14～15 | 35 |
| 2003 | 560～620 | 81 | 2009～2023 | 14～15 | 40 |
| 2004 | 410～450 | 88 | 2010～2024 | 14～15 | 45 |
| 2005 | 470～540 | 93 | 2010～2025 | 15～16 | 55 |
| 2006 | 430～470 | 81 | 2011～2026 | 15～16 | 55 |
| 2007 | 890～990 | 86 | 2012～2027 | 15～16 | 60 |
| 2008 | 730～800 | 87 | 2014～2028 | 15～16 | 65 |
| 2009 | 635～700 | 88 | 2015～2030 | 15～16 | 70 |
| 2010 | 470～515 | 87 | 2016～2030 | 17～18 | 75 |
| 2011 | 525～580 | 88 | 2017～2032 | 17～18 | 80 |
| 2012 | 440～490 | 87 | 2017～2032 | 17～18 | 85 |

# Chateau Prieure Lichine
## 荔仙酒庄

所属产区：法国波尔多梅多克区玛歌村
所属等级：1855年梅多克评级列级酒庄第四级
葡萄品种：赤霞珠、梅洛、品丽珠、小华帝
土壤特征：位于铁质硬土层和砂砾层上的碎石砂地
每年产量：270 000瓶
配餐建议：牛柳、烤鸭、羊扒、软奶酪

### 相关介绍

　　荔仙酒庄是梅多克区最为零散的酒庄之一，大约有40块葡萄园四处分散在玛歌地区。其历史可追溯到15世纪，当时矗立在这片土地上的是一间名为本笃会（Benedictine）的小修道院，本笃会的修道士们是第一批在这里栽培葡萄树的人，那时的酒主要是供以用餐和宗教仪式。贝吉斯家族（Pages）见证了1855年评级时酒庄被评为四级庄的辉煌时刻。1951年，亚历西斯·荔仙（Alexis-Lichine）买下了小修道院。1953年列级名庄理事会（Syndicate of Classified Growths）正式批准把小修道院的名字更改为荔仙酒庄（Prieure Lichine）。1999年6月酒庄被卖给了伯兰德集团Ballande，时至今日，仍由这家公司经营。荔仙酒庄采用相对较高的梅洛葡萄比例，使酒体特点偏向柔顺、优雅的特性，是玛歌地区葡萄酒的典型模范，具有长期陈年的潜力。

### 荔仙酒庄　年份表格

| 年份 | 价格（元） | 分数 | 适饮期 | 侍酒（℃） | 醒酒（分钟） |
|------|-----------|------|--------|-----------|-------------|
| 2001 | 470～515 | 85 | 2006～2018 | 14～15 | 30 |
| 2002 | 450～490 | 88 | 2007～2020 | 14～15 | 35 |
| 2003 | 520～600 | 92 | 2009～2023 | 14～15 | 45 |
| 2004 | 370～410 | 87 | 2010～2024 | 14～15 | 45 |
| 2005 | 580～670 | 92 | 2010～2025 | 15～16 | 55 |
| 2006 | 430～470 | 89 | 2011～2026 | 15～16 | 55 |
| 2007 | 410～450 | 87 | 2012～2027 | 15～16 | 60 |
| 2008 | 620～680 | 88 | 2014～2028 | 15～16 | 65 |
| 2009 | 560～650 | 91 | 2015～2030 | 16～17 | 75 |
| 2010 | 600～690 | 90 | 2016～2030 | 17～18 | 80 |
| 2011 | 450～490 | 89 | 2016～2031 | 17～18 | 80 |
| 2012 | 360～390 | 88 | 2018～3033 | 17～18 | 85 |

法国·波尔多产区·梅多克·玛歌

# Chateau Rauzan Gassies
## 露仙歌庄园

所属产区：法国波尔多梅多克区玛歌村

所属等级：1855年梅多克评级列级酒庄第二级

葡萄品种：赤霞珠、梅洛、品丽珠、小华帝

土壤特征：砂质碎石以及砂土混合土质

每年产量：100 000瓶

配餐建议：烤鸭、野味、小排骨

### 相关介绍

　　露仙歌庄园位于波尔多左岸的玛歌村内，该庄园和同村的鲁臣世家（Ch.Rauzan Segla）同样出自17世纪时期地位显赫、财力雄厚的鲁臣家族（Rauzan）。这家族的最巅峰时期曾同时拥有女爵古堡、男爵古堡和鲁臣庄园，可谓风光无限。在法国大革命时期，庄园因财产分割被一分为二，其中长女带着大部分的葡萄园和Segla家族联姻，建立了鲁臣世家，而次女则带着剩余部分和Gassies家族结婚并建立露仙歌庄园。目前，庄园拥有28.5公顷葡萄园，葡萄植株平均树龄为35年。

### 露仙歌庄园　年份表格

| 年份 | 价格（元） | 分数 | 适饮期 | 侍酒（℃） | 醒酒（分钟） |
|---|---|---|---|---|---|
| 2001 | 430～470 | 87 | 2006～2018 | 14～15 | 30 |
| 2002 | 410～455 | 89 | 2007～2020 | 14～15 | 35 |
| 2003 | 470～515 | 88 | 2009～2023 | 14～15 | 40 |
| 2004 | 450～500 | 85 | 2010～2024 | 14～15 | 45 |
| 2005 | 560～620 | 85 | 2010～2025 | 15～16 | 50 |
| 2006 | 540～600 | 83 | 2011～2026 | 15～16 | 55 |
| 2007 | 390～430 | 83 | 2012～2027 | 15～16 | 60 |
| 2008 | 470～515 | 87 | 2014～2028 | 15～16 | 65 |
| 2009 | 500～565 | 89 | 2015～2030 | 15～16 | 70 |
| 2010 | 580～650 | 89 | 2016～2030 | 17～18 | 75 |
| 2011 | 430～470 | 88 | 2016～2031 | 17～18 | 80 |
| 2012 | 390～430 | 89 | 2017～2032 | 17～18 | 85 |

## Chateau Rauzan Segla
## 鲁臣世家

所属产区：法国波尔多梅多克区玛歌村

所属等级：1855年梅多克评级列级酒庄第二级

葡萄品种：赤霞珠、梅洛、品丽珠、小华帝

土壤特征：砂砾和黏土

每年产量：100 000瓶

配餐建议：烧鹅、嫩牛肉、煎羊排

### 相关介绍

　　酒庄建园于1661年，目前拥有51公顷的葡萄园，其中赤霞珠占了60%的种植比例，梅洛为35%，平均树龄25年左右。鲁臣世家庄园的葡萄酒雄壮，富有层次感和丰富感。葡萄酒非常具有陈年能力，如果保存妥当的话，通常会在10～25年后达到最高峰。

### 鲁臣世家　年份表格

| 年份 | 价格（元） | 分数 | 适饮期 | 侍酒（℃） | 醒酒（分钟） |
|------|-----------|------|--------|-----------|-------------|
| 2001 | 765～840 | 89 | 2006～2018 | 14～15 | 30 |
| 2002 | 690～760 | 87 | 2007～2020 | 14～15 | 35 |
| 2003 | 690～760 | 88 | 2009～2023 | 14～15 | 40 |
| 2004 | 710～780 | 88 | 2010～2024 | 14～15 | 45 |
| 2005 | 1250～1440 | 91 | 2010～2025 | 15～16 | 55 |
| 2006 | 710～820 | 90 | 2011～2026 | 15～16 | 60 |
| 2007 | 640～700 | 88 | 2012～2027 | 15～16 | 60 |
| 2008 | 640～700 | 89 | 2014～2028 | 15～16 | 65 |
| 2009 | 1235～1420 | 93 | 2015～2030 | 15～16 | 75 |
| 2010 | 1215～1400 | 93 | 2016～2030 | 17～18 | 80 |
| 2011 | 940～1080 | 90 | 2017～2033 | 17～18 | 85 |
| 2012 | 600～690 | 90 | 2019～2035 | 17～18 | 90 |

法国·波尔多产区·梅多克·玛歌

## Chateau Latour Carnet
## 拉图嘉利

所属产区：法国波尔多上梅多克区

所属等级：1855年梅多克评级列级酒庄第四级

葡萄品种：赤霞珠、梅洛、品丽珠、小华帝

土壤特征：典型的砂砾土，底层土壤为黏土

每年产量：170 000瓶

配餐建议：牛柳、烤鸭、羊扒、软奶酪

### 相关介绍

　　拉图嘉利庄园的历史可以追溯到12世纪以前，毫无疑问，它是梅多克区最为古老的庄园。拉图嘉利庄园曾有过数位杰出的庄主，其中包括米歇尔·蒙塔尼任庄主的家族（Michel de Montaigne），他是法国历史上最为著名的哲学家之一，同时也是两任波尔多市长。时至今日，拉图嘉利庄园的葡萄园总面积约为65公顷，其酿制手法比较传统，15%的葡萄采用人工采摘，其中70%的酒会放进新橡木桶中陈年18个月。拉图嘉利庄园的酒属于中等至厚重的酒体，单宁强劲，果香浓郁香甜，入口有果酱般的口感。酒庄每年出产的葡萄酒质量都比较稳定，而且由于庄园名气不大，价格也不会太高，往往会物超所值。近年的拉图嘉利庄园表现相当不俗，一些好年份相继在国际性大赛上取得令人瞩目的成绩。

### 拉图嘉利　年份表格

| 年份 | 价格（元） | 分数 | 适饮期 | 侍酒（℃） | 醒酒（分钟） |
|---|---|---|---|---|---|
| 2001 | 360～410 | 90 | 2005～2014 | 14～15 | 35 |
| 2002 | 375～410 | 87 | 2005～2016 | 13～14 | 35 |
| 2003 | 360～390 | 89 | 2008～2018 | 13～14 | 40 |
| 2004 | 430～470 | 88 | 2009～2020 | 13～14 | 45 |
| 2005 | 410～475 | 90 | 2010～2021 | 15～16 | 55 |
| 2006 | 375～430 | 90 | 2012～2022 | 15～16 | 60 |
| 2007 | 375～410 | 88 | 2013～2023 | 14～15 | 60 |
| 2008 | 360～390 | 88 | 2016～2025 | 14～15 | 65 |
| 2009 | 390～430 | 88 | 2015～2028 | 14～15 | 70 |
| 2010 | 375～410 | 88 | 2017～2028 | 16～17 | 75 |
| 2011 | 320～350 | 87 | 2015～2026 | 16～17 | 80 |
| 2012 | 360～410 | 90 | 2005～2014 | 17～18 | 90 |

## Chateau Camensac
# 卡门萨克酒庄

所属产区：法国波尔多上梅多克区

所属等级：1855年梅多克评级列级酒庄第五级

葡萄品种：赤霞珠、梅洛

土壤特征：砂砾土高地

每年产量：300 000瓶

配餐建议：牛肉、烧羊肋骨、烤鸭、软奶酪

### 相关介绍

卡门萨克酒庄位于波尔多上梅多克区，在这个产区里，卡门萨克和其他几个上梅多克列级酒庄一样，虽没有令人瞩目的成绩，但其出品依然被人称赞。卡门萨克是一个比较扑朔迷离的酒庄，其历史较难得知，只知其在18世纪已开始参加波尔多的葡萄酒贸易，出口到荷兰、英国等国家。在1855年的波尔多列级酒庄评级中，卡门萨克被列为五级酒庄。时至今日，卡门萨克酒庄拥有85公顷葡萄园，酒液一般在橡木桶中陈年20个月，新橡木桶的使用比例达到70%。其酒年份短时口味就非常诱人，单宁比较强劲，结构稳固，是一款高价值且值得珍藏的佳酿。

### 卡门萨克酒庄　年份表格

| 年份 | 价格（元） | 分数 | 适饮期 | 侍酒（℃） | 醒酒（分钟） |
|------|-----------|------|--------|-----------|--------------|
| 2001 | 320～350 | 81 | 2004～2014 | 13～14 | 30 |
| 2002 | 300～330 | 82 | 2005～2014 | 13～14 | 35 |
| 2003 | 260～290 | 82 | 2006～2016 | 13～14 | 40 |
| 2004 | 260～290 | 83 | 2008～2018 | 13～14 | 45 |
| 2005 | 355～390 | 84 | 2008～2020 | 14～15 | 50 |
| 2006 | 280～310 | 83 | 2009～2020 | 14～15 | 55 |
| 2007 | 310～370 | 85 | 2011～2022 | 14～15 | 60 |
| 2008 | 300～330 | 83 | 2013～2023 | 14～15 | 65 |
| 2009 | 375～415 | 86 | 2014～2024 | 14～15 | 70 |
| 2010 | 410～455 | 85 | 2016～2028 | 16～17 | 75 |
| 2011 | 490～550 | 85 | 2015～2024 | 16～17 | 80 |
| 2012 | 605～665 | 86 | 2018～2028 | 16～17 | 85 |

## Chateau Cantemerle
# 佳得美酒庄

所属产区：法国波尔多梅多克区上梅多克

所属等级：1855年梅多克评级列级酒庄第五级

葡萄品种：赤霞珠、梅洛、品丽珠、小华帝

土壤特征：第四纪元的硅土、砂砾土

每年产量：280 000瓶

配餐建议：小牛排、小羊排、烤肉、奶酪

### 相关介绍

　　佳得美酒庄自1147年起就已经开始种植葡萄和酿造葡萄酒了，在几代主人的辛勤耕耘之下，佳得美迅速成为上梅多克区的一个明星酒庄，而在1855年的波尔多列级酒庄评级中，佳得美非常荣幸地被评为列级酒庄，成为上梅多克区仅有的五个列级酒庄之一。其酒被誉为"既可年份短时饮用又具陈年潜质的列级名庄酒"。年份较短的佳得美拥有浓郁的果香和恰到好处的橡木香草味；而年份较长的酒口感复杂而醇厚，令人回味无穷。

### 佳得美酒庄　年份表格

| 年份 | 价格（元） | 分数 | 适饮期 | 侍酒（℃） | 醒酒（分钟） |
|------|-----------|------|--------|----------|-------------|
| 2001 | 360～390 | 82 | 2005～2016 | 13～14 | 30 |
| 2002 | 355～390 | 82 | 2006～2018 | 13～14 | 35 |
| 2003 | 375～410 | 82 | 2007～2020 | 13～14 | 40 |
| 2004 | 320～350 | 85 | 2008～2023 | 13～14 | 45 |
| 2005 | 450～490 | 85 | 2010～2023 | 14～15 | 50 |
| 2006 | 375～410 | 85 | 2011～2025 | 14～15 | 55 |
| 2007 | 320～350 | 85 | 2012～2025 | 14～15 | 60 |
| 2008 | 340～370 | 85 | 2013～2025 | 14～15 | 65 |
| 2009 | 390～430 | 88 | 2015～2028 | 14～15 | 70 |
| 2010 | 430～475 | 87 | 2016～2030 | 16～17 | 75 |
| 2011 | 320～350 | 86 | 2014～2028 | 16～17 | 80 |
| 2012 | 400～440 | 87 | 2016～2028 | 16～17 | 85 |

# Chateau La Lagune
# 拉拉贡酒庄

所属产区：法国波尔多上梅多克区
所属等级：1855年梅多克评级列级酒庄第三级
葡萄品种：赤霞珠、梅洛、品丽珠、小华帝
土壤特征：砂质土和碎石的混合土壤
每年产量：250 000瓶
配餐建议：烤野味和丰盛的菜肴、红肉、奶酪

### 相关介绍

　　拉拉贡酒庄的历史始于16世纪，当时正处于亨利四世的统治之下，围海造田的荷兰技师们开始在这片填海而得的土地上种植葡萄树。继而酒庄被波尔多一个有影响力的德西兹（De Seze）家族中的几代人所拥有，直到后来1855年被授予 "三级名庄"的荣誉称号。后葡萄园历经曲折。直到1985年，乔治·布鲁那（George Brunette）买下这座酒庄，他对葡萄园实施了大范围的改革，最终将拉拉贡酒庄重归杰出之道，并一直受到葡萄酒业余爱好者和专业人士的青睐。如今，拉拉贡酒庄已经恢复了昔日辉煌，并特别注意保留其真实纯正性与优雅风格。

### 拉拉贡酒庄　年份表格

| 年份 | 价格（元） | 分数 | 适饮期 | 侍酒（℃） | 醒酒（分钟） |
|------|-----------|------|---------|-----------|--------------|
| 2001 | 640～700 | 87 | 2005～2016 | 13～14 | 30 |
| 2002 | 560～620 | 83 | 2006～2018 | 13～14 | 35 |
| 2003 | 600～690 | 90 | 2007～2020 | 14～15 | 45 |
| 2004 | 680～780 | 93 | 2008～2023 | 14～15 | 50 |
| 2005 | 898～1030 | 91 | 2010～2023 | 14～15 | 55 |
| 2006 | 560～620 | 87 | 2011～2025 | 14～15 | 55 |
| 2007 | 525～580 | 85 | 2012～2025 | 14～15 | 60 |
| 2008 | 600～660 | 89 | 2013～2025 | 14～15 | 65 |
| 2009 | 710～780 | 89 | 2015～2028 | 14～15 | 70 |
| 2010 | 690～760 | 89 | 2016～2030 | 16～17 | 75 |
| 2011 | 560～620 | 88 | 2015～2030 | 16～17 | 80 |
| 2012 | 560～620 | 89 | 2022～2032 | 16～17 | 85 |

## Chateau Couhins–Lurton
# 歌欣乐顿庄园

所属产区：法国波尔多格拉芙

所属等级：格拉芙列级名庄

葡萄品种：梅洛、赤霞珠、品丽珠、小华帝

土壤特征：砂砾

每年产量：41 000箱

配餐建议：红肉、芝士

相关介绍

　　庄园建于17世纪，在1959年格拉芙评级中与另一个兄弟庄歌欣庄（Chateau Couhins）一起入选格拉芙列级庄。之所以出现名字相近的情况，是因为1968年Andre Lurton购买了部分歌欣庄园，后来该家族将收购回来的部分庄园命名为Chateau Couhins - Lurton。该庄园目前拥有25公顷葡萄园，其中6公顷用于种植白葡萄酒长相思，剩余的17.4公顷种植红葡萄，包括77%梅洛和23%品丽珠。

歌欣乐顿庄园　年份表格

| 年份 | 价格（元） | 分数 | 适饮期 | 侍酒（℃） | 醒酒（分钟） |
|------|-----------|------|---------|-----------|--------------|
| 2001 | 450～480 | 88 | 2006～2021 | 13～14 | 30 |
| 2002 | 320～350 | 88 | 2007～2022 | 13～14 | 35 |
| 2003 | 400～460 | 90 | 2009～2024 | 14～15 | 45 |
| 2004 | 300～330 | 86 | 2009～2024 | 13～14 | 45 |
| 2005 | 340～390 | 91 | 2011～2026 | 14～15 | 55 |
| 2006 | 380～410 | 85 | 2011～2026 | 14～15 | 55 |
| 2007 | 260～290 | 87 | 2012～2027 | 14～15 | 60 |
| 2008 | 340～370 | 86 | 2013～2028 | 14～15 | 65 |
| 2009 | 320～350 | 85 | 2014～2029 | 14～15 | 70 |
| 2010 | 320～350 | 84 | 2015～2030 | 17～18 | 75 |
| 2011 | 280～310 | 83 | 2016～2031 | 17～18 | 80 |
| 2012 | 410～440 | 86 | 2017～2032 | 17～18 | 85 |

法国·波尔多产区·格拉芙

## Domaine De Chevalier
## 骑士庄园

所属产区：法国波尔多佩萨克地区
所属等级：格拉芙列级名庄
葡萄品种：赤霞珠
土壤特征：表层为黑色砂土混有较多
　　　　　砾石，深层土壤以黏性土
　　　　　混以砾石
每年产量：8 000瓶
配餐建议：上等牛肉、蓝菌奶酪

### 相关介绍

　　人们通常认为，骑士庄园（Chevalier）的名字是由庄园的第一任主人Chibaley演变而来的，在1763年的地图上，当时葡萄园就叫Chibaley。此酒色泽深厚，酒香复杂，具有烟草等气息，结构好，强劲耐久。

### 骑士庄园　年份表格

| 年份 | 价格（元） | 分数 | 适饮期 | 侍酒（℃） | 醒酒（分钟） |
|---|---|---|---|---|---|
| 2001 | 570～630 | 86 | 2006～2021 | 13～14 | 30 |
| 2002 | 430～470 | 85 | 2007～2022 | 13～14 | 35 |
| 2003 | 620～680 | 87 | 2008～2023 | 13～14 | 40 |
| 2004 | 620～680 | 86 | 2009～2024 | 13～14 | 45 |
| 2005 | 740～850 | 90 | 2011～2026 | 15～16 | 55 |
| 2006 | 530～580 | 87 | 2011～2026 | 14～15 | 55 |
| 2007 | 510～560 | 87 | 2012～2027 | 14～15 | 60 |
| 2008 | 530～580 | 89 | 2013～2028 | 14～15 | 65 |
| 2009 | 810～930 | 92 | 2015～2030 | 16～17 | 75 |
| 2010 | 830～910 | 89 | 2015～2030 | 16～17 | 75 |
| 2011 | 1000～1150 | 90 | 2017～2032 | 17～18 | 85 |
| 2012 | 1265～1455 | 91 | 2018～2033 | 17～18 | 90 |

## Chateau La Mission Haut–Brion
# 修道院红颜容庄园

所属产区：法国波尔多格拉芙

所属等级：格拉芙列级名庄

葡萄品种：赤霞珠、品丽珠、梅洛

土壤特征：黏土、砂砾

每年产量：72 000瓶

配餐建议：嫩牛肉、煎羊排、红烧鲍鱼、硬奶酪

### 相关介绍

　　修道院红颜容在16世纪由Aruanut家族购下葡萄园并着手建立城堡，17世纪时传给了佩雷斯·拉扎里斯特（PeresLazaristes）家族。后来在1789法国大革命的100多年里，这个家族的祖祖辈辈们一直努力让这里的格拉芙红酒出人头地。目前，庄园总共21公顷的葡萄园分为两部分：一部分在Pessac，另一部分在Talence，被一条铁路分割。葡萄种植比例为46%赤霞珠、45%梅洛和9%品丽珠。修道院红颜容葡萄酒比红颜容（Chateau Haut - Brion）葡萄酒颜色更深，两者皆浓烈而芳香和煦，丰厚浓郁，不粗劣不过分。

### 修道院红颜容庄园　年份表格

| 年份 | 价格（元） | 分数 | 适饮期 | 侍酒（℃） | 醒酒（分钟） |
|------|------------|------|--------|-----------|--------------|
| 2001 | 2260～2600 | 91 | 2007～2022 | 14～15 | 35 |
| 2002 | 1720～1890 | 89 | 2007～2022 | 13～14 | 35 |
| 2003 | 2360～2710 | 92 | 2009～2024 | 14～15 | 45 |
| 2004 | 1850～2130 | 92 | 2010～2025 | 14～15 | 50 |
| 2005 | 5210～6252 | 95 | 2012～2027 | 14～15 | 60 |
| 2006 | 2700～3110 | 94 | 2012～2027 | 15～16 | 60 |
| 2007 | 2400～2760 | 90 | 2013～2028 | 15～16 | 65 |
| 2008 | 3175～3650 | 92 | 2014～2029 | 15～16 | 70 |
| 2009 | 8020～9620 | 95 | 2016～2031 | 15～16 | 80 |
| 2010 | 7730～9280 | 95 | 2017～2032 | 17～18 | 85 |
| 2011 | 7425～8540 | 93 | 2017～2032 | 17～18 | 85 |
| 2012 | 8170～9390 | 93 | 2018～2033 | 17～18 | 90 |

## Chateau Larrivet Haut–Brion
# 拉里红颜容酒庄

所属产区：法国波尔多格拉芙

葡萄品种：赤霞珠、梅洛

土壤特征：砂砾

每年产量：100 000瓶

配餐建议：嫩牛肉、烤香肠、羊腿肉

### 相关介绍

　　拉里红颜容酒庄，是格拉芙地区众多名字中含有红颜容的酒庄之一，前身为英国公爵Canolle府邸。目前，拉里红颜容在Gervoson家族的管理下拥有72.5公顷葡萄园。红葡萄种植比例为55%梅洛、40%赤霞珠、5%品丽珠，葡萄植株平均树龄为25年。其酒通常在橡木桶陈放14～18个月，40%为新橡木桶，带有成熟的黑色水果和烤面包香气，入口饱满，是格拉芙产区的典型代表。

### 拉里红颜容酒庄　年份表格

| 年份 | 价格（元） | 分数 | 适饮期 | 侍酒（℃） | 醒酒（分钟） |
|------|-----------|------|--------|-----------|--------------|
| 2001 | 570～660 | 90 | 2007～2022 | 14～15 | 35 |
| 2002 | 510～590 | 90 | 2008～2023 | 14～15 | 40 |
| 2003 | 510～560 | 89 | 2008～2023 | 13～14 | 40 |
| 2004 | 400～440 | 85 | 2009～2024 | 13～14 | 45 |
| 2005 | 590～650 | 88 | 2010～2025 | 13～14 | 50 |
| 2006 | 420～460 | 83 | 2011～2026 | 14～15 | 55 |
| 2007 | 450～500 | 83 | 2012～2027 | 14～15 | 60 |
| 2008 | 570～630 | 87 | 2013～2028 | 14～15 | 65 |
| 2009 | 570～630 | 88 | 2014～2029 | 14～15 | 70 |
| 2010 | 510～560 | 87 | 2015～2030 | 17～18 | 75 |
| 2011 | 615～680 | 87 | 2016～2031 | 17～18 | 80 |
| 2012 | 745～820 | 88 | 2017～2032 | 17～18 | 85 |

# Chateau Latour–Martillac
## 拉图玛蒂雅克庄园

所属产区：法国波尔多格拉芙

所属等级：格拉芙列级名庄

葡萄品种：赤霞珠、梅洛、小华帝

土壤特征：黏土和石灰石

每年产量：150 000瓶

配餐建议：烧羊排、牛柳、烤鸭、蓝
菌奶酪

### 相关介绍

　　庄园位于格拉芙的玛蒂雅克（Martillac）村，和波亚克的一级名庄拉图庄（Chateau Latour）一样，该庄园也矗立着一座显眼的石塔，因而庄园名字同样带有"Latour"字眼。现任主人是从19世纪60年代就开始掌管庄园的来自德国的赫斯曼家族（Kressmanns）。目前，庄园有43公顷葡萄园，其中33公顷为红葡萄，平均树龄为40年。

### 拉图玛蒂雅克庄园　年份表格

| 年份 | 价格（元） | 分数 | 适饮期 | 侍酒（℃） | 醒酒（分钟） |
|------|-----------|------|--------|----------|-------------|
| 2001 | 320～350 | 84 | 2006～2021 | 13～14 | 30 |
| 2002 | 250～280 | 82 | 2007～2022 | 13～14 | 35 |
| 2003 | 400～440 | 84 | 2008～2023 | 13～14 | 40 |
| 2004 | 360～400 | 84 | 2009～2024 | 13～14 | 45 |
| 2005 | 400～440 | 86 | 2010～2025 | 13～14 | 50 |
| 2006 | 280～310 | 85 | 2011～2026 | 14～15 | 55 |
| 2007 | 250～280 | 84 | 2012～2027 | 14～15 | 60 |
| 2008 | 300～330 | 86 | 2013～2028 | 14～15 | 65 |
| 2009 | 360～400 | 86 | 2014～2029 | 14～15 | 70 |
| 2010 | 360～400 | 89 | 2015～2030 | 16～17 | 75 |
| 2011 | 280～310 | 86 | 2016～2031 | 16～17 | 80 |
| 2012 | 340～375 | 89 | 2017～2032 | 16～17 | 85 |

# 马拉蒂克 - 拉格维尔庄园

所属产区：法国波尔多格拉芙
所属等级：格拉芙列级名庄
葡萄品种：赤霞珠、梅洛、品丽珠
土壤特征：砂砾层之下为石灰岩底层土壤
每年产量：150 000瓶
配餐建议：烤鸭、上等牛肉

### 相关介绍

　　该庄园建立于18世纪，当时名为Domaine de Lagraviere，但在18世纪末被Malartic家族收购，该家族有一位威望甚高的海军上将，为了纪念这位海军上将，在19世纪中期便将家族姓氏加在庄园名称上，正式称为Chateau Malartic - Lagraviere。庄园现任主人为Bonnie家族，庄园在资金充裕的情况下进行了革新，葡萄园面积比原来上升一倍，酿酒设备亦全部更换为现代化设备。其酒高雅、平衡，随着陈年时间越来越长，会呈现出丰富的层次和矿物质的口感。

### 马拉蒂克 - 拉格维尔庄园　年份表格

| 年份 | 价格（元） | 分数 | 适饮期 | 侍酒（℃） | 醒酒（分钟） |
|------|-----------|------|--------|----------|-------------|
| 2001 | 470～520 | 85 | 2006～2021 | 13～14 | 30 |
| 2002 | 400～440 | 86 | 2007～2022 | 13～14 | 35 |
| 2003 | 440～480 | 87 | 2008～2023 | 13～14 | 40 |
| 2004 | 460～510 | 87 | 2009～2024 | 13～14 | 45 |
| 2005 | 610～670 | 88 | 2010～2025 | 13～14 | 50 |
| 2006 | 420～460 | 87 | 2011～2026 | 14～15 | 55 |
| 2007 | 360～400 | 85 | 2012～2027 | 14～15 | 60 |
| 2008 | 400～440 | 89 | 2013～2028 | 14～15 | 65 |
| 2009 | 610～700 | 90 | 2015～2030 | 15～16 | 75 |
| 2010 | 590～680 | 90 | 2016～2031 | 17～18 | 80 |
| 2011 | 420～460 | 88 | 2016～2031 | 17～18 | 80 |
| 2012 | 640～740 | 90 | 2018～2033 | 17～18 | 90 |

法国 · 波尔多产区 · 格拉芙

## Chateau Carbonnieux
# 卡尔邦女庄园

所属产区：法国波尔多格拉芙

所属等级：格拉芙列级名庄

葡萄品种：赤霞珠、梅洛、品丽珠

土壤特征：深厚贫瘠的砾石层

每年产量：20 000瓶

配餐建议：烤肉、烤鸭

### 相关介绍

庄园的建筑据说是在14世纪建造的，最初是个垒寨式农场，在各角都设有塔楼。到了16世纪，庄园为一个显赫的商人家族Ferron所有。两百多年后，该家族因财政拮据，把庄园卖给Benedictine修道院的僧侣。他们在短暂的业主期内，重植葡萄并重建了葡萄酒的声誉，包括美国第三任总统Thomas Jefferson都对其酒赞叹不已。1789年大革命后，庄园被革命政府没收，后来卖给了Bouchereau家族，但葡萄酒口碑一如往昔。其酒中度酒体，富有黑醋栗、黑莓和烤橡木香气，单宁圆润，充满浓郁的黑松露、巧克力和香草橡木口感，果味持续，余韵悠长。

### 卡尔邦女庄园　年份表格

| 年份 | 价格（元） | 分数 | 适饮期 | 侍酒（℃） | 醒酒（分钟） |
|------|-----------|------|--------|-----------|-------------|
| 2001 | 360 ~ 390 | 83 | 2006 ~ 2021 | 13 ~ 14 | 30 |
| 2002 | 390 ~ 430 | 85 | 2007 ~ 2022 | 13 ~ 14 | 35 |
| 2003 | 320 ~ 350 | 84 | 2008 ~ 2023 | 13 ~ 14 | 40 |
| 2004 | 340 ~ 370 | 85 | 2009 ~ 2024 | 13 ~ 14 | 45 |
| 2005 | 450 ~ 490 | 88 | 2010 ~ 2025 | 13 ~ 14 | 50 |
| 2006 | 410 ~ 450 | 86 | 2011 ~ 2026 | 14 ~ 15 | 55 |
| 2007 | 410 ~ 450 | 84 | 2012 ~ 2027 | 14 ~ 15 | 60 |
| 2008 | 370 ~ 410 | 87 | 2013 ~ 2028 | 14 ~ 15 | 65 |
| 2009 | 360 ~ 390 | 89 | 2014 ~ 2029 | 14 ~ 15 | 70 |
| 2010 | 390 ~ 430 | 88 | 2015 ~ 2030 | 17 ~ 18 | 75 |
| 2011 | 320 ~ 350 | 87 | 2016 ~ 2031 | 17 ~ 18 | 80 |
| 2012 | 385 ~ 425 | 89 | 2017 ~ 2032 | 17 ~ 18 | 85 |

## Chateau Olivier
# 奥莉薇庄园

所属产区：法国波尔多格拉芙
所属等级：格拉芙列级名庄
葡萄品种：赤霞珠、梅洛、小华帝
土壤特征：土质组成较为复杂，有黏
　　　　　土、石灰岩和砾石
每年产量：24 000瓶
配餐建议：烤鸭、上等牛肉

### 相关介绍

　　在14世纪中期，奥莉薇家族购下此片葡萄园并以家族名称来命名，随后一直在当地保持着极高的声誉，并在1959年被评为格拉夫16个列级庄园之一。Robert Parker曾感叹"该庄园的红白都具有比肩红颜容庄园的实力。"初闻其酒，以雪松木、香草和茴香的辛辣为主调，随之与空气的接触，金银花、玫瑰花、覆盆子等香气则更加明显，酒体优雅、带有浓厚的格拉芙特性。

### 奥莉薇庄园　年份表格

| 年份 | 价格（元） | 分数 | 适饮期 | 侍酒（℃） | 醒酒（分钟） |
|------|-----------|------|--------|----------|-------------|
| 2005 | 310 ~ 360 | 91 | 2011 ~ 2026 | 14 ~ 15 | 55 |
| 2006 | 230 ~ 250 | 85 | 2011 ~ 2026 | 14 ~ 15 | 55 |
| 2007 | 210 ~ 230 | 87 | 2012 ~ 2027 | 14 ~ 15 | 60 |
| 2008 | 230 ~ 250 | 86 | 2013 ~ 2028 | 14 ~ 15 | 65 |
| 2009 | 230 ~ 250 | 85 | 2014 ~ 2029 | 14 ~ 15 | 70 |
| 2010 | 210 ~ 230 | 84 | 2015 ~ 2030 | 16 ~ 17 | 75 |
| 2011 | 250 ~ 280 | 85 | 2016 ~ 2031 | 16 ~ 17 | 80 |
| 2012 | 305 ~ 340 | 87 | 2017 ~ 2032 | 16 ~ 17 | 85 |

法国·波尔多产区·格拉芙

## Chateau Couhins
## 歌欣庄园

所属产区：法国波尔多格拉芙
所属等级：格拉芙列级名庄
葡萄品种：梅洛、赤霞珠、品丽珠、小华帝
土壤特征：砂砾
每年产量：41 000箱
配餐建议：鱼类以及各种口味适中的芝士奶酪

### 相关介绍

　　庄园建立于17世纪，现时有两块葡萄园，总共加起来有22公顷，其中有7公顷的土质是黏土石灰岩，底下深层的黏土可储蓄足够的水分，令一些对水分有较大依赖的葡萄生长得非常良好，所以这里全部种植着白葡萄品种，比例为85%长相思、15%赛美蓉。另外15公顷则主要为砂砾土质，这些土质可以迅速在雨水季节排除大部分水分，令葡萄有着充足的单宁和浓郁的果味，所以这里种植着红葡萄品种，比例为40%赤霞珠、50%梅洛、9%品丽珠及1%小华帝。

### 歌欣庄园　年份表格

| 年份 | 价格（元） | 分数 | 适饮期 | 侍酒（℃） | 醒酒（分钟） |
|------|-----------|------|-----------|----------|-------------|
| 2005 | 310～360 | 91 | 2011～2026 | 14～15 | 55 |
| 2006 | 230～250 | 85 | 2011～2026 | 14～15 | 55 |
| 2007 | 210～230 | 87 | 2012～2027 | 14～15 | 60 |
| 2008 | 230～250 | 86 | 2013～2028 | 14～15 | 65 |
| 2009 | 230～250 | 85 | 2014～2029 | 14～15 | 70 |
| 2010 | 210～230 | 84 | 2015～2030 | 16～17 | 75 |
| 2011 | 250～280 | 85 | 2016～2031 | 16～17 | 80 |
| 2012 | 305～340 | 87 | 2017～2032 | 16～17 | 85 |

法国·波尔多产区·格拉芙

## Chateau Haut–Bailly
# 高柏丽庄园

所属产区：法国波尔多格拉芙

所属等级：格拉芙列级名庄

葡萄品种：赤霞珠、梅洛、品丽珠

土壤特征：砂砾和黏土土壤

每年产量：150 000瓶

配餐建议：烧羊排、牛柳、烤鸭、蓝菌奶酪

### 相关介绍

  庄园由一位富商建于16世纪，在17世纪时被一位巴黎银行家买下并正式更名为高柏丽庄园。1872年，著名的葡萄种植专家Bellot家族入主庄园，凭借丰富的经验和卓越的管理能力迅速将庄园的名气提升，收购周边的葡萄园扩大种植面积，同时还建立了城堡以示实力。高柏丽庄园在此种环境之下酒质上升得非常迅速，名声大起，售价甚至直逼梅多克的二级庄。2005年庄园开始进入21世纪之后的一个大变化，因为庄园的酿酒间进行了更新，大多数设备被换为更加现代、更精准的酿酒设备，这些改进毫无疑问地提升了葡萄酒的品质。

### 高柏丽庄园　年份表格

| 年份 | 价格（元） | 分数 | 适饮期 | 侍酒（℃） | 醒酒（分钟） |
|------|-----------|------|--------|----------|-------------|
| 2001 | 720～790 | 88 | 2006～2021 | 13～14 | 30 |
| 2002 | 580～640 | 86 | 2007～2022 | 13～14 | 35 |
| 2003 | 750～830 | 87 | 2008～2023 | 13～14 | 40 |
| 2004 | 720～830 | 91 | 2010～2025 | 14～15 | 50 |
| 2005 | 1130～1300 | 91 | 2011～2026 | 14～15 | 55 |
| 2006 | 750～830 | 89 | 2011～2026 | 14～15 | 55 |
| 2007 | 600～660 | 88 | 2012～2027 | 14～15 | 60 |
| 2008 | 810～930 | 92 | 2014～2029 | 16～17 | 70 |
| 2009 | 1020～1175 | 92 | 2015～2030 | 16～17 | 75 |
| 2010 | 1125～1295 | 92 | 2016～2031 | 17～18 | 80 |
| 2011 | 1035～1190 | 90 | 2017～2032 | 17～18 | 85 |
| 2012 | 1310～1505 | 92 | 2018～2033 | 17～18 | 90 |

法国·波尔多产区·格拉芙

## Chateau Haut–Brion
## 红颜容庄园

所属产区：法国波尔多格拉芙

所属等级：1855年梅多克评级列级酒庄第一级

葡萄品种：赤霞珠、梅洛、品丽珠

土壤特征：砾石、石英

每年产量：120 000瓶

配餐建议：嫩牛肉、煎羊排、红烧鲍鱼、硬奶酪

### 相关介绍

　　红颜容庄园，又称奥比昂庄园。关于葡萄园最早的正式记载则出现在1423年，当时的酒均以村庄的名称命名，现在是克兰斯·帝龙家族的物业。葡萄园面积106.7公顷，种植45％赤霞珠、47％梅洛、18％品丽珠。红颜容正牌酒的酒性无比柔美，像妩媚美女般风情万种，是典型的美女酒。

### 红颜容庄园　年份表格

| 年份 | 价格（元） | 分数 | 适饮期 | 侍酒（℃） | 醒酒（分钟） |
|---|---|---|---|---|---|
| 2001 | 4150～4770 | 93 | 2007～2022 | 14～15 | 35 |
| 2002 | 3530～4060 | 91 | 2008～2023 | 14～15 | 40 |
| 2003 | 4360～5010 | 93 | 2009～2024 | 14～15 | 45 |
| 2004 | 4050～4660 | 93 | 2010～2025 | 14～15 | 50 |
| 2005 | 7360～8830 | 96 | 2012～2027 | 14～15 | 60 |
| 2006 | 4560～5240 | 94 | 2012～2027 | 15～16 | 60 |
| 2007 | 4040～4650 | 93 | 2013～2028 | 15～16 | 65 |
| 2008 | 4240～4880 | 94 | 2014～2029 | 15～16 | 70 |
| 2009 | 9410～11300 | 98 | 2017～2032 | 15～16 | 80 |
| 2010 | 9980～11980 | 97 | 2017～2032 | 17～18 | 85 |
| 2011 | 9585～11020 | 95 | 2017～2032 | 17～18 | 85 |
| 2012 | 10545～12125 | 95 | 2019～2034 | 17～18 | 95 |

## Chateau De Fieuzal
# 佛泽庄园

所属产区：法国波尔多格拉芙

所属等级：格拉芙列级名庄

葡萄品种：梅洛、品丽珠、赤霞珠

土壤特征：砂砾

每年产量：2 500瓶

配餐建议：熏火腿、烤牛肉、烤鹅、羊排

### 相关介绍

　　庄园由佛泽家族（Fieuzal）建立于19世纪，但在建立没多久之后便几经易主，中途Griffon家族曾在1851年将其一分为二出售，庄园面积亦减半。进入20世纪以后，庄园到了Ricard家族手中，不幸的是，庄园遭受了大多数波尔多酒庄的命运：根瘤蚜虫、经济大萧条、世界大战。这三个接踵而至的大事件令庄园沉寂了一段相当长的时间。"二战"结束之后，庄园依然由Ricard家族掌管，庄园发展得非常迅速，在1953年成为16个格拉芙列级酒庄之一。佛泽庄园的一级葡萄酒主要来自葡萄老藤，这些老藤每年结出风味优雅、浓度适中、适于酿造顶级葡萄酒的葡萄。佛泽庄园红葡萄酒如天鹅绒般具有丰富、强劲的单宁，随着年份的增长，展现出灌木和黑色浆果的风味。

### 佛泽庄园　年份表格

| 年份 | 价格（元） | 分数 | 适饮期 | 侍酒（℃） | 醒酒（分钟） |
|------|-----------|------|--------|-----------|--------------|
| 2001 | 450～480 | 84 | 2006～2021 | 13～14 | 30 |
| 2002 | 360～390 | 82 | 2007～2022 | 13～14 | 35 |
| 2003 | 430～460 | 83 | 2008～2023 | 13～14 | 40 |
| 2004 | 410～440 | 84 | 2009～2024 | 13～14 | 45 |
| 2005 | 450～480 | 85 | 2010～2025 | 13～14 | 50 |
| 2006 | 360～390 | 85 | 2011～2026 | 14～15 | 55 |
| 2007 | 320～350 | 85 | 2012～2027 | 14～15 | 60 |
| 2008 | 340～370 | 87 | 2013～2028 | 14～15 | 65 |
| 2009 | 430～460 | 88 | 2014～2029 | 14～15 | 70 |
| 2010 | 450～480 | 89 | 2015～2030 | 17～18 | 75 |
| 2011 | 385～425 | 87 | 2016～2031 | 17～18 | 80 |
| 2012 | 465～515 | 89 | 2017～2032 | 17～18 | 85 |

法国·波尔多产区·格拉芙

## Chateau Bouscaut
# 宝斯高庄园

所属产区：法国波尔多格拉芙

所属等级：格拉芙列级名庄

葡萄品种：梅洛、赤霞珠

土壤特征：砾石土壤及白垩土

每年产量：35 000瓶

配餐建议：霉干酪、羊乳干酪

### 相关介绍

宝斯高庄园的酿酒历史可以追溯到16世纪，但在20世纪之前酒庄并不活跃，出产的葡萄酒仅供当地饮用并不对外，但依然享有很高的声誉。然而不幸的是，庄园在1960年被一场突然而至的大火袭击，整个城堡及酿酒间几乎被烧毁，当时的主人柏丽丝家族不得已在1968年把庄园出售给美国的风投家。这些投资家对法国庄园的前景非常看好，他们在接手后的短短十年内投入了大量的资金与精力重建庄园，此后酒庄在1979年转手到勒顿家族（Lurton）手中，该家族接手后继续对酒庄修葺并进行扩张和改革。目前，酒庄有54公顷葡萄园，平均树龄为40年，所有葡萄经人工采摘之后放进温控大不锈钢桶中发酵，经澄清之后放入橡木桶中进行陈酿。

### 宝斯高庄园　年份表格

| 年份 | 价格（元） | 分数 | 适饮期 | 侍酒（℃） | 醒酒（分钟） |
|------|-----------|------|--------|-----------|--------------|
| 2001 | 290～320 | 84 | 2006～2021 | 13～14 | 30 |
| 2002 | 370～420 | 90 | 2008～2023 | 14～15 | 40 |
| 2003 | 300～330 | 84 | 2008～2023 | 13～14 | 40 |
| 2004 | 260～290 | 85 | 2009～2024 | 13～14 | 45 |
| 2005 | 360～400 | 86 | 2010～2025 | 13～14 | 50 |
| 2006 | 210～230 | 85 | 2011～2026 | 14～15 | 55 |
| 2007 | 260～290 | 82 | 2012～2027 | 14～15 | 60 |
| 2008 | 320～350 | 87 | 2013～2028 | 14～15 | 65 |
| 2009 | 390～425 | 87 | 2014～2029 | 14～15 | 70 |
| 2010 | 430～470 | 87 | 2015～2030 | 17～18 | 75 |
| 2011 | 380～415 | 86 | 2016～2031 | 17～18 | 80 |
| 2012 | 455～500 | 89 | 2017～2032 | 17～18 | 85 |

法国·波尔多产区·格拉芙

## Chateau Laville Haut–Brion
# 拉维尔红颜容庄园

所属产区：法国波尔多格拉芙

所属等级：格拉芙列级名庄

葡萄品种：赤霞珠、梅洛、小华帝

土壤特征：黏土和石灰石

每年产量：12 000瓶

配餐建议：烧羊排、牛柳、烤鸭、蓝菌
　　　　　奶酪

### 相关介绍

　　庄园在17世纪之前是同区名庄红颜容（Chateau Haut‑Brion）的一部分，直至17世纪被一位富有的寡妇Laville收购后才成为一个独立的庄园。该家族到1717年出售该庄园，在此后的两个世纪时间内庄园反复辗转在多个主人手中。1983年，拉维尔红颜容迎来相当重要的改变，美国富商迪伦家族（Dillon）入主拉维尔红颜容，该家族亦是红颜容、修道院红颜容和拉图红颜容的主人，至此，当年分散各地的红颜容家族再次聚合一起。拉维尔红颜容拥有3.5公顷葡萄园，这里的砂质黏土加上特有的微气候令白葡萄的生长情况比红葡萄更加优秀。

### 拉维尔红颜容庄园　年份表格

| 年份 | 价格（元） | 分数 | 适饮期 | 侍酒（℃） | 醒酒（分钟） |
|---|---|---|---|---|---|
| 2001 | 1770～1950 | 89 | 2006～2021 | 13～14 | 30 |
| 2002 | 1110～1280 | 92 | 2008～2023 | 14～15 | 40 |
| 2003 | 2470～2840 | 92 | 2009～2024 | 14～15 | 45 |
| 2004 | 1730～1990 | 92 | 2010～2025 | 14～15 | 50 |
| 2005 | 2640～3040 | 91 | 2011～2026 | 14～15 | 55 |
| 2006 | 4600～5290 | 92 | 2012～2027 | 15～16 | 60 |
| 2007 | 4090～4700 | 92 | 2013～2028 | 15～16 | 65 |
| 2008 | 3170～3650 | 92 | 2014～2029 | 15～16 | 70 |
| 2009 | 4015～4420 | 96 | 2016～2031 | 15～16 | 80 |
| 2010 | 1920～2110 | 85 | 2015～2030 | 17～18 | 75 |
| 2011 | 2320～2670 | 94 | 2017～2032 | 17～18 | 85 |
| 2012 | 2940～3380 | 94 | 2018～2033 | 17～18 | 90 |

# 永卓庄园

所属产区：法国波尔多圣达美隆

所属等级：圣达美隆列级名庄

葡萄品种：品丽珠、梅洛

土壤特征：砂土

每年产量：130 000瓶

配餐建议：叉烧肉、烧鸡、香菇

## 相关介绍

　　庄园建造于19世纪，位于圣达美隆和玻美侯（Pomerol）之间，占据着葡萄园中心位置。庄园现有葡萄园25公顷，平均树龄为25年，80%为梅洛，20%为品丽珠。永卓庄园出品的酒口味优雅，风味独特。开瓶即能闻到永卓神奇的砂土所创造出的曼妙酒香。正因为占据着最优质的地理位置，永卓慎用每颗葡萄，把每颗葡萄的天分发挥至极致。

## 永卓庄园　年份表格

| 年份 | 价格（元） | 分数 | 适饮期 | 侍酒（℃） | 醒酒（分钟） |
|---|---|---|---|---|---|
| 2001 | 300～330 | 81 | 2004～2013 | 13～14 | 30 |
| 2002 | 225～250 | 82 | 2005～2015 | 13～14 | 35 |
| 2003 | 265～290 | 83 | 2006～2016 | 13～14 | 40 |
| 2004 | 235～260 | 83 | 2010～2018 | 13～14 | 45 |
| 2005 | 510～560 | 86 | 2011～2020 | 14～15 | 50 |
| 2006 | 280～310 | 84 | 2012～2022 | 14～15 | 55 |
| 2007 | 225～250 | 82 | 2012～2022 | 14～15 | 60 |
| 2008 | 240～265 | 83 | 2014～2023 | 14～15 | 65 |
| 2009 | 340～370 | 80 | 2015～2025 | 14～15 | 70 |
| 2010 | 390～430 | 84 | 2016～2026 | 16～17 | 75 |
| 2011 | 390～430 | 83 | 2016～2026 | 16～17 | 80 |
| 2012 | 445～490 | 84 | 2018～2028 | 16～17 | 85 |

所属产区：法国波尔多圣达美隆

所属等级：圣达美隆列级名庄

葡萄品种：梅洛、赤霞珠、品丽珠

土壤特征：泥灰质土壤及钙质硬土

每年产量：120 000瓶

配餐建议：烤肉、西冷牛排、煎牛仔骨、软奶酪

法国·波尔多产区·圣达美隆

### 相关介绍

　　庄园面积为58公顷，在寸土寸金的圣达美隆地区属于不多见的大庄园，以其18世纪的雄伟城堡闻名遐迩，其葡萄酒的极佳品质更让人折服，现为Beaumartin家族拥有。其酒主要以梅洛葡萄为主，经橡木桶陈年12个月。一些年份酒，带着充沛的成熟水果香，其单宁细腻，酸度平衡适中。

### 拉洛克庄园　年份表格

| 年份 | 价格（元） | 分数 | 适饮期 | 侍酒（℃） | 醒酒（分钟） |
|------|-----------|------|--------|-----------|-------------|
| 2001 | 240～260 | 84 | 2004～2013 | 13～14 | 30 |
| 2002 | 275～300 | 83 | 2005～2015 | 13～14 | 35 |
| 2003 | 355～395 | 83 | 2006～2016 | 13～14 | 40 |
| 2004 | 335～370 | 84 | 2010～2018 | 13～14 | 45 |
| 2005 | 505～560 | 86 | 2011～2020 | 14～15 | 50 |
| 2006 | 245～270 | 83 | 2012～2022 | 14～15 | 55 |
| 2007 | 375～415 | 83 | 2012～2022 | 14～15 | 60 |
| 2008 | 395～440 | 84 | 2014～2023 | 14～15 | 65 |
| 2009 | 395～440 | 84 | 2015～2025 | 14～15 | 70 |
| 2010 | 410～450 | 85 | 2016～2028 | 16～17 | 75 |
| 2011 | 340～370 | 82 | 2016～2026 | 16～17 | 80 |
| 2012 | 350～390 | 84 | 2017～2024 | 16～17 | 85 |

## Chateau Laroze
# 拉若姿庄园

所属产区：法国波尔多圣达美隆

所属等级：圣达美隆列级名庄

葡萄品种：梅洛、品丽珠、赤霞珠

土壤特征：碎石的黏土

每年产量：350 000瓶

配餐建议：牛柳、煎羊扒、烤肉、软奶酪

### 相关介绍

　　1610年起，梅林家族（Meslin）就开始在这片美丽的土地上进行葡萄种植。其酿造葡萄酒的理念是尊重自然，与自然和谐相处。1986年起，梅林家族的后代Guy Meslin继承酒庄，并且改造了葡萄园，使其更加现代，而拉若姿堡的葡萄酒也因此更加优雅，充满果香。

### 拉若姿庄园　年份表格

| 年份 | 价格（元） | 分数 | 适饮期 | 侍酒（℃） | 醒酒（分钟） |
|------|-----------|------|---------|-----------|-------------|
| 2001 | 360～395 | 83 | 2004～2013 | 13～14 | 30 |
| 2002 | 275～415 | 83 | 2005～2015 | 13～14 | 35 |
| 2003 | 470～515 | 81 | 2006～2016 | 13～14 | 40 |
| 2004 | 320～350 | 82 | 2010～2018 | 13～14 | 45 |
| 2005 | 395～440 | 81 | 2011～2020 | 14～15 | 50 |
| 2006 | 280～310 | 82 | 2012～2022 | 14～15 | 55 |
| 2007 | 245～270 | 82 | 2012～2022 | 14～15 | 60 |
| 2008 | 280～310 | 83 | 2014～2023 | 14～15 | 65 |
| 2009 | 300～330 | 87 | 2015～2025 | 14～15 | 70 |
| 2010 | 340～370 | 87 | 2016～2028 | 16～17 | 75 |
| 2011 | 280～310 | 85 | 2017～2030 | 16～17 | 80 |
| 2012 | 325～360 | 86 | 2018～2032 | 16～17 | 85 |

## Chateau L'Arrosee
## 拉罗塞庄

所属产区：法国波尔多圣达美隆
所属等级：圣达美隆顶级酒庄B组
葡萄品种：赤霞珠、梅洛、品丽珠、小维尔多
土壤特征：黏土和粉土两种土质
每年产量：30 000箱
配餐建议：小牛肉、家禽、兔肉

### 相关介绍

拉罗塞庄被视为该区最杰出、最为人追捧的名庄之一，她的成名之旅则开始于现任庄主Jean Philippe Caille的父亲，一位有远见卓识的企业家Roger Caille。Roger Caille于20世纪80年代在法国首先使用条形码来推动包裹跟踪，通过互联网为客户提供实时跟踪，对全球的快递业务产生了革命性的影响。Roger Caille一直渴望在葡萄酒事业上能够大展拳脚，在波尔多寻找整整10年最终肯定了拉罗塞庄的潜在优势，并在2002年正式接手了拉罗塞庄。酒庄拥有黏土和粉土两种不同类型的土壤，树龄在30年至45年之间，正值葡萄树的"壮年"。时至今日，拉罗塞庄已成就了名望与辉煌，酿出的葡萄酒也被当地认为是最好的葡萄酒。

### 拉罗塞庄 年份表格

| 年份 | 价格（元） | 分数 | 适饮期 | 侍酒（℃） | 醒酒（分钟） |
|------|-----------|------|--------|-----------|-------------|
| 2001 | 545～600 | 82 | 2004～2012 | 13～14 | 30 |
| 2002 | 375～415 | 86 | 2007～2018 | 13～14 | 35 |
| 2003 | 490～540 | 86 | 2005～2020 | 13～14 | 40 |
| 2004 | 395～435 | 87 | 2006～2021 | 13～14 | 45 |
| 2005 | 715～790 | 89 | 2010～2022 | 14～15 | 50 |
| 2006 | 415～455 | 87 | 2011～2023 | 14～15 | 55 |
| 2007 | 430～475 | 87 | 2012～2025 | 14～15 | 60 |
| 2008 | 450～500 | 88 | 2013～2027 | 14～15 | 65 |
| 2009 | 490～540 | 88 | 2014～2029 | 14～15 | 70 |
| 2010 | 470～520 | 89 | 2015～2030 | 16～17 | 75 |
| 2011 | 495～545 | 89 | 2016～2031 | 16～17 | 80 |
| 2012 | 520～570 | 89 | 2017～2032 | 16～17 | 85 |

## Chateau Le Prieure
## 佩邑庄园

所属产区：法国波尔多圣达美隆

所属等级：圣达美隆列级名庄

葡萄品种：梅洛、品丽珠

土壤特征：黏土、石灰石

每年产量：20 000瓶

配餐建议：煎牛仔骨、烤鸭、烤肉、软奶酪

### 相关介绍

　　庄园历史可以追溯至1696年，现任主人为Aline和Paul两夫妇。庄园位于圣达美隆和玻美侯的边界，与众多名庄为邻。葡萄园面积仅为6.25公顷，树龄平均为40年，也有超过70年的老藤。

### 佩邑庄园　年份表格

| 年份 | 价格（元） | 分数 | 适饮期 | 侍酒（℃） | 醒酒（分钟） |
|---|---|---|---|---|---|
| 2001 | 300～330 | 88 | 2004～2013 | 13～14 | 30 |
| 2002 | 320～360 | 88 | 2005～2015 | 13～14 | 35 |
| 2003 | 450～500 | 89 | 2006～2016 | 13～14 | 40 |
| 2004 | 245～270 | 88 | 2010～2018 | 13～14 | 45 |
| 2005 | 600～660 | 87 | 2011～2020 | 14～15 | 50 |
| 2006 | 280～315 | 87 | 2012～2022 | 14～15 | 55 |
| 2007 | 280～310 | 84 | 2012～2022 | 14～15 | 60 |
| 2008 | 280～325 | 90 | 2014～2023 | 14～15 | 70 |
| 2009 | 375～415 | 87 | 2015～2025 | 14～15 | 70 |
| 2010 | 415～455 | 88 | 2016～2026 | 16～17 | 75 |
| 2011 | 450～500 | 85 | 2017～2027 | 16～17 | 80 |
| 2012 | 340～370 | 86 | 2018～2028 | 16～17 | 85 |

# Chateau Les Grandes–Murailles
## 长城庄园

所属产区：法国波尔多圣达美隆

所属等级：圣达美隆列级名庄

葡萄品种：梅洛、品丽珠

土壤特征：黏土、钙质土壤

每年产量：7 500瓶

配餐建议：嫩牛肉、煎羊排、红烧鲍鱼、硬奶酪

相关介绍

　　庄园的名字与中国著名的万里长城的法文一致，因此特别受到中国人的喜爱。庄园处于该区的中心地带，附近有一座著名的哥特式教堂，现任主人是福卡德（Fourcade）先生，他在这片钙质黏土的土地上种植了95%的梅洛，使得这里的葡萄酒有着成熟的黑色水果的香气，庄园全部的葡萄酒均在橡木桶中发酵并陈年。

长城庄园　年份表格

| 年份 | 价格（元） | 分数 | 适饮期 | 侍酒（℃） | 醒酒（分钟） |
|------|-----------|------|--------|----------|-------------|
| 2001 | 585～640 | 86 | 2004～2013 | 13～14 | 30 |
| 2002 | 320～350 | 84 | 2005～2015 | 13～14 | 35 |
| 2003 | 355～395 | 85 | 2006～2016 | 13～14 | 40 |
| 2004 | 415～455 | 83 | 2010～2018 | 13～14 | 45 |
| 2005 | 585～640 | 86 | 2011～2020 | 14～15 | 50 |
| 2006 | 415～455 | 82 | 2012～2022 | 14～15 | 55 |
| 2007 | 620～685 | 83 | 2012～2022 | 14～15 | 60 |
| 2008 | 675～745 | 86 | 2014～2023 | 14～15 | 65 |
| 2009 | 620～685 | 87 | 2015～2025 | 14～15 | 70 |
| 2010 | 675～745 | 86 | 2016～2026 | 16～17 | 75 |
| 2011 | 820～900 | 87 | 2017～2027 | 16～17 | 80 |
| 2012 | 835～1030 | 87 | 2018～2028 | 16～17 | 85 |

## Chateau Magdelaine
# 玛德莱娜酒庄

所属产区：法国波尔多圣达美隆

所属等级：圣达美隆列级名庄第一级B级

葡萄品种：赤霞珠、梅洛、品丽珠、小维尔多

土壤特征：一半是石灰石，一半黏土和石灰石混
合土质

每年产量：300 000瓶

配餐建议：牛排、烤炙肉和炖焖肉

### 相关介绍

　　玛德莱娜酒庄拥有10.4公顷的葡萄园，其中有6公顷位于圣达美隆著名的石灰石山脊上，剩下的则位于黏土和石灰石混合土质的山坡上。在这些石灰质丰富的土壤上，梅洛的表现非常出色。玛德莱娜酒庄也是以梅洛为主要的酿酒葡萄，占到了90%的比例。在圣达美隆其他的一级特等酒庄中就没有如此高的比例了。这里葡萄酒的发酵过程很慢，然后在新桶比例为50%的橡木桶中陈年。其酒酒体丰满，干红葡萄酒呈现出深宝石红色。酒香充满丰富的黑浆果橡木、巧克力和黑松露气息。单宁充足而圆润，具有优雅、复杂而悠长的余韵。

### 玛德莱娜酒庄　年份表格

| 年份 | 价格（元） | 分数 | 适饮期 | 侍酒（℃） | 醒酒（分钟） |
|---|---|---|---|---|---|
| 2001 | 655～725 | 88 | 2006～2017 | 13～14 | 30 |
| 2002 | 525～580 | 87 | 2007～2018 | 13～14 | 35 |
| 2003 | 640～705 | 85 | 2008～2019 | 13～14 | 40 |
| 2004 | 600～660 | 89 | 2010～2023 | 13～14 | 45 |
| 2005 | 845～970 | 91 | 2011～2024 | 15～16 | 55 |
| 2006 | 600～660 | 88 | 2012～2025 | 14～15 | 55 |
| 2007 | 545～600 | 87 | 2012～2026 | 14～15 | 60 |
| 2008 | 715～790 | 89 | 2014～2028 | 14～15 | 65 |
| 2009 | 770～885 | 91 | 2015～2030 | 15～16 | 75 |
| 2010 | 810～930 | 92 | 2016～2032 | 16～17 | 80 |
| 2011 | 620～685 | 88 | 2016～2028 | 16～17 | 80 |
| 2012 | 850～980 | 90 | 2018～2028 | 17～18 | 90 |

# Chateau Matras
## 玛塔庄园

所属产区：法国波尔多圣达美隆

所属等级：圣达美隆列级名庄

葡萄品种：梅洛、品丽珠

土壤特征：黏土、石灰石

每年产量：40 000瓶

配餐建议：煎牛仔骨、烤鸭

### 相关介绍

　　庄园的现任主人Daniel Cathiard先生在其父去世后接手庄园。在他掌管庄园的20余年时间里，他使家族的庄园成为法国的十大酒商之一，并且勤于开拓海外市场，使得自家的葡萄酒远销40多个国家。玛塔庄园的酒优雅而细腻，酒香丰富，充满花香及果香，是一款充满女性风格的葡萄酒。

### 玛塔庄园　年份表格

| 年份 | 价格（元） | 分数 | 适饮期 | 侍酒（℃） | 醒酒（分钟） |
|------|-----------|------|--------|-----------|-------------|
| 2001 | 275～305 | 82 | 2004～2013 | 13～14 | 30 |
| 2002 | 325～355 | 88 | 2005～2015 | 13～14 | 35 |
| 2003 | 225～245 | 86 | 2006～2016 | 13～14 | 40 |
| 2004 | 470～520 | 82 | 2010～2018 | 13～14 | 45 |
| 2005 | 380～415 | 82 | 2011～2020 | 14～15 | 50 |
| 2006 | 335～370 | 77 | 2012～2022 | 14～15 | 55 |
| 2007 | 210～230 | 77 | 2012～2022 | 14～15 | 60 |
| 2008 | 225～250 | 89 | 2014～2023 | 14～15 | 65 |
| 2009 | 300～330 | 78 | 2015～2025 | 14～15 | 70 |
| 2010 | 320～350 | 80 | 2016～2026 | 16～17 | 75 |
| 2011 | 340～380 | 82 | 2017～2027 | 16～17 | 80 |
| 2012 | 390～430 | 88 | 2017～2027 | 16～17 | 85 |

## Chateau Monbousquet
# 梦宝石庄园

所属产区：法国波尔多圣达美隆

所属等级：圣达美隆列级名庄

葡萄品种：梅洛、品丽珠、赤霞珠

土壤特征：石灰岩

每年产量：130 000瓶

配餐建议：煎牛仔骨、烤鸭

### 相关介绍

　　庄园的历史可追溯到16世纪，其稳定的酒质一直被爱酒之人交口称赞。自1994年后，庄园每年生产的葡萄酒都处于极高水平。酒评家Robert Parker曾说："在多次蒙瓶方式进行的品酒会中比拼不同区域的波尔多相同年份新酒，梦宝石总能给人惊喜，是最具异国情调和最富感官享受的波尔多葡萄酒。"

### 梦宝石庄园　年份表格

| 年份 | 价格（元） | 分数 | 适饮期 | 侍酒（℃） | 醒酒（分钟） |
|---|---|---|---|---|---|
| 2001 | 730～805 | 88 | 2004～2013 | 13～14 | 30 |
| 2002 | 640～705 | 88 | 2005～2015 | 13～14 | 35 |
| 2003 | 715～820 | 90 | 2006～2016 | 14～15 | 45 |
| 2004 | 545～600 | 87 | 2010～2018 | 13～14 | 45 |
| 2005 | 885～1020 | 90 | 2011～2020 | 15～16 | 55 |
| 2006 | 505～560 | 87 | 2012～2022 | 14～15 | 55 |
| 2007 | 525～580 | 87 | 2012～2022 | 14～15 | 60 |
| 2008 | 510～560 | 88 | 2014～2023 | 14～15 | 65 |
| 2009 | 545～600 | 87 | 2015～2025 | 14～15 | 70 |
| 2010 | 565～620 | 89 | 2016～2026 | 16～17 | 75 |
| 2011 | 620～710 | 90 | 2017～2027 | 17～18 | 85 |
| 2012 | 690～800 | 90 | 2018～2028 | 17～18 | 90 |

## Chateau Moulin–du–Cadet
# 加迪磨坊庄园

所属产区：法国波尔多圣达美隆

所属等级：圣达美隆列级名庄

葡萄品种：梅洛

土壤特征：黏土、石灰石

每年产量：45 000瓶

配餐建议：牛柳、烤鸭

### 相关介绍

庄园是波尔多右岸著名的JPM家族的产业，由Alain Moueix主理。庄园于2002年获得法国著名的Agrocert认证，即采用100%有机种植法对庄园进行管理。目前庄园面积为5公顷，只种植梅洛一种葡萄，平均树龄为35年。

### 加迪磨坊庄园　年份表格

| 年份 | 价格（元） | 分数 | 适饮期 | 侍酒（℃） | 醒酒（分钟） |
|------|-----------|------|--------|-----------|--------------|
| 2001 | 320～350 | 84 | 2004～2013 | 13～14 | 30 |
| 2002 | 205～225 | 82 | 2005～2015 | 13～14 | 35 |
| 2003 | 265～305 | 87 | 2006～2016 | 13～14 | 40 |
| 2004 | 190～205 | 80 | 2010～2018 | 13～14 | 45 |
| 2005 | 355～390 | 80 | 2011～2020 | 14～15 | 50 |
| 2006 | 300～335 | 83 | 2012～2022 | 14～15 | 55 |
| 2007 | 300～330 | 80 | 2012～2022 | 14～15 | 60 |
| 2008 | 260～290 | 84 | 2014～2023 | 14～15 | 65 |
| 2009 | 245～270 | 83 | 2015～2025 | 14～15 | 70 |
| 2010 | 260～285 | 85 | 2016～2026 | 16～17 | 75 |
| 2011 | 360～395 | 82 | 2016～2026 | 16～17 | 80 |

# Chateau Pavie
# 柏菲庄园

所属产区：法国波尔多圣达美隆

所属等级：圣达美隆列级名庄第一级B级

葡萄品种：赤霞珠、梅洛、品丽珠、小维
　　　　　尔多

土壤特征：石灰岩和棕色黏土

每年产量：80 000瓶

配餐建议：牛扒、烧鸡

## 相关介绍

　　时至今日，人们谈起波尔多的名酒依然会说："左岸有拉菲，右岸有柏菲。"早在公元4世纪，柏菲庄园就率先在圣达美隆地区开始种植葡萄，到现在已有1600多年的历史。不过，直到19世纪柏菲庄园才开始逐渐地发展起来。之后，柏菲庄园经历了数次的收购、转让、分割、兼并……直到1885年，一位来自波尔多的红酒商人Ferdinand Bouffard买下了分散于其他人手上的柏菲庄园，连同整合柏菲庄园附近的一些小葡萄园，将整个葡萄园面积扩展到了50公顷，并且正式命名为"柏菲"（Pavie）。庄园的现任主人Perse家族在1993年购得庄园，翻新了所有酿酒设备并引进了新的大木桶进行发酵。一般传统的法国名酒口感柔和、平衡而温雅，但柏菲却是个例外：虽出身于法国，带有法国酒骨子里的优雅与平衡，但同时又具有新世界酒的个性与力量，值得一试。

### 柏菲庄园　年份表格

| 年份 | 价格（元） | 分数 | 适饮期 | 侍酒（℃） | 醒酒（分钟） |
|---|---|---|---|---|---|
| 2001 | 2295～2640 | 91 | 2006～2017 | 14～15 | 35 |
| 2002 | 2255～2480 | 89 | 2007～2018 | 13～14 | 35 |
| 2003 | 3110～3575 | 90 | 2008～2019 | 14～15 | 45 |
| 2004 | 1970～2265 | 91 | 2010～2023 | 14～15 | 50 |
| 2005 | 4095～4710 | 94 | 2011～2024 | 15～16 | 55 |
| 2006 | 2635～3030 | 91 | 2012～2025 | 15～16 | 60 |
| 2007 | 2140～2460 | 90 | 2012～2026 | 15～16 | 65 |
| 2008 | 2295～2640 | 93 | 2014～2028 | 15～16 | 70 |
| 2009 | 3885～4660 | 95 | 2015～2030 | 15～16 | 75 |
| 2010 | 3980～4580 | 93 | 2016～2031 | 17～18 | 80 |
| 2011 | 2125～2440 | 92 | 2017～2032 | 17～18 | 85 |
| 2012 | 2750～3160 | 93 | 2018～2033 | 17～18 | 90 |

## Chateau Pavie–Decesse
# 柏菲德凯斯庄园

所属产区：法国波尔多圣达美隆
所属等级：圣达美隆列级名庄
葡萄品种：梅洛、品丽珠
土壤特征：全石灰岩
每年产量：30 000瓶
配餐建议：烤小羊肉、禽类野味

### 相关介绍

　　庄园的历史和柏菲庄园（Chateau Pavie）一脉相承，19世纪末的柏菲庄园是一个由数个葡萄园共同组成的庄园，布法德家族（Bouffard）收购时将其中一个葡萄园留下来并命名为Chateau Pavie‐Decesse并发展至今。庄园目前由佩斯家族掌管，主张现代化的的酿酒方式和管理方法，其酒是典型的圣达美隆风格，酒质柔和稳定。

### 柏菲德凯斯庄园　年份表格

| 年份 | 价格（元） | 分数 | 适饮期 | 侍酒（℃） | 醒酒（分钟） |
|------|-----------|------|--------|----------|------------|
| 2001 | 1080～1190 | 87 | 2006～2017 | 13～14 | 30 |
| 2002 | 1060～1170 | 85 | 2007～2018 | 13～14 | 35 |
| 2003 | 1690～1855 | 89 | 2008～2019 | 13～14 | 40 |
| 2004 | 1270～1380 | 89 | 2010～2023 | 13～14 | 45 |
| 2005 | 2215～2550 | 91 | 2011～2024 | 15～16 | 55 |
| 2006 | 1420～1635 | 90 | 2012～2025 | 15～16 | 60 |
| 2007 | 1195～1310 | 88 | 2012～2026 | 14～15 | 60 |
| 2008 | 1230～1415 | 90 | 2014～2028 | 15～16 | 70 |
| 2009 | 2085～2399 | 91 | 2015～2030 | 15～16 | 75 |
| 2010 | 2125～2445 | 90 | 2016～2031 | 17～18 | 80 |
| 2011 | 1310～1505 | 90 | 2017～2032 | 17～18 | 85 |
| 2012 | 1215～1335 | 88 | 2018～2032 | 17～18 | 85 |

# Chateau Pavie–Macquin
# 柏菲马昆酒庄

所属产区：法国波尔多圣达美隆

所属等级：圣达美隆列级名庄第一级B级

葡萄品种：赤霞珠、梅洛、品丽珠、小维尔多

土壤特征：纯正的砂砾土

每年产量：64 000瓶

配餐建议：扒西冷牛排、红烧鲍鱼 、烧羊肋骨、
羊奶酪

## 相关介绍

　　柏菲马昆酒庄坐落于圣达美隆东部，占地面积为15公顷，从1990年起由拥有天价葡萄酒里鹏（Le Pin）和赛丹酒庄（Chateau Certan）的著名酿酒世家天鹏家族（Thienpoint）接手。酒庄奉行有机种植，不使用化肥、除草剂或其他化学药品来提高葡萄质量。目前酒庄的酿酒顾问由著名的Michel Rolland担任。其酒有着华丽的酒香，富含樱桃、烟熏、甘草和香草的气息，酒体丰满，单宁强劲，是一瓶需要时间成熟的佳酿。

### 柏菲马昆酒庄　年份表格

| 年份 | 价格（元） | 分数 | 适饮期 | 侍酒（℃） | 醒酒（分钟） |
|------|-----------|------|--------|-----------|--------------|
| 2001 | 855～940 | 89 | 2006～2017 | 13～14 | 30 |
| 2002 | 590～645 | 87 | 2007～2018 | 13～14 | 35 |
| 2003 | 1140～1310 | 90 | 2008～2019 | 14～15 | 45 |
| 2004 | 665～740 | 90 | 2010～2023 | 14～15 | 50 |
| 2005 | 650～715 | 89 | 2011～2024 | 14～15 | 50 |
| 2006 | 665～735 | 89 | 2012～2025 | 14～15 | 55 |
| 2007 | 570～630 | 89 | 2012～2026 | 14～15 | 60 |
| 2008 | 665～765 | 91 | 2014～2028 | 15～16 | 70 |
| 2009 | 910～1045 | 90 | 2015～2030 | 15～16 | 75 |
| 2010 | 1250～1440 | 91 | 2016～2031 | 17～18 | 80 |
| 2011 | 665～765 | 90 | 2016～2031 | 17～18 | 85 |
| 2012 | 605～700 | 90 | 2018～2033 | 17～18 | 90 |

所属产区：法国波尔多圣达美隆

所属等级：圣达美隆列级名庄

葡萄品种：梅洛、品丽珠、赤霞珠

土壤特征：黏土及石灰石

每年产量：4 200 000瓶

配餐建议：牛柳、煎羊扒、烤肉、软奶酪

## 相关介绍

　　苏查尔（Souchard）家族在18世纪的波尔多议会及圣达美隆市政府赫赫有名。1851年，由于当时法国的土地分成制度而被分成多块，因此诞生了两个葡萄园——弗海德·苏查尔（Petit‐Faurie‐de‐Souchard）以及小弗海德·苏查尔（Petit‐Faurie‐de‐Soutard）。目前小弗海德·苏查尔是著名的酿酒世家卡德慕蓝家族的产业（Capde Mourlin），平均树龄为30年，在50％全新和50％一年新的橡木桶内进行陈年15至18个月后装瓶。庄园的主人Francoise Capde Mourlin是一位具有优雅气质的女士，使得其酒也偏向温柔优雅，同时亦充满了层次与内涵。

### 小弗海德·苏查尔庄园　年份表格

| 年份 | 价格（元） | 分数 | 适饮期 | 侍酒（℃） | 醒酒（分钟） |
|------|-----------|------|--------|-----------|--------------|
| 2001 | 240～265 | 83 | 2004～2013 | 13～14 | 30 |
| 2002 | 240～265 | 84 | 2005～2015 | 13～14 | 35 |
| 2003 | 215～240 | 83 | 2006～2016 | 13～14 | 40 |
| 2004 | 340～370 | 81 | 2010～2018 | 13～14 | 45 |
| 2005 | 360～390 | 82 | 2011～2020 | 14～15 | 50 |
| 2006 | 280～310 | 80 | 2012～2022 | 14～15 | 55 |
| 2007 | 375～415 | 82 | 2012～2022 | 14～15 | 60 |
| 2008 | 305～330 | 82 | 2014～2023 | 14～15 | 65 |
| 2009 | 340～375 | 80 | 2015～2025 | 14～15 | 70 |
| 2010 | 340～375 | 83 | 2016～2026 | 16～17 | 75 |
| 2011 | 430～470 | 83 | 2016～2026 | 16～17 | 80 |

# Chateau Ripeau
# 赫伯庄园

所属产区：法国波尔多圣达美隆

所属等级：圣达美隆列级名庄

葡萄品种：梅洛、品丽珠、赤霞珠

土壤特征：砂砾、黏土

每年产量：65 000瓶

配餐建议：烤鸭、叉烧肉、火腿

## 相关介绍

　　庄园创建于1917年，其地理位置非常特殊，几步之遥即是著名的白马庄（Chateau Cheval Blanc）及飞卓庄（Chateau Figeac）。得天独厚的地理条件，使其在1954年特级庄园的评选中顺利胜出。Francoise de Wilde女士自1976年起经营庄园。近年来，由其女儿及侄子辅助其工作。其酒具有晶莹剔透的红宝石色泽，入口细腻清爽，在密集的单宁中充分融入果香，余味表现很有活力。

## 赫伯庄园　年份表格

| 年份 | 价格（元） | 分数 | 适饮期 | 侍酒（℃） | 醒酒（分钟） |
|------|-----------|------|---------|-----------|--------------|
| 2001 | 290～320 | 84 | 2004～2013 | 13～14 | 30 |
| 2002 | 190～210 | 80 | 2005～2015 | 13～14 | 35 |
| 2003 | 320～350 | 81 | 2006～2016 | 13～14 | 40 |
| 2004 | 260～290 | 81 | 2007～2016 | 13～14 | 45 |
| 2005 | 280～310 | 83 | 2008～2018 | 14～15 | 50 |
| 2006 | 225～250 | 83 | 2009～2018 | 14～15 | 55 |
| 2007 | 205～230 | 80 | 2010～2020 | 14～15 | 60 |
| 2008 | 235～260 | 81 | 2011～2020 | 14～15 | 65 |
| 2009 | 280～310 | 86 | 2013～2023 | 14～15 | 70 |
| 2010 | 240～265 | 80 | 2013～2023 | 16～17 | 75 |
| 2011 | 245～270 | 80 | 2015～2025 | 16～17 | 80 |
| 2012 | 310～340 | 81 | 2017～2027 | 16～17 | 85 |

# Chateau Soutard
# 苏塔庄园

所属产区：法国波尔多圣达美隆

所属等级：圣达美隆列级名庄

葡萄品种：梅洛、品丽珠

土壤特征：砂砾、黏土

每年产量：110 000瓶

配餐建议：野味、红肉及奶酪

## 相关介绍

　　苏塔庄园于1785年建立，是产区内历史最悠久的庄园之一。庄园拥有者是著名的Soutard家族，这个家族同时也拥有柏菲庄园等著名庄园，是一个极古老也极具有艺术家气息、以艺术家风格和眼光来酿酒的家族。苏塔庄园的酒非常有陈年潜力，一般可陈放20～25年。

## 苏塔庄园　年份表格

| 年份 | 价格（元） | 分数 | 适饮期 | 侍酒（℃） | 醒酒（分钟） |
|------|-----------|------|---------|-----------|-------------|
| 2001 | 375～415 | 88 | 2004～2013 | 13～14 | 30 |
| 2002 | 320～350 | 82 | 2005～2015 | 13～14 | 35 |
| 2003 | 360～395 | 84 | 2006～2016 | 13～14 | 40 |
| 2004 | 215～240 | 82 | 2010～2018 | 13～14 | 45 |
| 2005 | 430～475 | 83 | 2011～2020 | 14～15 | 50 |
| 2006 | 415～455 | 84 | 2012～2022 | 14～15 | 55 |
| 2007 | 360～395 | 83 | 2012～2022 | 14～15 | 60 |
| 2008 | 375～415 | 82 | 2014～2023 | 14～15 | 65 |
| 2009 | 430～475 | 85 | 2015～2025 | 14～15 | 70 |
| 2010 | 415～455 | 88 | 2016～2026 | 16～17 | 75 |
| 2011 | 395～435 | 87 | 2017～2028 | 16～17 | 80 |

# Chateau St–Georges–Cote–Pavie
## 乔治柏菲庄园

所属产区：法国波尔多圣达美隆

所属等级：圣达美隆列级名庄

葡萄品种：梅洛、赤霞珠、品丽珠

土壤特征：黏土、石灰石、白垩土

每年产量：300 000瓶

配餐建议：煎牛仔骨、煎羊排、烤肉、软奶酪

### 相关介绍

　　乔治柏菲庄园历史悠久，自1873年以来一直由马松（Masson）家庭所拥有。庄园酿酒师是波尔多赫赫有名的阿兰·维尔（Alain Vauthier）。葡萄园占地5.5公顷，种植85％梅洛、11％赤霞珠和4％的品丽珠，葡萄树平均年龄约30年。葡萄放在不锈钢桶里发酵，然后使用50％的新橡木桶陈年。其酒散发成熟的红色和黑色水果香气，浓郁的矿物质气息及茴香、黑樱桃果酱味。酒体中等，单宁柔顺，可存放十年以上。

法国·波尔多产区·圣达美隆

### 乔治柏菲庄园　年份表格

| 年份 | 价格（元） | 分数 | 适饮期 | 侍酒（℃） | 醒酒（分钟） |
|---|---|---|---|---|---|
| 2001 | 310～345 | 82 | 2004～2013 | 13～14 | 30 |
| 2002 | 270～295 | 81 | 2005～2015 | 13～14 | 35 |
| 2003 | 340～370 | 80 | 2006～2016 | 13～14 | 40 |
| 2004 | 275～305 | 80 | 2010～2018 | 13～14 | 45 |
| 2005 | 430～475 | 82 | 2011～2020 | 14～15 | 50 |
| 2006 | 265～290 | 82 | 2012～2022 | 14～15 | 55 |
| 2007 | 230～250 | 80 | 2012～2022 | 14～15 | 60 |
| 2008 | 280～310 | 83 | 2014～2023 | 14～15 | 65 |
| 2009 | 360～395 | 87 | 2015～2025 | 14～15 | 70 |
| 2010 | 300～330 | 81 | 2016～2025 | 16～17 | 75 |
| 2011 | 380～420 | 81 | 2017～2026 | 16～17 | 80 |
| 2012 | 420～480 | 83 | 2018～2028 | 16～17 | 85 |

# Chateau Clos St–Martin
## 圣马丁庄园

所属产区：法国波尔多圣达美隆

所属等级：圣达美隆列级名庄

葡萄品种：梅洛、 品丽珠、赤霞珠

土壤特征：石灰岩

每年产量：75 000瓶

配餐建议：煎牛仔骨、烤鸭

### 相关介绍

圣马丁庄园位于圣达美隆产区的圣马丁教堂附近，它的名字也源于此。其葡萄园位于以混合黏土和石灰石土壤为主的石灰岩高原上，面积约1.33公顷，是该区面积最小的葡萄园。与其比邻的皆是该区赫赫有名的庄园，如大炮庄园（Chateau Canon）、博塞贝戈庄园（Chateau Beau‑Sejour Becot）和博塞庄园（Beausejour Duffau）等等。庄园的酿造顾问由著名的明星酿酒师米歇尔·罗兰（Michel Rolland）担任，所有的葡萄酒都在100％全新橡木桶进行长达20个月的陈年。2008年以来的酒液在100％全新橡木桶进行发酵后再在原桶进行陈年，使得酒液口感更新鲜，更柔和。

### 圣马丁庄园　年份表格

| 年份 | 价格（元） | 分数 | 适饮期 | 侍酒（℃） | 醒酒（分钟） |
|------|-----------|------|--------|-----------|-------------|
| 2001 | 545～600 | 86 | 2004～2013 | 13～14 | 30 |
| 2002 | 375～415 | 85 | 2005～2015 | 13～14 | 35 |
| 2003 | 342～385 | 83 | 2006～2016 | 13～14 | 40 |
| 2004 | 470～515 | 84 | 2010～2018 | 13～14 | 45 |
| 2005 | 710～780 | 88 | 2011～2020 | 14～15 | 50 |
| 2006 | 490～540 | 85 | 2012～2022 | 14～15 | 55 |
| 2007 | 430～475 | 84 | 2012～2022 | 14～15 | 60 |
| 2008 | 510～560 | 85 | 2014～2023 | 14～15 | 65 |
| 2009 | 845～930 | 86 | 2015～2025 | 14～15 | 70 |
| 2010 | 772～850 | 88 | 2016～2026 | 16～17 | 75 |
| 2011 | 810～890 | 87 | 2017～2027 | 16～17 | 80 |
| 2012 | 835～915 | 86 | 2018～2028 | 16～17 | 85 |

## Chateau Tertre Roteboeuf
# 戴特罗庄园

所属产区：法国波尔多圣达美隆

葡萄品种：梅洛、品丽珠

土壤特征：石灰岩土质

每年产量：20 000瓶

配餐建议：嫩牛肉、煎羊排、红烧鲍鱼、硬奶酪

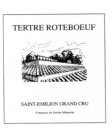

### 相关介绍

虽然没有参加任何的评级，也没有显赫的历史，但戴特罗庄园绝对称得上圣达美隆地区的一个明星酒庄。目前，葡萄园只有3公顷，种植比例为85％梅洛、15％品丽珠，平均树龄为45年。酿酒师Francois Mitjavile被誉为波尔多最具天赋的酿酒师之一，其酒是典型的圣达美隆风格，单宁平滑而柔和，香气和口感都极富层次感。

### 戴特罗庄园　年份表格

| 年份 | 价格（元） | 分数 | 适饮期 | 侍酒（℃） | 醒酒（分钟） |
|------|-----------|------|--------|-----------|-------------|
| 2001 | 1770～2035 | 90 | 2006～2017 | 14～15 | 35 |
| 2002 | 1225～1350 | 88 | 2007～2018 | 13～14 | 35 |
| 2003 | 1880～2165 | 91 | 2008～2019 | 14～15 | 45 |
| 2004 | 1430～1645 | 91 | 2010～2023 | 14～15 | 55 |
| 2005 | 2920～3355 | 95 | 2011～2024 | 15～16 | 60 |
| 2006 | 1392～1600 | 91 | 2012～2025 | 15～16 | 65 |
| 2007 | 1505～1730 | 90 | 2012～2026 | 15～16 | 70 |
| 2008 | 1655～1905 | 93 | 2014～2028 | 15～16 | 75 |
| 2009 | 3235～3720 | 92 | 2015～2030 | 15～16 | 80 |
| 2010 | 2465～2835 | 92 | 2016～2032 | 17～18 | 85 |
| 2011 | 3120～3590 | 91 | 2018～2033 | 17～18 | 90 |
| 2012 | 3945～4540 | 92 | 2019～2034 | 17～18 | 95 |

## Chateau Tertre–Daugay
# 瞭望塔庄园

所属产区：法国波尔多圣达美隆
所属等级：圣达美隆列级名庄
葡萄品种：梅洛、品丽珠
土壤特征：砂砾黏土
每年产量：128 000瓶
配餐建议：煎牛仔骨、烤鸭

### 相关介绍

　　庄园的名字来源于圣达美隆一座用于监视和防御外敌的古塔楼。庄园与Chateau Daugay为同一主人拥有，在1909年分成了两部分，Chateau Daugay在1920年时被著名的金钟庄（Chateau Angelus）拥有者买下，而Chateau Tertre - Daugay则在1978年出售给嘉芙丽庄（Chateau La Gaffeliere）的主人Count Leo de Malet - Roquefort。目前，葡萄酒面积为16公顷，平均树龄为25年，同时拥有一部分树龄长达100年的老树。2011年5月，庄园由五大名庄之一的红颜容庄（Chateau Haut Brion）买下并改名为Chateau Quintus。因此，2010年成了以瞭望塔庄园为名的葡萄酒的最后一个年份。

### 瞭望塔庄园　年份表格

| 年份 | 价格（元） | 分数 | 适饮期 | 侍酒（℃） | 醒酒（分钟） |
|------|-----------|------|---------|-----------|-------------|
| 2001 | 320～350 | 82 | 2004～2013 | 13～14 | 30 |
| 2002 | 205～225 | 82 | 2005～2015 | 13～14 | 35 |
| 2003 | 360～395 | 80 | 2006～2016 | 13～14 | 40 |
| 2004 | 305～330 | 87 | 2010～2018 | 13～14 | 45 |
| 2005 | 375～415 | 85 | 2011～2020 | 14～15 | 50 |
| 2006 | 210～230 | 83 | 2012～2022 | 14～15 | 55 |
| 2007 | 290～320 | 83 | 2012～2022 | 14～15 | 60 |
| 2008 | 290～315 | 82 | 2014～2023 | 14～15 | 65 |
| 2009 | 360～395 | 84 | 2015～2025 | 14～15 | 70 |
| 2010 | 360～395 | 86 | 2016～2026 | 16～17 | 75 |
| 2011 | 320～350 | 82 | 2017～2026 | 16～17 | 80 |
| 2012 | 370～405 | 82 | 2018～2028 | 16～17 | 85 |

## Chateau Troplong–Mondot
# 卓龙梦特庄园

所属产区：法国波尔多圣达美隆

所属等级：圣达美隆列级名庄第一级B级

葡萄品种：赤霞珠、梅洛、品丽珠、小
　　　　　维尔多

土壤特征：钙质黏土

每年产量：80 000瓶

配餐建议：牛扒、烧鸡

### 相关介绍

　　卓龙梦特占地30公顷，在寸土寸金的圣达美隆地区可谓是一座大型庄园。庄园由Seze家族建于1745年，酒名中的Troplong是为了纪念法国著名的参议员、法学家、艺术赞助人Roymond Troplong，他是庄园在1852～1869年间的拥有者。后来庄园经历了一系列的变故，一直到20世纪80年代由Christine Valette接手，并由Michel Rolland担任了酿酒顾问，庄园才恢复了往日的神采。卓龙梦特的酒质卓越平衡，充满了优雅的黑浆果香气。酒体浑厚有力，但却又不失其柔美动人的一面。

### 卓龙梦特庄园　年份表格

| 年份 | 价格（元） | 分数 | 适饮期 | 侍酒（℃） | 醒酒（分钟） |
|---|---|---|---|---|---|
| 2001 | 830～910 | 89 | 2006～2020 | 13～14 | 30 |
| 2002 | 600～660 | 86 | 2007～2021 | 13～14 | 35 |
| 2003 | 850～930 | 88 | 2008～2022 | 13～14 | 40 |
| 2004 | 620～685 | 88 | 2010～2023 | 13～14 | 45 |
| 2005 | 2560～3070 | 95 | 2011～2024 | 15～16 | 65 |
| 2006 | 980～1125 | 90 | 2012～2025 | 15～16 | 60 |
| 2007 | 695～765 | 89 | 2012～2028 | 14～15 | 60 |
| 2008 | 905～1040 | 90 | 2014～2030 | 15～16 | 70 |
| 2009 | 1790～2055 | 92 | 2016～2031 | 15～16 | 75 |
| 2010 | 1750～1925 | 88 | 2016～2032 | 16～17 | 75 |
| 2011 | 2120～2435 | 91 | 2017～2032 | 17～18 | 85 |
| 2012 | 2435～2680 | 90 | 2018～2033 | 17～18 | 90 |

法国·波尔多产区·圣达美隆

## Chateau Trotte Vieille
## 老托特庄园

所属产区：法国波尔多圣达美隆

所属等级：圣达美隆列级名庄第一级B级

葡萄品种：赤霞珠、梅洛、品丽珠、小维尔多

土壤特征：黏土、石灰石

每年产量：60 000瓶

配餐建议：牛肉、烧羊肋骨、烤鸭、软奶酪

### 相关介绍

　　老托特庄园位于圣达美隆东部地区，在整个波尔多地区，老托特庄园名字的起源尤为耐人寻味。现任庄主Philippe Casteja向人们解释，庄园的名字源于la trotte vieille这个词组。而la trotte vieille的意思是，小跑的老妇人。据说，每当庄园脚下有长途汽车经过时，庄园里的一位老妇人都会小跑着奔向庄园脚下，向司机打听消息。后来，庄园就被人们称作了老托特庄园。其酒在橡木桶陈年12到18个月，所使用的新桶比例高达90%～100%，最佳年份为2004、2008和2009年。

### 老托特庄园　年份表格

| 年份 | 价格（元） | 分数 | 适饮期 | 侍酒（℃） | 醒酒（分钟） |
|------|-----------|------|--------|-----------|--------------|
| 2001 | 620～685 | 87 | 2006～2017 | 13～14 | 30 |
| 2002 | 445～490 | 84 | 2007～2018 | 13～14 | 35 |
| 2003 | 675～745 | 87 | 2008～2019 | 13～14 | 40 |
| 2004 | 600～660 | 85 | 2010～2023 | 13～14 | 45 |
| 2005 | 905～995 | 89 | 2011～2024 | 14～15 | 50 |
| 2006 | 680～745 | 87 | 2012～2025 | 14～15 | 55 |
| 2007 | 790～870 | 86 | 2012～2026 | 14～15 | 60 |
| 2008 | 510～560 | 88 | 2014～2028 | 14～15 | 65 |
| 2009 | 1070～1180 | 89 | 2015～2030 | 14～15 | 70 |
| 2010 | 1225～1410 | 90 | 2016～2031 | 17～18 | 80 |
| 2011 | 1345～1550 | 90 | 2017～2032 | 17～18 | 85 |
| 2012 | 1455～1675 | 90 | 2018～2033 | 17～18 | 90 |

法国·波尔多产区·圣达美隆

# Chateau Villemaurine
# 威灵摩林庄园

**所属产区：** 法国波尔多圣达美隆
**所属等级：** 圣达美隆列级名庄
**葡萄品种：** 梅洛、品丽珠
**土壤特征：** 石灰质黏土和砂石土壤
**每年产量：** 30 000瓶
**配餐建议：** 广东扣肉、乳酪、小牛排等

## 相关介绍

庄园名字起源于公元8世纪，军队占领了此地，并将他们的军营命名为"Ville Maure"。2007年，Justine Onclin 买下此庄园后进行了改革，并聘请Stephane Derenoncourt 为顾问，大力提升葡萄酒质量，使其重返往日的辉煌。庄园现有7公顷葡萄园，并有一个无可匹敌的秘密武器：圣达美隆区最大的"地下酒窖"。因为酒窖太大，聚会的人们兴致一起四处游走，常常迷路而不知所终，最后无奈只好封闭大部分。庄园目前用3万平方米建了圣达美隆第一座"地下光影体验馆"，是到圣达美隆游玩不可错过的景点。

### 威灵摩林庄园 年份表格

| 年份 | 价格（元） | 分数 | 适饮期 | 侍酒（℃） | 醒酒（分钟） |
|------|-----------|------|--------|-----------|-------------|
| 2001 | 430～475 | 80 | 2006～2010 | 13～14 | 30 |
| 2002 | 360～395 | 83 | 2005～2015 | 13～14 | 35 |
| 2003 | 876～965 | 83 | 2006～2016 | 13～14 | 40 |
| 2004 | 335～370 | 82 | 2010～2018 | 13～14 | 45 |
| 2005 | 340～370 | 84 | 2011～2020 | 14～15 | 50 |
| 2006 | 540～595 | 80 | 2012～2022 | 14～15 | 55 |
| 2007 | 360～395 | 82 | 2012～2022 | 14～15 | 60 |
| 2008 | 395～435 | 85 | 2014～2023 | 14～15 | 65 |
| 2009 | 525～580 | 84 | 2015～2025 | 14～15 | 70 |
| 2010 | 450～500 | 87 | 2016～2026 | 16～17 | 75 |
| 2011 | 570～620 | 87 | 2017～2026 | 16～17 | 80 |
| 2012 | 630～690 | 87 | 2018～2028 | 16～17 | 85 |

## Chateau Larmande
# 拉曼德庄园

所属产区：法国波尔多圣达美隆

所属等级：圣达美隆列级庄

葡萄品种：梅洛、品丽珠、赤霞珠

土壤特征：黏土和石灰岩为主

每年产量：120 000瓶

配餐建议：烤肉、煎牛仔骨、烤鸭、
软奶酪

### 相关介绍

　　该庄园是圣达美隆区最古老的庄园之一，历史可追溯到1585年。1640年，香槟家族（Champagne）接手庄园之后为其建立了独立的酿酒间和酒窖，庄园亦正式拥有Chateau Larmande的名字。在接下来的数个世纪内，庄园被多次易手，目前为保险集团La Mondiale拥有。拉曼德庄园的酒有着不俗的表现力，数个年份都被认为是圣达美隆最出色的酒品之一。随着现在整个波尔多右岸的崛起，大多数圣达美隆庄园的潜质已被逐步开发出来，庄园面临着日益增多的竞争对手，但仍然位列众多圣达美隆列级庄之上。

### 拉曼德庄园　年份表格

| 年份 | 价格（元） | 分数 | 适饮期 | 侍酒（℃） | 醒酒（分钟） |
|------|-----------|------|--------|-----------|-------------|
| 2001 | 490～540 | 86 | 2004～2013 | 13～14 | 30 |
| 2002 | 340～370 | 80 | 2005～2015 | 13～14 | 35 |
| 2003 | 355～395 | 82 | 2006～2016 | 13～14 | 40 |
| 2004 | 335～370 | 83 | 2010～2018 | 13～14 | 45 |
| 2005 | 415～455 | 86 | 2011～2020 | 14～15 | 50 |
| 2006 | 245～270 | 82 | 2012～2022 | 14～15 | 55 |
| 2007 | 305～340 | 84 | 2012～2022 | 14～15 | 60 |
| 2008 | 320～355 | 86 | 2014～2023 | 14～15 | 65 |
| 2009 | 320～355 | 86 | 2015～2025 | 14～15 | 70 |
| 2010 | 385～425 | 89 | 2016～2028 | 16～17 | 75 |
| 2011 | 365～400 | 86 | 2017～2030 | 16～17 | 80 |
| 2012 | 345～380 | 85 | 2018～2032 | 16～17 | 85 |

## Chateau Destieux
## 迪斯特酒庄

所属产区：法国波尔多圣达美隆

所属等级：圣达美隆列级名庄

葡萄品种：梅洛、品丽珠

土壤特征：黏土及石灰岩

每年产量：30 000瓶

配餐建议：野味、红肉、口味适中或较重的奶酪

### 相关介绍

　　迪斯特酒庄坐落于圣达美隆高地的最高点，从城堡向下望去，整个村庄的秀丽全景尽收眼底。优越的地理位置，赋予了酒庄一个古老的简称"des yeux"，即眼睛。这双眼睛投影出的便是绵绵延伸至多尔多涅河沿岸的葱郁葡萄园。为了维持优异的酒质，酒庄抛却无意义的产量竞争，每年仅出产不到3万瓶的正牌酒。

### 迪斯特酒庄　年份表格

| 年份 | 价格（元） | 分数 | 适饮期 | 侍酒（℃） | 醒酒（分钟） |
|------|-----------|------|--------|----------|-------------|
| 2001 | 435～480 | 86 | 2004～2013 | 13～14 | 30 |
| 2002 | 395～435 | 83 | 2008～2013 | 13～14 | 35 |
| 2003 | 360～395 | 84 | 2005～2015 | 13～14 | 40 |
| 2004 | 450～500 | 85 | 2010～2018 | 13～14 | 45 |
| 2005 | 490～540 | 87 | 2011～2020 | 14～15 | 50 |
| 2006 | 420～460 | 85 | 2012～2022 | 14～15 | 55 |
| 2007 | 340～375 | 84 | 2012～2022 | 14～15 | 60 |
| 2008 | 360～395 | 86 | 2014～2023 | 14～15 | 65 |
| 2009 | 565～625 | 86 | 2015～2025 | 14～15 | 70 |
| 2010 | 510～560 | 86 | 2016～2026 | 16～17 | 75 |
| 2011 | 360～395 | 85 | 2016～2026 | 16～17 | 80 |
| 2012 | 450～500 | 86 | 2017～2027 | 16～17 | 85 |

法国·波尔多产区·圣达美隆

所属产区：法国波尔多圣达美隆

所属等级：圣达美隆列级名庄

葡萄品种：梅洛、品丽珠、赤霞珠

土壤特征：石灰岩

每年产量：84 000瓶

配餐建议：各种肉类、甜品

### 相关介绍

　　弗海德·苏查尔庄园的名字是由地名"Petit－Faurie"与人名"De Souchard"组成的。De Souchard先生曾是庄园的主人。百年战争期间，Faurie战役即发生于庄园所在地。De Souchard家族在18世纪的波尔多议会及圣达美隆市政府均占有一席之地。在1933年，Maurice Jabiol先生购入庄园，并于1969年将庄园名称中的"petit"（中文为"小"）一词从酒标中去除。1983年，Françoise Sciard先生继承了庄园并一直经营至今。该酒大多呈现深紫红色，结构丰满，圆润丰醇，口感厚实。

### 弗海德·苏查尔庄园　年份表格

| 年份 | 价格（元） | 分数 | 适饮期 | 侍酒（℃） | 醒酒（分钟） |
|------|-----------|------|--------|-----------|-------------|
| 2001 | 215～250 | 80 | 2004～2013 | 13～14 | 30 |
| 2002 | 190～210 | 82 | 2005～2015 | 13～14 | 35 |
| 2003 | 395～435 | 80 | 2006～2016 | 13～14 | 40 |
| 2004 | 240～265 | 82 | 2010～2018 | 13～14 | 45 |
| 2005 | 275～305 | 82 | 2011～2020 | 14～15 | 50 |
| 2006 | 190～215 | 81 | 2012～2022 | 14～15 | 55 |
| 2007 | 290～315 | 80 | 2012～2022 | 14～15 | 60 |
| 2008 | 245～270 | 83 | 2014～2023 | 14～15 | 65 |
| 2009 | 270～300 | 84 | 2015～2025 | 14～15 | 70 |
| 2010 | 300～335 | 85 | 2016～2026 | 16～17 | 75 |
| 2011 | 330～360 | 84 | 2017～2027 | 16～17 | 80 |
| 2012 | 375～415 | 86 | 2018～2028 | 16～17 | 85 |

## Chateau Figeac
# 飞卓庄园

所属产区：法国波尔多圣达美隆

所属等级：圣达美隆列级名庄第一级B级

葡萄品种：赤霞珠、梅洛、品丽珠

土壤特征：黏土、砂砾

每年产量：100 000瓶

配餐建议：嫩牛肉、煎羊排、红烧鲍鱼、硬
奶酪

### 相关介绍

    飞卓（Figeacus）的名字在罗马时期3至4世纪期间已出现，Figeacus就是当时拥有该地的家族名字。现在的飞卓庄园位于波尔多右岸的圣达美隆产区，是波尔多地区历史最古老的酒庄之一。葡萄园占地面积为40公顷，是该区最大的酒庄之一。葡萄品种种植比例上，赤霞珠与品丽珠各占35%，剩下的30%左右为梅洛。葡萄树平均年龄为35年，种植密度为6000株/公顷。飞卓庄的酒体平衡，稍加陈年后便能发展出圆滑如天鹅绒般质感。它明朗简洁的个性恰似它的酒标设计，鲜明突出。

### 飞卓庄园　年份表格

| 年份 | 价格（元） | 分数 | 适饮期 | 侍酒（℃） | 醒酒（分钟） |
|---|---|---|---|---|---|
| 2001 | 1055～1160 | 89 | 2006～2017 | 13～14 | 30 |
| 2002 | 810～890 | 87 | 2007～2018 | 13～14 | 35 |
| 2003 | 1075～1185 | 87 | 2008～2019 | 13～14 | 40 |
| 2004 | 925～1015 | 88 | 2010～2023 | 13～14 | 45 |
| 2005 | 1470～1690 | 90 | 2011～2024 | 15～16 | 55 |
| 2006 | 1020～1120 | 89 | 2012～2025 | 14～15 | 55 |
| 2007 | 960～1060 | 88 | 2012～2026 | 14～15 | 60 |
| 2008 | 1000～1150 | 90 | 2014～2028 | 15～16 | 70 |
| 2009 | 1490～1715 | 92 | 2015～2030 | 15～16 | 75 |
| 2010 | 1735～1995 | 93 | 2016～2031 | 17～18 | 80 |
| 2011 | 1150～1320 | 91 | 2017～2031 | 17～18 | 85 |
| 2012 | 1265～1455 | 92 | 2018～2033 | 17～18 | 90 |

法国·波尔多产区·圣达美隆

所属产区：法国波尔多圣达美隆

所属等级：圣达美隆列级名庄

葡萄品种：梅洛、品丽珠、赤霞珠

土壤特征：泥灰质

每年产量：120 000瓶

配餐建议：红肉、家禽、奶酪

### 相关介绍

　　庄园另一译名为红衣主教花城堡，是一座历史悠久的庄园。庄园位于圣达美隆村东部的制高点，在卡迪娜庄园便可将整个村庄的景色尽收眼底。庄园总面积为20公顷，葡萄品种以梅洛为主，高达70％，葡萄成熟期晚，采摘后在恒温的不锈钢容器中发酵，而后在橡木桶内（30％～40％新桶）陈年15个月，最后无过滤装瓶。2001年德科斯泰夫妇（Decoster）把酒庄买下来后，投入巨资加以改善，重新修建了葡萄酒酿造厂和酒库，并聘请了著名酿酒师Michel Rolland作为顾问。卡迪娜庄园的表现令人期待。

### 卡迪娜庄园　年份表格

| 年份 | 价格（元） | 分数 | 适饮期 | 侍酒（℃） | 醒酒（分钟） |
|------|-----------|------|---------|-----------|--------------|
| 2001 | 300～330 | 88 | 2004～2015 | 13～14 | 30 |
| 2002 | 285～310 | 86 | 2005～2016 | 13～14 | 35 |
| 2003 | 415～455 | 88 | 2006～2017 | 13～14 | 40 |
| 2004 | 395～435 | 87 | 2010～2020 | 13～14 | 45 |
| 2005 | 595～660 | 88 | 2011～2022 | 14～15 | 50 |
| 2006 | 380～415 | 86 | 2012～2023 | 14～15 | 55 |
| 2007 | 340～375 | 86 | 2012～2025 | 14～15 | 60 |
| 2008 | 360～395 | 89 | 2014～2026 | 14～15 | 65 |
| 2009 | 510～560 | 90 | 2015～2028 | 14～15 | 70 |
| 2010 | 545～600 | 88 | 2016～2030 | 16～17 | 75 |
| 2011 | 395～435 | 87 | 2016～2031 | 16～17 | 80 |
| 2012 | 395～435 | 86 | 2018～2032 | 16～17 | 85 |

## Chateau Fonplegade
## 风乐佳城堡

所属产区：法国波尔多圣达美隆

所属等级：圣达美隆列级名庄

葡萄品种：梅洛、品丽珠、赤霞珠

土壤特征：以黏土和石灰石为主，具有多孔岩石层

每年产量：50 000瓶

配餐建议：烤小羊肉、禽类野味

### 相关介绍

　　城堡以壮观景色出名，位处圣达美隆有名的石灰岩高原，其海拔高度赋予其酒独特的强度，单宁强劲，需要时间陈年和发展。自2004年起城堡由Stephen Adams夫妇接管进行了一系列的改革：发酵过程用旧橡木桶取代不锈钢桶进行发酵；陈年则选用新橡木桶，并严格控制产量。近年的酒质更是让国际上各大酒评家另眼相看。

### 凤乐佳城堡　年份表格

| 年份 | 价格（元） | 分数 | 适饮期 | 侍酒（℃） | 醒酒（分钟） |
|---|---|---|---|---|---|
| 2001 | 300～335 | 84 | 2004～2015 | 13～14 | 30 |
| 2002 | 340～375 | 83 | 2005～2016 | 13～14 | 35 |
| 2003 | 320～350 | 82 | 2006～2017 | 13～14 | 40 |
| 2004 | 660～725 | 85 | 2010～2020 | 13～14 | 45 |
| 2005 | 640～705 | 88 | 2011～2022 | 14～15 | 50 |
| 2006 | 565～625 | 88 | 2012～2023 | 14～15 | 55 |
| 2007 | 320～350 | 84 | 2012～2025 | 14～15 | 60 |
| 2008 | 545～600 | 87 | 2014～2026 | 14～15 | 65 |
| 2009 | 565～625 | 86 | 2015～2028 | 14～15 | 70 |
| 2010 | 470～520 | 86 | 2016～2029 | 16～17 | 75 |
| 2011 | 415～455 | 87 | 2016～2031 | 16～17 | 80 |
| 2012 | 490～540 | 87 | 2017～2032 | 16～17 | 85 |

## Chateau Grand–Mayne
## 格兰梅庄园

所属产区：法国波尔多圣达美隆
所属等级：圣达美隆列级名庄
葡萄品种：梅洛、品丽珠、赤霞珠
土壤特征：黏土和石灰岩为主
每年产量：10 000箱
配餐建议：上等牛肉、烧牛扒

### 相关介绍

　　庄园的历史可追溯至15世纪末，当时掌管庄园的主人为拉芙家族，并掌管了庄园长达两个多世纪，在19世纪时期庄园的面积一度扩展至250公顷，成为当时圣达美隆产区面积最大的庄园之一。时至今日，格兰梅庄园拥有19公顷葡萄园，较19世纪时期少了许多，但庄园的酿酒理念更为精致。在酿酒方面，葡萄全经人工采摘之后放入大不锈钢桶中发酵，最后经鸡蛋澄清后放入橡木桶中陈年。某些推荐年份已打到了Robert Parker 93分以上的评分，值得一试。

### 格兰梅庄园　年份表格

| 年份 | 价格（元） | 分数 | 适饮期 | 侍酒（℃） | 醒酒（分钟） |
|------|-----------|------|--------|-----------|-------------|
| 2001 | 390～440 | 85 | 2004～2013 | 13～14 | 30 |
| 2002 | 434～480 | 85 | 2005～2015 | 13～14 | 35 |
| 2003 | 640～705 | 84 | 2006～2016 | 13～14 | 40 |
| 2004 | 700～770 | 85 | 2010～2018 | 13～14 | 45 |
| 2005 | 700～770 | 88 | 2011～2020 | 14～15 | 50 |
| 2006 | 415～460 | 84 | 2012～2022 | 14～15 | 55 |
| 2007 | 320～350 | 84 | 2012～2022 | 14～15 | 60 |
| 2008 | 400～435 | 87 | 2014～2023 | 14～15 | 65 |
| 2009 | 490～540 | 89 | 2015～2025 | 14～15 | 70 |
| 2010 | 450～495 | 88 | 2016～2026 | 16～17 | 75 |
| 2011 | 360～395 | 88 | 2017～2027 | 16～17 | 80 |
| 2012 | 340～375 | 88 | 2018～2028 | 16～17 | 85 |

# Chateau Guadet
## 盖德庄园

所属产区：法国波尔多圣达美隆

所属等级：圣达美隆列级名庄

葡萄品种：梅洛、品丽珠

土壤特征：砂砾及黏土

每年产量：490 000瓶

配餐建议：嫩牛肉、煎羊排、红烧鲍鱼、硬
　　　　　奶酪

### 相关介绍

　　庄园原名为Chateau Guadet Saint‐Julien，在1844年至2004年都沿用此名，直到2005年才改名为Chateau Guadet。庄园的创始人盖得家族（Guadet）是在圣达美隆地区的政治上有着举足轻重地位的一个家族，至今在圣达美隆的主街上仍有刻着该家族名字的建筑和头像。目前，庄园由Guy‐Petrus Lignac掌管，面积仅为5.5公顷，出品精致而不失优雅。

### 盖德庄园　年份表格

| 年份 | 价格（元） | 分数 | 适饮期 | 侍酒（℃） | 醒酒（分钟） |
|------|-----------|------|--------|-----------|--------------|
| 2001 | 275～305 | 80 | 2004～2013 | 13～14 | 30 |
| 2002 | 300～330 | 83 | 2005～2015 | 13～14 | 35 |
| 2003 | 338～370 | 83 | 2006～2016 | 13～14 | 40 |
| 2004 | 405～450 | 83 | 2010～2018 | 13～14 | 45 |
| 2005 | 395～435 | 82 | 2011～2020 | 14～15 | 50 |
| 2006 | 320～355 | 81 | 2012～2022 | 14～15 | 55 |
| 2007 | 290～320 | 81 | 2012～2022 | 14～15 | 60 |
| 2008 | 265～290 | 81 | 2014～2023 | 14～15 | 65 |
| 2009 | 335～370 | 85 | 2015～2025 | 14～15 | 70 |
| 2010 | 340～370 | 81 | 2016～2026 | 16～17 | 75 |
| 2011 | 320～350 | 87 | 2017～2027 | 16～17 | 80 |
| 2012 | 340～370 | 87 | 2018～2028 | 16～17 | 85 |

## Chateau Fonroque
# 弗兰克庄园

所属产区：法国波尔多圣达美隆

所属等级：圣达美隆列级名庄

葡萄品种：梅洛、品丽珠

土壤特征：石灰岩

每年产量：65 000瓶

配餐建议：红肉

### 相关介绍

　　庄园真正发展历程始于20世纪30年代。1931年莫克斯家族（Mouiex）从上任主人中买下庄园，庄园便开始了复兴之路。莫克斯至今被称为"波尔多右岸影响力最大的家族"，凭一己之力使右岸在不到50年的时间内从无人问津发展到今天的声名远扬。该家族在右岸拥有多个顶级庄园，包括最著名的"酒王之王"柏图斯庄园。因此，弗兰克庄园在新主人上任后酒质突飞猛进，多次获得各大酒评杂志90分以上的评价，值得一试。

### 弗兰克庄园　年份表格

| 年份 | 价格（元） | 分数 | 适饮期 | 侍酒（℃） | 醒酒（分钟） |
|------|-----------|------|--------|-----------|-------------|
| 2001 | 300～330 | 84 | 2004～2015 | 13～14 | 30 |
| 2002 | 250～270 | 82 | 2005～2016 | 13～14 | 35 |
| 2003 | 375～415 | 86 | 2006～2017 | 13～14 | 40 |
| 2004 | 320～350 | 84 | 2010～2020 | 13～14 | 45 |
| 2005 | 565～620 | 84 | 2011～2022 | 14～15 | 50 |
| 2006 | 380～420 | 83 | 2012～2023 | 14～15 | 55 |
| 2007 | 325～400 | 82 | 2012～2025 | 14～15 | 60 |
| 2008 | 365～400 | 85 | 2014～2026 | 14～15 | 65 |
| 2009 | 460～505 | 87 | 2015～2028 | 14～15 | 70 |
| 2010 | 420～460 | 89 | 2016～2030 | 16～17 | 75 |
| 2011 | 465～510 | 88 | 2017～2032 | 16～17 | 80 |
| 2012 | 445～490 | 87 | 2018～2033 | 16～17 | 85 |

## Chateau Franc–Mayne
## 弗朗梅庄园

所属产区：法国波尔多圣达美隆

所属等级：圣达美隆列级名庄

葡萄品种：梅洛

土壤特征：石灰岩

每年产量：300 000瓶

配餐建议：烧鹅、牛柳、烤鸭、羊扒

### 相关介绍

　　弗朗梅庄园在近三十年内经历了多次易主：1984年，AXA－Millesimes从Libourne酒商Theillasoubre的侄子手里购得庄园；这位酒商已经拥有庄园很久，但是去世时膝下无子，因此庄园被其侄子继承后出售；1996年，庄园又被出售给比利时商人Georgy Fourcroy；然而，2005年起庄园的主人又变成了Griet 和Herve Laviale。他们对庄园进行了更新，包括城堡住房及酿酒设施。其酒酒液呈深色，闻之香气强烈，有诱人的栗子和烟草味，入口丝滑，酒体中度，回味悠长而细腻。

#### 弗朗梅庄园　年份表格

| 年份 | 价格（元） | 分数 | 适饮期 | 侍酒（℃） | 醒酒（分钟） |
|------|-----------|------|--------|-----------|-------------|
| 2001 | 305～330 | 85 | 2004～2013 | 13～14 | 30 |
| 2002 | 245～270 | 84 | 2005～2015 | 13～14 | 35 |
| 2003 | 325～360 | 81 | 2006～2016 | 13～14 | 40 |
| 2004 | 365～400 | 83 | 2010～2018 | 13～14 | 45 |
| 2005 | 380～415 | 87 | 2011～2020 | 14～15 | 50 |
| 2006 | 300～330 | 83 | 2012～2022 | 14～15 | 55 |
| 2007 | 360～395 | 82 | 2012～2022 | 14～15 | 60 |
| 2008 | 365～400 | 86 | 2014～2023 | 14～15 | 65 |
| 2009 | 380～415 | 86 | 2015～2025 | 14～15 | 70 |
| 2010 | 360～395 | 87 | 2016～2026 | 16～17 | 75 |
| 2011 | 375～415 | 87 | 2017～2027 | 16～17 | 80 |
| 2012 | 425～465 | 86 | 2018～2028 | 16～17 | 85 |

## Chateau Grand–Pontet
# 格兰庞特庄园

所属产区：法国波尔多圣达美隆

所属等级：圣达美隆列级名庄

葡萄品种：赤霞珠、梅洛、品丽珠

土壤特征：黏土、石灰石

每年产量：5 000箱

配餐建议：西冷牛扒、烤羊扒、烟鸭胸、硬奶酪

### 相关介绍

　　格兰庞特庄园坐落在圣达美隆西北近郊，距离著名的圣马丁教堂只有500米，1989年之后，庄园由贝格家族（Becot）接手。格兰庞特庄园自1988年提升为圣达美隆的特级酒庄以来，一直持续改善，并得到很多行家的认可。其酒具有浓郁的黑浆果、李子、干香草、烤橡木香气和引人入胜的黑醋栗和果酱口感，是一款优雅而细致的葡萄酒，具有良好的陈年潜力。

### 格兰庞特庄园　年份表格

| 年份 | 价格（元） | 分数 | 适饮期 | 侍酒（℃） | 醒酒（分钟） |
|------|-----------|------|--------|----------|-------------|
| 2001 | 430～475 | 86 | 2004～2013 | 13～14 | 30 |
| 2002 | 300～330 | 88 | 2005～2015 | 13～14 | 35 |
| 2003 | 360～395 | 87 | 2006～2016 | 13～14 | 40 |
| 2004 | 320～350 | 85 | 2010～2018 | 13～14 | 45 |
| 2005 | 565～620 | 88 | 2011～2020 | 14～15 | 50 |
| 2006 | 380～420 | 87 | 2012～2022 | 14～15 | 55 |
| 2007 | 310～340 | 88 | 2012～2022 | 14～15 | 60 |
| 2008 | 420～460 | 85 | 2014～2023 | 14～15 | 65 |
| 2009 | 475～525 | 86 | 2015～2025 | 14～15 | 70 |
| 2010 | 420～460 | 87 | 2016～2026 | 16～17 | 75 |
| 2011 | 380～420 | 84 | 2016～2026 | 16～17 | 80 |
| 2012 | 440～480 | 87 | 2018～2028 | 16～17 | 85 |

# Chateau Grand–Corbin–Despagne
# 歌缤庄园

所属产区：法国波尔多圣达美隆

所属等级：圣达美隆列级名庄

葡萄品种：梅洛、品丽珠、赤霞珠

土壤特征：含氧化铁砂岩、黏土、沙和黏土古砂

每年产量：90 000瓶

配餐建议：烤肉、西冷牛扒、扒羊排、软奶酪

## 相关介绍

　　庄园的历史可追溯到1655年左右，当时的主人为德斯柏家族，将庄园发展成为当时圣达美隆地区最大的庄园之一，当时唯一能与之匹敌的只有飞卓庄园（Chateau Figeac）。进入19世纪后，庄园继续在德斯柏家族手上运营，该家族在1852年左右对庄园进行了一次较大规模的改造与扩建，通过收购邻近葡萄酒园使庄园面积增加20公顷，进一步巩固了其在圣达美隆地区的地位，此时的德斯柏家族为了纪念祖辈几代对庄园的贡献，在庄园名字上冠上了自己家族达斯潘（Despagne）的名称，最后正式确定为今天我们所见到的歌缤庄园（Chateau Grand‐Corbin‐Despagne）。

## 歌缤庄园　年份表格

| 年份 | 价格（元） | 分数 | 适饮期 | 侍酒（℃） | 醒酒（分钟） |
|------|-----------|------|--------|----------|-------------|
| 2001 | 280～310 | 84 | 2004～2013 | 13～14 | 30 |
| 2002 | 230～250 | 83 | 2005～2015 | 13～14 | 35 |
| 2003 | 245～270 | 83 | 2006～2016 | 13～14 | 40 |
| 2004 | 245～270 | 85 | 2010～2018 | 13～14 | 45 |
| 2005 | 380～415 | 88 | 2011～2020 | 14～15 | 50 |
| 2006 | 305～330 | 84 | 2012～2022 | 14～15 | 55 |
| 2007 | 265～290 | 82 | 2012～2022 | 14～15 | 60 |
| 2008 | 250～270 | 84 | 2014～2023 | 14～15 | 65 |
| 2009 | 340～375 | 86 | 2015～2025 | 14～15 | 70 |
| 2010 | 340～375 | 87 | 2016～2026 | 16～17 | 75 |
| 2011 | 430～465 | 86 | 2016～2026 | 16～17 | 80 |
| 2012 | 470～520 | 87 | 2018～2028 | 16～17 | 85 |

# Chateau Grand–Corbin
# 高班城堡

所属产区：法国波尔多圣达美隆

所属等级：圣达美隆列级名庄

葡萄品种：梅洛、品丽珠、赤霞珠

土壤特征：含氧化铁砂岩、黏土、砂和黏土古砂

每年产量：90 000瓶

配餐建议：烤肉、西冷牛扒、扒羊排、软奶酪

## 相关介绍

　　城堡在历史上经历了多次的分合，建造时间已经无法准确考证，但传统而精准的种植酿造方式一直贯穿始终。Alain Giraud在1960年买下城堡，1982年去世后，城堡由他的后代接替管理，现由Pillippe Giraud掌控股权。其酒中度酒体，单宁柔和，酸度适中，口感优雅，浆果味道持续，余韵悠长。

高班城堡　年份表格

| 年份 | 价格（元） | 分数 | 适饮期 | 侍酒（℃） | 醒酒（分钟） |
|---|---|---|---|---|---|
| 2001 | 215～240 | 87 | 2004～2013 | 13～14 | 30 |
| 2002 | 190～210 | 86 | 2005～2015 | 13～14 | 35 |
| 2003 | 190～205 | 83 | 2006～2016 | 13～14 | 40 |
| 2004 | 170～185 | 85 | 2010～2018 | 13～14 | 45 |
| 2005 | 245～270 | 85 | 2011～2020 | 14～15 | 50 |
| 2006 | 265～290 | 82 | 2012～2022 | 14～15 | 55 |
| 2007 | 215～240 | 82 | 2012～2022 | 14～15 | 60 |
| 2008 | 210～230 | 82 | 2014～2023 | 14～15 | 65 |
| 2009 | 265～290 | 84 | 2015～2025 | 14～15 | 70 |
| 2010 | 300～330 | 82 | 2016～2025 | 16～17 | 75 |
| 2011 | 245～270 | 84 | 2016～2026 | 16～17 | 80 |
| 2012 | 230～250 | 85 | 2018～2028 | 16～17 | 85 |

## Chateau Haut–Corbin
# 欧高班庄园

所属产区：法国波尔多圣达美隆

所属等级：圣达美隆列级名庄

葡萄品种：梅洛、品丽珠、赤霞珠

土壤特征：黏土、石灰石、硅质砂砾

每年产量：30 000瓶

配餐建议：硬质奶酪或肉眼牛排

### 相关介绍

　　欧高班庄园位于圣达美隆，却与另一著名产区玻美侯只有几百米之遥。独特的地理位置，使得这里的酒结合了圣达美隆产区的优雅和玻美侯的饱满酒体。现任主人名为Edward Guinaudie，倾向于现代化的经营管理模式，邀请了著名的酿酒世家Cardier集团来管理葡萄园和负责酿酒工作。

### 欧高班庄园　年份表格

| 年份 | 价格（元） | 分数 | 适饮期 | 侍酒（℃） | 醒酒（分钟） |
|------|-----------|------|--------|-----------|--------------|
| 2001 | 300～330 | 82 | 2004～2013 | 13～14 | 30 |
| 2002 | 345～380 | 85 | 2005～2015 | 13～14 | 35 |
| 2003 | 210～230 | 80 | 2006～2016 | 13～14 | 40 |
| 2004 | 410～450 | 82 | 2010～2018 | 13～14 | 45 |
| 2005 | 280～310 | 80 | 2011～2020 | 14～15 | 50 |
| 2006 | 265～290 | 82 | 2012～2022 | 14～15 | 55 |
| 2007 | 230～250 | 82 | 2012～2022 | 14～15 | 60 |
| 2008 | 240～265 | 81 | 2014～2023 | 14～15 | 65 |
| 2009 | 265～290 | 86 | 2015～2025 | 14～15 | 70 |
| 2010 | 230～250 | 84 | 2016～2025 | 16～17 | 75 |
| 2011 | 240～260 | 85 | 2017～2027 | 16～17 | 80 |
| 2012 | 375～430 | 90 | 2018～2028 | 17～18 | 90 |

## Chateau La Dominique
# 多米尼克庄园

所属产区：法国波尔多圣达美隆
所属等级：圣达美隆列级名庄
葡萄品种：梅洛、 品丽珠、赤霞珠
土壤特征：旧砂与碎石的黏土层
每年产量：80 000瓶
配餐建议：红肉和乳酪

### 相关介绍

　　庄园位于圣达美隆与玻美侯的交界处，与位于玻美侯的波尔多八大名庄之一的白马庄（Chateau Cheval Blanc）为邻，酒质也与白马庄有着异曲同工之妙，酒性柔和但却深具陈年天赋，价格却只有白马庄的1/10，被誉为超高性价比之选。

### 多米尼克庄园　年份表格

| 年份 | 价格（元） | 分数 | 适饮期 | 侍酒（℃） | 醒酒（分钟） |
|------|-----------|------|--------|-----------|-------------|
| 2001 | 545～600 | 85 | 2004～2013 | 13～14 | 30 |
| 2002 | 360～395 | 83 | 2005～2015 | 13～14 | 35 |
| 2003 | 430～475 | 85 | 2006～2016 | 13～14 | 40 |
| 2004 | 340～375 | 82 | 2010～2018 | 13～14 | 45 |
| 2005 | 490～540 | 87 | 2011～2020 | 14～15 | 50 |
| 2006 | 395～435 | 85 | 2012～2022 | 14～15 | 55 |
| 2007 | 320～350 | 84 | 2012～2022 | 14～15 | 60 |
| 2008 | 375～415 | 85 | 2014～2023 | 14～15 | 65 |
| 2009 | 525～580 | 86 | 2015～2025 | 14～15 | 70 |
| 2010 | 545～600 | 85 | 2016～2026 | 16～17 | 75 |
| 2011 | 360～395 | 83 | 2017～2027 | 16～17 | 80 |
| 2012 | 450～500 | 85 | 2018～2028 | 16～17 | 85 |

## Chateau La Gaffeliere
# 嘉芙丽酒庄

所属产区：法国波尔多圣达美隆

所属等级：圣达美隆列级名庄第一级B级

葡萄品种：赤霞珠、梅洛、品丽珠

土壤特征：上层多泥沙黏土，下层多石灰岩

每年产量：10 000瓶

配餐建议：嫩牛排、烤羊排、芝士焗龙虾、山羊奶酪

### 相关介绍

　　17世纪，庄园所在地还是收留麻风病人的避难所，后来Comte de Malets－Roqueforts将土地分割成块，租给佃户耕种。18世纪中叶，Malet－Roquefort 家族将更多的精力放在了照料Gaffeliere葡萄园上。如今嘉芙丽酒庄由Malet－Roquefort家族成员Comte Leo de Malet－Roquefort管理，保持着其在波尔多圣达美隆产区的独特地位。这是一款非常热情的红葡萄酒，它有着丰浓的酒体，色泽浓厚，口感极重，并且带有浓郁的黑莓果味，需要3～5年的窖藏，才能达到最佳饮用期。

### 嘉芙丽酒庄　年份表格

| 年份 | 价格（元） | 分数 | 适饮期 | 侍酒（℃） | 醒酒（分钟） |
|------|-----------|------|--------|-----------|--------------|
| 2001 | 620～685 | 87 | 2006～2017 | 13～14 | 30 |
| 2002 | 490～540 | 87 | 2007～2018 | 13～14 | 35 |
| 2003 | 525～580 | 87 | 2008～2019 | 13～14 | 40 |
| 2004 | 525～580 | 88 | 2010～2023 | 13～14 | 45 |
| 2005 | 640～705 | 88 | 2011～2024 | 14～15 | 50 |
| 2006 | 585～640 | 86 | 2012～2025 | 14～15 | 55 |
| 2007 | 505～560 | 85 | 2012～2026 | 14～15 | 60 |
| 2008 | 640～705 | 89 | 2014～2028 | 14～15 | 65 |
| 2009 | 920～1015 | 89 | 2015～2030 | 14～15 | 70 |
| 2010 | 995～1150 | 91 | 2016～2031 | 17～18 | 80 |
| 2011 | 870～960 | 89 | 2017～2032 | 16～17 | 80 |
| 2012 | 920～1015 | 89 | 2018～2033 | 16～17 | 85 |

法国·波尔多产区·圣达美隆

## Chateau La Marzelle
## 拉玛泽勒堡

所属产区：法国波尔多圣达美隆

所属等级：圣达美隆列级名庄

葡萄品种：梅洛、品丽珠、赤霞珠

土壤特征：砂砾、黏土

每年产量：78 000瓶

配餐建议：烧猪颈肉、烧牛肉

### 相关介绍

　　城堡位于著名的飞卓庄园（Chateau Figeac）对面，旁边是著名的奢华酒店Hotel Grand Barrail。城堡在历史上便富有名气，在1821年出版的Belleyme地图上就已经有这座葡萄园的身影。现庄主人为Jean - Jacques 和 Jacqueline Sioen，他们重新组建了葡萄园的团队，翻种了葡萄，翻新了城堡。其葡萄酒的质量也不断提高。

### 拉玛泽勒堡　年份表格

| 年份 | 价格（元） | 分数 | 适饮期 | 侍酒（℃） | 醒酒（分钟） |
|------|-----------|------|--------------|-----------|------------|
| 2001 | 620～685 | 80 | 2004～2013 | 13～14 | 30 |
| 2002 | 265～290 | 82 | 2005～2015 | 13～14 | 35 |
| 2003 | 360～395 | 79 | 2006～2016 | 13～14 | 40 |
| 2004 | 375～415 | 82 | 2010～2018 | 13～14 | 45 |
| 2005 | 355～395 | 85 | 2011～2020 | 14～15 | 50 |
| 2006 | 320～350 | 82 | 2012～2022 | 14～15 | 55 |
| 2007 | 380～420 | 82 | 2012～2022 | 14～15 | 60 |
| 2008 | 395～435 | 84 | 2014～2023 | 14～15 | 65 |
| 2009 | 375～415 | 86 | 2015～2025 | 14～15 | 70 |
| 2010 | 358～395 | 84 | 2016～2026 | 16～17 | 75 |
| 2011 | 420～460 | 83 | 2016～2026 | 16～17 | 80 |
| 2012 | 465～515 | 85 | 2017～2027 | 16～17 | 85 |

## Chateau La Clotte
# 克洛特庄园

所属产区：法国波尔多圣达美隆

所属等级：圣达美隆列级名庄

葡萄品种：梅洛、品丽珠、赤霞珠

土壤特征：浅层砂砾、低层钙质黏土

每年产量：1 200箱

配餐建议：烧烤肉类及奶酪

### 相关介绍

　　克洛特庄园是波尔多右岸历史最悠久的庄园之一，起源可追溯到14世纪，现由Grailly家族掌管。庄园拥有20公顷葡萄园，平均树龄为40年。酿酒过程中，使用50%的新橡木桶进行发酵，在法国橡木桶陈年15个月，陈年过程中，也有50%为新橡木桶，这样的高成本投入在行业内是极少见的。

### 克洛特庄园　年份表格

| 年份 | 价格（元） | 分数 | 适饮期 | 侍酒（℃） | 醒酒（分钟） |
|---|---|---|---|---|---|
| 2001 | 285～310 | 88 | 2005～2011 | 13～14 | 30 |
| 2002 | 370～410 | 82 | 2006～2020 | 13～14 | 35 |
| 2003 | 385～420 | 86 | 2009～2020 | 13～14 | 40 |
| 2004 | 585～640 | 87 | 2010～2018 | 13～14 | 45 |
| 2005 | 395～435 | 89 | 2011～2020 | 14～15 | 50 |
| 2006 | 380～415 | 85 | 2012～2022 | 14～15 | 55 |
| 2007 | 450～495 | 85 | 2012～2022 | 14～15 | 60 |
| 2008 | 510～560 | 86 | 2014～2023 | 14～15 | 65 |
| 2009 | 510～560 | 86 | 2015～2025 | 14～15 | 70 |
| 2010 | 640～705 | 88 | 2015～2015 | 16～17 | 75 |
| 2011 | 450～495 | 82 | 2017～2027 | 16～17 | 80 |
| 2012 | 520～570 | 86 | 2018～2028 | 16～17 | 85 |

## Chateau La Couspaude
# 古斯博德庄园

所属产区：法国波尔多圣达美隆

所属等级：圣达美隆列级名庄

葡萄品种：梅洛、品丽珠、赤霞珠

土壤特征：岩石的泥灰岩高地

每年产量：30 000瓶

配餐建议：牛柳、羊肋骨、红烧鲍鱼、羊奶酪

### 相关介绍

　　庄园坐落于离圣达美隆村中心500米外一块多岩石的泥灰岩高地上，以丰富且饱满的佳酿而闻名。葡萄园面积仅为7公顷，葡萄要在最佳的成熟期采用人工采摘，经过不锈钢的容器发酵之后在橡木桶中陈年16～18个月（100%新桶）。其酒由70%梅洛、18%品丽珠和12%赤霞珠混酿而成。近来广受消费者的青睐以及酒评家的好评。现任主人为Jean‑Claude Aubert，酿酒师为Vincent Rebillout。

### 古斯博德庄园　年份表格

| 年份 | 价格（元） | 分数 | 适饮期 | 侍酒（℃） | 醒酒（分钟） |
|------|-----------|------|--------|-----------|-------------|
| 2001 | 430～475 | 84 | 2004～2013 | 13～14 | 30 |
| 2002 | 305～330 | 83 | 2005～2015 | 13～14 | 35 |
| 2003 | 450～500 | 87 | 2006～2016 | 13～14 | 40 |
| 2004 | 375～415 | 85 | 2010～2018 | 13～14 | 45 |
| 2005 | 600～660 | 86 | 2011～2020 | 14～15 | 50 |
| 2006 | 415～455 | 86 | 2012～2022 | 14～15 | 55 |
| 2007 | 380～415 | 84 | 2012～2022 | 14～15 | 60 |
| 2008 | 450～500 | 85 | 2014～2023 | 14～15 | 65 |
| 2009 | 565～620 | 87 | 2015～2025 | 14～15 | 70 |
| 2010 | 545～600 | 87 | 2016～2026 | 16～17 | 75 |
| 2011 | 415～455 | 85 | 2016～2026 | 16～17 | 80 |
| 2012 | 450～500 | 86 | 2017～2027 | 16～17 | 85 |

## Chateau Haut Sarpe
# 上萨普庄园

所属产区：法国波尔多圣达美隆

所属等级：圣达美隆列级名庄

葡萄品种：梅洛、品丽珠

土壤特征：黏土、石灰石

每年产量：100 000瓶

配餐建议：烤肉类与口味较重的奶酪

### 相关介绍

上萨普庄园的拥有者Joseph.Janoueix家族是一个在圣达美隆地区非常有名望的大家族，而奥莎庄园的酿酒师Jean－Philippe Janoueix先生则是波尔多著名的天才酿酒师，知名的十字木桐堡（Chateau Croix Mouton）及其副牌酒都是他负责酿造。庄园在1981年法国葡萄酒评比中获得金奖，名声大振，此后在众多大型评比活动中均有获奖，其品质可见一斑。

### 上萨普庄园 年份表格

| 年份 | 价格（元） | 分数 | 适饮期 | 侍酒（℃） | 醒酒（分钟） |
|------|-----------|------|--------|----------|-------------|
| 2001 | 350～390 | 81 | 2006～2012 | 13～14 | 30 |
| 2002 | 235～260 | 81 | 2006～2013 | 13～14 | 35 |
| 2003 | 450～495 | 85 | 2008～2014 | 13～14 | 40 |
| 2004 | 465～510 | 85 | 2010～2018 | 13～14 | 45 |
| 2005 | 415～455 | 84 | 2012～2019 | 14～15 | 50 |
| 2006 | 450～500 | 85 | 2012～2018 | 14～15 | 55 |
| 2007 | 325～355 | 80 | 2011～2018 | 14～15 | 60 |
| 2008 | 375～415 | 83 | 2012～2020 | 14～15 | 65 |
| 2009 | 300～330 | 81 | 2014～2022 | 14～15 | 70 |
| 2010 | 280～310 | 82 | 2016～2025 | 16～17 | 75 |
| 2011 | 265～290 | 84 | 2017～2025 | 16～17 | 80 |
| 2012 | 320～350 | 84 | 2018～2028 | 16～17 | 85 |

# 拉图飞卓庄园

所属产区：法国波尔多圣达美隆

所属等级：圣达美隆列级名庄

葡萄品种：赤霞珠、梅洛、品丽珠

土壤特征：砂砾、黏土和石灰岩

每年产量：50 000瓶

配餐建议：烤肉、火腿、里脊肉

## 相关介绍

    该庄园的历史源于飞卓庄园（Chateau Figeac），在19世纪初，飞卓庄园因为债务原因被分割成多个葡萄园出售，这些葡萄园后来被不同的人开发成各具特色的庄园。1879年，科比埃尔（Corbiere）家族从飞卓庄园主人手中购得一块37公顷的葡萄园，这块土地在两年后被科比埃尔分为两块，一块被出售，另一块被开发成庄园，命名为Chateau La Tour Figeac。目前，拉图飞卓拥有14.5公顷葡萄园，整个面积自1879年建立庄园以来便没有太大变化，葡萄藤平均树龄为35年；在酿酒理念上，庄园坚持使用全人工采摘葡萄，之后放入不锈钢大桶中发酵，最后经鸡蛋澄清，放入橡木桶中陈酿。

### 拉图飞卓庄园　年份表格

| 年份 | 价格（元） | 分数 | 适饮期 | 侍酒（℃） | 醒酒（分钟） |
|---|---|---|---|---|---|
| 2001 | 450～500 | 86 | 2007～2017 | 13～14 | 30 |
| 2002 | 320～350 | 86 | 2007～2018 | 13～14 | 35 |
| 2003 | 340～370 | 85 | 2008～2015 | 13～14 | 40 |
| 2004 | 300～330 | 83 | 2008～2018 | 13～14 | 45 |
| 2005 | 470～520 | 83 | 2009～2020 | 14～15 | 50 |
| 2006 | 375～415 | 86 | 2010～2022 | 14～15 | 55 |
| 2007 | 340～380 | 88 | 2012～2022 | 14～15 | 60 |
| 2008 | 415～455 | 80 | 2013～2023 | 14～15 | 65 |
| 2009 | 450～500 | 84 | 2014～2025 | 14～15 | 70 |
| 2010 | 415～455 | 88 | 2015～2028 | 16～17 | 75 |
| 2011 | 440～465 | 88 | 2016～2028 | 16～17 | 80 |
| 2012 | 465～510 | 88 | 2018～2031 | 16～17 | 85 |

## Chateau La Serre
# 拉赛尔庄园

所属产区：法国波尔多圣达美隆

所属等级：圣达美隆列级名庄

葡萄品种：梅洛、 品丽珠、 赤霞珠

土壤特征：钙质黏土

每年产量：50 000瓶

配餐建议：肉类、芝士等

### 相关介绍

　　庄园名字意为"温室"，指的是庄园优越的地理位置。庄园位于圣达美隆朝南的高地，可以享受充足的阳光，加上以黏土覆盖石灰石的独特土壤构成，为葡萄树生长和成熟提供了极佳的环境。其酒也因此以酒质成熟和陈年潜力而著名。目前庄园由已掌管庄园长达100多年的Luc d'Arfeuille家族管理，销售和推广工作则交由了波尔多右岸最著名的JPM家族主理。

### 拉赛尔庄园　年份表格

| 年份 | 价格（元） | 分数 | 适饮期 | 侍酒（℃） | 醒酒（分钟） |
|---|---|---|---|---|---|
| 2001 | 310～345 | 85 | 2004～2013 | 13～14 | 30 |
| 2002 | 340～370 | 86 | 2005～2015 | 13～14 | 35 |
| 2003 | 415～455 | 81 | 2006～2016 | 13～14 | 40 |
| 2004 | 320～350 | 85 | 2010～2018 | 13～14 | 45 |
| 2005 | 490～540 | 86 | 2011～2020 | 14～15 | 50 |
| 2006 | 360～395 | 85 | 2012～2022 | 14～15 | 55 |
| 2007 | 360～395 | 83 | 2012～2022 | 14～15 | 60 |
| 2008 | 360～395 | 87 | 2014～2023 | 14～15 | 65 |
| 2009 | 490～540 | 87 | 2015～2025 | 14～15 | 70 |
| 2010 | 545～600 | 88 | 2016～2026 | 16～17 | 75 |
| 2011 | 415～455 | 87 | 2017～2026 | 16～17 | 80 |
| 2012 | 440～480 | 87 | 2018～2028 | 16～17 | 85 |

## Chateau La Tour–du–Pin
# 拉图杜宾庄园

所属产区：法国波尔多圣达美隆

所属等级：圣达美隆列级名庄

葡萄品种：梅洛、品丽珠

土壤特征：砾石土壤

每年产量：50 000瓶

配餐建议：红肉、烤肉

### 相关介绍

　　庄园原是飞卓庄园的一部分，当时飞卓庄园是该区最大最古老的庄园，它的相关历史记录可追溯到公元2世纪，当时罗马代理领事Figeacus在此拥有一大片土地，并统治了500多年。后来土地被出售并划分成很多块，故现代很多酒庄都带有"Figeac"字眼。1881年，从飞卓庄园分离出来的拉图飞卓庄（Chateau La Tour Figeac）再次被一分为二，一半仍叫拉图飞卓庄，另一半则称为拉图飞卓杜宾庄园（Chateau La Tour‑du‑Pin Figeac）。2008年，酒庄由白马庄主人收购并改名为拉图杜宾庄园。目前，庄园拥有9公顷葡萄园，平均树龄为40年。

### 拉图杜宾庄园　年份表格

| 年份 | 价格（元） | 分数 | 适饮期 | 侍酒（℃） | 醒酒（分钟） |
|------|-----------|------|--------|-----------|--------------|
| 2006 | 415～455 | 87 | 2010～2022 | 14～15 | 55 |
| 2007 | 395～435 | 85 | 2013～2022 | 14～15 | 60 |
| 2008 | 600～660 | 82 | 2014～2023 | 14～15 | 65 |
| 2009 | 415～455 | 83 | 2015～2025 | 14～15 | 70 |
| 2010 | 450～500 | 88 | 2016～2026 | 16～17 | 75 |
| 2011 | 515～570 | 88 | 2016～2026 | 16～17 | 80 |

# Chateau Laniote
## 拉尼奥特庄园

所属产区：法国波尔多圣达美隆

所属等级：圣达美隆列级名庄

葡萄品种：梅洛、品丽珠、赤霞珠

土壤特征：石灰岩

每年产量：20 000瓶

配餐建议：红肉、熟奶酪

法国·波尔多产区·圣达美隆

## 相关介绍

庄园由Pierre Lacoste创立于17世纪，且一直由其后人掌管至今，这在对易主和转手早已见怪不怪的葡萄酒行业来说并不多见，而庄园现在的位置和规模与1844年的时候仍保持一致。目前的庄主为Arnaud de la Fiolie，其妻Florence Ribereau - Gayon出任庄园的酿酒师。庄园面积为5公顷，种植的葡萄品种中有80%为梅洛，平均树龄为35年。其酒在小型不锈钢桶里进行发酵并在法国橡木桶陈年12～15个月，新橡木桶比例为45%～50%。

### 拉尼奥特庄园　年份表格

| 年份 | 价格（元） | 分数 | 适饮期 | 侍酒（℃） | 醒酒（分钟） |
|---|---|---|---|---|---|
| 2001 | 620～685 | 83 | 2004～2013 | 13～14 | 30 |
| 2002 | 380～420 | 80 | 2005～2015 | 13～14 | 35 |
| 2003 | 480～520 | 80 | 2006～2016 | 13～14 | 40 |
| 2004 | 505～555 | 80 | 2010～2018 | 13～14 | 45 |
| 2005 | 545～600 | 85 | 2011～2020 | 14～15 | 50 |
| 2006 | 620～685 | 82 | 2012～2022 | 14～15 | 55 |
| 2007 | 360～395 | 80 | 2012～2022 | 14～15 | 60 |
| 2008 | 350～380 | 80 | 2014～2023 | 14～15 | 65 |
| 2009 | 395～435 | 81 | 2015～2025 | 14～15 | 70 |
| 2010 | 430～475 | 81 | 2016～2025 | 16～17 | 75 |
| 2011 | 495～545 | 84 | 2017～2027 | 16～17 | 80 |
| 2012 | 555～610 | 85 | 2018～2028 | 16～17 | 85 |

## Chateau Larcis–Ducasse
# 拉斯杜嘉庄园

所属产区：法国波尔多圣达美隆
所属等级：圣达美隆列级名庄
葡萄品种：梅洛、品丽珠
土壤特征：黏土、石灰石土壤
每年产量：75 000瓶
配餐建议：冷牛扒、烤羊扒

## 相关介绍

　　葡萄园坐落在圣达美隆产区的一个斜坡上，早在16世纪，庄园生产的葡萄酒就已经受到极大的赞赏和追捧。1867年，庄园在巴黎葡萄酒世界博览会上被授予了金牌。近年的2005年和2006年都被视为上佳年份。

### 拉斯杜嘉庄园　年份表格

| 年份 | 价格（元） | 分数 | 适饮期 | 侍酒（℃） | 醒酒（分钟） |
|------|-----------|------|---------|-----------|-------------|
| 2001 | 450～500 | 82 | 2006～2018 | 13～14 | 30 |
| 2002 | 430～475 | 86 | 2006～2019 | 13～14 | 35 |
| 2003 | 470～520 | 86 | 2007～2020 | 13～14 | 40 |
| 2004 | 565～620 | 87 | 2008～2024 | 13～14 | 45 |
| 2005 | 850～930 | 89 | 2010～2028 | 14～15 | 50 |
| 2006 | 525～605 | 90 | 2011～2031 | 15～16 | 60 |
| 2007 | 470～520 | 85 | 2013～2032 | 14～15 | 60 |
| 2008 | 600～660 | 87 | 2013～2032 | 14～15 | 65 |
| 2009 | 790～870 | 88 | 2015～2033 | 14～15 | 70 |
| 2010 | 1130～1245 | 88 | 2016～2035 | 16～17 | 75 |
| 2011 | 1240～1430 | 90 | 2017～2036 | 17～18 | 85 |
| 2012 | 1240～1430 | 90 | 2018～2038 | 17～18 | 90 |

## Chateau Dassault
# 达索特庄园

所属产区：法国波尔多圣达美隆

所属等级：圣达美隆列级名庄

葡萄品种：梅洛、品丽珠、赤霞珠

土壤特征：酸性砂质土壤

每年产量：192 000瓶

配餐建议：牛柳、羊肋骨、红烧鲍鱼、羊
　　　　　奶酪

### 相关介绍

　　庄园之前名为Chateau Couperie，由Victor Beylot创建于
1862年，后来于1955年被Marcel Dassault收购，易名为Chateau
Dassault。现任管理者是Marcel Dassault的孙子Laurent Dassault。
葡萄园占地29公顷，葡萄园的土质为砂子和黏土。葡萄品种以梅洛为
主，占70%左右。另外，25%为品丽珠、5%为赤霞珠。在《波尔多
的综合指南》（多林金德斯利，第三版，1988年）中，罗伯特·帕克
（Robert Parker）给予了该庄园这样的评价："这里唯一需要注意的是，
稀有葡萄酒慢慢陈酿才会造出更好的葡萄酒。达索特庄园不会令人们失望
的。"

### 达索特庄园　年份表格

| 年份 | 价格（元） | 分数 | 适饮期 | 侍酒（℃） | 醒酒（分钟） |
|---|---|---|---|---|---|
| 2001 | 360～395 | 84 | 2005～2015 | 13～14 | 30 |
| 2002 | 565～620 | 85 | 2006～2018 | 13～14 | 35 |
| 2003 | 380～415 | 84 | 2007～2018 | 13～14 | 40 |
| 2004 | 605～665 | 87 | 2009～2020 | 13～14 | 45 |
| 2005 | 355～395 | 85 | 2010～2022 | 14～15 | 50 |
| 2006 | 300～335 | 85 | 2012～2023 | 14～15 | 55 |
| 2007 | 380～415 | 85 | 2013～2024 | 14～15 | 60 |
| 2008 | 435～480 | 87 | 2014～2024 | 14～15 | 65 |
| 2009 | 360～395 | 85 | 2015～2025 | 14～15 | 70 |
| 2010 | 320～350 | 86 | 2016～2027 | 16～17 | 75 |
| 2011 | 370～405 | 87 | 2017～2028 | 16～17 | 80 |
| 2012 | 360～395 | 84 | 2018～2027 | 16～17 | 85 |

## Chateau Angelus
# 金钟庄园

所属产区：法国波尔多圣达美隆

所属等级：圣达美隆列级名庄第一级A级

葡萄品种：赤霞珠、梅洛、品丽珠

土壤特征：石灰质、黏土、砂质

每年产量：75 000瓶

配餐建议：嫩牛肉、煎羊排、红烧鲍鱼、硬奶酪

## 相关介绍

　　金钟庄园因靠近圣达美隆最著名的钟楼而得名，1996年被评为圣达美隆列级名庄第一级B级，名声上仅次于第一级A级的白马庄和欧颂庄，而在2012年刚公布的最新评级中，金钟庄一跃升级为第一级A级，可谓声誉益隆。目前，葡萄园面积约为23.4公顷，葡萄种植具体比例为51%梅洛、47%品丽珠和2%赤霞珠，平均树龄为30年。近年来，金钟庄的葡萄酒在酒评家以及酒客之中享有极高评价，酿出的葡萄酒酒体丰厚、自然平衡、口味极具魅力。

### 金钟庄园　年份表格

| 年份 | 价格（元） | 分数 | 适饮期 | 侍酒（℃） | 醒酒（分钟） |
|------|-----------|------|--------|----------|------------|
| 2001 | 1365～1570 | 94 | 2008～2028 | 14～15 | 35 |
| 2002 | 2484～2860 | 91 | 2010～2030 | 14～15 | 40 |
| 2003 | 2560～2945 | 94 | 2013～2032 | 14～15 | 45 |
| 2004 | 2445～2815 | 94 | 2012～2030 | 14～15 | 50 |
| 2005 | 3240～3885 | 96 | 2013～2032 | 15～16 | 60 |
| 2006 | 3560～4100 | 94 | 2013～2032 | 15～16 | 60 |
| 2007 | 3280～3770 | 92 | 2014～2033 | 15～16 | 65 |
| 2008 | 3610～4150 | 93 | 2016～2035 | 15～16 | 70 |
| 2009 | 4038～4645 | 95 | 2018～2038 | 15～16 | 80 |
| 2010 | 4440～5330 | 95 | 2020～2040 | 17～18 | 85 |
| 2011 | 3730～4290 | 92 | 2022～2042 | 17～18 | 85 |
| 2012 | 4105～4720 | 93 | 2023～2044 | 17～18 | 90 |

## Chateau Cap–de–Mourlin
# 卡地慕兰庄园

所属产区：法国波尔多圣达美隆

所属等级：圣达美隆列级庄

葡萄品种：梅洛、品丽珠、赤霞珠

土壤特征：石灰岩、砂子覆盖在黏土层

每年产量：70 000瓶

配餐建议：牛柳、羊肋骨、红烧鲍鱼、
　　　　　羊奶酪

### 相关介绍

　　庄园在波尔多葡萄酒行业非常活跃，自1948年起，就加入了波尔多葡萄酒学院、圣达美隆列级庄园联合会、波尔多列级庄园联合会等当地组织。1983年，雅克·卡地慕兰（Jacques Cap de Mourlin）先生重组了庄园，建立了新的品酒室、恒温的乳酸发酵房以及酒窖等。卡地慕兰庄园历来为法国总统官邸爱丽舍宫收藏。西班牙国王Juan Carlos访法期间，曾在总统官邸品尝此酒；2003年2月11日，法国招待俄罗斯总统普京访问时也选用此酒。

卡地慕兰庄园　年份表格

| 年份 | 价格（元） | 分数 | 适饮期 | 侍酒（℃） | 醒酒（分钟） |
|------|-----------|------|---------|-----------|--------------|
| 2001 | 340～375 | 85 | 2004～2015 | 13～14 | 30 |
| 2002 | 240～265 | 80 | 2005～2016 | 13～14 | 35 |
| 2003 | 230～250 | 81 | 2006～2017 | 13～14 | 40 |
| 2004 | 265～290 | 81 | 2010～2020 | 13～14 | 45 |
| 2005 | 490～540 | 83 | 2011～2022 | 14～15 | 50 |
| 2006 | 380～420 | 83 | 2012～2023 | 14～15 | 55 |
| 2007 | 360～395 | 82 | 2012～2025 | 14～15 | 60 |
| 2008 | 350～380 | 84 | 2014～2026 | 14～15 | 65 |
| 2009 | 340～375 | 86 | 2015～2028 | 14～15 | 70 |
| 2010 | 340～375 | 84 | 2016～2030 | 16～17 | 75 |
| 2011 | 360～395 | 87 | 2017～2030 | 16～17 | 80 |
| 2012 | 395～435 | 86 | 2018～2032 | 16～17 | 85 |

法国·波尔多产区·圣达美隆

## Chateau Canon–la–Gaffeliere
## 大炮嘉芙丽

所属产区：法国波尔多圣达美隆

所属等级：圣达美隆列级名庄

葡萄品种：梅洛、品丽珠、赤霞珠

土壤特征：石灰岩和黏土

每年产量：70 000瓶

配餐建议：烤鸭、野味

### 相关介绍

　　大炮嘉芙丽是一个相当古老的酒庄，据说酒庄最早的一批葡萄树是在公元13世纪时种下的。葡萄园面积为19.5公顷，以含黏土的硅质砂土为主。大炮嘉芙丽葡萄酒最显著的一个特点，就是酒里带有非常干净纯美的果味，以及细密严谨的肉质口感，不论是年轻或成熟时饮用，都能让人有非常愉快的体验。

### 大炮嘉芙丽　年份表格

| 年份 | 价格（元） | 分数 | 适饮期 | 侍酒（℃） | 醒酒（分钟） |
|------|-----------|------|--------|-----------|-------------|
| 2001 | 700～770 | 89 | 2006～2017 | 13～14 | 30 |
| 2002 | 510～560 | 87 | 2007～2018 | 13～14 | 35 |
| 2003 | 700～770 | 89 | 2008～2019 | 13～14 | 40 |
| 2004 | 740～815 | 89 | 2010～2023 | 13～14 | 45 |
| 2005 | 1112～1280 | 91 | 2011～2024 | 15～16 | 55 |
| 2006 | 790～870 | 88 | 2011～2025 | 14～15 | 55 |
| 2007 | 700～770 | 87 | 2012～2026 | 14～15 | 60 |
| 2008 | 700～770 | 89 | 2014～2028 | 14～15 | 65 |
| 2009 | 510～560 | 87 | 2014～2029 | 14～15 | 70 |
| 2010 | 700～770 | 89 | 2015～2030 | 16～17 | 75 |
| 2011 | 740～815 | 89 | 2016～2031 | 16～17 | 80 |
| 2012 | 1112～1280 | 91 | 2018～2032 | 17～18 | 90 |

所属产区：法国波尔多圣达美隆

所属等级：圣达美隆列级名庄

葡萄品种：梅洛、品丽珠

土壤特征：海星石灰石、黏土石灰岩质坡地

每年产量：25 000瓶

配餐建议：牛排、烧烤、鹅肝及松露

## 相关介绍

中产阶级家族Bon从13世纪开始就已经存在了，出过几个市政官员、地方法官和市长。14世纪，该家族在圣达美隆北部的Cadet小丘种植了一块葡萄园，后来逐渐发展成为今天我们所见到的嘉德堡。在相当长的一段时间内，酒庄的声誉非常卓著。因此，包括嘉德堡在内的整个圣达美隆产区酒庄集体获得"1867年世界优质酒"的至高荣誉，嘉德堡也因此被1878年博特（Bertall）所发表的《葡萄园》收录。2001年才取得嘉德堡经营权的新主人盖理查德（Guy Richard）在接手酒庄后，花了大笔经费对酒庄进行更新，而且还聘请了以酒庄设计闻名的Architecture & Design Developpement进行设计，有了新主的酒庄让人倍感期待。

### 嘉德堡　年份表格

| 年份 | 价格（元） | 分数 | 适饮期 | 侍酒（℃） | 醒酒（分钟） |
|---|---|---|---|---|---|
| 2001 | 230～250 | 81 | 2004～2015 | 13～14 | 30 |
| 2002 | 205～225 | 78 | 2005～2016 | 13～14 | 35 |
| 2003 | 265～290 | 78 | 2006～2017 | 13～14 | 40 |
| 2004 | 290～315 | 81 | 2010～2020 | 13～14 | 45 |
| 2005 | 345～380 | 85 | 2011～2022 | 14～15 | 50 |
| 2006 | 250～270 | 82 | 2012～2023 | 14～15 | 55 |
| 2007 | 315～350 | 82 | 2012～2025 | 14～15 | 60 |
| 2008 | 240～375 | 83 | 2014～2026 | 14～15 | 65 |
| 2009 | 315～345 | 83 | 2013～2025 | 14～15 | 70 |
| 2010 | 360～395 | 85 | 2015～2028 | 16～17 | 75 |
| 2011 | 310～345 | 86 | 2016～2030 | 16～17 | 80 |
| 2012 | 380～415 | 85 | 2016～2031 | 16～17 | 85 |

法国·波尔多产区·圣达美隆

## Chateau Cheval Blanc
# 白马庄

所属产区：法国波尔多圣达美隆

所属等级：圣达美隆列级名庄第一级A级

葡萄品种：梅洛、品丽珠

土壤特征：白垩土、砾石地质

每年产量：60 000瓶

配餐建议：嫩牛肉、煎羊排、红烧鲍鱼、
　　　　　硬奶酪

**相关介绍**

　　白马庄坐落于圣达美隆法定产区。在圣达美隆列级名庄中排位第一级，是A组的两个名庄中排名第一的酒庄，也是近年来世人常称的波尔多八大名庄之一。白马庄在150年间从未易主，始终为费高·拉萨克（Fourcaud‑Laussac）所有。白马庄葡萄园面积达36公顷，主要种植品种为美乐和品丽珠，它的土壤成分复杂，土壤多为碎石、砂石及黏土；下层则是含铁质极高的岩层。白马庄的产品年轻与成熟期都很迷人：在年轻的时候，白马庄的产品会带点青草的味道，但当它成熟以后，便会散发独特的花香，酒质平衡而优雅，散发出强烈、多层次、既柔又密的个性。

白马庄　年份表格

| 年份 | 价格（元） | 分数 | 适饮期 | 侍酒（℃） | 醒酒（分钟） |
|------|-----------|------|--------|----------|-------------|
| 2001 | 4450～5120 | 93 | 2008～2028 | 14～15 | 35 |
| 2002 | 4355～5010 | 91 | 2010～2030 | 14～15 | 40 |
| 2003 | 4525～5205 | 92 | 2013～2032 | 14～15 | 45 |
| 2004 | 4980～5725 | 93 | 2012～2030 | 14～15 | 50 |
| 2005 | 6922～8305 | 95 | 2013～2032 | 15～16 | 60 |
| 2006 | 5510～6335 | 94 | 2013～2032 | 15～16 | 60 |
| 2007 | 4546～5230 | 90 | 2014～2033 | 15～16 | 65 |
| 2008 | 4865～5595 | 93 | 2016～2035 | 15～16 | 65 |
| 2009 | 11260～13510 | 97 | 2018～2038 | 15～16 | 85 |
| 2010 | 12880～15460 | 98 | 2020～2040 | 17～18 | 90 |
| 2011 | 6920～8310 | 95 | 2022～2042 | 17～18 | 95 |
| 2012 | 7610～8755 | 94 | 2023～2043 | 17～18 | 90 |

## Chateau Chauvin
## 舍宛庄园

所属产区：法国波尔多圣达美隆

所属等级：圣达美隆列级名庄

葡萄品种：梅洛、品丽珠、赤霞珠

土壤特征：碎石土壤

每年产量：50 000瓶

配餐建议：嫩牛排、羊肋骨、烤肉、蓝
菌奶酪

### 相关介绍

　　1891年由奥德（Ondet）买下庄园，目前由碧斯奥德（Beatrice Ondet）以及玛丽佛朗森（Marie‐France Fevrie）两姐妹经营，是波尔多少见的由女庄主掌管的庄园。舍宛庄园葡萄园面积仅15公顷，其中梅洛的种植比例高达80%，其余为15%的品丽珠以及5%的赤霞珠。 葡萄采用人工采摘，然后放入不锈钢的容器中发酵，最后在橡木桶中陈年15个月（50%新桶）。酿酒顾问由著名的酿酒师Michel Rolland担任。在他的管理下，葡萄采摘期推后，对葡萄的挑选也更加严格。目前该庄园的葡萄酒品质已达到历史上最高水平。

### 舍宛庄园　年份表格

| 年份 | 价格（元） | 分数 | 适饮期 | 侍酒（℃） | 醒酒（分钟） |
|------|-----------|------|---------|-----------|--------------|
| 2001 | 450～495 | 86 | 2004～2015 | 13～14 | 30 |
| 2002 | 365～400 | 81 | 2005～2016 | 13～14 | 35 |
| 2003 | 395～440 | 83 | 2006～2017 | 13～14 | 40 |
| 2004 | 380～420 | 84 | 2010～2020 | 13～14 | 45 |
| 2005 | 400～440 | 84 | 2011～2022 | 14～15 | 50 |
| 2006 | 300～330 | 81 | 2012～2023 | 14～15 | 55 |
| 2007 | 360～395 | 84 | 2012～2025 | 14～15 | 60 |
| 2008 | 365～500 | 84 | 2014～2026 | 14～15 | 65 |
| 2009 | 400～440 | 84 | 2015～2028 | 14～15 | 70 |
| 2010 | 445～490 | 86 | 2016～2030 | 16～17 | 75 |
| 2011 | 510～560 | 84 | 2017～2031 | 16～17 | 80 |
| 2012 | 590～650 | 85 | 2018～2033 | 16～17 | 85 |

法国·波尔多产区·圣达美隆

# 美景庄园

所属产区：法国波尔多圣达美隆

所属等级：圣达美隆列级名庄

葡萄品种：梅洛、品丽珠

土壤特征：石灰岩和黏土

每年产量：20 000瓶

配餐建议：嫩牛柳、烤羊肋骨、红烧鲍鱼、蓝菌奶酪

## 相关介绍

　　美景庄园的历史可追溯到1642年，在之后长达两个多世纪的时间里都是由拉卡兹家族主理，直至1938年才转手给科里克和拉沃两个家族。1959年，美景庄园在该区众多酒庄中脱颖而出，成功跻身圣达美隆列级庄之列。2000年，美景成为天价葡萄酒里鹏庄（Le Pin）的主人迪安鹏家族（Thienpont）的产业，进入了飞跃性的发展阶段，一跃成为圣达美隆最出色的列级庄之一。2007年，美景庄的历任主人拉沃家族将其从迪安鹏手中购回，此时的拉沃家族已是圣达美隆顶级酒庄金钟庄（Chateau Angelus）的主人。目前，庄园的面积仅6.2公顷，土质以波尔多右岸典型的石灰岩和黏土土质为主，因此梅洛当之无愧地成为主要的葡萄品种，比例高达80%，剩余的20%则为品丽珠，平均树龄为40年。

### 美景庄园　年份表格

| 年份 | 价格（元） | 分数 | 适饮期 | 侍酒（℃） | 醒酒（分钟） |
|---|---|---|---|---|---|
| 2001 | 900 ~ 990 | 85 | 2006 ~ 2017 | 13 ~ 14 | 30 |
| 2002 | 600 ~ 655 | 85 | 2007 ~ 2018 | 13 ~ 14 | 35 |
| 2003 | 720 ~ 790 | 85 | 2009 ~ 2019 | 13 ~ 14 | 40 |
| 2004 | 400 ~ 465 | 83 | 2010 ~ 2023 | 13 ~ 14 | 45 |
| 2005 | 480 ~ 530 | 85 | 2011 ~ 2024 | 14 ~ 15 | 50 |
| 2006 | 840 ~ 925 | 84 | 2012 ~ 2025 | 14 ~ 15 | 55 |
| 2007 | 720 ~ 790 | 86 | 2013 ~ 2026 | 14 ~ 15 | 60 |
| 2008 | 640 ~ 705 | 86 | 2014 ~ 2029 | 14 ~ 15 | 65 |
| 2009 | 700 ~ 770 | 88 | 2015 ~ 2030 | 14 ~ 15 | 70 |
| 2010 | 580 ~ 935 | 88 | 2015 ~ 2030 | 16 ~ 17 | 75 |

## Chateau Beau–Sejour Becot
# 博塞贝戈庄园

**所属产区**：法国波尔多圣达美隆

**所属等级**：圣达美隆列级名庄第一级B级

**葡萄品种**：赤霞珠、梅洛、品丽珠

**土壤特征**：石灰岩和黏土为主

**每年产量**：10 000瓶

**配餐建议**：嫩牛排、烤羊排、芝士焗龙虾、山羊奶酪

### 相关介绍

  1869年，庄园在卡尔家族内部被分为城堡建筑和葡萄园两部分，城堡建筑和酿酒间被家族的后人继承，随后因联姻的关系转到其他家族手中，并易名为丽居拉格罗斯城堡（Beausejour‐Duffau‐Lagarosse），葡萄园部分则继续由卡尔家族掌管。庄园在整个19、20世纪均没有太大发展，一如既往地在其10公顷左右大小的葡萄园上酿造精致的葡萄酒，在1959年的列级庄评定中，博塞贝戈被评为顶级庄园B组，但在1985年的审定中，因为博塞贝戈的葡萄园发展规模未达到审订标准，遂被降为列级庄（Grand Cru）长达10年时间，直到1996年，因为其逐步上升的表现才重新被升为顶级庄园B组。庄园主要出产中度至丰满酒体的干红葡萄酒，酒体优雅圆润，充满浓郁而成熟的李子、黑松露和烤橡木味道。酒体结构均衡，优雅的黑皮水果口感，余韵悠长。

### 博塞贝戈庄园　年份表格

| 年份 | 价格（元） | 分数 | 适饮期 | 侍酒（℃） | 醒酒（分钟） |
|------|-----------|------|--------|-----------|--------------|
| 2001 | 570～625 | 85 | 2006～2017 | 13～14 | 30 |
| 2002 | 475～520 | 86 | 2007～2018 | 13～14 | 35 |
| 2003 | 570～625 | 89 | 2008～2019 | 13～14 | 40 |
| 2004 | 475～520 | 88 | 2010～2023 | 13～14 | 45 |
| 2005 | 855～980 | 90 | 2011～2024 | 15～16 | 55 |
| 2006 | 590～650 | 89 | 2012～2025 | 14～15 | 55 |
| 2007 | 475～520 | 86 | 2012～2026 | 14～15 | 60 |
| 2008 | 530～580 | 89 | 2014～2028 | 14～15 | 65 |
| 2009 | 780～895 | 90 | 2015～2030 | 17～18 | 75 |
| 2010 | 800～915 | 91 | 2016～2031 | 17～18 | 80 |
| 2011 | 670～770 | 90 | 2017～2031 | 17～18 | 85 |
| 2012 | 775～890 | 91 | 2018～2033 | 17～18 | 90 |

## Chateau Berliquet
# 贝尔里盖庄园

所属产区：法国波尔多圣达美隆

所属等级：圣达美隆列级名庄

葡萄品种：梅洛、品丽珠、赤霞珠

土壤特征：钙质土、黏土

每年产量：55 000瓶

配餐建议：用浓郁酱汁烹饪的食物

### 相关介绍

  贝尔里盖庄园是圣达美隆地区最古老的葡萄园之一，在1768年的波尔多地图上已经能找到其身影。1829年，著名酒商Paguierre把贝尔里盖庄园列为圣达美隆五大庄园之一。1986年，圣爱美隆的分级制度使得贝尔里盖城堡重新在顶级庄园中找到了自己的位置。1996年是贝尔里盖城堡命运转折的一年：在帕瑞客（Patrick Valette）的支持下，帕瑞德拉斯（Patrick De Lesquen）和他的团队一起为重塑贝尔里盖庄园的声誉而努力。其酒呈漂亮的深宝石红色，有着辛辣的红色水果的香气，入口可感觉到丝滑的单宁，口感平衡，回味悠长。

### 贝尔里盖庄园　年份表格

| 年份 | 价格（元） | 分数 | 适饮期 | 侍酒（℃） | 醒酒（分钟） |
| --- | --- | --- | --- | --- | --- |
| 2001 | 490～540 | 88 | 2004～2015 | 13～14 | 30 |
| 2002 | 320～350 | 85 | 2005～2016 | 13～14 | 35 |
| 2003 | 320～350 | 85 | 2006～2017 | 13～14 | 40 |
| 2004 | 380～420 | 85 | 2010～2020 | 13～14 | 45 |
| 2005 | 415～455 | 87 | 2011～2022 | 14～15 | 50 |
| 2006 | 320～350 | 84 | 2012～2023 | 14～15 | 55 |
| 2007 | 285～310 | 83. | 2012～2025 | 14～15 | 60 |
| 2008 | 310～340 | 85 | 2014～2026 | 14～15 | 65 |
| 2009 | 360～395 | 86 | 2015～2028 | 14～15 | 70 |
| 2010 | 376～415 | 87 | 2016～2030 | 16～17 | 75 |
| 2011 | 415～460 | 87 | 2017～2032 | 16～17 | 80 |
| 2012 | 460～500 | 88 | 2018～2023 | 16～17 | 85 |

## Chateau Canon
# 大炮酒庄

**所属产区：** 法国波尔多圣达美隆

**所属等级：** 圣达美隆列级名庄第一级B级

**葡萄品种：** 梅洛、品丽珠

**土壤特征：** 石灰岩土质

**每年产量：** 75 000瓶

**配餐建议：** 嫩牛肉、煎羊排、红烧鲍鱼、硬奶酪

### 相关介绍

　　大炮酒庄，位于波尔多右岸的圣达美隆产区，建立于18世纪中期，酒庄在此之前是当地一个名为圣马田（St - Martin）酒庄的一个小葡萄园。在1760年，卡侬家族（Kanon）家族从圣马田手中购下此酒庄，并以家族名称将其命名为Chateau Canon。大炮酒庄拥有21.5公顷葡萄园，这里的主要土质为波尔多右岸常见的石灰岩，葡萄种植比例为60%梅洛和40%品丽珠。在酿酒方面，葡萄经全人工采摘之后放入不锈钢大桶中发酵，最后经鸡蛋澄清，放入橡木桶中陈酿。

### 大炮酒庄　年份表格

| 年份 | 价格（元） | 分数 | 适饮期 | 侍酒（℃） | 醒酒（分钟） |
|---|---|---|---|---|---|
| 2001 | 945～1040 | 88 | 2007～2019 | 13～14 | 30 |
| 2002 | 660～730 | 86 | 2008～2022 | 13～14 | 35 |
| 2003 | 755～830 | 88 | 2008～2023 | 13～14 | 40 |
| 2004 | 830～955 | 90 | 2010～2023 | 15～16 | 50 |
| 2005 | 1110～1280 | 91 | 2011～2024 | 15～16 | 55 |
| 2006 | 780～855 | 89 | 2012～2025 | 14～15 | 55 |
| 2007 | 625～685 | 88 | 2013～2028 | 14～15 | 60 |
| 2008 | 680～780 | 90 | 2015～2030 | 15～16 | 70 |
| 2009 | 1395～1605 | 93 | 2016～2031 | 15～16 | 75 |
| 2010 | 1518～1745 | 92 | 2017～2032 | 17～18 | 80 |
| 2011 | 980～1130 | 90 | 2018～2033 | 17～18 | 85 |
| 2012 | 1080～1240 | 90 | 2019～2034 | 17～18 | 90 |

## Chateau Bellefont–Belcier
## 贝勒丰庄园

所属产区：法国波尔多圣达美隆

所属等级：圣达美隆列级名庄

葡萄品种：梅洛、品丽珠、赤霞珠

土壤特征：黏土和石灰石土质

每年产量：50 000瓶

配餐建议：嫩牛排、羊扒、烤鸭、软奶酪

### 相关介绍

贝勒丰庄园在吉恩拉布斯昆（Jean Labusquiere）的经营管理下不断进步，并在过去大约五年时间里取得了飞速的发展。其占地面积为12.4公顷，葡萄品种主要有83%的梅洛、10%的品丽珠和7%的赤霞珠。葡萄在恒温的不锈钢容器中发酵，在橡木桶（50%新桶比例）陈年18个月。贝勒丰的酒窖是当地的一大特色，是一种圆形的、以木头和金属搭建的具有埃菲尔铁塔形状的珍贵建筑。庄主坚信："我们没有奇特的配方，只有通过每天品尝我们的葡萄酒，才是指引我们进行葡萄酒酿造的最好方法。"不懈的努力终于得到了回报，贝勒丰庄园在2006年被列入圣达美隆列级庄园。

### 贝勒丰庄园　年份表格

| 年份 | 价格（元） | 分数 | 适饮期 | 侍酒（℃） | 醒酒（分钟） |
|------|-----------|------|--------|-----------|-------------|
| 2001 | 760～835 | 83 | 2006～2016 | 13～14 | 30 |
| 2002 | 455～500 | 83 | 2008～2014 | 13～14 | 35 |
| 2003 | 480～530 | 86 | 2007～2015 | 13～14 | 40 |
| 2004 | 530～580 | 86 | 2010～2020 | 13～14 | 45 |
| 2005 | 550～630 | 90 | 2011～2022 | 15～16 | 55 |
| 2006 | 320～355 | 84 | 2012～2023 | 14～15 | 55 |
| 2007 | 360～395 | 85 | 2012～2025 | 14～15 | 60 |
| 2008 | 420～460 | 86 | 2014～2026 | 14～15 | 65 |
| 2009 | 455～500 | 87 | 2014～2028 | 14～15 | 70 |
| 2010 | 455～500 | 87 | 2015～2030 | 16～17 | 75 |
| 2011 | 475～520 | 87 | 2016～2031 | 16～17 | 80 |
| 2012 | 475～520 | 87 | 2017～2032 | 16～17 | 85 |

# Clos De L'Oratoire
# 奥拉托利庄园

所属产区：法国波尔多圣达美隆

所属等级：圣达美隆列级名庄

葡萄品种：梅洛、品丽珠、赤霞珠

土壤特征：高坡为黏土、石灰石；斜坡为黏土、
　　　　　砂石

每年产量：40 000瓶

配餐建议：煎羊扒、烤肉

## 相关介绍

　　L'Oratoire意为"祈祷室"，建于18世纪，是为了纪念某位圣者而以石块堆砌且用于祈祷的场所，这座建筑就坐落在葡萄园的角落。1991年Neipperg伯爵获得并挽救了奥拉托利庄园（Clos De L'Oratoire），使其一跃成为圣达美隆的顶级庄园之一。其酒一般在橡木桶陈年13～22个月，酒色深沉，且有浓稠的黑果香和微妙的层次感。

## 奥拉托利庄园　年份表格

| 年份 | 价格（元） | 分数 | 适饮期 | 侍酒（℃） | 醒酒（分钟） |
|---|---|---|---|---|---|
| 2001 | 565～625 | 87 | 2004～2015 | 13～14 | 30 |
| 2002 | 360～395 | 87 | 2005～2016 | 13～14 | 35 |
| 2003 | 435～480 | 87 | 2006～2017 | 13～14 | 40 |
| 2004 | 395～435 | 87 | 2010～2020 | 13～14 | 45 |
| 2005 | 585～640 | 88 | 2011～2022 | 14～15 | 50 |
| 2006 | 415～455 | 87 | 2012～2023 | 14～15 | 55 |
| 2007 | 340～375 | 86 | 2012～2025 | 14～15 | 60 |
| 2008 | 380～420 | 87 | 2014～2026 | 14～15 | 65 |
| 2009 | 490～540 | 89 | 2015～2028 | 14～15 | 70 |
| 2010 | 565～625 | 88 | 2016～2030 | 16～17 | 75 |
| 2011 | 620～680 | 87 | 2016～2031 | 16～17 | 80 |
| 2012 | 680～755 | 88 | 2017～2032 | 16～17 | 85 |

## Chateau Belair–Monange
# 宝雅庄园

所属产区：法国波尔多圣达美隆
所属等级：圣达美隆列级名庄第一级B级
葡萄品种：梅洛、品丽珠
土壤特征：石灰岩和黏土结合
每年产量：20 000瓶
配餐建议：嫩牛排、烤羊排、芝士焗龙虾、山羊奶酪

### 相关介绍

    宝雅庄园与著名的波尔多八大名庄欧颂庄只有咫尺之遥，曾经两家庄园也属同一家族所有。宝雅庄园原名为Chateau Belair，被JPM家族收购后于2008年开始改名为Chateau Belair‐Monange，Monange是JPM家族创始人Jean Moueix妻子的姓氏。JPM家族是目前波尔多最显赫的酿酒世家，同时也是被誉为"酒王之王"的柏图斯庄园的主人。庄园信奉动力种植学（Biodynamic），风格比同产区庄园更加柔和轻淡，常带有草本和各种复杂的气息，口感上比较"野性"。

### 宝雅庄园　年份表格

| 年份 | 价格（元） | 分数 | 适饮期 | 侍酒（℃） | 醒酒（分钟） |
|------|-----------|------|--------|-----------|--------------|
| 2001 | 570～655 | 92 | 2006～2017 | 14～15 | 35 |
| 2002 | 600～680 | 93 | 2007～2018 | 14～15 | 40 |
| 2003 | 550～630 | 92 | 2008～2019 | 14～15 | 45 |
| 2004 | 435～300 | 92 | 2010～2023 | 14～15 | 50 |
| 2005 | 665～765 | 94 | 2011～2024 | 15～16 | 55 |
| 2006 | 590～680 | 92 | 2012～2025 | 15～16 | 60 |
| 2007 | 610～700 | 92 | 2012～2026 | 15～16 | 65 |
| 2008 | 990～1135 | 92 | 2014～2028 | 15～16 | 70 |
| 2009 | 1250～1435 | 93 | 2015～2030 | 15～16 | 75 |
| 2010 | 1375～1580 | 94 | 2016～2031 | 17～18 | 80 |
| 2011 | 1005～1155 | 90 | 2017～2032 | 17～18 | 85 |
| 2012 | 1080～1240 | 91 | 2019～2034 | 17～18 | 90 |

## Chateau Bergat
# 贝尔卡堡

所属产区：法国波尔多圣达美隆

所属等级：圣达美隆列级名庄

葡萄品种：梅洛、品丽珠、赤霞珠

土壤特征：石灰岩和黏土

每年产量：35 000瓶

配餐建议：红色肉类、奶酪、意大利面条

### 相关介绍

　　贝尔卡堡目前的所有者为Emile Casteja，她的家族就是波尔多著名的酒商波利曼罗（Borie Manoux）。波利曼罗是法国最古老的酒商之一，同时身兼酿酒商、酒商及销售于一身，旗下拥有12个酒庄，分布在波尔多的梅多克、圣达美隆等地区。贝尔卡堡葡萄园面积为4公顷，位于圣达美隆村以西2公里处。这里的葡萄采用人工采摘，于恒温桶中发酵3周左右。

### 贝尔卡堡　年份表格

| 年份 | 价格（元） | 分数 | 适饮期 | 侍酒（℃） | 醒酒（分钟） |
|---|---|---|---|---|---|
| 2001 | 130～145 | 84 | 2007～2015 | 13～14 | 30 |
| 2002 | 310～345 | 83 | 2008～2018 | 13～14 | 35 |
| 2003 | 310～345 | 87 | 2006～2018 | 13～14 | 40 |
| 2004 | 470～520 | 87 | 2010～2020 | 13～14 | 45 |
| 2005 | 395～435 | 85 | 2011～2022 | 14～15 | 50 |
| 2006 | 265～290 | 81 | 2012～2023 | 14～15 | 55 |
| 2007 | 395～440 | 81 | 2012～2025 | 14～15 | 60 |
| 2008 | 435～475 | 84 | 2014～2026 | 14～15 | 65 |
| 2009 | 375～415 | 83 | 2015～2028 | 14～15 | 70 |
| 2010 | 435～475 | 88 | 2016～2030 | 16～17 | 75 |
| 2011 | 435～475 | 86 | 2017～2030 | 16～17 | 80 |

所属产区：法国波尔多圣达美隆

所属等级：圣达美隆列级名庄第一级B级

葡萄品种：赤霞珠、梅洛、品丽珠、小维
尔多

土壤特征：纯正的砂砾土

每年产量：300 000瓶

配餐建议：牛柳、红烧鲍鱼、羊肋骨、蓝菌奶酪

法国·波尔多产区·圣达美隆

### 相关介绍

　　弗禾岱的历史可上溯至18世纪。这里曾经是一处驻扎军队的营垒，紧邻圣爱美隆镇，起防卫作用。在历史上，波尔多酿酒世家卢顿家族曾打理庄园多年，经验丰富的卢顿家族对提高梅洛葡萄种植比例及改善酒质贡献极大。弗禾岱庄园酒的风格以果香浓郁、优雅细腻而著称，回口有甜水果的味道。2001年起，居维列家族成为庄园新主人。

### 弗禾岱庄园　年份表格

| 年份 | 价格（元） | 分数 | 适饮期 | 侍酒（℃） | 醒酒（分钟） |
|---|---|---|---|---|---|
| 2001 | 755～830 | 84 | 2006～2017 | 13～14 | 30 |
| 2002 | 735～810 | 85 | 2007～2018 | 13～14 | 35 |
| 2003 | 1110～1225 | 85 | 2008～2019 | 13～14 | 40 |
| 2004 | 600～660 | 89 | 2010～2023 | 13～14 | 45 |
| 2005 | 1735～2000 | 91 | 2011～2024 | 14～15 | 55 |
| 2006 | 755～830 | 88 | 2012～2025 | 14～15 | 55 |
| 2007 | 660～730 | 87 | 2012～2026 | 14～15 | 60 |
| 2008 | 680～750 | 89 | 2014～2028 | 14～15 | 65 |
| 2009 | 2960～3405 | 91 | 2015～2030 | 14～15 | 75 |
| 2010 | 1530～1755 | 92 | 2017～2031 | 16～17 | 80 |
| 2011 | 1220～1405 | 90 | 2017～2032 | 16～17 | 85 |
| 2012 | 1345～1545 | 90 | 2019～2033 | 16～17 | 90 |

## Chateau Balestard–La–Tonnelle
# 贝拉斯达堡

所属产区：法国波尔多圣达美隆

所属等级：圣达美隆列级名庄

葡萄品种：梅洛、品丽珠、赤霞珠

土壤特征：石灰岩、黏质土

每年产量：580 000瓶

配餐建议：煎牛仔骨、烧羊腿、西冷扒、羊奶酪

### 相关介绍

　　贝拉斯达堡历史非常悠久。15世纪的诗人Francois Villon曾经写下这样的诗句："圣母玛丽亚，请替我在天堂留一个位置……在那，我们可以啜饮以Balestard为名的神性酒汁……"五百多年前诗人对Balestard酒庄的赞美如今被酒庄全文印在酒标上。贝拉斯达堡耗费精力才说服法国官方单位通融Chateau Balestard - la - Tonnelle在葡萄酒标上打印诗句，因为在法国，任何文学性的句子都只能标在背标，无法出现在正式的葡萄酒标签上。目前，这款酒在法国的高档餐厅都有售卖，法国的总统府、首府、议会、国会都有保存，属于国宴级的葡萄酒。著名的醒酒器（Decanter）杂志给予它4星的评定。中国影视明星巩俐、俄罗斯总统普京、前法国总统希拉克等，都对该酒给予很高的评价。

### 贝拉斯达堡　年份表格

| 年份 | 价格（元） | 分数 | 适饮期 | 侍酒（℃） | 醒酒（分钟） |
|---|---|---|---|---|---|
| 2001 | 340～380 | 82 | 2004～2015 | 13～14 | 30 |
| 2002 | 245～270 | 80 | 2005～2016 | 13～14 | 35 |
| 2003 | 270～295 | 80 | 2006～2017 | 13～14 | 40 |
| 2004 | 285～315 | 82 | 2010～2020 | 13～14 | 45 |
| 2005 | 380～420 | 84 | 2011～2022 | 14～15 | 50 |
| 2006 | 305～335 | 84 | 2012～2023 | 14～15 | 55 |
| 2007 | 420～460 | 82 | 2012～2025 | 14～15 | 60 |
| 2008 | 305～335 | 83 | 2014～2026 | 14～15 | 65 |
| 2009 | 350～385 | 85 | 2015～2028 | 14～15 | 70 |
| 2010 | 460～500 | 87 | 2016～2030 | 16～17 | 75 |
| 2011 | 420～460 | 87 | 2017～2031 | 16～17 | 80 |
| 2012 | 460～510 | 86 | 2018～2033 | 16～17 | 85 |

## Chateau Ausone
# 欧颂庄园

所属产区：法国波尔多圣达美隆

所属等级：圣达美隆列级名庄第一级A级

葡萄品种：梅洛、品丽珠

土壤特征：石灰质、黏土、砂质

每年产量：75 000瓶

配餐建议：嫩牛肉、煎羊排、红烧鲍鱼、硬奶酪

### 相关介绍

　　欧颂庄园坐落在圣达美隆区南部的小山上，葡萄园面积为17.3公顷。欧颂出产的葡萄酒和白马酒庄齐名，两者在圣达美隆分级中都被列为是第一级A级。欧颂酒的特色是耐藏，由于单宁比较重，酒要陈放一段时间才适合饮用，其寿命长达30年或以上。Robert Parker认为，优秀的欧颂酒的适饮期（年份）随时能达50至100年，被誉为"耐心之酒"。酒评家的好评加上产量奇少导致其酒价大幅度攀升，在市场上也不容易找到它的身影。

### 欧颂庄园　年份表格

| 年份 | 价格（元） | 分数 | 适饮期 | 侍酒（℃） | 醒酒（分钟） |
|------|-----------|------|--------|-----------|-------------|
| 2001 | 7740～9285 | 95 | 2008～2028 | 14～15 | 45 |
| 2002 | 5370～6170 | 93 | 2010～2030 | 14～15 | 35 |
| 2003 | 12494～14990 | 96 | 2013～2032 | 14～15 | 55 |
| 2004 | 6110～7020 | 93 | 2012～2030 | 14～15 | 50 |
| 2005 | 17540～21045 | 99 | 2013～2032 | 15～16 | 65 |
| 2006 | 7585～8720 | 94 | 2013～2032 | 15～16 | 60 |
| 2007 | 8340～9590 | 94 | 2014～2033 | 15～16 | 65 |
| 2008 | 9180～10550 | 96 | 2016～2035 | 15～16 | 80 |
| 2009 | 15760～18910 | 98 | 2018～2038 | 15～16 | 85 |
| 2010 | 15890～19070 | 98 | 2020～2040 | 17～18 | 95 |
| 2011 | 11120～12790 | 94 | 2021～2040 | 17～18 | 85 |
| 2012 | 12235～14680 | 95 | 2022～2042 | 17～18 | 105 |

## Couvent des Jacobins
# 库望德·嘉科本庄园

所属产区：法国波尔多圣达美隆
所属等级：圣达美隆列级名庄
葡萄品种：梅洛、品丽珠、赤霞珠
土壤特征：黏土砂带铁矿渣土质
每年产量：25 000瓶

配餐建议：红烧鲍鱼、牛柳、羊扒、羊奶酪

### 相关介绍

　　庄园因13世纪建在此处的多米尼修道院而得名，目前庄主为艾琳伯德（Alain Borde），葡萄园面积仅9.5公顷。葡萄酒由梅洛、品丽珠以及赤霞珠混合酿制而成。经过在恒温不锈钢和混凝土容器中的发酵，再放入橡木桶（33%新桶）陈年15～18个月，葡萄酒便可以无过滤装瓶。

### 库望德·嘉科本庄园　年份表格

| 年份 | 价格（元） | 分数 | 适饮期 | 侍酒（℃） | 醒酒（分钟） |
|---|---|---|---|---|---|
| 2001 | 470～520 | 86 | 2004～2015 | 13～14 | 30 |
| 2002 | 470～520 | 85 | 2005～2016 | 13～14 | 35 |
| 2003 | 430～475 | 81 | 2006～2017 | 13～14 | 40 |
| 2004 | 360～395 | 84 | 2010～2020 | 13～14 | 45 |
| 2005 | 360～395 | 83 | 2011～2022 | 14～15 | 50 |
| 2006 | 380～415 | 81 | 2012～2023 | 14～15 | 55 |
| 2007 | 360～395 | 82 | 2012～2025 | 14～15 | 60 |
| 2008 | 360～395 | 82 | 2014～2026 | 14～15 | 65 |
| 2009 | 380～415 | 85 | 2015～2028 | 14～15 | 70 |
| 2010 | 210～230 | 81 | 2016～2030 | 16～17 | 75 |
| 2011 | 305～330 | 81 | 2017～2030 | 16～17 | 80 |
| 2012 | 320～350 | 84 | 2018～2032 | 16～17 | 85 |

法国·波尔多产区·圣达美隆

## Clos des Jacobins
# 嘉科本庄园

所属产区：法国波尔多圣达美隆
所属等级：圣达美隆列级名庄
葡萄品种：梅洛、品丽珠
土壤特征：石灰岩
每年产量：40 000瓶
配餐建议：煎牛仔骨、烧猪颈肉、烧牛肉、软奶酪

### 相关介绍

　　庄园位于圣达美隆产区中心一个中世纪村庄的入口处。17世纪以来，该地形成了一座围绕在酒窖周围的葡萄园地。葡萄园坐落在山脚下，享有良好的地理环境。庄园于1940～1950年间达到最鼎盛时期，被视为圣达美隆最好的庄园之一。虽然其后庄园进入了衰退期，但在21世纪以后又重上巅峰，在2006年于香港举办的圣达美隆列级庄挑战赛中赢得比赛，名声也随之大振。

### 嘉科本庄园　年份表格

| 年份 | 价格（元） | 分数 | 适饮期 | 侍酒（℃） | 醒酒（分钟） |
|------|-----------|------|---------|-----------|--------------|
| 2001 | 470～520 | 86 | 2004～2015 | 13～14 | 30 |
| 2002 | 325～355 | 85 | 2005～2016 | 13～14 | 35 |
| 2003 | 360～400 | 84 | 2006～2017 | 13～14 | 40 |
| 2004 | 320～350 | 85 | 2010～2020 | 13～14 | 45 |
| 2005 | 620～685 | 89 | 2011～2022 | 14～15 | 50 |
| 2006 | 265～290 | 86 | 2012～2023 | 14～15 | 55 |
| 2007 | 280～310 | 82 | 2012～2025 | 14～15 | 60 |
| 2008 | 320～350 | 83 | 2014～2026 | 14～15 | 65 |
| 2009 | 450～500 | 88 | 2015～2028 | 14～15 | 70 |
| 2010 | 435～480 | 87 | 2016～2030 | 16～17 | 75 |
| 2011 | 475～525 | 88 | 2017～2031 | 16～17 | 80 |
| 2012 | 515～580 | 86 | 2018～2032 | 16～17 | 85 |

## Chateau Corbin
# 高尔班庄园

所属产区：法国波尔多圣达美隆

所属等级：圣达美隆列级名庄

葡萄品种：梅洛、品丽珠

土壤特征：表层是古老的砂土，地下是铁矿质黏土

每年产量：50 000瓶

配餐建议：红烧鲍鱼、牛柳、煎羊扒、羊奶奶酪

### 相关介绍

　　高尔班庄园是圣达美隆最古老的庄园之一，历史可以追溯到15世纪。目前的城堡则建造于19世纪中期，1924年，现在城堡主人的曾曾祖父购买了这座葡萄园。1999年起，毕业于波尔多大学葡萄酒酿造专业的Anabelle Cruse‐Bardicet成为庄园的主人。该葡萄园的土地分两种类型：表层是古老的沙土，地下是铁矿质黏土。正是这块土地的二元性，赋予了高尔班庄园葡萄酒口味的复杂性。

### 高尔班庄园　年份表格

| 年份 | 价格（元） | 分数 | 适饮期 | 侍酒（℃） | 醒酒（分钟） |
|------|-----------|------|--------|-----------|-------------|
| 2001 | 320～350 | 83 | 2004～2015 | 13～14 | 30 |
| 2002 | 360～400 | 85 | 2005～2016 | 13～14 | 35 |
| 2003 | 340～375 | 85 | 2006～2017 | 13～14 | 40 |
| 2004 | 265～290 | 84 | 2010～2020 | 13～14 | 45 |
| 2005 | 380～415 | 84 | 2011～2022 | 14～15 | 50 |
| 2006 | 265～290 | 83 | 2012～2023 | 14～15 | 55 |
| 2007 | 345～380 | 82 | 2012～2025 | 14～15 | 60 |
| 2008 | 400～440 | 85 | 2014～2026 | 14～15 | 65 |
| 2009 | 505～555 | 87 | 2015～2028 | 14～15 | 70 |
| 2010 | 640～700 | 87 | 2016～2029 | 16～17 | 75 |
| 2011 | 560～620 | 85 | 2017～2029 | 16～17 | 80 |
| 2012 | 645～710 | 88 | 2018～2031 | 16～17 | 85 |

## Chateau Corbin–Michotte
# 高班米歇特

所属产区：法国波尔多圣达美隆

所属等级：圣达美隆列级名庄

葡萄品种：梅洛、品丽珠

土壤特征：砂土、砂砾

每年产量：40 000瓶

配餐建议：嫩牛排、羊肋骨、烤肉、蓝菌奶酪、红烧鲍鱼

### 相关介绍

　　高班米歇特地处圣达美隆的多石块地带，位于玻美侯与圣达美隆之间，历史上曾经是英国Noir王子的产业，在英国人的管辖范围内，是一个古老的酒庄。它现有的建筑可以追溯到19世纪，虽然曾在战火中遭到破坏，但1959年再度易主后，酒庄被重修翻新，高班米歇特由此被推向世界特级酒庄的荣誉之列。1980年，为了完美展现葡萄的品质，存放桶装酒的酒库根据原始图纸被完全重建。

### 高班米歇特　年份表格

| 年份 | 价格（元） | 分数 | 适饮期 | 侍酒（℃） | 醒酒（分钟） |
|------|-----------|------|--------|-----------|-------------|
| 2001 | 320～350 | 83 | 2004～2015 | 13～14 | 30 |
| 2002 | 500～550 | 81 | 2006～2017 | 13～14 | 35 |
| 2003 | 450～490 | 83 | 2010～2020 | 13～14 | 40 |
| 2004 | 465～510 | 85 | 2011～2022 | 13～14 | 45 |
| 2005 | 460～505 | 84 | 2012～2023 | 14～15 | 50 |
| 2006 | 435～480 | 81 | 2012～2025 | 14～15 | 55 |
| 2007 | 320～350 | 80 | 2014～2026 | 14～15 | 60 |
| 2008 | 415～455 | 82 | 2015～2028 | 14～15 | 65 |
| 2009 | 420～460 | 83 | 2016～2029 | 14～15 | 70 |
| 2010 | 585～640 | 85 | 2016～2030 | 16～17 | 75 |
| 2011 | 260～290 | 78 | 2016～2031 | 16～17 | 80 |
| 2012 | 320～355 | 83 | 2018～2033 | 16～17 | 85 |

所属产区：法国波尔多玻美侯

葡萄品种：梅洛、品丽珠

土壤特征：石灰岩和黏土

每年产量：7 000瓶

配餐建议：嫩牛肉、煎羊排、红烧鲍鱼、
硬奶酪

## 相关介绍

　　由于里鹏庄园的面积只有2公顷，所以没有盖上大庄园城堡，只有几间酿酒和存酒的小屋。Le Pin是法文的松树之意，它的名称源于庄园内几棵标志性的大松树。1979年酒商Thienponts父子购买里鹏庄园后，效仿柏图斯庄园（Chateau Petrus）酿造的方式精工细做，对庄园的葡萄园进行了调整：92%的梅洛和8%的品丽珠，种植密度和数量只有拉菲的一半。1994年，Thienponts又买下了旁边一小块约1公顷的小酒田，使其成为占地2公顷的里鹏庄园。庄园虽然年产量很少，但它的价格很快就与柏图斯持平，甚至在某些年份超过柏图斯，所以里鹏的货源十分难找。葡萄酒收藏家能存有几瓶已是非常少见，酒商拥有一箱里鹏也是很有实力的了。

### 里鹏庄园　年份表格

| 年份 | 价格（元） | 分数 | 适饮期 | 侍酒（℃） | 醒酒（分钟） |
|------|-----------|------|--------|-----------|--------------|
| 2001 | 24930～28050 | 92 | 2009～2025 | 14～15 | 35 |
| 2002 | 17215～18940 | 89 | 2010～2026 | 13～14 | 40 |
| 2003 | 18940～21780 | 93 | 2012～2028 | 14～15 | 45 |
| 2004 | 29540～33970 | 93 | 2014～2030 | 14～15 | 50 |
| 2005 | 18960～21805 | 92 | 2015～2030 | 15～16 | 55 |
| 2006 | 17670～20320 | 89 | 2016～2032 | 14～15 | 55 |
| 2007 | 17690～20345 | 93 | 2017～2034 | 15～16 | 65 |
| 2008 | 38675～46415 | 95 | 2018～2038 | 16～17 | 75 |
| 2009 | 41845～50210 | 96 | 2019～2040 | 16～17 | 80 |
| 2010 | 14350～16505 | 93 | 2020～2040 | 17～18 | 85 |
| 2011 | 17196～19775 | 94 | 2021～2040 | 17～18 | 85 |
| 2012 | 24930～28050 | 92 | 2022～2042 | 17～18 | 95 |

法国·波尔多产区·玻美侯

## Chateau La Croix du Casse
## 卡斯十字庄园

所属产区：法国波尔多玻美侯
葡萄品种：梅洛、品丽珠
土壤特征：黏土和砾石
每年产量：60 000瓶
配餐建议：烤羊腿和意大利蘑菇饭

### 相关介绍

　　庄园位于玻美侯产区的南端，在1956年霜灾后，全部重新栽种了葡萄树。在老庄主阿格特的不断努力下，庄园的酒质得到稳步提升，跻身玻美侯名酒行列。2001年，老庄主意外身故，庄园无人经营，不过后来终于迎来了新主人——来自左岸梅多克酿酒世家的卡斯德亚先生，庄园重获新生，酒标也更换为"金色十字"。作为波尔多1855列级庄园协会主席，卡斯德亚先生把多家列级名庄的经验移植到这里：改进设备、物理除草、手工采摘、在酿酒车间使用多款不同的橡木桶来体察酒质的不同反应等。在他的精心打理下，如今庄园酒质更为完美，刚柔并济，具备了玻美侯一流水准。

法国·波尔多产区·玻美侯

### 卡斯十字庄园　年份表格

| 年份 | 价格（元） | 分数 | 适饮期 | 侍酒（℃） | 醒酒（分钟） |
|------|-----------|------|---------|-----------|--------------|
| 2001 | 300～330 | 84 | 2005～2012 | 13～14 | 30 |
| 2002 | 375～415 | 79 | 2004～2012 | 13～14 | 30 |
| 2003 | 375～415 | 80 | 2007～2012 | 13～14 | 40 |
| 2004 | 415～455 | 78 | 2006～2015 | 13～14 | 40 |
| 2005 | 475～525 | 85 | 2008～2018 | 14～15 | 50 |
| 2006 | 365～400 | 82 | 2009～2016 | 14～15 | 55 |
| 2007 | 340～370 | 84 | 2010～2018 | 14～15 | 60 |
| 2008 | 380～420 | 83 | 2010～2020 | 14～15 | 65 |
| 2009 | 450～495 | 87 | 2012～2022 | 14～15 | 70 |
| 2010 | 360～395 | 85 | 2015～2025 | 16～17 | 75 |
| 2011 | 380～420 | 84 | 2016～2023 | 16～17 | 80 |
| 2012 | 365～400 | 83 | 2017～2022 | 16～17 | 85 |

## Chateau La Fleur de Gay
# 盖之花庄园

所属产区：法国波尔多玻美侯
葡萄品种：梅洛、赤霞珠
土壤特征：砂砾、黏土
每年产量：8 000～10 000瓶
配餐建议：红烧鲍鱼、山羊奶酪

### 相关介绍

　　盖之花庄园可算是玻美侯地区的明星庄园。庄园的第一个年份在1982年才推出，是因为当时盖之十字庄园（Chateau La Croix de Gay）庄主Noel Raynaud将庄园最精华的3公顷葡萄园独立出来并另起名为盖之花庄园。这里可以说是一家袖珍型庄园，产量稀少，一经上市就立刻被内部抢光，许多年份的酒不是被喝掉就是落在收藏家手中，在市面上很少见到。而在日本著名漫画《神之水滴》里，盖之花庄园则被形容为应在婚礼上开的酒。

盖之花庄园　年份表格

| 年份 | 价格（元） | 分数 | 适饮期 | 侍酒（℃） | 醒酒（分钟） |
|------|-----------|------|---------|-----------|-------------|
| 2001 | 885～970 | 88 | 2004～2018 | 13～14 | 30 |
| 2002 | 825～910 | 87 | 2005～2016 | 13～14 | 35 |
| 2003 | 845～930 | 85 | 2006～2018 | 13～14 | 40 |
| 2004 | 885～970 | 87 | 2007～2022 | 13～14 | 45 |
| 2005 | 1070～1180 | 90 | 2011～2025 | 14～15 | 55 |
| 2006 | 750～830 | 89 | 2011～2026 | 14～15 | 55 |
| 2007 | 750～830 | 86 | 2009～2024 | 14～15 | 60 |
| 2008 | 920～1415 | 89 | 2014～2030 | 14～15 | 65 |
| 2009 | 1070～1180 | 89 | 2010～2030 | 14～15 | 70 |
| 2010 | 1055～1160 | 86 | 2016～2030 | 16～17 | 75 |
| 2011 | 1210～1325 | 87 | 2016～2022 | 16～17 | 80 |
| 2012 | 1330～1465 | 88 | 2016～2025 | 16～17 | 85 |

法国·波尔多产区·玻美侯

## Chateau l'Evangile
# 乐王吉尔庄园

所属产区：法国波尔多玻美侯

葡萄品种：梅洛、品丽珠

土壤特征：沙质黏土与碎石

每年产量：48 000～60 000瓶

配餐建议：神户牛柳、扒羊排、红烧鲍鱼、山羊奶酪

### 相关介绍

　　作为20世纪玻美侯最受关注的庄园之一，乐王吉尔庄园建于17世纪，在1990年被拉菲庄（Chateau Lafite）的主人罗富齐家族收购之后，就成为罗富齐家族在玻美侯地区与"酒王之王"柏图斯一较高下的法宝了。乐王吉尔的地理和客观条件与附近的柏图斯都非常相似，葡萄园面积为14公顷，种植比例为65%的梅洛和35%的品丽珠。在罗富齐家族入主后，尽量拖延葡萄的采收期，使葡萄尽可能成熟，且极力控制收获量，每公顷不超过4500升。在醇化期的20～24个月中，使用新木桶的比率由以前的1/3提高到一半以上。行家们普遍对此园出品充满信心，加上其价格仅为柏图斯庄园的10%～15%，使其理所当然地成为抢手货。

### 乐王吉尔庄园　年份表格

| 年份 | 价格（元） | 分数 | 适饮期 | 侍酒（℃） | 醒酒（分钟） |
|---|---|---|---|---|---|
| 2001 | 1470～1615 | 87 | 2008～2020 | 13～14 | 30 |
| 2002 | 1240～1430 | 90 | 2008～2020 | 13～14 | 40 |
| 2003 | 1240～1365 | 88 | 2011～2030 | 13～14 | 40 |
| 2004 | 1240～1435 | 90 | 2012～2025 | 13～14 | 50 |
| 2005 | 3630～4180 | 94 | 2012～2040 | 14～15 | 55 |
| 2006 | 1525～1750 | 91 | 2010～2030 | 14～15 | 60 |
| 2007 | 1190～1305 | 89 | 2011～2022 | 14～15 | 60 |
| 2008 | 1320～1520 | 91 | 2014～2035 | 14～15 | 70 |
| 2009 | 2085～2340 | 94 | 2014～2056 | 14～15 | 75 |
| 2010 | 2860～3290 | 94 | 2016～2056 | 16～17 | 80 |
| 2011 | 3145～3620 | 92 | 2018～2035 | 16～17 | 85 |
| 2012 | 3460～3980 | 92 | 2018～2032 | 16～17 | 90 |

法国·波尔多产区·玻美侯

# 列兰庄园

所属产区：法国波尔多玻美侯

葡萄品种：梅洛、品丽珠

土壤特征：砾石夹杂黏土型

每年产量：50 000瓶

配餐建议：烤羊排、西冷牛排、煎牛仔骨、软奶酪

## 相关介绍

　　庄园有迹可循的历史是在1840年，当时属于Despujols家族的产业，但在其管理下表现平平，直到1997年初由拥有波尔多二级名庄雄狮庄（Chateau Leoville Las Cases）的Michel Delon买下之后，才开始发挥当地风土条件的优势，风评也越来越好。Delon家族为庄园建造了新的酒窖、酒库和城堡，超过1/3的葡萄园被翻种。目前，葡萄植株的平均年龄为28年，但最老的有60年。

法国·波尔多产区·玻美侯

## 列兰庄园　年份表格

| 年份 | 价格（元） | 分数 | 适饮期 | 侍酒（℃） | 醒酒（分钟） |
|------|-----------|------|--------|-----------|-------------|
| 2001 | 545～600 | 85 | 2007～2018 | 13～14 | 30 |
| 2002 | 675～745 | 85 | 2008～2020 | 13～14 | 35 |
| 2003 | 545～620 | 85 | 2009～2021 | 13～14 | 40 |
| 2004 | 470～520 | 87 | 2010～2020 | 13～14 | 45 |
| 2005 | 695～800 | 90 | 2012～2040 | 14～15 | 55 |
| 2006 | 525～580 | 88 | 2013～2030 | 14～15 | 55 |
| 2007 | 430～475 | 86 | 2011～2018 | 14～15 | 60 |
| 2008 | 450～500 | 88 | 2013～2018 | 14～15 | 65 |
| 2009 | 600～690 | 90 | 2016～2040 | 14～15 | 75 |
| 2010 | 675～780 | 91 | 2017～2035 | 16～17 | 80 |
| 2011 | 470～520 | 89 | 2016～2030 | 16～17 | 80 |
| 2012 | 570～655 | 90 | 2018～2028 | 16～17 | 90 |

# 拉图玻美侯庄园

所属产区：法国波尔多玻美侯

葡萄品种：梅洛、品丽珠

土壤特征：黏土和砾石

每年产量：30 000瓶

配餐建议：烤肉、烤鸭、羊肋骨、羊奶酪

法国·波尔多产区·玻美侯

## 相关介绍

　　玻美侯的拉图庄与梅多克著名的五大庄园之一拉图庄名称相同，因此要在名字后面加上后缀A Pomerol（玻美侯）以示区分。1917年由Loubat女士购入庄园。1961年，庄园由她的侄女拉科斯特（Lacoste）女士继承，经营庄园40余年。1962年，玻美侯的拉图堡（Chateau Latour A Pomerol）成为Etablissements Jean - Pierre Moueix公司的一员。2002年，拉科斯特女士将庄园赠送给了一家慈善机构Fondation de Foyers de Charite de Chateauneuf de Galaure。

### 拉图玻美侯庄园　年份表格

| 年份 | 价格（元） | 分数 | 适饮期 | 侍酒（℃） | 醒酒（分钟） |
|---|---|---|---|---|---|
| 2001 | 640～705 | 88 | 2005～2020 | 13～14 | 30 |
| 2002 | 505～560 | 85 | 2005～2015 | 13～14 | 35 |
| 2003 | 715～780 | 86 | 2006～2020 | 13～14 | 40 |
| 2004 | 600～660 | 86 | 2010～2022 | 13～14 | 45 |
| 2005 | 995～1100 | 89 | 2010～2035 | 14～15 | 50 |
| 2006 | 715～790 | 87 | 2011～2026 | 14～15 | 55 |
| 2007 | 545～600 | 87 | 2011～2026 | 14～15 | 60 |
| 2008 | 660～725 | 88 | 2014～2035 | 14～15 | 65 |
| 2009 | 865～995 | 91 | 2010～2035 | 14～15 | 75 |
| 2010 | 884～1015 | 90 | 2017～2035 | 16～17 | 80 |
| 2011 | 695～800 | 88 | 2016～2025 | 16～17 | 80 |
| 2012 | 770～885 | 89 | 2016～2026 | 16～17 | 85 |

# Chateau Lafleur
## 花庄

所属产区：法国波尔多玻美侯

葡萄品种：梅洛、品丽珠

土壤特征：黏土极高的土壤中夹杂丰富的磷、钾

每年产量：1 000箱

配餐建议：上等牛肉、羊肋骨、烤鸭、硬奶酪

## 相关介绍

　　玻美侯地区以前有许多地方都以"花庄"为名，如今仍有超过10个酒庄冠以"Lafleur"之名。这些酒庄彼此不同，但都是极好的酒庄，其中最出众的首推位于玻美侯的花庄。花庄目前为"酒王之王"柏图斯的主人JPM拥有，面积仅为4公顷，种植比例为60%梅洛和40%品丽珠，是目前公认的玻美侯十大酒庄之一，并跻身世界顶级酒庄之列。

## 花庄　年份表格

| 年份 | 价格（元） | 分数 | 适饮期 | 侍酒（℃） | 醒酒（分钟） |
|------|-----------|------|--------|-----------|-------------|
| 2001 | 5365～6170 | 92 | 2006～2025 | 13～14 | 40 |
| 2002 | 2955～3395 | 90 | 2008～2020 | 13～14 | 45 |
| 2003 | 5495～6320 | 93 | 2008～2035 | 13～14 | 50 |
| 2004 | 4385～5045 | 91 | 2009～2037 | 13～14 | 55 |
| 2005 | 13795～16555 | 95 | 2016～2046 | 14～15 | 65 |
| 2006 | 6095～7010 | 93 | 2014～2044 | 14～15 | 65 |
| 2007 | 3615～4226 | 92 | 2010～2030 | 14～15 | 70 |
| 2008 | 5195～5975 | 93 | 2016～2036 | 14～15 | 75 |
| 2009 | 13495～16190 | 97 | 2018～2038 | 14～15 | 90 |
| 2010 | 13345～16015 | 96 | 2018～2038 | 16～17 | 95 |
| 2011 | 5608～6450 | 94 | 2019～2040 | 16～17 | 95 |
| 2012 | 5550～6385 | 94 | 2018～2030 | 16～17 | 100 |

## Chateau La Grave A Pomerol
# 格拉芙庄园

所属产区：法国波尔多玻美侯

葡萄品种：梅洛、品丽珠

土壤特征：砂土

每年产量：42 000瓶

配餐建议：牛柳、羊排

### 相关介绍

庄园原名La Grave - Trigant - de - Boisset，但因名字太难记，而它又是来自玻美侯区，因此简称为La Grave A Pomerol。1998年之后，庄园被柏图斯主人JPM家族收购。由于格拉芙庄园与柏图斯相距不远，格拉芙酒的酿制也是由柏图斯庄主Christian Moueix亲自操刀，酒风也与柏图斯日益相似，被Robert Parker称之为小柏图斯。

### 格拉芙庄园　年份表格

| 年份 | 价格（元） | 分数 | 适饮期 | 侍酒（℃） | 醒酒（分钟） |
|------|-----------|------|--------|-----------|--------------|
| 2001 | 360～395 | 87 | 2004～2016 | 13～14 | 30 |
| 2002 | 280～310 | 85 | 2005～2015 | 13～14 | 35 |
| 2003 | 320～350 | 86 | 2006～2018 | 13～14 | 40 |
| 2004 | 300～330 | 85 | 2007～2020 | 13～14 | 45 |
| 2005 | 415～455 | 90 | 2008～2025 | 14～15 | 55 |
| 2006 | 340～370 | 85 | 2010～2020 | 14～15 | 55 |
| 2007 | 320～350 | 84 | 2010～2020 | 14～15 | 60 |
| 2008 | 375～415 | 87 | 2009～2025 | 14～15 | 65 |
| 2009 | 430～475 | 88 | 2014～2026 | 14～15 | 70 |
| 2010 | 415～455 | 89 | 2015～2028 | 16～17 | 75 |
| 2011 | 340～370 | 86 | 2015～2029 | 16～17 | 80 |
| 2012 | 390～430 | 88 | 2016～2031 | 16～17 | 85 |

## Chateau La Fleur–Petrus
# 柏图斯之花庄

所属产区：法国波尔多玻美侯
葡萄品种：梅洛、品丽珠
土壤特征：大块的砂砾
每年产量：45 000瓶
配餐建议：牛排、羊仔柳等红肉

### 相关介绍

　　柏图斯之花庄虽然不是列级酒庄，其获得的好评却不输给其他列级庄，因其位于柏图斯和花庄之间而得名。葡萄园位于玻美侯平原东北部，土壤是大块的砂砾，没有黏土及砂子，种植比例为90%梅洛和10%品丽珠。1953年，柏图斯主人Jean Pierre Moueix先生买下酒庄，并在1994年从乐凯庄园（Chateau Le Gay）买入一块土地，柏图斯之花庄以此达到今天13.5公顷的面积。其酒精致、优雅、复杂，拥有非凡的平衡感，是玻美侯产区的典范。

### 柏图斯之花庄　年份表格

| 年份 | 价格（元） | 分数 | 适饮期 | 侍酒（℃） | 醒酒（分钟） |
|------|-----------|------|--------|-----------|--------------|
| 2001 | 1770～1950 | 89 | 2004～2020 | 13～14 | 30 |
| 2002 | 1940～2130 | 89 | 2005～2017 | 13～14 | 35 |
| 2003 | 1960～2155 | 88 | 2006～2020 | 13～14 | 40 |
| 2004 | 1880～2070 | 88 | 2007～2022 | 13～14 | 45 |
| 2005 | 2465～2835 | 92 | 2010～2028 | 15～16 | 60 |
| 2006 | 1900～2090 | 89 | 2012～2030 | 14～15 | 55 |
| 2007 | 1826～2010 | 87 | 2010～2030 | 14～15 | 60 |
| 2008 | 1995～2290 | 90 | 2012～2037 | 15～16 | 70 |
| 2009 | 2580～2965 | 92 | 2016～2041 | 15～16 | 75 |
| 2010 | 2635～3030 | 93 | 2020～2043 | 17～18 | 80 |
| 2011 | 2895～3330 | 91 | 2021～2043 | 17～18 | 85 |
| 2012 | 3180～3665 | 92 | 2022～2045 | 17～18 | 90 |

法国·波尔多产区·玻美侯

## Chateau La Croix De Gay
# 盖之十字庄园

所属产区：法国波尔多玻美侯
葡萄品种：梅洛、品丽珠
土壤特征：黏土、砂砾及砂土
每年产量：35 000 ~ 45 000瓶
配餐建议：牛排、羊排、奶酪、鹅肝、野味

### 相关介绍

　　到目前为止，雷诺（Raynaud）家族经营拉库德凯庄园已经是第五代了。由于毗邻一些最著名的城堡，酒庄对自己的品质要求也极为严格，结合了传统的酿造技术和现代的科技。城堡的酒窖位于地下，这在玻美侯地区是很少见的。葡萄园面积为13公顷，梅洛的种植比例达80%，其酒酒体丰满，在橡木桶中发酵使得酒的复杂性得以实现，陈年10年左右再饮用会更佳。

### 盖之十字庄园　年份表格

| 年份 | 价格（元） | 分数 | 适饮期 | 侍酒（℃） | 醒酒（分钟） |
|------|-----------|------|---------|-----------|-------------|
| 2001 | 600 ~ 660 | 87 | 2005 ~ 2025 | 13 ~ 14 | 30 |
| 2002 | 300 ~ 345 | 85 | 2006 ~ 2016 | 13 ~ 14 | 35 |
| 2003 | 450 ~ 500 | 84 | 2007 ~ 2016 | 13 ~ 14 | 40 |
| 2004 | 375 ~ 415 | 82 | 2007 ~ 2017 | 13 ~ 14 | 45 |
| 2005 | 620 ~ 685 | 87 | 2008 ~ 2018 | 14 ~ 15 | 50 |
| 2006 | 320 ~ 350 | 84 | 2009 ~ 2019 | 14 ~ 15 | 55 |
| 2007 | 395 ~ 440 | 84 | 2010 ~ 2018 | 14 ~ 15 | 60 |
| 2008 | 320 ~ 350 | 87 | 2013 ~ 2023 | 14 ~ 15 | 65 |
| 2009 | 430 ~ 475 | 88 | 2014 ~ 2024 | 14 ~ 15 | 70 |
| 2010 | 395 ~ 435 | 87 | 2015 ~ 2024 | 16 ~ 17 | 75 |
| 2011 | 340 ~ 370 | 85 | 2016 ~ 2025 | 16 ~ 17 | 80 |
| 2012 | 305 ~ 330 | 86 | 2017 ~ 2026 | 16 ~ 17 | 85 |

法国·波尔多产区·玻美侯

## Chateau Gombaude–Guillot
## 古柏佳丽庄园

所属产区：法国波尔多玻美侯

葡萄品种：梅洛、品丽珠

土壤特征：黏土质和砂土混合为底的砂砾土

每年产量：50 000瓶

配餐建议：红肉、野禽类及奶酪

### 相关介绍

　　四个世纪以来古柏佳丽庄园都由拉瓦尔家族（Laval）所拥有，庄园坐落于著名的玻美侯大教堂旁边，地处玻美侯法定产区的中心。从1998年起，古柏佳丽庄园成为玻美侯法定产区第一间通过有机认证的酒主。酒庄的庄主克莱尔拉瓦（Claire Laval）女士并不满足于单单酿造有机葡萄酒，还热心于向生物动力学方向探索，她相信只有充分地尊重大自然，依靠大自然的规律进行葡萄的种植采摘才能酿造出品质上乘的葡萄酒。所以庄园多年来一直坚持采用生物动力学酿酒，也是整个玻美侯地区唯一一家采用生物动力学酿造葡萄酒的酒庄。

### 古柏佳丽庄园　年份表格

| 年份 | 价格（元） | 分数 | 适饮期 | 侍酒（℃） | 醒酒（分钟） |
|------|-----------|------|--------------|-----------|--------------|
| 2001 | 470～520 | 85 | 2006～2018 | 13～14 | 30 |
| 2002 | 240～265 | 81 | 2007～2019 | 13～14 | 35 |
| 2003 | 640～705 | 84 | 2007～2020 | 13～14 | 40 |
| 2004 | 490～540 | 84 | 2010～2022 | 13～14 | 45 |
| 2005 | 470～515 | 85 | 2011～2025 | 14～15 | 50 |
| 2006 | 535～590 | 86 | 2012～2025 | 14～15 | 55 |
| 2007 | 400～440 | 84 | 2013～2027 | 14～15 | 60 |
| 2008 | 585～640 | 85 | 2014～2028 | 14～15 | 65 |
| 2009 | 515～570 | 88 | 2015～2030 | 14～15 | 70 |
| 2010 | 545～600 | 89 | 2018～2033 | 16～17 | 75 |
| 2011 | 565～620 | 86 | 2020～2035 | 16～17 | 80 |

法国·波尔多产区·玻美侯

## Chateau le Bon Pasteur
# 好巴斯德庄园

所属产区：法国波尔多玻美侯

葡萄品种：梅洛、品丽珠

土壤特征：砾石、砂子和黏土

每年产量：20 000 ~ 30 000瓶

配餐建议：烧羊腿、烤肉、蓝菌奶酪

### 相关介绍

庄园位于波尔多右岸玻美侯的东北部，与乐王吉尔（Chateau l'Evangile）、嘉仙庄（Chateau Gazin）以及白马庄（Chateau Cheval-Blanc）毗邻。目前，庄园由波尔多酿酒界教父米歇罗兰（Michel Rolland）和他的妻子丹妮（Dany）共同经营。葡萄园面积为7公顷，平均树龄为30年，采摘都是由人工完成。好巴斯德庄园是第一个在玻美侯地区采用自动调温的发酵系统的庄园，并在100%新的法国橡木桶陈年15 ~ 18个月，酒液不经澄清而直接装瓶。其酒入口甜美，单宁柔和，酸度较低。

### 好巴斯德庄园　年份表格

| 年份 | 价格（元） | 分数 | 适饮期 | 侍酒（℃） | 醒酒（分钟） |
|------|-----------|------|--------|-----------|-------------|
| 2001 | 845 ~ 930 | 89 | 2005 ~ 2020 | 13 ~ 14 | 30 |
| 2002 | 970 ~ 1070 | 85 | 2005 ~ 2015 | 13 ~ 14 | 35 |
| 2003 | 620 ~ 685 | 86 | 2007 ~ 2022 | 13 ~ 14 | 40 |
| 2004 | 565 ~ 620 | 86 | 2007 ~ 2022 | 13 ~ 14 | 45 |
| 2005 | 885 ~ 970 | 89 | 2010 ~ 2024 | 13 ~ 14 | 50 |
| 2006 | 715 ~ 790 | 88 | 2010 ~ 2025 | 14 ~ 15 | 55 |
| 2007 | 640 ~ 705 | 85 | 2012 ~ 2026 | 14 ~ 15 | 60 |
| 2008 | 715 ~ 785 | 86 | 2013 ~ 2028 | 14 ~ 15 | 65 |
| 2009 | 770 ~ 850 | 89 | 2014 ~ 2029 | 14 ~ 15 | 70 |
| 2010 | 865 ~ 950 | 89 | 2015 ~ 2030 | 14 ~ 15 | 75 |
| 2011 | 585 ~ 640 | 86 | 2016 ~ 2030 | 15 ~ 16 | 80 |

## Chateau l'Enclos
## 朗克洛庄园

所属产区：法国波尔多玻美侯

葡萄品种：梅洛、品丽珠、马贝克

土壤特征：黏土石灰岩、砂砾黏土及泥沙质土

每年产量：150 000瓶

配餐建议：宫保鸡丁、广式烧腊、北京烤鸭、烧烤
料理

### 相关介绍

　　朗克洛庄园是整个玻美侯地区极少的真正有城堡的酒庄，占地40公顷，其中24公顷是葡萄园。城堡由Pierre Larroucaud建于19世纪，而其酒在1892年就已经在巴黎葡萄酒大奖赛中获得银奖。2007年，朗克洛庄园由Adams家族购得大部分股份，但日常运营仍由Larroucaud家族的后人掌管。其酒一直坚持细腻优雅的风格，酒体中度，口感甜美，2006年被Robert Parker认为是其在1982年以来表现最佳的年份。

### 朗克洛庄园　年份表格

| 年份 | 价格（元） | 分数 | 适饮期 | 侍酒（℃） | 醒酒（分钟） |
|------|------------|------|--------------|-----------|--------------|
| 2001 | 510～560 | 83 | 2005～2018 | 13～14 | 30 |
| 2002 | 265～295 | 79 | 2006～2012 | 13～14 | 35 |
| 2003 | 320～350 | 80 | 2009～2019 | 13～14 | 40 |
| 2004 | 365～400 | 80 | 2010～2020 | 13～14 | 45 |
| 2005 | 560～620 | 87 | 2011～2020 | 14～15 | 50 |
| 2006 | 340～370 | 84 | 2012～2021 | 14～15 | 55 |
| 2007 | 225～250 | 83 | 2013～2022 | 14～15 | 60 |
| 2008 | 490～540 | 82 | 2014～2023 | 14～15 | 65 |
| 2009 | 320～350 | 83 | 2015～2025 | 14～15 | 70 |
| 2010 | 395～435 | 85 | 2015～2025 | 16～17 | 75 |
| 2011 | 415～455 | 83 | 2016～2026 | 16～17 | 80 |
| 2012 | 495～545 | 84 | 2018～2028 | 16～17 | 85 |

法国·波尔多产区·玻美侯

## Chateau Hosanna
## 奥萨娜庄园

所属产区：法国波尔多玻美侯
葡萄品种：梅洛、品丽珠
土壤特征：细致的砂砾土壤
每年产量：18 000瓶
配餐建议：酱牛肉、煎羊扒

### 相关介绍

庄园原是威登吉宏庄园（Chateau Certan - Giraud）的一部分，与该区的众多著名庄园毗邻，如花庄（Chateau Lafleur）、柏图斯（Chateau Petrus）、威登庄园（Vieux Chateau Certan）等。庄园在1999年由柏图斯庄园的主人JPM家族购得，并在咨询了各大带有Certan字眼的庄园意见之后决定将庄园改名为奥萨娜庄，"奥萨娜"一词是圣诗里对神的赞辞。目前，庄园面积为4.5公顷，种植了70%梅洛和30%品丽珠。

### 奥萨娜庄园　年份表格

| 年份 | 价格（元） | 分数 | 适饮期 | 侍酒（℃） | 醒酒（分钟） |
|------|-----------|------|--------|-----------|-------------|
| 2001 | 1295～1425 | 88 | 2006～2021 | 13～14 | 30 |
| 2002 | 1320～1450 | 84 | 2007～2022 | 13～14 | 35 |
| 2003 | 1185～1305 | 89 | 2009～2024 | 13～14 | 40 |
| 2004 | 1092～1200 | 89 | 2009～2024 | 13～14 | 45 |
| 2005 | 2125～2445 | 93 | 2010～2025 | 14～15 | 55 |
| 2006 | 1315～1515 | 90 | 2011～2026 | 14～15 | 60 |
| 2007 | 995～1100 | 88 | 2011～2026 | 14～15 | 60 |
| 2008 | 1410～1625 | 91 | 2012～2027 | 14～15 | 70 |
| 2009 | 2200～2530 | 92 | 2014～2029 | 14～15 | 75 |
| 2010 | 1980～2270 | 91 | 2015～2030 | 16～17 | 80 |
| 2011 | 2175～2500 | 91 | 2016～2031 | 16～17 | 85 |
| 2012 | 2390～2750 | 91 | 2017～2032 | 16～17 | 90 |

## Chateau Clinet
## 坚纳庄园

所属产区：法国波尔多玻美侯

葡萄品种：赤霞珠、梅洛、品丽珠、小华帝

土壤特征：土质较松软且成分复杂，有砂土
也有碎石

每年产量：800 000瓶

配餐建议：鸡肉及火鸡肉

### 相关介绍

目前，坚纳庄园拥有11.32公顷葡萄园，园内土质以黏土和石灰岩为主，所以葡萄以波尔多右岸常见的梅洛为主，葡萄藤平均树龄为50年。坚纳庄园的颜色呈深紫色，并有一股黑莓、巧克力及淡淡的花香味，味道十分集中、有力且深沉。就一般而言，最好要等上6年以上时间才会显露出其魅力。

### 坚纳庄园　年份表格

| 年份 | 价格（元） | 分数 | 适饮期 | 侍酒（℃） | 醒酒（分钟） |
|------|-----------|------|---------|-----------|-------------|
| 2001 | 1090～1200 | 86 | 2007～2020 | 13～14 | 30 |
| 2002 | 850～930 | 89 | 2008～2018 | 13～14 | 35 |
| 2003 | 845～930 | 87 | 2008～2022 | 13～14 | 40 |
| 2004 | 715～790 | 86 | 2009～2023 | 13～14 | 45 |
| 2005 | 1220～1405 | 90 | 2010～2025 | 15～16 | 55 |
| 2006 | 810～890 | 87 | 2013～2027 | 14～15 | 55 |
| 2007 | 680～750 | 87 | 2014～2027 | 14～15 | 60 |
| 2008 | 920～1015 | 89 | 2015～2028 | 14～15 | 65 |
| 2009 | 2460～2830 | 92 | 2015～2030 | 15～16 | 75 |
| 2010 | 1485～1635 | 89 | 2016～2031 | 16～17 | 75 |
| 2011 | 1635～1880 | 90 | 2017～2032 | 17～18 | 85 |
| 2012 | 1790～2060 | 90 | 2018～2033 | 17～18 | 90 |

## Chateau Bourgneuf
# 伯尼府庄园

所属产区：法国波尔多玻美侯
葡萄品种：梅洛、品丽珠
土壤特征：砾石、砂子
每年产量：50 000瓶
配餐建议：羊排、牛排、烤野鸡

### 相关介绍

　　庄园位于玻美侯高地的西北部，面积为9公顷，种植比例为90%梅洛和10%品丽珠，平均树龄为40年，酒液在橡木桶陈年12个月，其中1/3为新橡木桶。虽然其名声不及同区的柏图斯（Chateau Petrus）和里鹏（Le Pin）大，但也是玻美侯的佼佼者。

### 伯尼府庄园　年份表格

| 年份 | 价格（元） | 分数 | 适饮期 | 侍酒（℃） | 醒酒（分钟） |
|------|-----------|------|--------|-----------|-------------|
| 2001 | 435～480 | 86 | 2006～2014 | 13～14 | 30 |
| 2002 | 340～375 | 81 | 2007～2015 | 13～14 | 35 |
| 2003 | 360～395 | 88 | 2009～2018 | 13～14 | 40 |
| 2004 | 280～310 | 84 | 2009～2018 | 13～14 | 45 |
| 2005 | 470～520 | 90 | 2010～2020 | 14～15 | 50 |
| 2006 | 435～480 | 87 | 2011～2020 | 14～15 | 55 |
| 2007 | 340～375 | 84 | 2011～2018 | 14～15 | 60 |
| 2008 | 360～395 | 89 | 2012～2020 | 14～15 | 65 |
| 2009 | 415～455 | 87 | 2013～2023 | 14～15 | 70 |
| 2010 | 435～480 | 89 | 2015～2025 | 16～17 | 75 |
| 2011 | 440～480 | 87 | 2016～2026 | 16～17 | 80 |
| 2012 | 530～580 | 86 | 2017～2027 | 16～17 | 85 |

## Chateau Certan Marzelle
## 威登玛莎庄园

所属产区：法国波尔多玻美侯
葡萄品种：梅洛
土壤特征：细致的砂砾土壤
每年产量：10 000瓶
配餐建议：酱牛肉、煎羊扒

### 相关介绍

　　庄园原是威登吉宏庄园（Chateau Certan‐Giraud）的一部分，与该区的众多著名庄园毗邻，如花庄（Chateau Lafleur）、柏图斯（Chateau Petrus）、威登庄园（Vieux Chateau Certan）等。威登吉宏在1999年由柏图斯庄园的主人JPM家族购得，并将庄园分为奥萨娜（Chateau Honsanna）与威登玛莎两个庄园。目前，庄园面积为2公顷，种植了100%梅洛，平均树龄为25年。

### 威登玛莎庄园　年份表格

| 年份 | 价格（元） | 分数 | 适饮期 | 侍酒（℃） | 醒酒（分钟） |
| --- | --- | --- | --- | --- | --- |
| 2001 | 720～790 | 88 | 2006～2025 | 13～14 | 30 |
| 2002 | 580～640 | 85 | 2006～2025 | 13～14 | 35 |
| 2003 | 565～620 | 89 | 2007～2027 | 13～14 | 40 |
| 2004 | 340～375 | 89 | 2009～2028 | 13～14 | 45 |
| 2005 | 490～560 | 93 | 2011～2030 | 15～16 | 55 |
| 2006 | 415～475 | 90 | 2012～2031 | 15～16 | 60 |
| 2007 | 415～455 | 88 | 2012～2032 | 14～15 | 60 |
| 2008 | 510～590 | 91 | 2013～2033 | 16～17 | 75 |
| 2009 | 570～660 | 92 | 2014～2034 | 16～17 | 80 |
| 2010 | 585～670 | 91 | 2015～2034 | 17～18 | 85 |
| 2011 | 630～725 | 90 | 2016～2036 | 17～18 | 90 |

所属产区：法国波尔多玻美侯
葡萄品种：梅洛、赤霞珠、品丽珠
土壤特征：黏砂土和砂土
每年产量：90 000瓶
配餐建议：牛柳、羊排

## 相关介绍

嘉仙庄园是18世纪时由骑士们为了迎接孔波斯泰拉（St Jacques de Compostelle）路上的朝圣者而建设的。从1918年起，庄园一直由 Bailliencourt dit Courcols 家族所拥有，庄园面积为26公顷，其中24公顷种植着葡萄园，在该区算是一个超大型庄园，种植比例为90%的梅洛、3%品丽珠以及7%赤霞珠，平均树龄为35年。其酒远销海外，80％的酒都是被国外的消费者购买。

### 嘉仙庄园　年份表格

| 年份 | 价格（元） | 分数 | 适饮期 | 侍酒（℃） | 醒酒（分钟） |
|------|-----------|------|---------|-----------|--------------|
| 2001 | 865～950 | 88 | 2006～2020 | 13～14 | 30 |
| 2002 | 525～580 | 84 | 2008～2020 | 13～14 | 35 |
| 2003 | 640～705 | 86 | 2008～2021 | 13～14 | 40 |
| 2004 | 640～705 | 86 | 2009～2022 | 13～14 | 45 |
| 2005 | 735～810 | 89 | 2012～2027 | 14～15 | 50 |
| 2006 | 700～770 | 88 | 2013～2028 | 14～15 | 55 |
| 2007 | 565～620 | 84 | 2014～2029 | 14～15 | 60 |
| 2008 | 680～750 | 89 | 2015～2030 | 14～15 | 65 |
| 2009 | 1090～1255 | 90 | 2015～2030 | 15～16 | 75 |
| 2010 | 1035～1190 | 90 | 2016～2031 | 17～18 | 85 |
| 2011 | 700～765 | 86 | 2017～2031 | 16～17 | 85 |
| 2012 | 680～750 | 89 | 2018～2032 | 16～17 | 90 |

## Chateau Certan de May
# 塞丹德梅庄园

所属产区：法国波尔多玻美侯

葡萄品种：梅洛、品丽珠、赤霞珠

土壤特征：砾石和黏土

每年产量：2 000瓶

配餐建议：烤鸭、上等牛肉

### 相关介绍

　　庄园全称为Chateau Certan de May de Certan，名称来自最早在该区建造城堡的家族De May，在某些历史资料中显示名为Demay，他们从中世纪起就居住在法国，并于16世纪末在玻美侯地区扎根。后来庄园被皇家册封为Certan家族的封地。法国大革命期间葡萄园被分割，只为De May家族留下了一小块土地，后来被叫做Petit－Certan。1925年，随着De May家族最后一代传人的去世，塞丹德梅庄园的所有者变为Barreau－Badar家族。目前，该家族仍然是庄园的主人，庄园的经营者是Jean－Luc Barreau先生，葡萄园面积为5公顷。

### 塞丹德梅庄园　年份表格

| 年份 | 价格（元） | 分数 | 适饮期 | 侍酒（℃） | 醒酒（分钟） |
|---|---|---|---|---|---|
| 2001 | 850～930 | 85 | 2006～2018 | 13～14 | 40 |
| 2002 | 640～705 | 84 | 2007～2018 | 13～14 | 45 |
| 2003 | 750～830 | 84 | 2008～2020 | 13～14 | 50 |
| 2004 | 565～625 | 85 | 2009～2022 | 13～14 | 55 |
| 2005 | 1020～1120 | 89 | 2010～2023 | 14～15 | 60 |
| 2006 | 810～890 | 88 | 2011～2024 | 14～15 | 65 |
| 2007 | 700～770 | 86 | 2012～2025 | 14～15 | 70 |
| 2008 | 810～890 | 90 | 2014～2027 | 16～17 | 85 |
| 2009 | 1055～1160 | 91 | 2015～2028 | 16～17 | 90 |
| 2010 | 1245～1370 | 89 | 2016～2030 | 16～17 | 85 |
| 2011 | 955～1045 | 89 | 2017～2032 | 16～17 | 90 |
| 2012 | 1185～1435 | 89 | 2018～2033 | 16～17 | 95 |

所属产区：法国波尔多玻美侯

葡萄品种：梅洛、品丽珠

土壤特征：砂砾、黏土

每年产量：1 000瓶

配餐建议：香辣菜式、神户牛柳、嫩牛排、羊奶酪

### 相关介绍

1882年，现任庄主Denis Durantou的曾曾祖父买下了Clos l'Eglise 和Domaine de Clinet酒庄的部分葡萄园，组成了现在面积为4.5公顷的 克里奈教堂庄园。目前种植比例为85％梅洛和15％品丽珠，平均树龄为 40年。其酒富有无花果、醋栗、甘草、土壤和烤橡木桶香气，口感丰富 而浓郁，更有香料、醋栗果酱和细致的橡木余韵。

### 克里奈教堂庄园　年份表格

| 年份 | 价格（元） | 分数 | 适饮期 | 侍酒（℃） | 醒酒（分钟） |
|------|-----------|------|--------|-----------|-------------|
| 2001 | 2015～2315 | 93 | 2007～2025 | 13～14 | 35 |
| 2002 | 1070～1180 | 87 | 2007～2025 | 13～14 | 35 |
| 2003 | 1380～1590 | 90 | 2006～2030 | 13～14 | 45 |
| 2004 | 1300～1490 | 90 | 2010～2026 | 13～14 | 50 |
| 2005 | 2170～2500 | 94 | 2012～2040 | 14～15 | 55 |
| 2006 | 2185～2510 | 93 | 2012～2040 | 14～15 | 60 |
| 2007 | 1185～1365 | 90 | 2010～2030 | 14～15 | 65 |
| 2008 | 1845～2120 | 92 | 2014～2030 | 14～15 | 70 |
| 2009 | 4990～5890 | 96 | 2015～2032 | 14～15 | 80 |
| 2010 | 3610～4330 | 95 | 2018～2040 | 16～17 | 85 |
| 2011 | 2560～2945 | 93 | 2018～2040 | 16～17 | 85 |
| 2012 | 2820～3240 | 94 | 2022～2042 | 16～17 | 90 |

## Chateau Clos Rene
# 克罗河内庄园

所属产区：法国波尔多玻美侯

葡萄品种：梅洛、品丽珠、马尔贝克

土壤特征：表层土壤为砂质和砂砾质，下面则是黏
土构成的硬质土层

每年产量：60 000瓶

配餐建议：烤肉、烤鸭

### 相关介绍

　　庄园的历史可追溯到1734年，当时名为"Reney"，目前已在Lasserre家族手中传至第六代了，并由Michel Rolland担任顾问。葡萄园面积为29公顷，种植了70%梅洛、20%品丽珠和10%马尔贝克。其酒富有层次感，带有迷人的咖啡、焦糖、烟熏和紫罗兰香气，入口可感受到其紧实的骨架，单宁丝滑，平衡性极佳。由于庄园是家庭小作坊模式运营，很少做宣传，所以知名度不高，但绝对是高性价比之选。

### 克罗河内庄园　年份表格

| 年份 | 价格（元） | 分数 | 适饮期 | 侍酒（℃） | 醒酒（分钟） |
|---|---|---|---|---|---|
| 2001 | 335～370 | 83 | 2005～2018 | 13～14 | 30 |
| 2002 | 290～320 | 82 | 2006～2018 | 13～14 | 35 |
| 2003 | 360～395 | 82 | 2008～2020 | 13～14 | 40 |
| 2004 | 340～370 | 84 | 2009～2021 | 13～14 | 45 |
| 2005 | 470～520 | 85 | 2010～2023 | 14～15 | 50 |
| 2006 | 320～350 | 80 | 2011～2024 | 14～15 | 55 |
| 2007 | 365～400 | 83 | 2012～2025 | 14～15 | 60 |
| 2008 | 400～440 | 86 | 2013～2027 | 14～15 | 65 |
| 2009 | 360～400 | 88 | 2014～2029 | 14～15 | 70 |
| 2010 | 310～350 | 86 | 2015～2030 | 16～17 | 75 |
| 2011 | 365～400 | 86 | 2016～2031 | 16～17 | 80 |
| 2012 | 365～400 | 87 | 2017～2031 | 16～17 | 85 |

法国·波尔多产区·玻美侯

# Chateau La Conseillante
## 拉康斯雍酒庄

所属产区：法国波尔多玻美侯

葡萄品种：梅洛、赤霞珠

土壤特征：砂砾与黏土

每年产量：60 000瓶

配餐建议：牛柳、红烧鲍鱼、烤鸭

相关介绍

据史料记载，该酒庄在1756年已开始出产葡萄酒，由此可推断酒庄是由拉康斯雍家族建于18世纪中前期。到了1871年，尼古拉斯家族入主拉康斯雍，他们在收购酒庄不到20年时间内将其发展成声誉良好、价格不菲的玻美侯葡萄酒庄，此时能够与其并驾齐驱的该区酒庄不到5个。拉康斯雍在20世纪中期进行了一次改造，把原有的大木桶换成温控不锈钢发酵桶，并调整了葡萄种植比例，进一步提高梅洛的种植数量。在尼古拉斯家族的掌管之下，时至今日，葡萄园面积达12公顷，平均树龄为35年。在酿酒方面，葡萄经全人工采摘之后放入大不锈钢桶中发酵，最后经鸡蛋澄清放入橡木桶中陈年。

拉康斯雍酒庄　年份表格

| 年份 | 价格（元） | 分数 | 适饮期 | 侍酒（℃） | 醒酒（分钟） |
|---|---|---|---|---|---|
| 2001 | 1335～1470 | 87 | 2007～2030 | 13～14 | 40 |
| 2002 | 790～870 | 86 | 2008～2030 | 13～14 | 45 |
| 2003 | 1165～1280 | 88 | 2009～2032 | 13～14 | 50 |
| 2004 | 980～1075 | 89 | 2010～2033 | 13～14 | 55 |
| 2005 | 1258～1450 | 91 | 2011～2035 | 15～16 | 65 |
| 2006 | 1225～1405 | 91 | 2012～2036 | 15～16 | 70 |
| 2007 | 865～955 | 88 | 2013～2036 | 14～15 | 75 |
| 2008 | 1185～1365 | 90 | 2014～2038 | 15～16 | 85 |
| 2009 | 2295～2640 | 92 | 2015～2039 | 15～16 | 90 |
| 2010 | 2370～2730 | 92 | 2016～2040 | 17～18 | 95 |
| 2011 | 1166～1340 | 91 | 2017～2040 | 17～18 | 100 |
| 2012 | 1280～1475 | 92 | 2018～2043 | 17～18 | 105 |

法国·波尔多产区·玻美侯

## Chateau Le Gay
## 乐凯庄园

所属产区：法国波尔多玻美侯

葡萄品种：梅洛、品丽珠

土壤特征：黏土和砾石

每年产量：18 000瓶

配餐建议：烧羊腿、烤肉、蓝菌奶酪

### 相关介绍

目前庄园主人是Sylvie和Jacques Guinaudeau两姐弟，同时也是花庄（Chateau Lafleur）的主人。乐凯庄园葡萄园面积为9公顷，种植了50%的梅洛和50%的品丽珠，平均树龄在40年左右。庄园严格控制产量，但这也恰恰使酒有了深度和复杂度。酒液一般在橡木桶陈年18～20个月，口感醇厚而不失个性。乐凯庄园被认为是玻美侯地区正在上升的新星。

法国·波尔多产区·玻美侯

### 乐凯庄园　年份表格

| 年份 | 价格（元） | 分数 | 适饮期 | 侍酒（℃） | 醒酒（分钟） |
|------|-----------|------|--------|-----------|--------------|
| 2001 | 885～970 | 86 | 2006～2018 | 13～14 | 30 |
| 2002 | 525～580 | 85 | 2008～2015 | 13～14 | 35 |
| 2003 | 620～685 | 86 | 2007～2020 | 13～14 | 40 |
| 2004 | 940～1035 | 86 | 2006～2028 | 13～14 | 45 |
| 2005 | 1560～1795 | 90 | 2010～2038 | 14～15 | 55 |
| 2006 | 1070～1180 | 87 | 2010～2035 | 14～15 | 55 |
| 2007 | 1045～1150 | 87 | 2012～2025 | 14～15 | 60 |
| 2008 | 1100～1265 | 90 | 2012～2030 | 14～15 | 70 |
| 2009 | 1410～1625 | 90 | 2016～2072 | 14～15 | 75 |
| 2010 | 2425～2790 | 92 | 2016～2061 | 16～17 | 80 |
| 2011 | 2670～3070 | 90 | 2016～2028 | 16～17 | 85 |
| 2012 | 2935～3375 | 92 | 2016～2028 | 16～17 | 90 |

## Chateau Petit–Village
## 小村庄

所属产区：法国波尔多玻美侯
葡萄品种：梅洛、品丽珠、赤霞珠
土壤特征：黏土、砂砾
每年产量：36 000瓶
配餐建议：牛柳、烤羊腿、烤肉

### 相关介绍

　　酒庄的起源已经不太容易分辨了，只知道19世纪末时，酒庄的产量大概是900升，这在当时是很值得骄傲的。而后酒庄几易主人，直到第一次世界大战结束后不久，Fernand Ginestet成为酒庄的主人。此后的五十年间，Ginestet家族一直兢兢业业地经营着酒庄，在1970年后将葡萄园和酒窖全部翻新，加大了梅洛的种植比例，并安装了新的不锈钢发酵桶，酒质开始得到飞跃性的提高。1989年，酒庄主人换成了在波尔多拥有包括Chateau Pichon‐Baron在内等多家顶级酒庄的AXA保险公司，新的资金注入令小村庄有了更长足的发展，并一跃成为玻美侯的十大知名酒庄之一。

### 小村庄　年份表格

| 年份 | 价格（元） | 分数 | 适饮期 | 侍酒（℃） | 醒酒（分钟） |
|------|-----------|------|--------|----------|-------------|
| 2001 | 680～750 | 83 | 2006～2020 | 13～14 | 30 |
| 2002 | 530～580 | 84 | 2007～2022 | 13～14 | 35 |
| 2003 | 570～625 | 84 | 2008～2024 | 13～14 | 40 |
| 2004 | 680～750 | 86 | 2009～2025 | 13～14 | 45 |
| 2005 | 795～875 | 86 | 2009～2025 | 14～15 | 50 |
| 2006 | 565～625 | 87 | 2010～2026 | 14～15 | 55 |
| 2007 | 530～585 | 86 | 2012～2028 | 14～15 | 60 |
| 2008 | 530～585 | 88 | 2013～2030 | 14～15 | 65 |
| 2009 | 665～765 | 90 | 2014～2033 | 14～15 | 75 |
| 2010 | 755～879 | 91 | 2015～2035 | 16～17 | 80 |
| 2011 | 625～690 | 89 | 2013～2020 | 16～17 | 80 |
| 2012 | 625～690 | 89 | 2018～2030 | 16～17 | 85 |

## Chateau Petrus
# 柏图斯庄园

所属产区：法国波尔多玻美侯

葡萄品种：梅洛、品丽珠

土壤特征：砂砾、黑色黏土

每年产量：3 000～5 000箱

配餐建议：嫩牛肉、煎羊排、红烧鲍鱼、硬奶酪

### 相关介绍

　　柏图斯庄园占地12公顷，其选用的葡萄品种90％以上是梅洛，种植密度相当低，一般只是每公顷5000至6000棵。柏图斯的酒质十分稳定，气候较差的年份他们会进行深层精选酿酒的葡萄，因此会减产。柏图斯的特点是酒色深浓，气味芳香充实，酒体平衡，细致又丰厚，有成熟黑加仑子、巧克力、松露及多种橡木等香味。其味觉十分宽广，尽显酒中王者个性。柏图斯目前无论从品质还是价格都凌驾于其他波尔多酒王，从而成为名副其实的"酒王之王"。

### 柏图斯庄园　年份表格

| 年份 | 价格（元） | 分数 | 适饮期 | 侍酒（℃） | 醒酒（分钟） |
| --- | --- | --- | --- | --- | --- |
| 2001 | 23150～26620 | 94 | 2008～2030 | 13～14 | 40 |
| 2002 | 21235～24420 | 93 | 2009～2030 | 13～14 | 45 |
| 2003 | 24380～28040 | 94 | 2010～2031 | 13～14 | 50 |
| 2004 | 21805～25075 | 93 | 2013～2035 | 13～14 | 55 |
| 2005 | 36895～44275 | 96 | 2015～2050 | 14～15 | 65 |
| 2006 | 22165～24590 | 94 | 2015～2040 | 14～15 | 65 |
| 2007 | 20090～23105 | 92 | 2016～2035 | 14～15 | 70 |
| 2008 | 24650～28345 | 94 | 2018～2040 | 14～15 | 75 |
| 2009 | 38600～46320 | 98 | 2018～2040 | 14～15 | 90 |
| 2010 | 35950～43140 | 98 | 2013～2071 | 16～17 | 95 |
| 2011 | 20535～23615 | 94 | 2020～2040 | 16～17 | 95 |
| 2012 | 22410～25770 | 96 | 2018～2040 | 16～17 | 105 |

## Chateau Trotanoy
# 卓龙庄园

所属产区：法国波尔多玻美侯
葡萄品种：梅洛
土壤特征：表层的碎石土和下层的黏土
每年产量：30 000瓶
配餐建议：广东扣肉、牛扒

### 相关介绍

　　卓龙庄园由Giraud家族建立于18世纪末期，很快它已成为该区最有名气的优质酒庄，当时能在玻美侯能与她齐名的只有威登庄园（Vieux Chateau Certan）。卓龙庄园面积原有25公顷之大，是玻美侯最大的酒庄，几经出售后至1929年，庄园面积只留下11公顷的精品园。1953年酒庄由Moueix家族（"酒王之王"柏图斯主人）买下，开始了新的辉煌。卓龙的酒性深沉，复杂又宽广，需要较长时间方可完全成熟。成熟后的卓龙仍然色泽深、香气浓厚诱人、入口丰厚而柔顺，带有奶油、松露、少许苦仁、朱古力、玉桂、成熟浆果香，味觉复杂，性格突出。

### 卓龙庄园　年份表格

| 年份 | 价格（元） | 分数 | 适饮期 | 侍酒（℃） | 醒酒（分钟） |
|---|---|---|---|---|---|
| 2001 | 1725～1985 | 90 | 2008～2025 | 13～14 | 35 |
| 2002 | 1290～1420 | 87 | 2010～2027 | 13～14 | 35 |
| 2003 | 1366～1500 | 89 | 2012～2028 | 13～14 | 40 |
| 2004 | 1270～1460 | 91 | 2013～2030 | 13～14 | 50 |
| 2005 | 2655～3050 | 94 | 2014～2030 | 14～15 | 55 |
| 2006 | 1440～1655 | 92 | 2015～2033 | 14～15 | 60 |
| 2007 | 1175～1295 | 89 | 2016～2033 | 14～15 | 60 |
| 2008 | 2140～2460 | 93 | 2017～2034 | 14～15 | 70 |
| 2009 | 3470～4165 | 95 | 2018～2035 | 14～15 | 80 |
| 2010 | 2860～3290 | 94 | 2018～2035 | 16～17 | 80 |
| 2011 | 3145～3620 | 92 | 2018～2035 | 16～17 | 85 |
| 2012 | 3460～3980 | 93 | 2017～2026 | 16～17 | 90 |

## Vieux Chateau Certan
## 威登庄园

所属产区：法国波尔多玻美侯

葡萄品种：梅洛、品丽珠、赤霞珠

土壤特征：黏土和砂砾土壤

每年产量：50 000瓶

配餐建议：牛柳、烧羊腿、烤肉、蓝菌
　　　　　奶酪

### 相关介绍

　　如果说起在玻美侯最有历史的名庄，威登庄园绝对当之无愧。与威登庄园相比就连"酒王之王"柏图斯也算是该区的后起之秀。庄园的名称威登（Certan）起源于一个古法文单词Sertan，意为土地贫瘠，不宜种植任何庄稼，但却十分适合种植酿酒葡萄。在法国大革命前，威登庄园的土地被陆续出售，但在19世纪时仍是玻美侯的一号名庄。1924年开始由著名的Thienpont家族掌管，至今仍然是玻美侯名列前茅的佳作。其酒被称为行家之酒，需要陈年于地窖若干年后，才能将它突显的复杂多样的个性结合为浑然一体。

### 威登庄园　年份表格

| 年份 | 价格（元） | 分数 | 适饮期 | 侍酒（℃） | 醒酒（分钟） |
|---|---|---|---|---|---|
| 2001 | 1490～1715 | 91 | 2006～2025 | 13～14 | 35 |
| 2002 | 1230～1355 | 87 | 2008～2025 | 13～14 | 35 |
| 2003 | 1575～1730 | 88 | 2012～2025 | 13～14 | 40 |
| 2004 | 2235～2565 | 91 | 2014～2028 | 13～14 | 50 |
| 2005 | 2290～2635 | 93 | 2015～2030 | 14～15 | 55 |
| 2006 | 2295～2640 | 94 | 2016～2035 | 14～15 | 60 |
| 2007 | 1040～1150 | 89 | 2018～2035 | 14～15 | 60 |
| 2008 | 1232～1420 | 91 | 2019～2035 | 14～15 | 70 |
| 2009 | 3125～3755 | 96 | 2020～2035 | 14～15 | 80 |
| 2010 | 3565～4275 | 97 | 2018～2040 | 16～17 | 85 |
| 2011 | 3800～4560 | 95 | 2020～2040 | 16～17 | 95 |
| 2012 | 4180～4810 | 94 | 2017～2028 | 16～17 | 90 |

## Chateau L'embrun Pierre le Grand
# 蓝布朗庄园－皮埃尔佳酿

所属产区：法国波尔多布雷第一坡

所属等级：AOC

葡萄品种：梅洛、赤霞珠、马尔贝克

土壤特征：砂砾地、泥质页岩和石灰岩土壤

每年产量：10 000瓶

配餐建议：烧鹅、羊扒、卤水鸡肝

### 相关介绍

　　蓝布朗庄园位于法国波尔多布雷第一坡，葡萄园面积为30公顷，树龄平均为40年。现任庄主弗兰克·富卡是蓝布朗城堡的第五代传人。此酒是庄园的旗舰产品，以著名的征服之王皮埃尔大帝命名。正如皮埃尔的个性一样，其酒酒色深黑，口感浓郁，酒体丰厚，单宁强劲，带有丰富的果香和烟熏味，余韵悠长。

### 蓝布朗庄园－皮埃尔佳酿　年份表格

| 年份 | 价格（元） | 分数 | 适饮期 | 侍酒（℃） | 醒酒（分钟） |
|------|-----------|------|--------------|-----------|--------------|
| 2001 | 536～788 | 85 | 2005～2025 | 13～14 | 40 |
| 2002 | 536～880 | 84 | 2006～2026 | 13～14 | 45 |
| 2003 | 536～798 | 85 | 2008～2028 | 13～14 | 50 |
| 2004 | 536～998 | 86 | 2009～2029 | 13～14 | 55 |
| 2005 | 536～698 | 87 | 2010～2030 | 13～14 | 60 |
| 2006 | 536～768 | 85 | 2010～2030 | 15～16 | 65 |
| 2007 | 536～805 | 89 | 2012～2033 | 15～16 | 70 |
| 2008 | 536～688 | 88 | 2015～2035 | 15～16 | 75 |
| 2009 | 536～1008 | 90 | 2015～2035 | 15～16 | 80 |
| 2010 | 536～938 | 87 | 2015～2035 | 16～17 | 85 |
| 2011 | 536～808 | 89 | 2017～2035 | 16～17 | 90 |
| 2012 | 536～898 | 90 | 2017～2035 | 16～17 | 100 |

## Chateau Rieussec
## 拉菲丽丝庄园

**所属产区**：法国波尔多苏玳区

**所属等级**：1855年苏玳和巴萨克列级酒
庄第一级

**葡萄品种**：赛美蓉、长相思、蜜斯卡黛

**土壤特征**：砾石、砂质黏土地

**每年产量**：120 000瓶

**配餐建议**：鸡肉及火鸡肉

### 相关介绍

在法国大革命以前，拉菲丽丝属于朗格顿（Langton）地区，是加尔默罗会修士们的财产。大革命期间庄园被充公，后几经易手。到了1984年，庄园成为拥有拉菲庄的罗富齐集团产业之一，迎来了一个重要的发展时期。此时的土地面积为110公顷，其中葡萄园占地68公顷。为了充分发挥出庄园土地的潜力，庄主采取了严格的措施，包括葡萄采摘后进行极其仔细的筛选，之后装桶发酵，发酵后须分级选出最好的酒进行混调，以酿造高品质的葡萄酒。其酒香气强烈而集中，带有饼干和面包屑的风味，以及迷人的花香和鲜明的辛香风味，又有诱人的麝香气息，酒体复杂，口感浑厚强劲，耐人寻味。在2004年美国著名葡萄酒杂志《葡萄酒观察家》（Wine Spectator）的百大葡萄酒排行中，拉菲贵族甜2001傲视群雄，名列榜首，可谓是其傲人品质的又一例证。

### 拉菲丽丝庄园　年份表格

| 年份 | 价格（元） | 分数 | 适饮期 | 侍酒（℃） |
|------|-----------|------|--------|-----------|
| 2001 | 1575～1889 | 95 | 2008～2025 | 9～11 |
| 2002 | 490～566 | 90 | 2007～2022 | 10～12 |
| 2003 | 645～740 | 91 | 2008～2023 | 10～12 |
| 2004 | 475～545 | 88 | 2009～2024 | 11～12 |
| 2005 | 700～805 | 92 | 2010～2027 | 8～10 |
| 2006 | 590～680 | 91 | 2012～2028 | 8～10 |
| 2007 | 720～830 | 92 | 2013～2030 | 8～10 |
| 2008 | 530～610 | 90 | 2014～2035 | 8～10 |
| 2009 | 760～870 | 92 | 2015～2035 | 8～10 |
| 2010 | 680～785 | 91 | 2015～2030 | 6～8 |
| 2011 | 720～830 | 93 | 2019～2047 | 6～8 |
| 2012 | 720～830 | 93 | 2016～2035 | 6～8 |

# Chateau de Malle
# 马乐庄园

所属产区：法国波尔多苏玳区
所属等级：1855年苏玳和巴萨克列级酒庄第二级
葡萄品种：赛美蓉、长相思、蜜斯卡黛
土壤特征：砂砾和黏土土壤
每年产量：48 000瓶
配餐建议：甜点、奶酪

## 相关介绍

　　庄园的历史可追溯到1540年，并且一直属于同一个家族所有。庄园200公顷的土地非常特别，它横跨了格拉夫（Graves）和苏玳（Sauternes）两个产区，生产红、白两种葡萄酒。位于索甸产区的土壤轻薄，有砂砾和黏土，使得其生产的白葡萄酒果香独特。一般情况下，这里生产的酒需要陈年5到6年时间。而要等到10年之后，才是最佳的饮用时间。该庄2001年份酒被罗伯特·帕克列为法国波尔多苏玳区最佳甜白葡萄酒，2005年份第二次受到列名最佳名单的殊荣。2005年份的马乐庄园还在苏玳与巴萨克品酒会上饱受赞誉，被称为"自1990年以来二级庄园中连续表现最好的佳酿之一"。

## 马乐庄园　年份表格

| 年份 | 价格（元） | 分数 | 适饮期 | 侍酒（℃） |
|------|-----------|------|--------|-----------|
| 2001 | 415～480 | 90 | 2005～2022 | 10～11 |
| 2002 | 305～335 | 87 | 2005～2020 | 10～12 |
| 2003 | 460～500 | 88 | 2006～2021 | 10～12 |
| 2004 | 385～420 | 87 | 2007～2022 | 10～12 |
| 2005 | 380～420 | 87 | 2009～2023 | 8～10 |
| 2006 | 340～380 | 84 | 2009～2025 | 8～10 |
| 2007 | 340～380 | 87 | 2010～2028 | 8～10 |
| 2008 | 400～440 | 87 | 2012～2030 | 8～10 |
| 2009 | 340～380 | 88 | 2013～2030 | 8～10 |
| 2010 | 360～400 | 88 | 2014～2030 | 6～8 |
| 2011 | 395～460 | 90 | 2017～2037 | 6～8 |
| 2012 | 350～390 | 87 | 2016～2032 | 6～8 |

# Clos Haut-Peyraguey
# 奥派瑞庄园

**所属产区**：法国波尔多苏玳区

**所属等级**：1855年苏玳和巴萨克列级酒
庄第一级

**葡萄品种**：赛美蓉、长相思

**土壤特征**：既有排水性较好的碎石土壤，
也有结构结实的黏土土壤

**每年产量**：40 000瓶

**配餐建议**：奶酪、甜点

## 相关介绍

奥派瑞庄园与拉佛派瑞庄园（Chateau Lafaurie‐Peyraguey）原属同一个庄园，后因财产分割而拆分。在1855年苏玳和巴萨克分级中，庄园位列第三，地位仅次于滴金庄（Chateau d'Yquem）和白塔庄园（Chateau La Tour Blanche）。时至今日，庄园由Pauly家族管理，共有12公顷（7公顷紧挨着地窖）土地，葡萄园的产量被严格控制，通常只有1800升/公顷。2005年、2009年和2010年都被视为21世纪的极佳年份。

### 奥派瑞庄园　年份表格

| 年份 | 价格（元） | 分数 | 适饮期 | 侍酒（℃） |
|------|-----------|------|--------|-----------|
| 2001 | 570～650 | 92 | 2005～2018 | 10～12 |
| 2002 | 320～355 | 89 | 2006～2019 | 10～12 |
| 2003 | 435～500 | 91 | 2007～2019 | 10～12 |
| 2004 | 340～380 | 87 | 2008～2020 | 10～12 |
| 2005 | 420～480 | 90 | 2011～2025 | 8～10 |
| 2006 | 360～400 | 89 | 2012～2028 | 8～10 |
| 2007 | 475～545 | 92 | 2013～2033 | 8～10 |
| 2008 | 475～520 | 89 | 2014～2034 | 8～10 |
| 2009 | 490～565 | 91 | 2015～2033 | 8～10 |
| 2010 | 492～570 | 91 | 2015～2035 | 6～8 |
| 2011 | 435～500 | 91 | 2017～2037 | 6～8 |
| 2012 | 360～400 | 88 | 2018～2037 | 6～8 |

## Chateau d'Yquem
## 滴金庄园

所属产区：法国波尔多苏玳区
所属等级：1855年苏玳和巴萨克列级
　　　　　酒庄特级酒庄
葡萄品种：赛美蓉、长相思
土壤特征：砂砾和黏土土质
每年产量：11 000箱
配餐建议：法式馅饼及奶酪

### 相关介绍

　　滴金庄园凭借着出色优异的品质，成为了1855年苏玳和巴萨克列级酒庄评级中唯一的特级葡萄酒，其贵腐甜酒堪称世界第一。滴金已有近千年的历史，拥有葡萄园113公顷，其中的100公顷主要用于葡萄的种植，产量很小。葡萄园内土壤复杂多样，表层是薄薄的一层碎石与砂子，下面是一层黏土与更深的整石灰岩。滴金贵腐甜酒耐久藏，历经百年而更甜美。由于甜葡萄需发酵，温度低时间长，滴金酒庄的酒要6年后才上市。

### 滴金庄园　年份表格

| 年份 | 价格（元） | 分数 | 适饮期 | 侍酒（℃） |
|---|---|---|---|---|
| 2001 | 7015～8420 | 98 | 2010～2035 | 9～11 |
| 2002 | 2465～2835 | 93 | 2007～2036 | 10～11 |
| 2003 | 2750～3165 | 94 | 2008～2038 | 10～11 |
| 2004 | 2485～2860 | 93 | 2008～2040 | 10～11 |
| 2005 | 4455～5350 | 96 | 2012～2040 | 8～9 |
| 2006 | 3490～4185 | 96 | 2012～2040 | 8～9 |
| 2007 | 4665～5595 | 97 | 2012～2042 | 8～9 |
| 2008 | 2520～2900 | 94 | 2012～2040 | 8～10 |
| 2009 | 6880～8260 | 97 | 2016～2045 | 7～9 |
| 2010 | 6145～7370 | 96 | 2015～2045 | 6～8 |
| 2011 | 6758～8110 | 96 | 2015～2062 | 6～8 |
| 2012 | 7435～8920 | 96 | 2016～2045 | 6～8 |

法国·波尔多产区·苏玳和巴萨克

# Chateau Lamothe
# 拉梦丝庄园

所属产区：法国波尔多苏玳区

所属等级：1855年苏玳和巴萨克列级酒庄
第二级

葡萄品种：赛美蓉、长相思、蜜斯卡黛

土壤特征：石灰石

每年产量：15 000瓶

配餐建议：霉干酪、羊乳干酪

## 相关介绍

　　拉梦丝庄园的历史可追溯到16世纪，其罗马风格的城堡便是证明。1956年由Neel家族购入，目前由Maria和她的丈夫Damien负责酿酒的工作。葡萄园面积为7公顷，平均树龄为40年左右，85%为赛美蓉。其酒液在橡木桶陈放长达26个月，酒色金黄，带有青李的气息，口感浓郁但不腻，后味有一丝甘香，甜度和酸度都恰到好处。

## 拉梦丝庄园　年份表格

| 年份 | 价格（元） | 分数 | 适饮期 | 侍酒（℃） |
|------|-----------|------|--------|-----------|
| 2001 | 305～335 | 84 | 2004～2014 | 10～12 |
| 2002 | 290～320 | 88 | 2005～2015 | 10～12 |
| 2003 | 360～400 | 84 | 2008～2016 | 10～12 |
| 2004 | 380～420 | 87 | 2009～2019 | 10～12 |
| 2005 | 320～355 | 89 | 2012～2021 | 8～10 |
| 2006 | 290～315 | 85 | 2010～2022 | 8～10 |
| 2007 | 325～355 | 84 | 2011～2018 | 8～10 |
| 2008 | 335～370 | 83 | 2012～2022 | 8～10 |
| 2009 | 400～440 | 86 | 2014～2022 | 8～10 |
| 2010 | 340～380 | 86 | 2015～2025 | 6～8 |
| 2011 | 635～700 | 88 | 2016～2026 | 6～8 |
| 2012 | 575～635 | 85 | 2016～2026 | 6～8 |

## Chateau Doisy Daene
# 多西塔尼庄园

所属产区：法国波尔多苏玳区

所属等级：1855年苏玳和巴萨克列级酒

庄第二级

葡萄品种：赛美蓉、长相思、蜜斯卡黛

土壤特征：一层被称为"巴萨红砂地"薄

薄的黏土砂层土质覆盖在白垩

底土上

每年产量：60 000瓶

配餐建议：鹅肝、蓝纹奶酪

### 相关介绍

巴萨克地区的三个葡萄园Doisy Daene，Doisy - Vedrines和
Doisy - Dubroca都起源于同一个庄园。庄园的最早记载是在18世纪，当
时由Vedrines家族拥有。后由于拿破仑法典的颁布，这个庄园被分割为
三个部分：Daene家族收购了庄园的一部分，成为今天的多西塔尼庄园
（Chateau Doisy Daene）。自2000年开始，丹尼斯（Denis）接管了多
西塔尼庄园并经营至今。他不仅是波尔多酒类研究学院的一名教授，同时
还是一位世界知名的葡萄酒顾问，为庄园的发扬光大付出了极大的努力。
目前，葡萄园面积为16.3公顷，平均树龄为40年左右，其酒带有迷人的蜂
蜜和蜡质类气息，口感浓郁但不腻，是典型的苏玳区甜型葡萄酒。

### 多西塔尼庄园 年份表格

| 年份 | 价格（元） | 分数 | 适饮期 | 侍酒（℃） |
|------|-----------|------|--------|-----------|
| 2001 | 645~740 | 91 | 2004~2018 | 10~12 |
| 2002 | 380~420 | 89 | 2004~2019 | 10~12 |
| 2003 | 380~420 | 87 | 2007~2018 | 10~12 |
| 2004 | 340~380 | 88 | 2008~2022 | 10~12 |
| 2005 | 510~590 | 90 | 2011~2025 | 8~10 |
| 2006 | 360~400 | 89 | 2011~2025 | 8~10 |
| 2007 | 455~525 | 91 | 2012~2028 | 8~10 |
| 2008 | 380~420 | 89 | 2012~2028 | 8~10 |
| 2009 | 435~500 | 92 | 2014~2029 | 8~10 |
| 2010 | 510~590 | 91 | 2015~2030 | 6~8 |
| 2011 | 575~660 | 93 | 2016~2031 | 6~8 |
| 2012 | 560~620 | 89 | 2016~2031 | 6~8 |

法国·波尔多产区·苏玳和巴萨克

# Chateau La Tour Blanche
# 白塔庄园

所属产区：法国波尔多苏玳区

所属等级：1855年苏玳和巴萨克列级酒庄第一级

葡萄品种：赛美蓉、长相思、蜜斯卡黛

土壤特征：砾质土壤表层和泥钙基质

每年产量：60 000瓶

配餐建议：奶酪、甜点

## 相关介绍

　　白塔庄园的历史可追溯到18世纪，当时庄园是以曾担任路易十四的财务主管Jean Saint - Marc du Latour blanche的名字命名。1845年，Frederic Focke先生取得了庄园的所有权，并将德国甜酒的酿造工艺引进苏玳产区，同时主张采用晚收的方式采收葡萄并且坚持葡萄不会被大雾所破坏，他的坚持使人们发现了著名的贵腐霉，这也成为酿造苏玳葡萄酒重要的部分。1876年，Daniel Osiris Iffla成为庄园主人，在他的遗嘱中将庄园转赠给了法国农业部，条件是要政府建立一个葡萄酒学校。1909年法国农业部成为庄园拥有者，对葡萄的种植、采摘更为谨慎甚至接近苛刻，譬如1992年和1993年，就因气候不佳而没有一瓶酒用白塔庄园名称贴标出售。另外葡萄酒学校也于1911年开始建设，如今这家公立农业学校提供各种葡萄酒种植和酿造的课程，对法国葡萄酒文化的传承起到了举足轻重的作用。

## 白塔庄园　年份表格

| 年份 | 价格（元） | 分数 | 适饮期 | 侍酒（℃） |
|---|---|---|---|---|
| 2001 | 910～1050 | 93 | 2010～2035 | 10～12 |
| 2002 | 475～520 | 89 | 2007～2036 | 10～12 |
| 2003 | 490～565 | 93 | 2008～2038 | 9～10 |
| 2004 | 435～500 | 94 | 2008～2040 | 9～10 |
| 2005 | 605～700 | 90 | 2012～2040 | 8～10 |
| 2006 | 490～565 | 90 | 2012～2040 | 8～10 |
| 2007 | 570～650 | 90 | 2012～2042 | 8～10 |
| 2008 | 570～660 | 91 | 2012～2040 | 8～10 |
| 2009 | 605～730 | 96 | 2016～2045 | 7～9 |
| 2010 | 665～765 | 94 | 2015～2045 | 7～10 |
| 2011 | 550～630 | 91 | 2013～2042 | 6～8 |
| 2012 | 525～605 | 90 | 2016～2035 | 6～8 |

法国·波尔多产区·苏玳和巴萨克

## Chateau Lamothe–Guignard
# 拉梦丝·基纳庄园

所属产区：法国波尔多苏玳区

所属等级：1855年苏玳和巴萨克列级酒
　　　　　庄第二级

葡萄品种：赛美蓉、长相思、蜜斯卡黛

土壤特征：砾石土壤及白垩土

每年产量：35 000瓶

配餐建议：霉干酪，羊乳干酪

### 相关介绍

　　庄园位于苏玳地区最高的山丘上，毗邻著名的锡龙溪河谷（Ciron）。庄园的历史颇为曲折，前后历经了多位园主。1814年以前，庄园原是拉梦丝庄园（Chateau Lamothe）的一部分，当时名为Lamothe‐d'Assault"，后主人变为Guignard家族，因此改为现在的名字。拉梦丝·基纳庄园的酒带有诱人的果味，随着时间的推移，葡萄酒的口味变得更具复杂性。

### 拉梦丝·基纳庄园　年份表格

| 年份 | 价格（元） | 分数 | 适饮期 | 侍酒（℃） |
|---|---|---|---|---|
| 2001 | 285～310 | 84 | 2005～2020 | 10～12 |
| 2002 | 250～270 | 84 | 2005～2017 | 10～12 |
| 2003 | 285～310 | 88 | 2008～2025 | 10～12 |
| 2004 | 265～290 | 84 | 2009～2020 | 10～12 |
| 2005 | 305～335 | 87 | 2009～2020 | 8～10 |
| 2006 | 230～250 | 81 | 2012～2030 | 8～10 |
| 2007 | 245～270 | 84 | 2013～2022 | 8～10 |
| 2008 | 320～350 | 88 | 2014～2025 | 8～10 |
| 2009 | 320～355 | 88 | 2015～2040 | 8～10 |
| 2010 | 245～270 | 86 | 2014～2030 | 6～8 |
| 2011 | 280～310 | 88 | 2016～2031 | 6～8 |
| 2012 | 250～270 | 84 | 2005～2013 | 6～8 |

# Chateau Guiraud
## 芝路庄园

**所属产区**：法国波尔多苏玳区

**所属等级**：1855年苏玳和巴萨克列级酒
庄第一级

**葡萄品种**：赛美蓉、长相思

**土壤特征**：黏土砂砾、砂砾石

**每年产量**：100 000瓶

**配餐建议**：鹅肝或饭后甜点

### 相关介绍

庄园的历史可追溯到18世纪以前，当时庄园是以"Bayle"命名的。
1766年，Pierre Guiraud先生买下了庄园后重新以自己的姓氏命名庄园，
即Chateau Guiraud。20世纪80年代，在物流业大亨Narby家族与他的酿
酒师Xavier Planty的共同努力之下，芝路庄园所酿造的贵腐甜酒获得了波
尔多地区的葡萄酒知名人士，尤其是甜酒专家前所未有的好评。2006年，
庄园迎来了新主人，更是使得芝路庄园的历史从此进入了新的篇章，在
《葡萄酒观察家》（Wine Spectator）杂志公布的2008年度世界葡萄酒
评选名单，芝路庄园（Chteau Guiraud）位列第四名。

### 芝路庄园　年份表格

| 年份 | 价格（元） | 分数 | 适饮期 | 侍酒（℃） |
|------|-----------|------|--------|-----------|
| 2001 | 665～765 | 91 | 2007～2025 | 10～12 |
| 2002 | 510～590 | 90 | 2008～2025 | 10～12 |
| 2003 | 625～690 | 88 | 2010～2027 | 10～12 |
| 2004 | 530～580 | 87 | 2010～2028 | 10～12 |
| 2005 | 680～785 | 90 | 2012～2028 | 8～10 |
| 2006 | 575～630 | 89 | 2012～2030 | 8～10 |
| 2007 | 625～720 | 91 | 2014～2031 | 8～10 |
| 2008 | 475～545 | 90 | 2013～2033 | 8～10 |
| 2009 | 755～870 | 93 | 2018～2035 | 8～10 |
| 2010 | 690～795 | 92 | 2018～2040 | 6～8 |
| 2011 | 625～720 | 92 | 2019～2042 | 6～8 |
| 2012 | 600～660 | 87 | 2018～2042 | 6～8 |

# Chateau Rabaud–Promis
# 哈伯 - 普诺庄园

所属产区：法国波尔多苏玳区
所属等级：1855年苏玳和巴萨克列级酒庄第一级
葡萄品种：赛美蓉、长相思、蜜斯卡黛
土壤特征：砾石、砂质黏土地
每年产量：50 000瓶
配餐建议：法式馅饼及奶酪

## 相关介绍

　　与斯格拉哈伯庄园原本同属于哈伯庄园（Chateau Rabaud），历史可追溯至1660年，当时的庄园为Cazeau家族所有。150多年以后，庄园被Cazeau家族的后人卖掉。从那个时候开始，庄园经历了多次的分分合合，终于最后成为我们今天所熟知的哈伯 - 普诺庄园。目前，庄园拥有31公顷葡萄园。其酒曾一度因为品质不佳而不被看好，但自1974年Philippe Dejean被指派为总经理后，庄园发生了巨大的变化。他改进了葡萄园种植技术，降低产量，在收获的时候采用了更苛刻的筛选标准，终于酿造出高品质的葡萄酒。发酵之后，通常要在橡木桶中陈年15个月，新桶使的用比例为33％。

### 哈伯 - 普诺庄园　年份表格

| 年份 | 价格（元） | 分数 | 适饮期 | 侍酒（℃） |
|------|-----------|------|--------|-----------|
| 2001 | 440 ~ 485 | 89 | 2005 ~ 2020 | 10 ~ 12 |
| 2002 | 365 ~ 400 | 86 | 2005 ~ 2020 | 10 ~ 12 |
| 2003 | 455 ~ 520 | 90 | 2008 ~ 2025 | 10 ~ 11 |
| 2004 | 305 ~ 335 | 88 | 2007 ~ 2029 | 10 ~ 12 |
| 2005 | 435 ~ 480 | 89 | 2008 ~ 2030 | 8 ~ 10 |
| 2006 | 440 ~ 480 | 86 | 2010 ~ 2030 | 8 ~ 10 |
| 2007 | 380 ~ 440 | 90 | 2010 ~ 2030 | 9 ~ 10 |
| 2008 | 250 ~ 270 | 87 | 2012 ~ 2032 | 8 ~ 10 |
| 2009 | 435 ~ 500 | 90 | 2012 ~ 2035 | 8 ~ 10 |
| 2010 | 490 ~ 560 | 90 | 2016 ~ 2040 | 6 ~ 8 |
| 2011 | 540 ~ 625 | 90 | 2017 ~ 2040 | 6 ~ 8 |
| 2012 | 560 ~ 640 | 90 | 2018 ~ 2043 | 6 ~ 8 |

# Chateau Filhot
## 飞跃庄园

所属产区：法国波尔多苏玳区
所属等级：1855年苏玳和巴萨克列级酒庄第二级
葡萄品种：赛美蓉、长相思、蜜斯卡黛
土壤特征：石灰岩层上的砂砾土，黏土和砂子组成
每年产量：60 000瓶
配餐建议：肥鹅肝、香瓜、奶酪

### 相关介绍

　　像许多苏玳区的庄园一样，飞跃庄园的起源比较难追溯。1709年，Filhot家族收购了这片产业，被改名为Chateau Filhot。在历史上，飞跃庄园的葡萄酒非常著名，价格曾同滴金庄持平。曾任驻法大使的美国第三任总统Thomas Jefferson也认为飞跃庄园是仅次于滴金的苏玳庄园。1935年，庄园易手到了Lacarelle家族并一直延续至今。尽管不可能恢复庄园以前的盛况，但Lacarelle家族的努力使庄园有了很大的提升。

### 飞跃庄园　年份表格

| 年份 | 价格（元） | 分数 | 适饮期 | 侍酒（℃） |
|------|-----------|------|---------|-----------|
| 2001 | 395 ~ 440 | 84 | 2004 ~ 2017 | 10 ~ 12 |
| 2002 | 360 ~ 400 | 82 | 2005 ~ 2018 | 10 ~ 12 |
| 2003 | 385 ~ 420 | 86 | 2007 ~ 2020 | 10 ~ 12 |
| 2004 | 320 ~ 355 | 82 | 2008 ~ 2020 | 10 ~ 12 |
| 2005 | 360 ~ 400 | 86 | 2010 ~ 2022 | 8 ~ 10 |
| 2006 | 285 ~ 310 | 79 | 2010 ~ 2023 | 9 ~ 11 |
| 2007 | 250 ~ 270 | 84 | 2012 ~ 2025 | 8 ~ 10 |
| 2008 | 250 ~ 270 | 84 | 2012 ~ 2028 | 8 ~ 10 |
| 2009 | 340 ~ 380 | 86 | 2013 ~ 2029 | 8 ~ 10 |
| 2010 | 285 ~ 310 | 85 | 2016 ~ 2030 | 6 ~ 8 |
| 2011 | 345 ~ 400 | 90 | 2017 ~ 2047 | 7 ~ 9 |
| 2012 | 415 ~ 460 | 84 | 2016 ~ 2030 | 6 ~ 8 |

## Chateau de Rayne–Vigneau
# 海内威农庄园

所属产区：法国波尔多苏玳区
所属等级：1855年苏玳和巴萨克列级酒庄第一级
葡萄品种：赛美蓉、长相思、蜜斯卡黛
土壤特征：优质的石灰质黏土和沙石土壤
每年产量：120 000瓶
配餐建议：烧鸡、香菇、火腿

### 相关介绍

　　17世纪，庄园为Etienne du Vigneau先生所有。18世纪，经过多次易主辗转之后，Rayne家族成为庄园的主人并把庄园经营得十分成功，使其在1855年的苏玳和巴萨克分级中位列第三。1867年在巴黎国际博览会上的一场战役——顶尖法国的苏玳区对拔尖德国的莱茵（Rhine）及摩泽尔（Mosel）甜酒的盲品会上，1861年份的海内威农庄园被评委卓越级（outstanding）。为了纪念Rayne家族的先人，后人将姓氏加在了Vigneau名称之前，从而构成了今日的名字。直到1961年，Rayne家族都是这块园地的主人。时至今日，庄园由酒商Mestrezat先生所拥有，有超过13公顷的葡萄园，葡萄树的平均年龄为30年。值得一提的是，这块珍贵的葡萄园的土壤中还以盛产宝石闻名，常常可以找到玛瑙、紫水晶、蛋白石、玉块和琉璃等。

### 海内威农庄园　年份表格

| 年份 | 价格（元） | 分数 | 适饮期 | 侍酒（℃） |
|---|---|---|---|---|
| 2001 | 400～440 | 87 | 2005～2018 | 10～12 |
| 2002 | 340～380 | 87 | 2006～2020 | 10～12 |
| 2003 | 320～355 | 87 | 2008～2022 | 10～12 |
| 2004 | 320～355 | 86 | 2007～2025 | 10～12 |
| 2005 | 380～420 | 88 | 2008～2026 | 8～10 |
| 2006 | 320～355 | 87 | 2010～2026 | 8～10 |
| 2007 | 380～420 | 89 | 2011～2027 | 8～10 |
| 2008 | 285～310 | 87 | 2012～2028 | 8～10 |
| 2009 | 490～540 | 89 | 2012～2030 | 8～10 |
| 2010 | 440～480 | 89 | 2014～2035 | 6～8 |
| 2011 | 435～500 | 91 | 2013～2041 | 6～8 |
| 2012 | 395～435 | 88 | 2016～2029 | 6～8 |

## Chateau Lafaurie–Peyraguey
# 拉佛瑞－佩拉庄园

所属产区：法国波尔多苏玳区

所属等级：1855年苏玳和巴萨克列级酒
　　　　　庄第一级

葡萄品种：赛美蓉、长相思、蜜斯卡黛

土壤特征：砾石和黏土为主

每年产量：72 000瓶

配餐建议：布丁、软奶酪

### 相关介绍

　　庄园初建于13世纪时期，葡萄酒种植和酿造历史可以追溯到17世纪时期，是苏玳地区贵腐酒文化的鼻祖之一。庄园从1917年开始就由波尔多著名的酒商Cordier来管理，于1984年被能源集团Suez并购。其酒是典型的苏玳酒风格，蜜糖、椴花、杏子的清香动人，与鲜虾皮冻的搭配相得益彰，又如绚丽的烟火，带给人的惊喜层出不穷。这个一级庄园目前拥有41公顷的葡萄园，葡萄藤的平均年龄在40岁左右。

### 拉佛瑞－佩拉庄园　年份表格

| 年份 | 价格（元） | 分数 | 适饮期 | 侍酒（℃） |
|------|-----------|------|---------|-----------|
| 2001 | 645 ~ 740 | 93 | 2008 ~ 2020 | 10 ~ 11 |
| 2002 | 475 ~ 520 | 89 | 2005 ~ 2018 | 10 ~ 12 |
| 2003 | 530 ~ 610 | 91 | 2007 ~ 2020 | 10 ~ 11 |
| 2004 | 455 ~ 500 | 88 | 2008 ~ 2020 | 10 ~ 12 |
| 2005 | 490 ~ 565 | 90 | 2010 ~ 2022 | 8 ~ 10 |
| 2006 | 340 ~ 380 | 89 | 2010 ~ 2023 | 8 ~ 10 |
| 2007 | 490 ~ 570 | 90 | 2012 ~ 2025 | 8 ~ 10 |
| 2008 | 420 ~ 460 | 89 | 2012 ~ 2028 | 8 ~ 10 |
| 2009 | 530 ~ 610 | 92 | 2013 ~ 2029 | 8 ~ 9 |
| 2010 | 570 ~ 650 | 92 | 2016 ~ 2030 | 6 ~ 8 |
| 2011 | 530 ~ 605 | 92 | 2018 ~ 2050 | 6 ~ 8 |
| 2012 | 480 ~ 530 | 88 | 2015 ~ 2030 | 6 ~ 8 |

## Chateau Nairac
# 奈哈克庄园

所属产区：法国波尔多苏玳区

所属等级：1855年苏玳和巴萨克列级酒庄
第二级

葡萄品种：赛美蓉、长相思、蜜斯卡黛

土壤特征：砂土、深层的石灰岩

每年产量：15 000瓶

配餐建议：煎鹅肝、饭后甜点

### 相关介绍

    18世纪70年代，Victor Louis先生建立庄园。1777年，波尔多著名酒商奈哈克（Elysee Nairac）先生买下了庄园，庄园因此命名为奈哈克庄园。庄园数度易主，直到最后被尼格尔·赫特（Nicolas Heeter）先生买下，一直延续至今。目前，庄园现有葡萄园16公顷，葡萄树的平均年龄达到了40岁。葡萄园平均每公顷的产量非常有限，往往不到法定产量的一半。与追求轻盈的传统巴萨克酒细微区别的地方是，奈哈克庄园酒体更为浑厚，更强劲有力，但是保持了酸甜的平衡和细腻。由于紧靠吉隆河，底层的石灰石土质给酒带来了矿物质的清香，并具有独特的轻微氧化味道。

### 奈哈克庄园　年份表格

| 年份 | 价格（元） | 分数 | 适饮期 | 侍酒（℃） |
|------|-----------|------|--------|-----------|
| 2001 | 605～700 | 90 | 2008～2020 | 10～11 |
| 2002 | 380～420 | 85 | 2005～2018 | 10～12 |
| 2003 | 680～785 | 90 | 2007～2020 | 10～11 |
| 2004 | 625～690 | 86 | 2008～2020 | 10～12 |
| 2005 | 700～805 | 90 | 2010～2022 | 8～10 |
| 2006 | 550～605 | 87 | 2010～2023 | 8～10 |
| 2007 | 780～895 | 90 | 2012～2025 | 8～10 |
| 2008 | 570～625 | 87 | 2012～2028 | 8～10 |
| 2009 | 665～765 | 92 | 2013～2029 | 8～10 |
| 2010 | 510～560 | 89 | 2014～2030 | 6～8 |
| 2011 | 605～700 | 92 | 2015～2041 | 6～8 |
| 2012 | 475～545 | 87 | 2015～2041 | 6～8 |

## Chateau d'Arche
# 方舟庄园

**所属产区**：法国波尔多苏玳区

**所属等级**：1855年苏玳和巴萨克列级酒庄
第二级

**葡萄品种**：赛美蓉、长相思、蜜斯卡黛

**土壤特征**：碎石土、黏土、石灰石

**每年产量**：48 000瓶

**配餐建议**：布丁、软奶酪

### 相关介绍

　　庄园位于苏玳产区，周围绵延了众多的小山丘。1733年到1789年，酒庄的主人都是Comte d'Arche先生。因而，庄园的名字也被正式改为了Chateau d'Arche。目前，该葡萄园占地40公顷，葡萄树的平均年龄为45年，种植的葡萄品种仍然以赛美蓉为主，具体比例为90%的赛美蓉、9%的长相思，以及1%的蜜斯卡黛。葡萄成熟之后，采用人工进行采摘，只采那些感染了贵腐霉的葡萄，通常要进行四到五次的采摘。经过精心挑选所得的葡萄，在进行压榨、沉淀、澄清之后，放入桶中进行发酵，时间一般为半个月到一个月不等。通常，葡萄酒要在橡木桶中陈酿18个月。

### 方舟庄园　年份表格

| 年份 | 价格（元） | 分数 | 适饮期 | 侍酒（℃） |
|------|-----------|------|--------|-----------|
| 2001 | 510~560 | 87 | 2005~2020 | 10~12 |
| 2002 | 265~290 | 85 | 2006~2022 | 10~12 |
| 2003 | 380~420 | 88 | 2008~2025 | 10~12 |
| 2004 | 395~440 | 80 | 2010~2025 | 10~12 |
| 2005 | 305~335 | 87 | 2009~2025 | 8~10 |
| 2006 | 285~310 | 85 | 2010~2025 | 8~10 |
| 2007 | 305~335 | 87 | 2011~2026 | 8~10 |
| 2008 | 285~310 | 85 | 2013~2028 | 8~10 |
| 2009 | 305~335 | 86 | 2014~2029 | 8~10 |
| 2010 | 340~380 | 87 | 2015~2030 | 6~8 |
| 2011 | 390~430 | 89 | 2016~2031 | 6~8 |

# Chateau de Myrat
# 米拉特庄园

所属产区：法国波尔多苏玳区
所属等级：1855年苏玳和巴萨克列级酒庄第二级
葡萄品种：赛美蓉、长相思、蜜斯卡黛
土壤特征：石灰石和黏土
每年产量：6 000瓶
配餐建议：鸡肉、蘑菇馅饼

## 相关介绍

　　米拉特庄园城堡建于18世纪。1936年，米拉特庄园被Pontac家族收购。1976年，庄园做出了一个重大的决定，将葡萄园内的葡萄树全部拔除，重新种植葡萄树。1990年，由于葡萄园内的葡萄树龄太过年轻，庄园的葡萄酒以法定地区葡萄酒（AOC）的名义上市。从1991年开始，庄园每年的产量都很少，一般只有6 000瓶左右。1995年开始，庄园恢复了正常的生产。现任庄主Xavier de Pontac有着极高的经营管理天赋，高效的经营使得米拉特庄园受到越来越多人的关注。

### 米拉特庄园　年份表格

| 年份 | 价格（元） | 分数 | 适饮期 | 侍酒（℃） |
|------|-----------|------|--------|-----------|
| 2001 | 345 ~ 380 | 88 | 2007 ~ 2015 | 10 ~ 12 |
| 2002 | 490 ~ 540 | 85 | 2006 ~ 2018 | 10 ~ 12 |
| 2003 | 305 ~ 335 | 88 | 2009 ~ 2020 | 10 ~ 12 |
| 2004 | 280 ~ 415 | 84 | 2010 ~ 2020 | 10 ~ 12 |
| 2005 | 360 ~ 400 | 87 | 2013 ~ 2020 | 8 ~ 10 |
| 2006 | 280 ~ 305 | 83 | 2010 ~ 2026 | 8 ~ 10 |
| 2007 | 340 ~ 380 | 87 | 2014 ~ 2025 | 8 ~ 10 |
| 2008 | 265 ~ 290 | 85 | 2012 ~ 2027 | 8 ~ 10 |
| 2009 | 340 ~ 380 | 88 | 2014 ~ 2025 | 8 ~ 10 |
| 2010 | 320 ~ 355 | 89 | 2016 ~ 2030 | 6 ~ 8 |
| 2011 | 322 ~ 370 | 91 | 2018 ~ 2033 | 6 ~ 8 |
| 2012 | 305 ~ 335 | 89 | 2018 ~ 2033 | 6 ~ 8 |

## Chateau Doisy–Vedrines
# 多西－威特林庄园

**所属产区**：法国波尔多苏玳区

**所属等级**：1855年苏玳和巴萨克列级酒庄第二级

**葡萄品种**：赛美蓉、长相思

**土壤特征**：巴萨克的红沙与黏土、石灰石的混合土

**每年产量**：60 000瓶

**配餐建议**：奶酪和樱桃肉

### 相关介绍

　　巴萨克地区的三个葡萄园Doisy－Daene、Doisy－Vedrines和Doisy－Dubroca都起源于同一个庄园。有关该庄园的最早记载是在18世纪，当时由Vedrines家族拥有，后由于《拿破仑法典》的颁布，这个庄园被分割为三个部分：最大的一片葡萄园，仍为当时的主人Dubosq家族所有，成为后来的多西威特林庄园，并一直持续到了19世纪的中叶。目前，庄园为Olivier Casteja 所有，拥有30多公顷的葡萄园，葡萄树的平均年龄为30年。

### 多西－威特林庄园　年份表格

| 年份 | 价格（元） | 分数 | 适饮期 | 侍酒（℃） |
|------|-----------|------|--------|-----------|
| 2001 | 570～625 | 88 | 2006～2018 | 10～12 |
| 2002 | 340～375 | 89 | 2007～2019 | 10～12 |
| 2003 | 565～625 | 88 | 2008～2023 | 10～12 |
| 2004 | 380～420 | 88 | 2007～2022 | 10～12 |
| 2005 | 420～460 | 89 | 2008～2024 | 8～10 |
| 2006 | 380～420 | 88 | 2010～2025 | 8～10 |
| 2007 | 530～610 | 90 | 2010～2028 | 7～9 |
| 2008 | 340～380 | 88 | 2012～2032 | 8～10 |
| 2009 | 420～460 | 88 | 2013～2030 | 8～10 |
| 2010 | 490～540 | 91 | 2014～2030 | 6～8 |
| 2011 | 490～540 | 91 | 2014～2047 | 6～8 |
| 2012 | 420～460 | 88 | 2016～2030 | 6～8 |

## Chateau Coutet
## 古岱庄园

所属产区：法国波尔多苏玳区

所属等级：1855年苏玳和巴萨克列级酒
　　　　　庄第一级

葡萄品种：赛美蓉、长相思、蜜斯卡黛

土壤特征：钙质黏土

每年产量：48 000瓶

配餐建议：煎鹅肝、奶酪蛋糕、布甸、软奶酪

### 相关介绍

　　古岱庄园的历史可以追溯至13世纪，是苏玳地区最古老的庄园之一。美丽的城堡建筑也是这一地区的世界遗产，1855年被评为苏玳和巴萨克分级一级庄园。在Lur Saluces家族经营城堡百余年后，现在城堡的主人变成了Philippe和Dominique BALY。由于接近加隆河（Garonne），在钙质土上面的砂砾显得格外细腻。清晨吸收的阳光加上晚上释放的热量，都使得贵腐菌的生长得到充分保障。目前，葡萄园面积为38.5公顷，平均树龄为35年，采摘是全人工进行，进行多轮的筛选。葡萄采摘后在桶中进行三次压榨，每年全部使用新桶进行酿造。

### 古岱庄园　年份表格

| 年份 | 价格（元） | 分数 | 适饮期 | 侍酒（℃） |
|------|-----------|------|--------|-----------|
| 2001 | 665～765 | 91 | 2005～2018 | 10～12 |
| 2002 | 320～370 | 90 | 2006～2019 | 10～12 |
| 2003 | 400～460 | 91 | 2007～2019 | 10～12 |
| 2004 | 380～420 | 88 | 2008～2020 | 10～12 |
| 2005 | 530～610 | 92 | 2011～2025 | 8～10 |
| 2006 | 455～525 | 91 | 2012～2028 | 8～10 |
| 2007 | 530～610 | 92 | 2013～2030 | 8～10 |
| 2008 | 530～580 | 89 | 2014～2030 | 8～10 |
| 2009 | 800～915 | 93 | 2015～2032 | 8～10 |
| 2010 | 700～805 | 90 | 2015～2030 | 6～8 |
| 2011 | 720～830 | 92 | 2013～2037 | 6～8 |
| 2012 | 610～670 | 89 | 2018～2035 | 6～8 |

法国·波尔多产区·苏玳和巴萨克

## Chateau Doisy–Dubroca
## 多西 - 杜波卡庄园

所属产区：法国波尔多苏玳区

所属等级：1855年苏玳和巴萨克列级酒
　　　　　庄第二级

葡萄品种：赛美蓉

土壤特征：红色黏土和石灰石土质

每年产量：6 000瓶

配餐建议：鸡肉及火鸡肉

### 相关介绍

　　巴萨克地区的三个葡萄园Doisy - Daene、Doisy - Vedrines和Doisy - Dubroca都起源于同一个庄园。有关该庄园的最早记载是在18世纪，当时由Vedrines家族拥有。后由于《拿破仑法典》的颁布，这个庄园被分割为三个部分：Faux家族收购了其中的一部分，成为多西杜波卡庄园的前身。多西杜波卡庄园是这三个庄园中面积最小的，但这并不影响庄园所出产的酒的品质。目前庄园拥有葡萄园3.8公顷，葡萄树的平均年龄在20年左右。庄园每年大概只产6 000瓶左右的葡萄酒，这就使得庄园所产的酒弥足珍贵。庄园所出产的酒一向被人们看作是优雅的象征。

### 多西 - 杜波卡庄园　年份表格

| 年份 | 价格（元） | 分数 | 适饮期 | 侍酒（℃） |
|------|-----------|------|--------|-----------|
| 2008 | 370～430 | 92 | 2013～2028 | 8～10 |
| 2009 | 370～430 | 90 | 2014～2029 | 8～10 |
| 2010 | 410～470 | 93 | 2015～2030 | 7～9 |

## Chateau Climens
# 克里门斯庄园

所属产区：法国波尔多苏玳区
所属等级：1855年苏玳和巴萨克
　　　　　列级酒庄第一级
葡萄品种：赛美蓉
土壤特征：白垩土
每年产量：36 000瓶
配餐建议：奶酪蛋糕、杏仁馅饼、煎鹅肝、软奶酪

2006
*Château Climens*
I͏ᴿᴱ CRU · BARSAC
GRAND VIN DE SAUTERNES
BÉRÉNICE LURTON

### 相关介绍

　　克里门斯的名字可追溯到1547年，意为"不毛之地"，然而，正是这样的"不毛之地"成就了克里门斯不凡的酒质。其中许多年份如1929年、1947年、1949年的表现都被酒评家视为超越了该区超一级庄滴金庄（Chateau d'Yquem）。1971年，Lucien Lurton先生获得了克利芒庄园的所有权。他利用自己主持的报纸《西南日报》（Sud - Ouest）对庄园进行积极的宣传，使得庄园声名更盛。目前，葡萄园面积超过30公顷，平均树龄在35～38岁之间。著名品酒家帕克直言：在所有的苏玳酒中，最适合佐餐甚至单饮的甜酒，当推克里门斯庄园。比起其他名酒如滴金庄，克里门斯虽没有浓郁至极的香气，却以淡雅品味而凸显其气质，应该算是全球最优良的甜白酒之一。

### 克里门斯庄园　年份表格

| 年份 | 价格（元） | 分数 | 适饮期 | 侍酒（℃） |
|------|-----------|------|---------|-----------|
| 2001 | 3015～3620 | 96 | 2007～2025 | 9～11 |
| 2002 | 800～915 | 92 | 2008～2026 | 10～12 |
| 2003 | 1005～1155 | 93 | 2009～2027 | 10～12 |
| 2004 | 700～805 | 91 | 2012～2030 | 10～12 |
| 2005 | 1175～1350 | 94 | 2014～2030 | 8～10 |
| 2006 | 780～895 | 92 | 2013～2033 | 8～10 |
| 2007 | 1384～1660 | 95 | 2013～2030 | 7～9 |
| 2008 | 855～980 | 93 | 2015～2032 | 8～10 |
| 2009 | 1025～1230 | 96 | 2015～2035 | 7～9 |
| 2010 | 1100～1265 | 94 | 2018～2035 | 6～8 |
| 2011 | 1160～1390 | 95 | 2013～2047 | 6～8 |
| 2012 | 980～1130 | 91 | 2020～2042 | 6～8 |

## Chateau Broustet
# 博鲁斯岱庄园

所属产区：法国波尔多巴萨克

所属等级：1855年苏玳和巴萨克列级酒庄
第二级

葡萄品种：赛美蓉、长相思、蜜斯卡黛

土壤特征：砂砾硅质土，下层有钙质黏土

每年产量：20 000瓶

配餐建议：鹅肝、比目鱼

### 相关介绍

博鲁斯岱庄园位于巴萨克，也就是苏玳地区的中心地带。1855年，庄园入选了苏玳和巴萨克分级，并被评为二级庄园。它的16公顷葡萄园全部位于砂砾冲积层，有利于庄园生产出全波尔多最细腻的葡萄酒。细致的小石子在白天吸收太阳的热量，夜晚时分再释放出来，这种优越的土壤条件，再加上贵腐菌的帮忙，使得这里的葡萄酒产生了独特的味道，也使得这里的酒在好年份有了更高的身价。同时，巴萨克的土壤下层为钙质黏土，而一些红色的碎片则为铁的氧化物，这使得这里的酒富有活力和张力。

#### 博鲁斯岱庄园　年份表格

| 年份 | 价格（元） | 分数 | 适饮期 | 侍酒（℃） |
| --- | --- | --- | --- | --- |
| 2001 | 435 ~ 480 | 88 | 2005 ~ 2015 | 10 ~ 12 |
| 2002 | 270 ~ 295 | 82 | 2005 ~ 2014 | 10 ~ 12 |
| 2003 | 305 ~ 335 | 85 | 2009 ~ 2017 | 10 ~ 12 |
| 2004 | 280 ~ 310 | 80 | 2010 ~ 2014 | 10 ~ 12 |
| 2005 | 250 ~ 270 | 86 | 2012 ~ 2025 | 8 ~ 10 |
| 2006 | 250 ~ 270 | 82 | 2009 ~ 2019 | 8 ~ 10 |
| 2007 | 285 ~ 310 | 87 | 2010 ~ 2020 | 8 ~ 10 |
| 2008 | 230 ~ 250 | 87 | 2012 ~ 2026 | 8 ~ 10 |
| 2009 | 270 ~ 290 | 84 | 2013 ~ 2027 | 8 ~ 10 |
| 2010 | 305 ~ 340 | 86 | 2015 ~ 2030 | 6 ~ 8 |
| 2011 | 350 ~ 390 | 89 | 2015 ~ 2031 | 6 ~ 8 |
| 2012 | 340 ~ 370 | 87 | 2017 ~ 2031 | 6 ~ 8 |

## Chateau Romer du Hayot
# 罗曼莱庄园

所属产区：法国波尔多苏玳区
所属等级：1855年苏玳和巴萨克列级酒庄
　　　　　第二级
葡萄品种：赛美蓉、长相思、蜜斯卡黛
土壤特征：富含砂砾土和泥沙土的综合性
　　　　　土质
每年产量：40 000～50 000瓶
配餐建议：鹅肝、奶酪

相关介绍

　　1833年，庄园作为嫁妆随Comte Agugust de la Myre‐Mory女士进入了Lur‐Saluces家族。1855年，庄园在苏玳和巴萨克分级中入选，被列为二级庄。1937年，Mme.du Hayot控制了庄园绝大部分的产权，之后，其子Andre取得了庄园的所有权。Andre掌管庄园期间，由于修建波尔多‐图卢兹高速公路，庄园的城堡和酒窖全部被拆除。不过，Andre并没有放弃这座祖传的庄园，在其名下的另一个庄园Chateau Guiteronde处重新建立了酒窖供罗曼莱庄园使用。目前，Markus du Hayot先生为庄园的主人。其酒通常味道浓郁，具有香草和蜂蜡的经典香味，陈年之后更加醇厚、平衡。

### 罗曼莱庄园　年份表格

| 年份 | 价格（元） | 分数 | 适饮期 | 侍酒（℃） |
|------|-----------|------|--------|-----------|
| 2001 | 250～280 | 84 | 2005～2018 | 10～12 |
| 2002 | 230～250 | 84 | 2006～2019 | 10～12 |
| 2003 | 205～230 | 84 | 2007～2019 | 10～12 |
| 2004 | 205～225 | 82 | 2008～2020 | 10～12 |
| 2005 | 460～500 | 87 | 2011～2025 | 8～10 |
| 2006 | 325～360 | 85 | 2012～2028 | 8～10 |
| 2007 | 340～380 | 84 | 2013～2030 | 8～10 |
| 2008 | 210～230 | 83 | 2014～2030 | 8～10 |
| 2009 | 215～240 | 86 | 2015～2032 | 8～10 |
| 2010 | 245～275 | 86 | 2015～2030 | 6～8 |
| 2011 | 305～335 | 88 | 2015～2018 | 6～8 |
| 2012 | 275～300 | 85 | 2015～2025 | 6～8 |

## Chateau Caillou
# 嘉佑酒庄

所属产区：法国波尔多苏玳区

所属等级：1855年苏玳和巴萨克列级酒庄第二级

葡萄品种：赛美蓉、长相思

土壤特征：黏土和石灰石

每年产量：60 000瓶

配餐建议：炖牛肉、烤羊排与牛排等

### 相关介绍

　　"嘉佑"在法语里是"鹅卵石"的意思。酒庄历史悠久，其城堡建于18世纪末，风格独特，远近闻名。城堡由石条砌成，通体被刷成白色，在阳光下格外耀眼。两座圆形角楼，塔尖纤细修长，显得很另类。城堡内的装饰一直保留着1930年的风格，至今未变。1909年，Joseph Ballan先生买下酒庄，至今已历三代。Joseph Ballan先生购得酒庄之后，对酒庄重新整修，并且扩大了葡萄园的面积，还为酒庄建立了自己的网站平台。现任庄主玛丽—约瑟是老巴朗的孙女，她和丈夫皮埃尔一道精心打理着酒庄，力求发掘出这片土地的潜质。酒庄拥有葡萄园17公顷，其中有15公顷的葡萄园位于苏玳地区，葡萄树的平均年龄约为25年。

### 嘉佑酒庄　年份表格

| 年份 | 价格（元） | 分数 | 适饮期 | 侍酒（℃） |
|---|---|---|---|---|
| 2001 | 245~270 | 88 | 2004~2014 | 10~12 |
| 2002 | 275~305 | 84 | 2005~2015 | 10~12 |
| 2003 | 290~315 | 86 | 2008~2016 | 10~12 |
| 2004 | 205~225 | 84 | 2009~2019 | 10~12 |
| 2005 | 475~520 | 86 | 2012~2021 | 8~10 |
| 2006 | 965~1060 | 82 | 2010~2022 | 8~10 |
| 2007 | 305~335 | 84 | 2011~2018 | 8~10 |
| 2008 | 265~290 | 85 | 2012~2022 | 8~10 |
| 2009 | 285~310 | 86 | 2014~2022 | 8~10 |
| 2010 | 530~580 | 88 | 2015~2025 | 6~8 |
| 2011 | 600~685 | 91 | 2016~2031 | 6~8 |
| 2012 | 505~555 | 86 | 2016~2031 | 6~8 |

# Chateau Suau
## 苏奥庄园

所属产区：法国波尔多苏玳区
所属等级：1855年苏玳和巴萨克列级
　　　　　酒庄第二级
葡萄品种：赛美蓉、长相思、蜜斯卡黛
土壤特征：砾石土壤及白垩土
每年产量：18 000瓶
配餐建议：鹅肝、奶酪

### 相关介绍

　　苏奥庄园作为苏玳区的二级名庄，建园于1687年，历史上曾多次易主。其主人中不乏显赫的达官贵人，包括美国驻南特使馆领事、拿破仑三世统治期间留尼汪岛的地方长官、农业联合会主席等。直到1986年Bonnet家族斥资介入，庄园的归属才稳定下来。虽然曾经拥有背景各异的主人，但早在19世纪中叶，庄园已经以其出品的白葡萄酒在海外市场打下了名号。大多数葡萄酒品鉴人士认为苏奥的葡萄酒比较适合陈年，直到香气和甜味完全被打开，高达五年的适饮期限会给人典型的法国白酒印象。

### 苏奥庄园　年份表格

| 年份 | 价格（元） | 分数 | 适饮期 | 侍酒（℃） |
|---|---|---|---|---|
| 2001 | 325～355 | 82 | 2003～2016 | 10～12 |
| 2002 | 130～145 | 79 | 2005～2018 | 11～12 |
| 2003 | 300～330 | 80 | 2007～2018 | 10～12 |
| 2004 | 190～210 | 82 | 2009～2021 | 10～12 |
| 2005 | 225～250 | 84 | 2010～2020 | 8～10 |
| 2006 | 455～500 | 84 | 2011～2020 | 8～10 |
| 2007 | 280～310 | 82 | 2012～2021 | 8～10 |
| 2008 | 395～440 | 83 | 2014～2022 | 8～10 |
| 2009 | 465～515 | 85 | 2015～2023 | 8～10 |
| 2010 | 555～610 | 87 | 2016～2026 | 6～8 |
| 2011 | 590～650 | 87 | 2017～2027 | 6～8 |

## Chateau Romer
## 罗曼庄园

所属产区：法国波尔多苏玳区

所属等级：1855年苏玳和巴萨克列级酒庄第二级

葡萄品种：赛美蓉、长相思、蜜斯卡黛

土壤特征：砂砾土和泥沙土

每年产量：35 000瓶

配餐建议：霉干酪、羊乳干酪

### 相关介绍

　　小巧玲珑的罗曼庄园位于苏玳产区，庄园内有个古朴的城堡和幽静的花园，走进庄园，恍如退隐山林。庄园历史悠久，曾有多位波尔多贵族担任庄主。1911年法尔日家族接手庄园至今，在法尔日家族的努力下，庄园进入了稳定发展时期，酒质得到稳步提升，重新具备了列级庄水准。2002年，家族后人安娜接手庄园，成为苏玳产区众多女庄主中的一员。从Markus du Hayot先生掌管庄园至今，葡萄经过采摘以及精心筛选，进行压榨、发酵，发酵与陈年都需要在1/3的新橡木桶中进行，陈年时间为3到4年不等。罗曼莱庄园的酒通常味道浓郁，具有香草和蜂蜡的经典香味，陈年之后更加醇厚、平衡。

### 罗曼庄园　年份表格

| 年份 | 价格（元） | 分数 | 适饮期 | 侍酒（℃） |
|------|-----------|------|---------|-----------|
| 2002 | 240～265 | 84 | 2006～2019 | 10～12 |
| 2003 | 275～300 | 84 | 2007～2019 | 10～12 |
| 2004 | 170～185 | 80 | 2008～2020 | 10～12 |
| 2006 | 525～580 | 85 | 2012～2028 | 8～10 |
| 2010 | 695～760 | 86 | 2015～2030 | 6～8 |

法国·波尔多产区·苏玳和巴萨克

## Chateau Sigalas–Rabaud
# 斯格拉－哈伯庄园

所属产区：法国波尔多苏玳区
所属等级：1855年苏玳和巴萨克列级酒庄第一级
葡萄品种：赛美蓉、长相思、蜜斯卡黛
土壤特征：表层土壤以黏土和砂土为主，底层为砾
　　　　　石土壤
每年产量：30 000瓶
配餐建议：煎鹅肝、巧克力

### 相关介绍

　　原隶属于哈伯庄园（Chateau Rabaud），后从这个庄园分离出来。如今，这个一级庄园归Lambert des Granges侯爵夫人的子孙所有。目前，斯格拉－哈伯庄园拥有14.25公顷葡萄园，葡萄植株平均树龄为40年，葡萄种植比例为85%赛美蓉、14%长相思，以及1%的蜜斯卡黛。葡萄园平均单产很少，一般在1700升/公顷，其酒使用全新的橡木桶进行陈年，陈年时间为18至24个月。

### 斯格拉－哈伯庄园　年份表格

| 年份 | 价格（元） | 分数 | 适饮期 | 侍酒（℃） |
|------|-----------|------|--------|-----------|
| 2001 | 495～568 | 93 | 2005～2020 | 9～11 |
| 2002 | 340～375 | 88 | 2005～2022 | 10～12 |
| 2003 | 380～440 | 90 | 2006～2023 | 9～11 |
| 2004 | 340～370 | 86 | 2007～2025 | 10～12 |
| 2005 | 340～375 | 87 | 2008～2028 | 8～10 |
| 2006 | 340～375 | 86 | 2010～2028 | 8～10 |
| 2007 | 435～500 | 91 | 2011～2030 | 8～10 |
| 2008 | 435～480 | 89 | 2012～2030 | 8～10 |
| 2009 | 530～610 | 91 | 2013～2031 | 8～10 |
| 2010 | 495～570 | 91 | 2015～2032 | 6～8 |
| 2011 | 540～625 | 91 | 2019～2050 | 6～8 |
| 2012 | 595～660 | 89 | 2016～2032 | 6～8 |

## Chateau Suduiraut
# 苏特罗庄园

所属产区：法国波尔多苏玳区

所属等级：1855年苏玳和巴萨克列级
　　　　　酒庄第一级

葡萄品种：赛美蓉、长相思

土壤特征：黏土砂砾

每年产量：8 000瓶

配餐建议：沙拉、清淡的鸡肉及火鸡肉、猪肉、法式馅饼及奶酪

法国·波尔多产区·苏玳和巴萨克

### 相关介绍

　　17世纪由古老的苏特罗家族（Suduiraut）创立，直到18世纪末之后，它才成为Castelnau家族的产业。苏特罗庄园的城堡是当地的一大特色，由著名的凡尔赛宫设计者诺特（Le Note）设计，连周围的林荫大道及喷泉的公园，都显得气派非凡。1992年，法国保险巨头AXA Millesimes集团收购了这座城堡庄园，投入了大量的资金和技术，使其即使同与之毗邻的著名庄园滴金庄对比也毫不逊色。目前整个庄园占地200公顷，其中一半的地段为牧场与树林，90公顷为葡萄园，是苏玳地区最大的葡萄园之一。苏特罗的酒极其丰富、甜美，但不沉重，新鲜度尤为突出。Robert Parker曾在评价此酒时说："酒香复杂，酒力澎湃又不乏细腻精致，是二者的完美结合。"

### 苏特罗庄园　年份表格

| 年份 | 价格（元） | 分数 | 适饮期 | 侍酒（℃） |
| --- | --- | --- | --- | --- |
| 2001 | 1138～2469 | 94 | 2006～2025 | 10～12 |
| 2002 | 474～1006 | 90 | 2007～2026 | 10～12 |
| 2003 | 646～1234 | 92 | 2008～2027 | 10～12 |
| 2004 | 456～1138 | 90 | 2009～2028 | 10～12 |
| 2005 | 684～1424 | 93 | 2010～2030 | 8～10 |
| 2006 | 570～1176 | 90 | 2012～2032 | 8～10 |
| 2007 | 778～1328 | 93 | 2013～2033 | 8～10 |
| 2008 | 570～1158 | 91 | 2014～2035 | 8～10 |
| 2009 | 930～1746 | 94 | 2015～2035 | 8～10 |
| 2010 | 778～1404 | 93 | 2018～2038 | 6～8 |
| 2011 | 740～1290 | 93 | 2018～2047 | 6～8 |
| 2012 | 1138～2469 | 94 | 2006～2025 | 6～8 |

03

勃 艮 第 产 区
WINE REGIONS OF BOURGOGNE

# 勃艮第葡萄酒产区
## Wine Regions of Burgundy

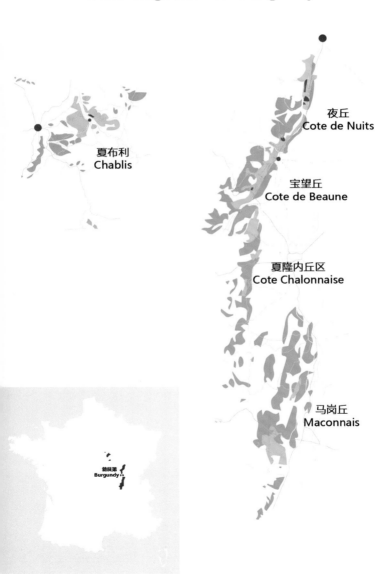

夜丘
Cote de Nuits

宝望丘
Cote de Beaune

夏隆内丘区
Cote Chalonnaise

马岗丘
Maconnais

夏布利
Chablis

勃艮第
Burgundy

# 产区特征

## 地理位置

勃艮第位于法国中部，地形以丘陵为主，属大陆性气候，被称为地球上最复杂难懂的葡萄酒产地，世界上最贵的红葡萄酒与白葡萄酒都集中在此。

## 主要产区

分为五大产区：夏布利（Chablis）、夜丘（Cote de Nuits）、伯恩丘（Cote de Beaune）、夏隆内丘（Cote Chalonnaise）和马岗丘（Maconnais）。其中夏布利被誉为全国最顶级的白葡萄酒产区，夜丘和伯恩丘合称金丘（Cote d'Or），是勃艮第最精华的葡萄酒集中地。

## 葡萄品种

勃艮第的种植葡萄以一红（黑皮诺Pinot Noir）和一白（霞多丽Chardonnay）两大葡萄品种为主。

## 分级制度

勃艮第人对土壤有着独到的分析和见解，分级制度也是针对葡萄园进行，主要分为特级园（Grand Cru）、一级园（Premier Cru）、村庄级（AOC‐Village）和地区级（AOC‐Region）四大等级，而位于塔尖的特级园更是汇聚了众多让葡萄酒爱好者垂涎的顶级好酒。

# Domaine Billaud–Simon– Vaudesir
# 比罗西蒙酒庄 - 沃德斯

所属产区：法国勃艮第夏布利区
所属等级：夏布利特级园
葡萄品种：霞多丽
配餐建议：海鲜、沙拉

## 相关介绍

比罗西蒙酒庄在夏布利约有20公顷葡萄园，该庄出产的酒品充分结合了夏布利地区的风土特点，风味集中，矿物质特点明显。2014年酒庄被勃艮第名庄法维莱酒庄(Domaine Faiveley)收购，从此进入了新的发展阶段。

### 比罗西蒙酒庄 - 沃德斯　年份表格

| 年份 | 价格（元） | 分数 | 适饮期 | 侍酒（℃） | 醒酒（分钟） |
|---|---|---|---|---|---|
| 2001 | 455 ~ 500 | 88 | 2007 ~ 2014 | 10 ~ 12 | 10 |
| 2002 | 660 ~ 725 | 89 | 2007 ~ 2017 | 10 ~ 12 | 10 |
| 2003 | 570 ~ 655 | 91 | 2006 ~ 2013 | 10 ~ 12 | 15 |
| 2004 | 625 ~ 720 | 92 | 2008 ~ 2015 | 10 ~ 12 | 15 |
| 2005 | 795 ~ 920 | 93 | 2008 ~ 2015 | 10 ~ 12 | 20 |
| 2006 | 510 ~ 590 | 93 | 2010 ~ 2017 | 9 ~ 11 | 20 |
| 2007 | 625 ~ 720 | 93 | 2011 ~ 2018 | 9 ~ 11 | 20 |
| 2008 | 685 ~ 790 | 92 | 2012 ~ 2019 | 9 ~ 11 | 20 |
| 2009 | 685 ~ 440 | 92 | 2012 ~ 2020 | 9 ~ 11 | 20 |
| 2010 | 590 ~ 680 | 92 | 2013 ~ 2021 | 9 ~ 11 | 30 |
| 2011 | 500 ~ 550 | 89 | 2014 ~ 2022 | 7 ~ 10 | 30 |
| 2012 | 610 ~ 700 | 90 | 2016 ~ 2025 | 7 ~ 10 | 30 |

## Domaine Jean–Paul Droin–Montee de Tonnerre
# 德龙酒庄

**所属产区：** 法国勃艮第夏布利区
**所属等级：** 夏布利一级园
**葡萄品种：** 霞多丽
**配餐建议：** 海鲜、沙拉

### 相关介绍

　　德龙酒庄是夏布利产区历史最悠久的酒庄之一，家族成员在这里种植葡萄长达5个世纪，现有葡萄园面积约为25公顷，该庄酿制的葡萄酒具有无可比拟的优雅、精细与力量，再经过几年的陈年亦能展现其无限潜力。在现庄主贝努瓦·德龙（Benoit Droin）的努力经营下，酒品呈现出锐利、干净、辛爽、富含纯净果香与矿物的经典夏布利风格。

### 德龙酒庄　年份表格

| 年份 | 价格（元） | 分数 | 适饮期 | 侍酒（℃） | 醒酒（分钟） |
|---|---|---|---|---|---|
| 2001 | 310～360 | 92 | 2006～2013 | 10～12 | 15 |
| 2002 | 310～340 | 89 | 2008～2015 | 11～12 | 10 |
| 2003 | 240～280 | 90 | 2008～2015 | 10～12 | 15 |
| 2004 | 205～235 | 91 | 2010～2017 | 10～12 | 15 |
| 2005 | 250～290 | 90 | 2011～2018 | 10～12 | 15 |
| 2006 | 230～260 | 92 | 2012～2019 | 9～11 | 20 |
| 2007 | 265～305 | 92 | 2012～2020 | 9～11 | 20 |
| 2008 | 265～305 | 94 | 2013～2021 | 9～11 | 20 |
| 2009 | 250～275 | 89 | 2013～2022 | 8～10 | 15 |
| 2010 | 265～305 | 92 | 2014～2022 | 9～11 | 30 |
| 2011 | 310～360 | 92 | 2006～2013 | 7～10 | 30 |
| 2012 | 310～340 | 89 | 2008～2015 | 7～10 | 25 |

# 德帕齐酒庄－木桐

所属产区：法国勃艮第夏布利区
所属等级：夏布利特级园
葡萄品种：霞多丽
配餐建议：海鲜、沙拉

## 相关介绍

　　德帕奇酒庄拥有一块特级葡萄园，中心的斜坡可以保护葡萄园免受北风的威胁，并且使葡萄获得良好的光照。该庄出产的酒款散发着桃子、柑橘的香气以及茉莉和紫罗兰的花香，口感活泼，具有矿物质的风味。

### 德帕齐酒庄－木桐　年份表格

| 年份 | 价格（元） | 分数 | 适饮期 | 侍酒（℃） | 醒酒（分钟） |
|------|-----------|------|---------|-----------|--------------|
| 2001 | 960～1105 | 90 | 2006～2015 | 10～12 | 15 |
| 2002 | 630～730 | 91 | 2007～2017 | 10～12 | 15 |
| 2003 | 590～680 | 91 | 2006～2013 | 10～12 | 15 |
| 2004 | 920～1060 | 92 | 2008～2015 | 10～12 | 15 |
| 2005 | 910～1050 | 93 | 2008～2015 | 10～12 | 15 |
| 2006 | 920～1060 | 92 | 2010～2017 | 9～11 | 20 |
| 2007 | 785～905 | 93 | 2011～2018 | 9～11 | 20 |
| 2008 | 730～835 | 93 | 2012～2019 | 9～11 | 20 |
| 2009 | 650～750 | 93 | 2012～2020 | 9～11 | 20 |
| 2010 | 825～950 | 92 | 2013～2021 | 9～11 | 30 |
| 2011 | 825～950 | 92 | 2017～2026 | 7～10 | 30 |
| 2012 | 845～970 | 92 | 2017～2027 | 7～10 | 30 |

法国·勃艮第产区·夏布利

## Jean–Marc Brocard–Valmur
# 让－马克酒庄－瓦慕

所属产区：法国勃艮第夏布利区
所属等级：夏布利特级园
葡萄品种：霞多丽
配餐建议：海鲜、沙拉

### 相关介绍

    2008年，该款酒获得了"国际葡萄酒与烈酒大赛"以及"醇鉴世界葡萄酒大赛"两项银奖。作为夏布利特级园出产的酒款，本酒具有均衡优雅的个性和醇厚的口感，性价比较高。

### 让－马克酒庄－瓦慕　年份表格

| 年份 | 价格（元） | 分数 | 适饮期 | 侍酒（℃） | 醒酒（分钟） |
|------|-----------|------|--------|----------|------------|
| 2002 | 540～620 | 92 | 2007～2013 | 10～12 | 15 |
| 2003 | 430～500 | 91 | 2008～2015 | 10～12 | 15 |
| 2006 | 470～545 | 91 | 2010～2017 | 9～11 | 20 |
| 2007 | 725～840 | 91 | 2011～2018 | 9～11 | 20 |
| 2008 | 710～820 | 90 | 2012～2019 | 9～11 | 20 |
| 2009 | 535～590 | 89 | 2012～2020 | 10～11 | 20 |
| 2010 | 650～750 | 90 | 2013～2021 | 9～11 | 30 |
| 2011 | 672～770 | 91 | 2015～2023 | 7～10 | 30 |

## Domaine Francois & Jean–Marie Raveneau–Valmur
## 拉文诺酒庄 - 瓦慕

所属产区：法国勃艮第夏布利区

所属等级：夏布利特级园

葡萄品种：霞多丽

配餐建议：海鲜、沙拉

### 相关介绍

　　酒庄创建于 1948 年，以出产顶级霞多丽葡萄酒著称，并拥有夏布利产区最有名且最受尊敬的葡萄园和诸多名贵的酒款。这里的葡萄酒产量很少，不过几乎都产自特级园或者一级园，因此品质十分出色。

### 拉文诺酒庄 - 瓦慕　年份表格

| 年份 | 价格（元） | 分数 | 适饮期 | 侍酒（℃） | 醒酒（分钟） |
|------|-----------|------|---------|-----------|-------------|
| 2001 | 1300 ~ 1490 | 91 | 2006 ~ 2020 | 10 ~ 12 | 15 |
| 2002 | 3190 ~ 3825 | 95 | 2008 ~ 2020 | 9 ~ 11 | 20 |
| 2003 | 1535 ~ 1770 | 92 | 2006 ~ 2013 | 10 ~ 12 | 15 |
| 2004 | 2335 ~ 2685 | 93 | 2008 ~ 2015 | 10 ~ 12 | 15 |
| 2005 | 2905 ~ 3485 | 96 | 2008 ~ 2015 | 9 ~ 11 | 25 |
| 2006 | 2090 ~ 2400 | 94 | 2010 ~ 2017 | 9 ~ 11 | 20 |
| 2007 | 2770 ~ 3190 | 95 | 2011 ~ 2018 | 9 ~ 11 | 25 |
| 2008 | 2695 ~ 3235 | 95 | 2012 ~ 2019 | 8 ~ 10 | 25 |
| 2009 | 2125 ~ 2445 | 94 | 2012 ~ 2020 | 9 ~ 11 | 20 |
| 2010 | 2980 ~ 3575 | 95 | 2013 ~ 2021 | 8 ~ 10 | 30 |
| 2011 | 3280 ~ 3770 | 94 | 2015 ~ 2018 | 7 ~ 9 | 30 |
| 2012 | 3605 ~ 4330 | 96 | 2020 ~ 2022 | 7 ~ 9 | 30 |

## Domaine Louis Michel–Les Grenouilles
# 路易斯·米歇尔酒庄

**所属产区：** 法国勃艮第夏布利区
**所属等级：** 夏布利特级园
**葡萄品种：** 霞多丽
**配餐建议：** 海鲜、沙拉

### 相关介绍

　　四十多年以前，庄主Louis Michel就已决定不再使用橡木桶酿酒，而是致力于酿造一种干净而不带有人工痕迹的夏布利。酒评家罗伯特·帕克就曾称赞该酒庄"或许是生长在勃艮第北部石灰岩山坡上最纯净的石头味霞多丽表现形式"，还说自己是这家酒庄的多年粉丝。

### 路易斯·米歇尔酒庄　年份表格

| 年份 | 价格（元） | 分数 | 适饮期 | 侍酒（℃） | 醒酒（分钟） |
|------|-----------|------|--------|----------|-------------|
| 2001 | 845～930 | 88 | 2006～2011 | 11～12 | 10 |
| 2002 | 670～770 | 91 | 2008～2015 | 10～12 | 15 |
| 2003 | 400～440 | 89 | 2006～2013 | 11～12 | 10 |
| 2004 | 470～540 | 90 | 2008～2015 | 10～12 | 15 |
| 2005 | 805～930 | 90 | 2008～2015 | 10～12 | 15 |
| 2006 | 590～675 | 91 | 2010～2017 | 9～11 | 20 |
| 2007 | 940～1080 | 92 | 2011～2018 | 9～11 | 20 |
| 2008 | 650～750 | 93 | 2012～2019 | 9～11 | 20 |
| 2009 | 765～880 | 92 | 2012～2020 | 9～11 | 20 |
| 2010 | 630～730 | 92 | 2013～2021 | 9～11 | 30 |
| 2011 | 630～730 | 92 | 2013～2015 | 7～10 | 30 |
| 2012 | 630～730 | 90 | 2015～2022 | 7～10 | 30 |

所属产区：法国勃艮第夏布利区
所属等级：夏布利特级园
葡萄品种：霞多丽
配餐建议：海鲜、沙拉

### 相关介绍

　　庄主兼首席酿酒师Olivier Humbrecht是第一个考上葡萄酒大师的法国人，他也是生物动力法协会会长以及阿尔萨斯特级酒园协会的主席。此酒色泽金黄晶亮，初闻有烟熏及打火石气味，甜美深厚不张扬；入口有雪茄及菌类气味，尾韵有香瓜及蜂蜜气息，余韵悠长。

### 夏布利女人－普赫斯　年份表格

| 年份 | 价格（元） | 分数 | 适饮期 | 侍酒（℃） | 醒酒（分钟） |
|------|-----------|------|--------|-----------|--------------|
| 2001 | 490～540 | 87 | 2007～2013 | 11～12 | 10 |
| 2002 | 370～430 | 91 | 2009～2014 | 10～12 | 15 |
| 2003 | 410～470 | 90 | 2006～2013 | 10～12 | 15 |
| 2004 | 560～640 | 91 | 2008～2015 | 10～12 | 15 |
| 2005 | 520～595 | 91 | 2008～2015 | 10～12 | 15 |
| 2006 | 360～415 | 92 | 2010～2017 | 9～11 | 20 |
| 2007 | 395～455 | 91 | 2011～2018 | 9～11 | 20 |
| 2008 | 420～485 | 93 | 2012～2019 | 9～11 | 20 |
| 2009 | 480～550 | 92 | 2012～2020 | 9～11 | 20 |
| 2010 | 480～550 | 91 | 2012～2020 | 9～11 | 30 |
| 2011 | 440～510 | 92 | 2014～2020 | 7～10 | 30 |
| 2012 | 490～540 | 87 | 2007～2013 | 7～10 | 30 |

法国·勃艮第产区·夏布利

## Domaine Laroche–Blanchots
# 拉罗斯酒庄 – 布蓝措园

所属产区：法国勃艮第夏布利区
所属等级：夏布利特级园
葡萄品种：霞多丽
配餐建议：海鲜、沙拉

### 相关介绍

　　拉罗斯酒庄是夏布利的顶级酒园兼酒商之一，其葡萄酒园遍布整个夏布利。长袖善舞的经营让拉罗斯酒庄的葡萄酒可以迎合各段位、各种消费能力酒迷的需求，既有奢侈的稀世珍藏，又有普通的霞多丽葡萄酒。这款霞多丽酿造的葡萄酒适合入门者和中低端消费者饮用，却有着不逊于高端酒款的口感与风骨。

### 拉罗斯酒庄 – 布蓝措园　年份表格

| 年份 | 价格（元） | 分数 | 适饮期 | 侍酒（℃） | 醒酒（分钟） |
|------|-----------|------|---------|-----------|--------------|
| 2001 | 765～845 | 88 | 2004～2010 | 11～12 | 10 |
| 2002 | 650～750 | 90 | 2006～2013 | 10～12 | 15 |
| 2003 | 540～595 | 86 | 2006～2013 | 11～12 | 10 |
| 2004 | 595～680 | 92 | 2008～2015 | 10～12 | 15 |
| 2005 | 630～730 | 90 | 2008～2015 | 10～12 | 15 |
| 2006 | 750～860 | 92 | 2010～2017 | 9～11 | 20 |
| 2007 | 615～705 | 92 | 2011～2018 | 9～11 | 20 |
| 2008 | 540～620 | 90 | 2012～2019 | 9～11 | 20 |
| 2009 | 730～840 | 92 | 2012～2020 | 9～11 | 20 |
| 2010 | 690～795 | 92 | 2013～2021 | 9～11 | 30 |
| 2011 | 540～620 | 90 | 2013～2020 | 7～10 | 30 |
| 2012 | 900～1035 | 92 | 2015～2025 | 7～10 | 30 |

属产区：法国勃艮第夏布利区

属等级：夏布利特级园

萄品种：霞多丽

餐建议：海鲜、沙拉

## 相关介绍

　　酒庄的庄主文森特·杜伟萨老先生有着低调而内敛的性格，把时间花在葡萄园里，专心酿酒。因此虽然酒庄出产的酒款非常名贵，但是国内却鲜有人知，相关信息也相对较少。该庄出产的酒款有着清爽的感和纯净的酒体，尾韵纯净沉静而悠长。

### 杜伟萨酒庄－普赫斯　年份表格

| 年份 | 价格（元） | 分数 | 适饮期 | 侍酒（℃） | 醒酒（分钟） |
|------|-----------|------|---------|-----------|--------------|
| 2001 | 2050～2360 | 92 | 2008～2015 | 10～12 | 15 |
| 2002 | 2185～2620 | 95 | 2000～2015 | 9～11 | 20 |
| 2003 | 960～1105 | 91 | 2006～2013 | 10～12 | 15 |
| 2004 | 1150～1320 | 93 | 2008～2015 | 10～12 | 15 |
| 2005 | 1670～2000 | 95 | 2008～2015 | 9～11 | 20 |
| 2006 | 1565～1880 | 95 | 2010～2017 | 9～11 | 25 |
| 2007 | 1920～1305 | 95 | 2011～2018 | 9～11 | 25 |
| 2008 | 1585～1900 | 95 | 2012～2019 | 9～11 | 25 |
| 2009 | 1080～1240 | 94 | 2012～2020 | 9～11 | 20 |
| 2010 | 1570～1885 | 95 | 2013～2022 | 8～10 | 30 |
| 2011 | 1285～1480 | 91 | 2013～2022 | 7～9 | 30 |
| 2012 | 1455～1745 | 96 | 2018～2022 | 7～9 | 30 |

法国·勃艮第产区·夏布利

## William Fevre–Valmur
# 威廉芬伍酒庄－瓦慕

**所属产区：** 法国勃艮第夏布利区
**所属等级：** 夏布利特级园
**葡萄品种：** 霞多丽
**配餐建议：** 海鲜、沙拉

### 相关介绍

　　威廉·芬伍酒庄的持有者是一个在夏布利地区已经生活250年的家族。在1959年，酒庄创立了自己的葡萄酒公司，并推出首款葡萄酒。多年来，酒庄一直潜心致力于酿制优质葡萄酒。力求把最真实的土壤特征反映在美酒中。采摘后的葡萄经过筛选后会进行酿制，酿制得来的干白葡萄酒大部分会在小型不锈钢桶中熟成8至10个月，有10％会在法国橡木桶中熟成，酒品口味优雅、浓郁、圆润。

**威廉芬伍酒庄－瓦慕　年份表格**

| 年份 | 价格（元） | 分数 | 适饮期 | 侍酒（℃） | 醒酒（分钟 |
|------|-----------|------|-----------|-----------|-----------|
| 2001 | 385～420 | 89 | 2006～2012 | 11～12 | 10 |
| 2002 | 940～1080 | 93 | 2008～2012 | 10～11 | 15 |
| 2003 | 685～790 | 93 | 2006～2013 | 10～11 | 15 |
| 2004 | 630～730 | 94 | 2008～2015 | 10～11 | 15 |
| 2005 | 540～620 | 94 | 2008～2015 | 10～11 | 15 |
| 2006 | 540～620 | 93 | 2010～2017 | 9～10 | 20 |
| 2007 | 515～595 | 94 | 2011～2018 | 9～10 | 20 |
| 2008 | 710～820 | 94 | 2012～2019 | 9～10 | 20 |
| 2009 | 575～660 | 94 | 2012～2020 | 9～10 | 20 |
| 2010 | 770～880 | 94 | 2013～2021 | 9～10 | 30 |
| 2011 | 615～705 | 91 | 2014～2021 | 7～9 | 30 |
| 2012 | 825～950 | 92 | 2015～2023 | 7～9 | 30 |

## Maison Dominique Laurent–Mazis Chambertin
## 多米尼克·卢亨酒庄 – 美思香贝天园

所属产区：法国勃艮第夜丘吉菲香
　　　　　贝天村
所属等级：美思香贝天特级园
葡萄品种：黑皮诺
土壤特征：黏土石灰质
配餐建议：烤肉、牛扒

### 相关介绍

　　庄园的庄主多米尼克·卢亨先生（Dominique Laurent）在夜圣乔治（Nuits–St–Georges）经营酒商事业，旗下酿造了许多可作为勃艮第葡萄酒典范的佳酿。他专门收集藤龄老、产量低、手工采摘的葡萄，进行两次过新桶的发酵。这使他酿出的葡萄果味浓郁，保持了各田地出产葡萄的个性，有别于其他酿酒商。

多米尼克·卢亨酒庄 – 美思香贝天园　年份表格

| 年份 | 价格（元） | 分数 | 适饮期 | 侍酒（℃） | 醒酒（分钟） |
|------|-----------|------|--------|-----------|--------------|
| 2001 | 1250～1435 | 92 | 2006～2020 | 14～16 | 35 |
| 2002 | 1790～2060 | 95 | 2007～2023 | 15～17 | 50 |
| 2003 | 1525～1830 | 95 | 2009～2030 | 15～17 | 55 |
| 2004 | 720～830 | 93 | 2009～2024 | 14～16 | 55 |
| 2005 | 1250～1435 | 94 | 2010～2025 | 15～17 | 60 |
| 2006 | 1560～1800 | 92 | 2010～2025 | 15～17 | 65 |
| 2007 | 925～1060 | 94 | 2010～2026 | 15～17 | 70 |
| 2008 | 1015～1170 | 94 | 2012～2027 | 15～17 | 75 |
| 2009 | 2000～2300 | 94 | 2014～2028 | 15～17 | 80 |
| 2010 | 1770～2040 | 92 | 2015～2030 | 16～18 | 85 |

# Domaine Meo–Camuzet–Vosne Romanee Cros Parantoux
## 米奥卡姆哲庄园－帕朗图园

所属产区：法国勃艮第夜丘区华罗曼尼村

所属等级：华罗曼尼村一级园

葡萄品种：黑皮诺

土壤特征：黏土及石灰石土壤

配餐建议：烤肉、烤鸭

### 相关介绍

米奥卡姆哲庄园是勃艮第地区甚至法国首屈一指的酒庄。该庄园酿造的酒层次分明，口感浓郁，魅力无穷，在国际上享有盛誉，极其名贵而富有收藏价值。

### 米奥卡姆哲庄园－帕朗图园　年份表格

| 年份 | 价格（元） | 分数 | 适饮期 | 侍酒（℃） | 醒酒（分钟） |
|---|---|---|---|---|---|
| 2001 | 13745～15805 | 90 | 2004～2020 | 14～16 | 40 |
| 2002 | 15610～17955 | 92 | 2005～2022 | 14～16 | 45 |
| 2003 | 13745～15810 | 93 | 2006～2023 | 14～16 | 50 |
| 2004 | 13480～15500 | 93 | 2007～2024 | 14～16 | 55 |
| 2005 | 20870～25040 | 95 | 2010～2026 | 16～18 | 65 |
| 2006 | 9900～11385 | 93 | 2009～2027 | 15～17 | 65 |
| 2007 | 9920～11405 | 93 | 2011～2028 | 15～17 | 70 |
| 2008 | 11195～12875 | 93 | 2012～2028 | 15～17 | 75 |
| 2009 | 14585～16770 | 94 | 2016～2030 | 15～17 | 80 |
| 2010 | 15555～17890 | 94 | 2018～2032 | 16～18 | 85 |
| 2011 | 14140～16260 | 94 | 2024～2039 | 16～18 | 90 |
| 2012 | 16305～18750 | 94 | 2024～2039 | 16～18 | 95 |

## DRC– Romanee–Conti
# 罗曼尼康帝

**所属产区**：法国勃艮第夜丘区华罗曼
尼村

**所属等级**：罗曼尼康帝特级园

**葡萄品种**：黑皮诺

**土壤特征**：黏土石灰质、泥灰质土壤

**每年产量**：4 000瓶

**配餐建议**：浓郁酱汁的肉类

### 相关介绍

罗曼尼康帝，简称DRC，生产的葡萄酒被认为是世界上最昂贵的葡萄酒之一，被誉为亿万富翁所饮的酒，通常选用老藤葡萄作为原料，产量极低，以厚重、复杂和耐久存而著称。此酒产自罗曼尼康帝独有的特级园，处于集团的塔尖产品，香气极其丰富优雅，有着非凡的精致口感。

### 罗曼尼康帝　年份表格

| 年份 | 价格（元） | 分数 | 适饮期 | 侍酒（℃） | 醒酒（分钟） |
|------|-----------|------|--------|-----------|-------------|
| 2001 | 112780～135335 | 95 | 2008～2030 | 15～17 | 45 |
| 2002 | 162905～195485 | 96 | 2009～2035 | 15～17 | 50 |
| 2003 | 66200～79440 | 96 | 2012～2035 | 15～17 | 55 |
| 2004 | 112780～135335 | 96 | 2015～2035 | 15～17 | 60 |
| 2005 | 123020～147625 | 98 | 2015～2050 | 16～18 | 75 |
| 2006 | 136010～163210 | 97 | 2016～2035 | 16～18 | 70 |
| 2007 | 124450～149345 | 95 | 2017～2035 | 16～18 | 75 |
| 2008 | 121590～145910 | 97 | 2018～2035 | 16～18 | 80 |
| 2009 | 166245～199495 | 97 | 2020～2040 | 16～18 | 85 |

# Henri Jayer Echezeaux Grand Cru, Cote de Nuits
## 亨利－佳雅酒园大依切索园

所属产区：法国勃艮第夜丘卡木赛村
所属等级：卡木赛村庄级
葡萄品种：黑皮诺
土壤特征：黏土石灰质
配餐建议：浓郁酱汁的肉类

### 相关介绍

　　酒庄曾经的主人是拥有"勃艮第酒神"之称的亨利·佳雅先生，这使得酒庄的酒款在世界范围内广受尊崇。虽然酒庄拥有的葡萄园面积小，葡萄酒产量也少，价格非常昂贵。但尽管如此，庄主也没有因其品质的杰出，数量的稀少以及名声的显赫而肆意提高价格。酒庄生产的葡萄酒总体呈现相对硬朗的口感，香味复杂，受到广泛好评。

### 亨利－佳雅酒园大依切索园　年份表格

| 年份 | 价格（元） | 分数 | 适饮期 | 侍酒（℃） | 醒酒（分钟） |
|------|-----------|------|---------|-----------|-------------|
| 2001 | 13045～15655 | 98 | 2011～2026 | 14～16 | 55 |
| 2002 | 14715～18395 | 99 | 2012～2027 | 14～16 | 60 |
| 2003 | 15645～16775 | 90 | 2011～2026 | 14～16 | 50 |
| 2004 | 14970～16215 | 91 | 2012～2027 | 14～16 | 55 |
| 2005 | 12220～15275 | 95 | 2015～2030 | 16～18 | 70 |
| 2006 | 13975～14970 | 91 | 2016～2031 | 16～18 | 65 |
| 2007 | 13115～13740 | 90 | 2017～2030 | 16～18 | 70 |
| 2008 | 13510～14215 | 92 | 2019～2031 | 16～18 | 75 |
| 2009 | 16210～17455 | 93 | 2021～2034 | 16～18 | 80 |
| 2010 | 16495～17790 | 93 | 2022～2035 | 17～19 | 85 |
| 2011 | 14380～15255 | 90 | 2021～2034 | 17～19 | 90 |
| 2012 | 15285～16345 | 91 | 2022～2035 | 17～19 | 95 |

所属产区：法国勃艮第夜丘帕兰图村

所属等级：帕兰图一级园

葡萄品种：黑皮诺

种植面积：0.72公顷

年产总量：2 500瓶

土壤特征：黏土石灰质

配餐建议：浓郁酱汁的肉类

### 相关介绍

亨利－佳雅是勃艮第夜丘国宝级的酿酒师，他开创了勃艮第全新的酿酒方法，比如完整采摘、冷浸泡、长时间发酵和陈酿等酿造技艺，已经成为勃艮第葡萄酒界里程碑式的人物。他酿制的葡萄酒果味尤为浓郁，颇有深度，口味丰富，十分优雅，强劲的酒力与细腻的口感非常均衡。

亨利－佳雅沃斯罗曼尼酒园　年份表格

| 年份 | 价格（元） | 分数 | 适饮期 | 侍酒（℃） | 醒酒（分钟） |
|------|-----------|------|--------|-----------|-------------|
| 2001 | 86525～103835 | 98 | 2015～2036 | 15～17 | 50 |

法国·勃艮第产区·夜丘

## DRC–Richebourg
# 罗曼尼康帝 - 李其堡

**所属产区：**法国勃艮第夜丘区华罗曼尼村

**所属等级：**李其堡特级园

**葡萄品种：**黑皮诺

**土壤特征：**黏土石灰质、泥灰质土壤

**每年产量：**12 000瓶

**配餐建议：**烤肉、牛扒

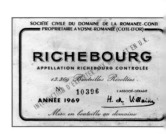

### 相关介绍

　　罗曼尼康帝，简称DRC，生产的葡萄酒被认为是世界上最昂贵的葡萄酒之一，被誉为亿万富翁所饮的酒，通常选用老藤葡萄作为原料，产量极低，以厚重、复杂和耐久存而著称。比起同村的其他葡萄酒，罗曼尼康帝的李其堡较为容易成熟，风格偏向阳刚强劲。

### 罗曼尼康帝 - 李其堡　年份表格

| 年份 | 价格（元） | 分数 | 适饮期 | 侍酒（℃） | 醒酒（分钟 |
|------|-----------|------|--------|----------|-----------|
| 2001 | 16395～18850 | 92 | 2008～2030 | 14～16 | 40 |
| 2002 | 16395～18850 | 94 | 2009～2035 | 14～16 | 45 |
| 2003 | 17800～20470 | 94 | 2012～2035 | 14～16 | 50 |
| 2004 | 13195～15170 | 93 | 2015～2035 | 14～16 | 55 |
| 2005 | 21915～25200 | 94 | 2015～2050 | 15～17 | 60 |
| 2006 | 14375～16530 | 94 | 2016～2035 | 15～17 | 65 |
| 2007 | 11365～13070 | 93 | 2017～2035 | 15～17 | 70 |
| 2008 | 15060～17320 | 94 | 2018～2035 | 15～17 | 75 |
| 2009 | 18295～21960 | 95 | 2020～2040 | 16～18 | 85 |
| 2010 | 17670～21205 | 95 | 2020～2040 | 17～19 | 90 |
| 2011 | 15535～17865 | 94 | 2021～2041 | 16～18 | 90 |

## DRC–La Tache
# 罗曼尼康帝 - 莱塔希园

所属产区：法国勃艮第夜丘区华罗曼
尼村

所属等级：莱塔希特级园

葡萄品种：黑皮诺

土壤特征：黏土石灰质、泥灰质土壤

每年产量：4 000 ~ 6 000瓶

配餐建议：浓郁酱汁的红肉

### 相关介绍

莱塔希园是勃艮第公认的顶级葡萄田，归罗曼尼康帝集团独有，其
酒有着迷人的浆果、樱桃和土壤气息，略带皮革和矿物质气息，单宁坚
实，口感浓郁，但不失优雅。

### 罗曼尼康帝 - 莱塔希园　年份表格

| 年份 | 价格（元） | 分数 | 适饮期 | 侍酒（℃） | 醒酒（分钟） |
|---|---|---|---|---|---|
| 2001 | 23665 ~ 27215 | 94 | 2008 ~ 2030 | 14 ~ 16 | 40 |
| 2002 | 26180 ~ 32150 | 96 | 2009 ~ 2035 | 15 ~ 17 | 50 |
| 2003 | 28255 ~ 33905 | 96 | 2012 ~ 2035 | 15 ~ 17 | 55 |
| 2004 | 19705 ~ 23650 | 95 | 2015 ~ 2035 | 15 ~ 17 | 60 |
| 2005 | 40535 ~ 48640 | 97 | 2015 ~ 2050 | 16 ~ 18 | 65 |
| 2006 | 22600 ~ 27120 | 96 | 2016 ~ 2035 | 16 ~ 18 | 70 |
| 2007 | 19610 ~ 23535 | 95 | 2017 ~ 2035 | 16 ~ 18 | 75 |
| 2008 | 24315 ~ 29175 | 95 | 2018 ~ 2035 | 16 ~ 18 | 80 |
| 2009 | 30940 ~ 37130 | 97 | 2020 ~ 2040 | 16 ~ 18 | 85 |
| 2010 | 32345 ~ 38820 | 97 | 2020 ~ 2040 | 17 ~ 19 | 90 |
| 2011 | 25640 ~ 30770 | 96 | 2017 ~ 2045 | 17 ~ 19 | 95 |
| 2012 | 31685 ~ 38025 | 97 | 2022 ~ 2055 | 17 ~ 19 | 100 |

## DRC–Romanee Saint Vivant
# 罗曼尼康帝 - 罗曼尼·圣伟望园

所属产区：法国勃艮第夜丘区华罗曼
尼村

所属等级：罗曼尼·圣伟望特级园

葡萄品种：黑皮诺

土壤特征：黏土石灰质、泥灰质土壤

每年产量：4 000 ~ 6 000瓶

配餐建议：浓郁酱汁的肉类

### 相关介绍

　　DRC拥有圣伟望园9公顷中的5.25公顷，其酒有着非常明显的动物皮
毛气息，口感浓郁，算是DRC中的大酒。

### 罗曼尼康帝 - 罗曼尼·圣伟望园　年份表格

| 年份 | 价格（元） | 分数 | 适饮期 | 侍酒（℃） | 醒酒（分钟） |
|------|-----------|------|--------|-----------|-------------|
| 2001 | 10870 ~ 12500 | 94 | 2008 ~ 2030 | 14 ~ 16 | 40 |
| 2002 | 13555 ~ 16270 | 96 | 2009 ~ 2035 | 15 ~ 17 | 50 |
| 2003 | 13325 ~ 15995 | 96 | 2012 ~ 2035 | 15 ~ 17 | 55 |
| 2004 | 10640 ~ 12770 | 95 | 2015 ~ 2035 | 15 ~ 17 | 60 |
| 2005 | 19060 ~ 22780 | 97 | 2015 ~ 2050 | 16 ~ 18 | 65 |
| 2006 | 12225 ~ 14470 | 96 | 2016 ~ 2035 | 16 ~ 18 | 70 |
| 2007 | 10605 ~ 12730 | 95 | 2017 ~ 2035 | 16 ~ 18 | 75 |
| 2008 | 13840 ~ 16610 | 95 | 2018 ~ 2035 | 16 ~ 18 | 80 |
| 2009 | 14830 ~ 17795 | 97 | 2020 ~ 2040 | 16 ~ 18 | 85 |
| 2010 | 16320 ~ 19580 | 95 | 2023 ~ 2043 | 17 ~ 19 | 90 |
| 2011 | 13785 ~ 15850 | 94 | 2019 ~ 2045 | 16 ~ 18 | 90 |

## DRC–Echezeaux
# 罗曼尼康帝 – 依切索园

**所属产区**：法国勃艮第夜丘区菲歌依
切索村

**所属等级**：依切索特级园

**葡萄品种**：黑皮诺

**土壤特征**：黏土石灰质、泥灰质土壤

**每年产量**：4 000～6 000瓶

**配餐建议**：烤肉、香肠

### 相关介绍

依切索园的酒通常带有迷人的花香，以及肉桂和皮毛类香气，且越陈越香，口感极富层次。

### 罗曼尼康帝 – 依切索园　年份表格

| 年份 | 价格（元） | 分数 | 适饮期 | 侍酒（℃） | 醒酒（分钟） |
|---|---|---|---|---|---|
| 2001 | 10320～11870 | 93 | 2006～2026 | 14～16 | 40 |
| 2002 | 10355～11910 | 91 | 2007～2025 | 14～16 | 45 |
| 2003 | 11615～13355 | 92 | 2008～2025 | 14～16 | 50 |
| 2004 | 8185～9415 | 93 | 2010～2026 | 14～16 | 55 |
| 2005 | 13005～14955 | 94 | 2014～2025 | 15～17 | 60 |
| 2006 | 9500～10925 | 93 | 2015～2030 | 15～17 | 65 |
| 2007 | 8245～9480 | 91 | 2015～2030 | 15～17 | 70 |
| 2008 | 9900～11385 | 92 | 2015～2030 | 15～17 | 75 |
| 2009 | 10815～12440 | 92 | 2017～2032 | 15～17 | 80 |
| 2010 | 11895～13680 | 93 | 2018～2040 | 16～18 | 85 |
| 2011 | 13085～15050 | 93 | 2019～2042 | 16～18 | 90 |
| 2012 | 10320～11870 | 93 | 2020～2042 | 16～18 | 95 |

法国·勃艮第产区·夜丘

# Domaine Leroy–Romanee St.Vivant
## 乐花庄园－罗曼尼·圣伟望园

所属产区：法国勃艮第夜丘区华罗曼
　　　　　尼村
所属等级：罗曼尼·圣伟望特级园
葡萄品种：黑皮诺
土壤特征：黏土石灰质、泥灰质土壤
配餐建议：肥肉

### 相关介绍

　　乐花庄园具备和罗曼尼康帝酒庄（DRC）分庭抗礼的实力，前者具有皇者风范，后者则温柔婉约，被广大葡萄酒爱好者誉为勃艮第的皇后。庄主Leroy夫人是虔诚的风土主义者，采用"生物动力法"，对葡萄收获量和酒的产量进行严格的控制，使得酒庄的产品享誉世界，酒款的价格、质量与口碑直追罗曼尼康帝酒庄。

### 乐花庄园－罗曼尼·圣伟望园　年份表格

| 年份 | 价格（元） | 分数 | 适饮期 | 侍酒（℃） | 醒酒（分钟） |
|---|---|---|---|---|---|
| 2001 | 20410～23470 | 94 | 2008～2024 | 14～16 | 40 |
| 2002 | 9984～11980 | 96 | 2009～2025 | 15～17 | 50 |
| 2003 | 16165～19400 | 95 | 2010～2025 | 15～17 | 55 |
| 2004 | 24885～29870 | 96 | 2013～2028 | 15～17 | 60 |
| 2005 | 19705～23650 | 96 | 2013～2028 | 15～17 | 65 |
| 2006 | 13805～16565 | 96 | 2015～2030 | 16～18 | 70 |
| 2007 | 20640～24770 | 97 | 2015～2030 | 16～18 | 75 |
| 2008 | 22255～26710 | 97 | 2020～2040 | 16～18 | 80 |
| 2009 | 22410～26890 | 97 | 2022～2042 | 16～18 | 85 |
| 2010 | 20410～23470 | 94 | 2022～2042 | 16～18 | 85 |
| 2011 | 22450～26940 | 96 | 2023～2043 | 17～19 | 95 |

所属产区：法国勃艮第夜丘区华罗曼
尼村

所属等级：李其堡特级园

葡萄品种：黑皮诺

土壤特征：黏土石灰质、泥灰质土壤

配餐建议：烤肉、牛扒

### 相关介绍

　　米奥卡姆哲庄园在李其堡（Les Richebourg）田上拥有约0.35亩的葡萄园，这块土地出产的葡萄所酿出的酒款较之庄园其他产品会显得更加浓郁与刚劲。

米奥卡姆哲庄园 - 李其堡　年份表格

| 年份 | 价格（元） | 分数 | 适饮期 | 侍酒（℃） | 醒酒（分钟） |
|---|---|---|---|---|---|
| 2001 | 10470～12040 | 92 | 2008～2023 | 14～16 | 40 |
| 2002 | 12640～15170 | 96 | 2009～2025 | 15～17 | 50 |
| 2003 | 9540～11450 | 95 | 2010～2025 | 15～17 | 55 |
| 2004 | 9180～10555 | 94 | 2011～2026 | 14～16 | 55 |
| 2005 | 16680～19180 | 96 | 2013～2027 | 15～17 | 65 |
| 2006 | 9255～10640 | 94 | 2014～2028 | 15～17 | 65 |
| 2007 | 8780～10095 | 94 | 2015～2030 | 15～17 | 70 |
| 2008 | 9370～10770 | 94 | 2018～2035 | 15～17 | 75 |
| 2009 | 10305～11850 | 94 | 2019～2038 | 15～17 | 80 |
| 2010 | 12585～15100 | 96 | 2020～2040 | 17～19 | 90 |
| 2011 | 10185～11715 | 94 | 2024～2040 | 16～18 | 90 |
| 2012 | 12755～14670 | 94 | 2024～2042 | 16～18 | 95 |

法国·勃艮第产区·夜丘

# 米奥卡姆哲庄园 – 布鲁里园

所属产区：法国勃艮第夜丘区华罗曼
　　　　　尼村
所属等级：华罗曼尼村一级园
葡萄品种：黑皮诺
土壤特征：黏土及石灰石土壤
配餐建议：烤肉、烤鸭

## 相关介绍

　　该酒是米奥卡姆哲庄园相对较为罕见和稀有的酒款，价格较高，是葡萄酒收藏者可遇而不可求的上等佳品。

米奥卡姆哲庄园 – 布鲁里园　年份表格

| 年份 | 价格（元） | 分数 | 适饮期 | 侍酒（℃） | 醒酒（分钟） |
|---|---|---|---|---|---|
| 2001 | 4205～4840 | 90 | 2004～2018 | 14～16 | 40 |
| 2002 | 5160～5935 | 94 | 2005～2018 | 14～16 | 45 |
| 2003 | 5160～5930 | 92 | 2006～2021 | 14～16 | 50 |
| 2004 | 2130～2450 | 92 | 2007～2022 | 14～16 | 55 |
| 2005 | 8855～10625 | 95 | 2010～2024 | 16～18 | 65 |
| 2006 | 2795～3220 | 93 | 2009～2024 | 15～17 | 65 |
| 2007 | 3370～3880 | 92 | 2011～2025 | 15～17 | 70 |
| 2008 | 2835～3260 | 92 | 2012～2027 | 15～17 | 75 |
| 2009 | 4645～5575 | 95 | 2016～2028 | 16～18 | 85 |
| 2010 | 4510～5415 | 95 | 2016～2030 | 17～19 | 90 |
| 2011 | 3580～4295 | 93 | 2021～2031 | 16～18 | 90 |
| 2012 | 4530～5435 | 91 | 2018～2032 | 16～18 | 95 |

法国·勃艮第产区·夜丘

## Domaine Rene Bouvier–Charmes Chambertin
# 布威庄园－国王盛宴

所属产区：法国勃艮第夜丘区吉菲
　　　　　香贝天村

所属等级：詹姆士香贝天特级园

葡萄品种：黑皮诺

土壤特征：黏土及石灰石土壤

每年产量：6 000瓶

配餐建议：羊肉、嫩牛肉

### 相关介绍

　　布威庄园是法国勃艮第顶级庄园之一，成立于1910年，其现任庄主兼酿酒师是家族的第四代传人，是唯一连续十年获得勃艮第最佳酿酒师称号的酿酒师。国王盛宴是其旗下高端品牌，采用60年树龄的老藤葡萄酿造，入口后可感受其丰富的层次感，是一款能带给人惊喜的勃艮第佳酿。

#### 布威庄园－国王盛宴　年份表格

| 年份 | 价格（元） | 分数 | 适饮期 | 侍酒（℃） | 醒酒（分钟） |
|------|-----------|------|--------|-----------|-------------|
| 2001 | 6000～7800 | 92 | 2006～2026 | 14～16 | 40 |
| 2002 | 6000～7800 | 92 | 2007～2027 | 14～16 | 45 |
| 2003 | 6000～7800 | 91 | 2008～2028 | 14～16 | 50 |
| 2004 | 6000～7800 | 92 | 2009～2029 | 14～16 | 55 |
| 2005 | 6000～7800 | 92 | 2010～2030 | 15～17 | 60 |
| 2006 | 6000～7800 | 91 | 2010～2030 | 15～17 | 65 |
| 2007 | 6000～7800 | 90 | 2010～2030 | 15～17 | 70 |
| 2008 | 6000～7800 | 93 | 2016～2036 | 15～17 | 75 |
| 2009 | 6000～7800 | 92 | 2016～2036 | 15～17 | 80 |
| 2010 | 6000～7800 | 93 | 2016～2036 | 16～18 | 85 |
| 2011 | 6000～7800 | 94 | 2017～1038 | 16～18 | 90 |
| 2012 | 6000～7800 | 91 | 2017～2038 | 16～18 | 95 |

所属产区：法国勃艮第夜丘吉菲香贝天村
所属等级：香贝天特级园
葡萄品种：黑皮诺
土壤特征：黏土石灰质
配餐建议：浓郁酱汁的肉类

### 相关介绍

　　酒园采用传统的酿制工艺，包括葡萄部分去梗和14～16日的发酵时间。庄主一家认为有必要每天尝试发酵中的葡萄汁，以判断中止发酵的最佳时间。罗斯诺酒园对黑皮诺葡萄的认识非常独到，他们认为黑皮诺是一种异香型葡萄，不易与太多的新橡木搭配。这种理念给酒园的酒款带来了细腻的味感。

### 罗斯诺酒园 - 香贝天园　年份表格

| 年份 | 价格（元） | 分数 | 适饮期 | 侍酒（℃） | 醒酒（分钟） |
|------|-----------|------|--------|-----------|--------------|
| 2001 | 2720～3130 | 91 | 2006～2020 | 14～16 | 40 |
| 2002 | 1030～1190 | 91 | 2007～2022 | 14～16 | 45 |
| 2003 | 1465～1685 | 92 | 2008～2022 | 14～16 | 50 |
| 2004 | 1330～1530 | 92 | 2009～2023 | 14～16 | 55 |
| 2005 | 3195～3840 | 95 | 2010～2025 | 16～18 | 70 |
| 2006 | 1465～1690 | 94 | 2012～2026 | 15～17 | 65 |
| 2007 | 1805～2080 | 93 | 2013～2027 | 15～17 | 70 |
| 2008 | 1540～1770 | 93 | 2014～2028 | 15～17 | 75 |
| 2009 | 1960～2255 | 93 | 2015～2030 | 15～17 | 80 |
| 2010 | 3180～3655 | 94 | 2016～2032 | 16～18 | 85 |
| 2011 | 1980～2280 | 93 | 2020～2035 | 16～18 | 90 |
| 2012 | 1790～1970 | 88 | 2017～2027 | 15～17 | 90 |

法国·勃艮第产区·夜丘

## Louis Jadot–Chambertin Clos de Beze
# 路易斯·雅都 – 贝思香贝天园

**所属产区：**法国勃艮第夜丘吉菲香
贝天村

**所属等级：**贝思香贝天特级园

**葡萄品种：**黑皮诺

**土壤特征：**黏土石灰质

**配餐建议：**浓郁酱汁的肉类

### 相关介绍

路易斯·雅都酒庄地处勃艮第的心脏地带，是最能代表勃艮第葡萄酒精神的著名酒庄之一。该酒庄葡萄园占地154公顷，遍布整个勃艮第地区，其中超过一半是一级和特级的葡萄园。酒庄认为酿酒的真谛在于能够将地方的风土条件在酒中诠释出来，而并非仅指细心栽培特定的葡萄品种。正是在这种理念的指引下，路易斯·雅都成为了卓越品质的代名词。其酒标上的酒神巴克斯象征着酒庄对酒品质量的坚持。

路易斯·雅都 – 贝思香贝天园　年份表格

| 年份 | 价格（元） | 分数 | 适饮期 | 侍酒（℃） | 醒酒（分钟） |
|------|-----------|------|--------|-----------|-------------|
| 2001 | 2435 ~ 2805 | 92 | 2006 ~ 2020 | 14 ~ 16 | 40 |
| 2002 | 2740 ~ 3290 | 96 | 2007 ~ 2022 | 15 ~ 17 | 50 |
| 2003 | 2530 ~ 2910 | 94 | 2008 ~ 2022 | 14 ~ 16 | 50 |
| 2004 | 1980 ~ 2280 | 94 | 2009 ~ 2023 | 14 ~ 16 | 55 |
| 2005 | 5370 ~ 6445 | 96 | 2010 ~ 2025 | 16 ~ 18 | 65 |
| 2006 | 2400 ~ 2880 | 95 | 2012 ~ 2026 | 16 ~ 18 | 70 |
| 2007 | 2055 ~ 2365 | 94 | 2013 ~ 2027 | 15 ~ 17 | 70 |
| 2008 | 2230 ~ 2560 | 94 | 2014 ~ 2028 | 15 ~ 17 | 75 |
| 2009 | 3430 ~ 3940 | 94 | 2015 ~ 2030 | 15 ~ 17 | 80 |
| 2010 | 3790 ~ 4545 | 95 | 2016 ~ 2032 | 17 ~ 19 | 90 |
| 2011 | 2665 ~ 3065 | 92 | 2017 ~ 2032 | 16 ~ 18 | 90 |
| 2012 | 3750 ~ 4500 | 95 | 2018 ~ 2033 | 17 ~ 19 | 100 |

法国·勃艮第产区·夜丘

## Maison Dominique Laurent–Grands Echezeaux
# 多米尼克·卢亨酒庄 - 大依切索园

**所属产区**：法国勃艮第夜丘菲歌
依切索村

**所属等级**：大依切索特级园

**葡萄品种**：黑皮诺

**土壤特征**：黏土石灰质

**配餐建议**：浓郁酱汁的肉类

### 相关介绍

　　多米尼克·卢亨酒庄在大依切索拥有一小片园地，并在罗曼尼·康帝等知名大园的夹击中奋力博取了属于自己的地位。大依切索的土地上产出的葡萄酒呈淡淡的暗红色，果香中有微微的紫罗兰与橡木味，装瓶四五年后才会真正成熟。

多米尼克·卢亨酒庄 - 大依切索园　年份表格

| 年份 | 价格（元） | 分数 | 适饮期 | 侍酒（℃） | 醒酒（分钟） |
|------|-----------|------|--------|-----------|-------------|
| 2001 | 970~1165 | 95 | 2006~2020 | 15~17 | 45 |
| 2002 | 1165~1395 | 96 | 2007~2022 | 15~17 | 50 |
| 2003 | 995~1145 | 93 | 2008~2023 | 14~16 | 50 |
| 2004 | 745~855 | 92 | 2009~2024 | 14~16 | 55 |
| 2005 | 545~630 | 92 | 2010~2025 | 15~17 | 60 |
| 2006 | 930~1070 | 94 | 2010~2026 | 15~17 | 65 |
| 2007 | 932~1070 | 92 | 2012~2027 | 15~17 | 70 |
| 2008 | 800~920 | 94 | 2013~2028 | 15~17 | 75 |
| 2009 | 2035~2345 | 93 | 2015~2030 | 15~17 | 80 |
| 2010 | 2180~2505 | 93 | 2018~2030 | 16~18 | 85 |
| 2011 | 2400~2880 | 95 | 2020~2040 | 17~19 | 95 |
| 2012 | 2680~3220 | 95 | 2020~2040 | 17~19 | 100 |

## Maison Dominique Laurent–Chambertin
# 多米尼克·卢亨酒庄 – 香贝天园

所属产区：法国勃艮第夜丘吉菲
　　　　　香贝天村

所属等级：香贝天特级园

葡萄品种：黑皮诺

土壤特征：黏土石灰质

配餐建议：浓郁酱汁的肉类

### 相关介绍

此葡萄园为多米尼克·卢亨酒庄提供了上乘的黑皮诺葡萄，在优秀原料的支持下，该款葡萄酒显得更加强劲有力，且酒精浓度相对较高。

多米尼克·卢亨酒庄 – 香贝天园　年份表格

| 年份 | 价格（元） | 分数 | 适饮期 | 侍酒（℃） | 醒酒（分钟） |
|---|---|---|---|---|---|
| 2001 | 1635～1885 | 93 | 2006～2026 | 14～16 | 40 |
| 2002 | 2085～2400 | 92 | 2008～2025 | 14～16 | 45 |
| 2003 | 2365～2720 | 94 | 2008～2028 | 14～16 | 50 |
| 2004 | 2140～2570 | 95 | 2010～2028 | 15～17 | 60 |
| 2005 | 2810～3370 | 96 | 2012～2030 | 15～17 | 65 |
| 2006 | 2400～2760 | 92 | 2013～2031 | 15～17 | 65 |
| 2007 | 1830～2100 | 92 | 2015～2032 | 15～17 | 70 |
| 2008 | 2895～3330 | 92 | 2018～2035 | 15～17 | 75 |
| 2009 | 4150～4980 | 96 | 2020～2040 | 16～18 | 85 |
| 2010 | 3885～4660 | 95 | 2023～2040 | 17～19 | 90 |
| 2011 | 4225～5070 | 96 | 2023～2040 | 17～19 | 95 |
| 2012 | 3880～4655 | 95 | 2025～2045 | 17～19 | 100 |

法国·勃艮第产区·夜丘

## Maison Dominique Laurent–Chambertin Clos de Beze
# 多米尼克·卢亨酒庄 – 贝思香贝天园

**所属产区**：法国勃艮第夜丘吉菲香
贝天村

**所属等级**：贝思香贝天特级园

**葡萄品种**：黑皮诺

**土壤特征**：黏土石灰质

**配餐建议**：浓郁酱汁的肉类

### 相关介绍

　　贝斯香贝天园出产的葡萄与香贝天园的葡萄相比水平更高，而且更为稳定，具有浓郁的果香、陈年能力较强。因此，多米尼克·卢亨酒庄从该园区收获葡萄后酿出的酒品呈现出馥郁、浓香的特点。

### 多米尼克·卢亨酒庄 – 贝思香贝天园　年份表格

| 年份 | 价格（元） | 分数 | 适饮期 | 侍酒（℃） | 醒酒（分钟） |
|------|-----------|------|--------|-----------|-------------|
| 2001 | 1638～1965 | 95 | 2006～2024 | 15～17 | 45 |
| 2002 | 2065～2480 | 96 | 2007～2024 | 15～17 | 50 |
| 2003 | 2365～2840 | 96 | 2008～2025 | 15～17 | 55 |
| 2004 | 1860～2230 | 95 | 2009～2027 | 15～17 | 60 |
| 2005 | 2700～3240 | 95 | 2010～2028 | 16～18 | 65 |
| 2006 | 2400～2880 | 95 | 2012～2028 | 16～18 | 70 |
| 2007 | 1830～2100 | 93 | 2013～2030 | 14～16 | 70 |
| 2008 | 2895～3470 | 96 | 2014～2030 | 16～18 | 80 |
| 2009 | 4150～4980 | 95 | 2015～2033 | 16～18 | 85 |
| 2010 | 3885～4660 | 97 | 2016～2035 | 17～19 | 90 |
| 2011 | 4225～5070 | 96 | 2018～2040 | 17～19 | 95 |
| 2012 | 3180～3820 | 95 | 2020～2040 | 17～19 | 100 |

法国·勃艮第产区·夜丘

## Domaine Jean–Marie( Laurent )Ponsot–Clos Vougeot Vieilles Vignes
# 邦素庄园－伏旧园（老藤）

**所属产区**：法国勃艮第夜丘伏
旧村

**所属等级**：伏旧特级园

**葡萄品种**：黑皮诺

**土壤特征**：黏土石灰质

**配餐建议**：浓郁酱汁的肉类

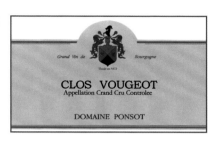

### 相关介绍

　　邦素庄园是勃艮第一家酒商，现由Laurent Ponsot掌管。该酒庄虽然不完全认同自然动力（biodynamic）的种植法，但会参考月亮周期来进行葡萄园管理。该酒庄在伏旧园出产的酒款具有雅致的花果香气，口感丰富。

### 邦素庄园－伏旧园（老藤）　年份表格

| 年份 | 价格（元） | 分数 | 适饮期 | 侍酒（℃） | 醒酒（分钟） |
|---|---|---|---|---|---|
| 2001 | 1045～1200 | 90 | 2004～2013 | 14～16 | 40 |
| 2002 | 1595～1835 | 90 | 2005～2014 | 14～16 | 45 |
| 2003 | 2855～3285 | 94 | 2006～2021 | 14～16 | 50 |
| 2004 | 2190～2630 | 95 | 2010～2025 | 16～18 | 60 |
| 2005 | 5445～6265 | 93 | 2007～2022 | 15～17 | 60 |
| 2006 | 2530～2910 | 92 | 2009～2024 | 15～17 | 65 |
| 2007 | 2770～3285 | 93 | 2011～2022 | 15～17 | 70 |
| 2008 | 2435～2805 | 92 | 2012～2023 | 15～17 | 75 |
| 2009 | 3750～4315 | 92 | 2014～2028 | 15～17 | 80 |
| 2010 | 3995～4600 | 94 | 2016～2032 | 16～18 | 85 |
| 2011 | 4930～5670 | 90 | 2018～2032 | 16～18 | 90 |
| 2012 | 5310～6110 | 93 | 2023～2038 | 16～18 | 95 |

# Domaine Jean–Marie ( Laurent ) Ponsot– Clos Saint Denis
## 邦素庄园 - 圣丹尼园

所属产区：法国勃艮第夜丘区墨黑
　　　　 - 圣丹尼村
所属等级：圣丹尼特级园
葡萄品种：黑皮诺
土壤特征：黏土石灰质、泥灰质土壤
配餐建议：烤肉、牛扒

相关介绍

　　圣丹尼特级田是由勃艮第地区最有影响力的西都教派圣伟望教会于1242年创立的，邦素庄园是占有这块田地的庄园之一。虽然这块庄园出产的酒口味相对较淡、酒体薄弱，但是由于拥有它的酒庄很少，因此这块田地种植的葡萄所酿制的葡萄酒比较罕见而名贵。

邦素庄园 - 圣丹尼园　年份表格

| 年份 | 价格（元） | 分数 | 适饮期 | 侍酒（℃） | 醒酒（分钟） |
|------|-----------|------|--------|-----------|--------------|
| 2001 | 1680～1930 | 94 | 2005～2018 | 14～16 | 40 |
| 2002 | 1970～2265 | 92 | 2006～2018 | 14～16 | 45 |
| 2003 | 4245～5095 | 95 | 2007～2021 | 15～17 | 55 |
| 2004 | 2435～2805 | 93 | 2008～2022 | 14～16 | 55 |
| 2005 | 19325～23190 | 97 | 2010～2024 | 15～17 | 65 |
| 2006 | 4360～6450 | 90 | 2009～2024 | 15～17 | 65 |
| 2007 | 5465～6560 | 98 | 2011～2025 | 16～18 | 75 |
| 2008 | 3120～3590 | 94 | 2013～2025 | 15～17 | 75 |
| 2009 | 11320～13015 | 94 | 2014～2026 | 15～17 | 80 |
| 2010 | 11730～14075 | 95 | 2017～2038 | 16～18 | 90 |
| 2011 | 10535～12645 | 95 | 2018～2040 | 16～18 | 95 |
| 2012 | 11860～14235 | 96 | 2020～2040 | 16～18 | 100 |

## Domaine Jean–Marie( Laurent )Ponsot–Clos de la Roche Vieilles Vignes
## 邦素庄园 - 石头园（老藤）

所属产区：法国勃艮第夜丘区墨黑 -
　　　　　圣丹尼村

所属等级：石头特级园

葡萄品种：黑皮诺

土壤特征：黏土石灰质、泥灰质土壤

配餐建议：烤肉、牛扒

### 相关介绍

　　邦素庄园的石头园（老藤）葡萄酒被认为是勃艮第酒的登峰造极之作，也是勃艮第入选"全球百大葡萄酒"的25支佳酿之一。由于园主坚信酿好酒必须"慢工出细活"，因此统一使用旧橡木桶。石头园老藤葡萄酒产量非常稀少，每年最多生产7500瓶，因此价格相对较高。

### 邦素庄园 - 石头园（老藤）　年份表格

| 年份 | 价格（元） | 分数 | 适饮期 | 侍酒（℃） | 醒酒（分钟） |
|------|-----------|------|--------|-----------|-------------|
| 2001 | 2760～3175 | 92 | 2004～2018 | 14～16 | 40 |
| 2002 | 3980～4575 | 93 | 2005～2018 | 14～16 | 45 |
| 2003 | 4625～5320 | 94 | 2006～2020 | 14～16 | 50 |
| 2004 | 2115～2430 | 92 | 2007～2022 | 14～16 | 55 |
| 2005 | 10605～12730 | 98 | 2010～2025 | 16～18 | 65 |
| 2006 | 2605～3000 | 93 | 2009～2026 | 15～17 | 65 |
| 2007 | 2760～3310 | 95 | 2011～2027 | 16～18 | 75 |
| 2008 | 2970～3565 | 96 | 2012～2028 | 16～18 | 80 |
| 2009 | 6285～7540 | 96 | 2016～2029 | 16～18 | 85 |
| 2010 | 5825～6990 | 96 | 2017～2030 | 17～19 | 90 |
| 2011 | 5295～6350 | 95 | 2018～2040 | 17～19 | 95 |
| 2012 | 6550～7860 | 96 | 2018～2042 | 17～19 | 100 |

## Domaine Jacques–Frederic Mugnier–Musigny
# 穆尼耶庄园 - 蜜思妮园

**所属产区：** 法国勃艮第夜丘区香波蜜
思妮村
**所属等级：** 蜜思妮特级园
**葡萄品种：** 黑皮诺
**土壤特征：** 黏土石灰质、泥灰质土壤
**配餐建议：** 烤肉、牛扒

### 相关介绍

　　穆尼耶庄园位于蜜思妮村，是村内精英庄园的代表。该庄园的酿酒哲学是"自然地表达出大自然的成果。"在葡萄种植和酿酒方面，该庄园一直崇尚保持原生态，尽量减少人工和科学技术的干扰。这里的酒更偏向女性化的优雅风格，精致、美味而珍贵。

穆尼耶庄园 - 蜜思妮园　年份表格

| 年份 | 价格（元） | 分数 | 适饮期 | 侍酒（℃） | 醒酒（分钟） |
|------|-----------|------|--------|-----------|--------------|
| 2001 | 10810~12435 | 93 | 2006~2022 | 14~16 | 40 |
| 2002 | 14280~16420 | 94 | 2008~2025 | 14~16 | 45 |
| 2003 | 7580~8715 | 93 | 2008~2028 | 14~16 | 50 |
| 2004 | 8065~9275 | 94 | 2012~2032 | 14~16 | 55 |
| 2005 | 14730~17680 | 97 | 2012~2032 | 16~18 | 65 |
| 2006 | 7825~9390 | 96 | 2013~2035 | 16~18 | 70 |
| 2007 | 7330~8430 | 94 | 2015~2035 | 15~17 | 70 |
| 2008 | 9880~11860 | 96 | 2018~2040 | 16~18 | 80 |
| 2009 | 14450~16620 | 94 | 2019~2040 | 15~17 | 80 |
| 2010 | 14070~16885 | 98 | 2020~2045 | 17~19 | 90 |
| 2011 | 9180~11015 | 95 | 2021~2040 | 17~19 | 95 |
| 2012 | 13990~16790 | 96 | 2022~2040 | 17~19 | 100 |

## Henri Jayer RICHEBOURG Vosne–Romanee
## 亨利－佳雅酒园李其堡

**所属产区：** 法国勃艮第夜丘沃恩－罗曼尼村

**所属等级：** 沃恩－罗曼尼特级

**葡萄品种：** 黑皮诺

**土壤特征：** 黏土石灰质

**配餐建议：** 浓郁酱汁的肉类

### 相关介绍

　　亨利·佳雅酒园曾经短暂租借了罗曼尼村的李其堡田酿制精益求精、极其名贵的葡萄酒。由于租借时间短、出产时间早，该酒目前已极为罕见，成为收藏界人士可遇而不可求的稀世珍品。

亨利－佳雅酒园李其堡　年份表格

| 年份 | 价格（元） | 分数 | 适饮期 | 侍酒（℃） | 醒酒（分钟） |
|------|-----------|------|--------|----------|-------------|
| 1985 | 167370～200845 | 97 | 1992～2022 | 14～16 | 40 |
| 1987 | 109710～131655 | 91 | 1994～2024 | 14～16 | 45 |

# Henri( Christophe )Perrot Minot– Chambertin Clos de Beze
## 亨利酒园 - 贝思香贝天园（老藤）

所属产区：法国勃艮第夜丘吉菲香贝
　　　　　天村
所属等级：贝思香贝天特级园
葡萄品种：黑皮诺
土壤特征：黏土石灰质
配餐建议：浓郁酱汁的肉类

相关介绍

　　亨利酒园对收获量进行了完全掌控，以酿造出具有浓醇口感的葡萄酒。罗伯特·帕克对该酒园的产品赞不绝口，认为是葡萄酒的"顶峰"。其老藤葡萄酒口感不逊于勃艮第的其他顶级葡萄酒。

亨利酒园 - 贝思香贝天园（老藤）　年份表格

| 年份 | 价格（元） | 分数 | 适饮期 | 侍酒（℃） | 醒酒（分钟） |
|------|-----------|------|--------|-----------|--------------|
| 2001 | 3560～4270 | 96 | 2008～2025 | 15～17 | 50 |
| 2002 | 2820～3240 | 94 | 2010～2026 | 14～16 | 50 |
| 2003 | 4140～4970 | 95 | 2014～2025 | 15～17 | 60 |
| 2004 | 2720～3130 | 94 | 2015～2030 | 14～16 | 60 |
| 2005 | 3140～3610 | 94 | 2015～2030 | 15～17 | 65 |
| 2006 | 3520～4225 | 96 | 2015～2030 | 16～18 | 75 |
| 2007 | 3960～4750 | 95 | 2017～2032 | 16～18 | 78 |
| 2008 | 4095～4910 | 95 | 2018～2035 | 16～18 | 85 |
| 2009 | 3615～4160 | 94 | 2022～2037 | 15～17 | 85 |
| 2010 | 4170～5005 | 95 | 2022～2037 | 17～19 | 95 |
| 2011 | 4560～5470 | 96 | 2008～2025 | 17～19 | 100 |
| 2012 | 3815～4390 | 94 | 2010～2026 | 16～18 | 100 |

## Domaine Henri（Christophe）Perrot Minot–Chambertin
# 亨利酒园－香贝天园

所属产区：法国勃艮第夜丘吉菲香贝
　　　　　天村

所属等级：香贝天特级园

葡萄品种：黑皮诺

土壤特征：黏土石灰质

配餐建议：浓郁酱汁的肉类

## 相关介绍

　　借着香贝天园卓越风土和高知名度的东风，亨利酒园运用这里的黑皮诺葡萄酿制出了非常具有竞争力的酒款，受到广泛好评。

### 亨利酒园－香贝天园　年份表格

| 年份 | 价格（元） | 分数 | 适饮期 | 侍酒（℃） | 醒酒（分钟） |
| --- | --- | --- | --- | --- | --- |
| 2001 | 1485～1710 | 92 | 2006～2026 | 14～16 | 40 |
| 2002 | 4246～4880 | 94 | 2007～2025 | 14～16 | 45 |
| 2003 | 4305～5165 | 95 | 2008～2025 | 14～16 | 60 |
| 2004 | 1775～2040 | 94 | 2010～2026 | 14～16 | 55 |
| 2005 | 5790～6655 | 94 | 2014～2025 | 15～17 | 60 |
| 2006 | 3065～3525 | 93 | 2015～2030 | 15～17 | 65 |
| 2007 | 3330～3830 | 94 | 2015～2030 | 15～17 | 70 |
| 2008 | 3505～4205 | 96 | 2015～2030 | 15～17 | 85 |
| 2009 | 3540～4250 | 96 | 2017～2032 | 15～17 | 90 |
| 2010 | 4265～5120 | 96 | 2018～2035 | 16～18 | 95 |
| 2011 | 3235～3720 | 94 | 2018～2035 | 16～18 | 90 |
| 2012 | 4170～5005 | 95 | 2022～2042 | 16～18 | 105 |

# Domaine Frederic Esmonin–Mazis Chambertin
## 艾斯莫宁酒园 - 美思香贝天园

所属产区：法国勃艮第夜丘吉菲香贝
天村

所属等级：美思香贝天特级园

葡萄品种：黑皮诺

土壤特征：黏土石灰质

配餐建议：浓郁酱汁的肉类

### 相关介绍

　　艾斯莫宁酒园的名气相对较小，酒品的质量与价格很难与勃艮第的一些超级大庄相提并论，但是这款酒狂野的黑色水果香气仍然有值得称道之处。

### 艾斯莫宁酒园 - 美思香贝天园　年份表格

| 年份 | 价格（元） | 分数 | 适饮期 | 侍酒（℃） | 醒酒（分钟） |
|------|-----------|------|--------|-----------|--------------|
| 2001 | 660～760 | 91 | 2006～2020 | 14～16 | 40 |
| 2002 | 755～870 | 93 | 2007～2022 | 14～16 | 45 |
| 2003 | 780～900 | 90 | 2008～2022 | 14～16 | 50 |
| 2004 | 580～635 | 89 | 2009～2023 | 13～15 | 50 |
| 2005 | 945～1090 | 92 | 2010～2025 | 15～17 | 60 |
| 2006 | 540～620 | 92 | 2012～2026 | 15～17 | 65 |
| 2007 | 950～1095 | 90 | 2013～2027 | 15～17 | 70 |
| 2008 | 895～1030 | 91 | 2014～2028 | 15～17 | 75 |
| 2009 | 1350～1555 | 92 | 2015～2030 | 15～17 | 80 |
| 2010 | 1125～1290 | 92 | 2016～2030 | 16～18 | 85 |
| 2011 | 1065～1225 | 92 | 2020～2035 | 16～18 | 90 |
| 2012 | 1315～1510 | 92 | 2020～2035 | 16～18 | 95 |

法国·勃艮第产区·夜丘

## Domaine Faiveley–Chambertin Clos de Beze
# 法莱丽－贝思香贝天园

所属产区：法国勃艮第夜丘区吉菲香贝
　　　　　天村

所属等级：贝思香贝天特级园

葡萄品种：黑皮诺

土壤特征：黏土

配餐建议：烧鸭

### 相关介绍

　　酒庄于1825年创立，现由法莱丽家族六代人Francois Faiveley掌管。在Francois的英明领导下，法莱丽正在不断地壮大，现已经成长为勃艮第顶级的大酒商。此酒是酒庄的旗舰产品。

#### 法莱丽－贝思香贝天园　年份表格

| 年份 | 价格（元） | 分数 | 适饮期 | 侍酒（℃） | 醒酒（分钟） |
|------|-----------|------|---------|-----------|--------------|
| 2001 | 2115～2430 | 92 | 2006～2026 | 14～16 | 40 |
| 2002 | 2740～3155 | 94 | 2007～2027 | 14～16 | 45 |
| 2003 | 1960～2255 | 94 | 2008～2028 | 14～16 | 50 |
| 2004 | 1275～1470 | 91 | 2009～2029 | 14～16 | 55 |
| 2005 | 1830～2195 | 95 | 2010～2030 | 16～18 | 70 |
| 2006 | 1960～2255 | 90 | 2012～2030 | 15～17 | 65 |
| 2007 | 2180～2510 | 94 | 2014～2030 | 15～17 | 70 |
| 2008 | 2170～2495 | 92 | 2016～2036 | 15～17 | 75 |
| 2009 | 2760～3175 | 93 | 2016～2036 | 15～17 | 80 |
| 2010 | 2875～3305 | 94 | 2018～2036 | 16～18 | 85 |
| 2011 | 2360～2715 | 94 | 2018～2036 | 16～18 | 90 |
| 2012 | 3310～3810 | 92 | 2018～2036 | 16～18 | 95 |

# 罗格庄园 – 好山园

所属产区：法国勃艮第夜丘区华罗
　　　　　曼尼村

所属等级：华罗曼尼村一级园

葡萄品种：黑皮诺

土壤特征：黏土及石灰石土壤

配餐建议：烤肉、烤鸭

## 相关介绍

　　《神之水滴》中提到罗格庄园与勃艮第酒神亨利·佳雅有着千丝万缕、密不可分的联系，这从侧面体现出该酒庄的产品质量与口碑之上乘。

### 罗格庄园 – 好山园　年份表格

| 年份 | 价格（元） | 分数 | 适饮期 | 侍酒（℃） | 醒酒（分钟） |
|------|-----------|------|--------|-----------|--------------|
| 2001 | 1190～1305 | 87 | 2004～2015 | 13～15 | 35 |
| 2002 | 1965～2260 | 90 | 2005～2014 | 14～16 | 45 |
| 2003 | 1535～1765 | 90 | 2006～2021 | 14～16 | 50 |
| 2004 | 1765～2030 | 90 | 2007～2022 | 14～16 | 55 |
| 2005 | 1765～2030 | 92 | 2010～2028 | 15～17 | 60 |
| 2006 | 1270～1460 | 92 | 2009～2024 | 15～17 | 65 |
| 2007 | 2630～3020 | 90 | 2011～2022 | 15～17 | 70 |
| 2008 | 2990～3440 | 90 | 2012～2023 | 15～17 | 75 |
| 2009 | 3090～3555 | 92 | 2016～2028 | 15～17 | 80 |
| 2010 | 3865～4470 | 92 | 2017～2032 | 16～18 | 85 |
| 2011 | 3865～4445 | 91 | 2019～2030 | 16～18 | 90 |
| 2012 | 3540～4070 | 94 | 2020～2035 | 16～18 | 95 |

## Domaine Emmanuel Rouget –Vosne–Romanee Cros Parantoux
# 罗格庄园 – 帕朗图园

所属产区：法国勃艮第夜丘区华罗曼
　　　　尼村

所属等级：华罗曼尼村一级园

葡萄品种：黑皮诺

土壤特征：黏土及石灰石土壤

配餐建议：烤肉、烤鸭

### 相关介绍

　　帕朗图园是一个面积相对较小的酒园，位于顶级名田李其堡的上坡
上。类似的风土赋予了酒款上乘的风味，橡木桶味与果香之间的转化令
人沉醉。

### 罗格庄园 – 帕朗图园　年份表格

| 年份 | 价格（元） | 分数 | 适饮期 | 侍酒（℃） | 醒酒（分钟） |
|------|-----------|------|--------|-----------|-------------|
| 2001 | 12070～13880 | 92 | 2008～2023 | 14～16 | 40 |
| 2002 | 14385～16540 | 92 | 2009～2025 | 14～16 | 45 |
| 2003 | 11900～13685 | 90 | 2010～2025 | 14～16 | 50 |
| 2004 | 10450～12020 | 90 | 2011～2026 | 14～16 | 55 |
| 2005 | 16600～19090 | 94 | 2013～2027 | 15～17 | 60 |
| 2006 | 15256～17545 | 93 | 2014～2028 | 15～17 | 65 |
| 2007 | 17655～20300 | 92 | 2015～2030 | 15～17 | 70 |
| 2008 | 10625～12220 | 94 | 2018～2033 | 15～17 | 75 |
| 2009 | 13425～16110 | 95 | 2019～2034 | 16～18 | 90 |
| 2010 | 12625～14520 | 94 | 2020～2035 | 16～18 | 85 |
| 2011 | 13885～15970 | 94 | 2020～3035 | 16～18 | 90 |
| 2012 | 12395～14875 | 95 | 2021～3036 | 17～19 | 105 |

法国·勃艮第产区·夜丘

# Domaine Emmanuel Rouget–Echezeaux
## 罗格庄园 - 依切索园

**所属产区：**法国勃艮第夜丘区菲歌依切
索村

**所属等级：**依切索特级园

**葡萄品种：**黑皮诺

**土壤特征：**黏土石灰质、泥灰质土壤

**配餐建议：**烤肉、香肠

### 相关介绍

罗格庄园因为与亨利·佳雅关系密切，在世界红酒界有着非常深远的影响力。而该庄在依切索园出产的酒款非常名贵，适合用于做收藏、投资。

### 罗格庄园 - 依切索园　年份表格

| 年份 | 价格（元） | 分数 | 适饮期 | 侍酒（℃） | 醒酒（分钟） |
|------|-----------|------|---------|-----------|-------------|
| 2001 | 2005～2305 | 92 | 2004～2015 | 14～16 | 40 |
| 2002 | 6035～6940 | 93 | 2005～2018 | 14～16 | 45 |
| 2003 | 5370～5905 | 88 | 2006～2021 | 13～15 | 45 |
| 2004 | 3730～4290 | 90 | 2007～2022 | 14～16 | 55 |
| 2005 | 6665～7665 | 92 | 2010～2024 | 15～17 | 60 |
| 2006 | 3750～4310 | 90 | 2009～2025 | 15～17 | 65 |
| 2007 | 5930～6820 | 90 | 2011～2028 | 15～17 | 70 |
| 2008 | 3235～3720 | 93 | 2012～2028 | 15～17 | 75 |
| 2009 | 4910～5650 | 93 | 2016～2028 | 15～17 | 80 |
| 2010 | 4910～5650 | 92 | 2017～2032 | 16～18 | 85 |
| 2011 | 3995～4595 | 90 | 2018～2035 | 16～18 | 90 |
| 2012 | 4950～5690 | 93 | 2020～2045 | 16～18 | 95 |

# Domaine Dujac–Charmes Chambertin
## 杜佳酒庄－詹姆士香贝天园

**所属产区**：法国勃艮第夜丘区吉
菲香贝天村

**所属等级**：詹姆士香贝天特级园

**葡萄品种**：黑皮诺

**土壤特征**：黏土及石灰石土壤

**配餐建议**：叉烧

### 相关介绍

　　Mr. Jacques Seysses 于1967年建立杜佳酒庄，现在全世界的高级餐厅中都可以看到杜佳酒庄的身影。此酒在百分之百新法国橡木桶中进行陈年，以复杂的架构、浓郁的果味著称。

### 杜佳酒庄－詹姆士香贝天园　年份表格

| 年份 | 价格（元） | 分数 | 适饮期 | 侍酒（℃） | 醒酒（分钟） |
|---|---|---|---|---|---|
| 2001 | 2380～2740 | 91 | 2005～2020 | 14～16 | 40 |
| 2002 | 4320～4970 | 91 | 2008～2023 | 14～16 | 45 |
| 2003 | 2285～2630 | 91 | 2008～2023 | 14～16 | 50 |
| 2004 | 2245～2580 | 90 | 2008～2023 | 14～16 | 55 |
| 2005 | 4225～4860 | 92 | 2010～2025 | 15～17 | 60 |
| 2006 | 2095～2410 | 90 | 2011～2026 | 15～17 | 65 |
| 2007 | 2305～2650 | 90 | 2012～2028 | 15～17 | 70 |
| 2008 | 2245～2580 | 91 | 2013～2028 | 15～17 | 75 |
| 2009 | 3045～3505 | 91 | 2014～2030 | 15～17 | 80 |
| 2010 | 3045～3505 | 90 | 2015～2030 | 16～18 | 85 |
| 2011 | 3415～3930 | 92 | 2018～2031 | 16～18 | 90 |
| 2012 | 3255～3745 | 93 | 2020～2037 | 16～18 | 95 |

## Domaine Dujac –Clos Saint Denis
# 杜佳酒庄－圣丹尼园

所属产区：法国勃艮第夜丘区墨黑－
　　　　　圣丹尼村

所属等级：圣丹尼特级园

葡萄品种：黑皮诺

土壤特征：黏土石灰质、泥灰质土壤

配餐建议：烤肉、牛扒

### 相关介绍

　　圣丹尼园出产的葡萄用于酿酒的话，口味会相对单薄，但是由于物以稀为贵，因此杜佳酒庄的这一酒款还是很值得期待的。

### 杜佳酒庄－圣丹尼园　年份表格

| 年份 | 价格（元） | 分数 | 适饮期 | 侍酒（℃） | 醒酒（分钟） |
|---|---|---|---|---|---|
| 2001 | 5005～5760 | 93 | 2004～2018 | 14～16 | 40 |
| 2002 | 6285～7230 | 92 | 2005～2018 | 14～16 | 45 |
| 2003 | 4055～4665 | 90 | 2006～2021 | 14～16 | 50 |
| 2004 | 2210～2430 | 89 | 2007～2022 | 13～15 | 50 |
| 2005 | 5885～7060 | 96 | 2010～2024 | 16～18 | 70 |
| 2006 | 3545～4080 | 94 | 2009～2024 | 15～17 | 65 |
| 2007 | 2800～3220 | 92 | 2011～2025 | 15～17 | 70 |
| 2008 | 3465～3985 | 94 | 2012～2027 | 15～17 | 75 |
| 2009 | 7045～8450 | 95 | 2016～2028 | 16～18 | 90 |
| 2010 | 6930～7970 | 94 | 2018～2032 | 16～18 | 85 |
| 2011 | 7770～8935 | 94 | 2017～2036 | 16～18 | 90 |
| 2012 | 7710～8870 | 94 | 2018～2042 | 16～18 | 95 |

# Domaine Dujac –Clos de la Roche
## 杜佳酒庄 - 石头园

所属产区：法国勃艮第夜丘区墨黑 - 圣丹
尼村

所属等级：石头特级园

葡萄品种：黑皮诺

土壤特征：黏土石灰质、泥灰质土壤

配餐建议：烤肉、牛扒

## 相关介绍

　　杜佳酒庄在石头园拥有1.95公顷的葡萄园，这一特级园出产的酒款
有着美妙、复杂的口感和凝练醇厚的后续体验。

### 杜佳酒庄 - 石头园　年份表格

| 年份 | 价格（元） | 分数 | 适饮期 | 侍酒（℃） | 醒酒（分钟） |
|------|-----------|------|--------|-----------|--------------|
| 2001 | 7160～8235 | 92 | 2004～2018 | 14～16 | 40 |
| 2002 | 9120～10490 | 94 | 2005～2018 | 14～16 | 45 |
| 2003 | 4035～4640 | 93 | 2006～2021 | 14～16 | 50 |
| 2004 | 3140～3610 | 93 | 2007～2022 | 14～16 | 55 |
| 2005 | 7120～8545 | 95 | 2010～2024 | 16～17 | 70 |
| 2006 | 3370～3880 | 93 | 2009～2024 | 15～17 | 65 |
| 2007 | 2705～3110 | 92 | 2011～2025 | 15～17 | 70 |
| 2008 | 3370～3880 | 94 | 2012～2027 | 15～17 | 75 |
| 2009 | 6665～8000 | 95 | 2016～2028 | 15～17 | 90 |
| 2010 | 6360～7315 | 94 | 2014～2032 | 16～18 | 85 |
| 2011 | 6995～8050 | 93 | 2020～2040 | 16～18 | 90 |
| 2012 | 6840～7870 | 94 | 2018～2037 | 16～18 | 95 |

## Domaine Leroy–Romanee St.Vivant
# 乐花庄园 - 罗曼尼·圣伟望园

**所属产区**：法国勃艮第夜丘区华罗
曼尼村

**所属等级**：罗曼尼·圣伟望特级园

**葡萄品种**：黑皮诺

**土壤特征**：黏土石灰质、泥灰质土
壤

**配餐建议**：肥肉

### 相关介绍

　　乐花庄园的高超酿酒工艺、先进酿制理念和显赫的知名度是酒款质量与销量的重要保障，本款酒出自罗曼尼·圣伟望葡萄园，数量稀少，以复杂优雅、余味悠长著称，价格极其昂贵。

#### 乐花庄园 - 罗曼尼·圣伟望园　年份表格

| 年份 | 价格（元） | 分数 | 适饮期 | 侍酒（℃） | 醒酒（分钟） |
|------|-----------|------|--------|-----------|--------------|
| 2001 | 20410 ~ 23470 | 94 | 2008 ~ 2024 | 14 ~ 16 | 40 |
| 2002 | 9984 ~ 11980 | 96 | 2009 ~ 2025 | 15 ~ 17 | 50 |
| 2003 | 16165 ~ 19400 | 95 | 2010 ~ 2025 | 15 ~ 17 | 55 |
| 2004 | 24885 ~ 29870 | 96 | 2013 ~ 2028 | 15 ~ 17 | 60 |
| 2005 | 19705 ~ 23650 | 96 | 2013 ~ 2028 | 15 ~ 17 | 65 |
| 2006 | 13805 ~ 16565 | 96 | 2015 ~ 2030 | 16 ~ 18 | 70 |
| 2007 | 20640 ~ 24770 | 97 | 2015 ~ 2030 | 16 ~ 18 | 75 |
| 2008 | 22255 ~ 26710 | 97 | 2020 ~ 2040 | 16 ~ 18 | 80 |
| 2009 | 22410 ~ 26890 | 97 | 2022 ~ 2042 | 16 ~ 18 | 85 |
| 2010 | 20410 ~ 23470 | 94 | 2022 ~ 2042 | 16 ~ 18 | 85 |
| 2011 | 22450 ~ 26940 | 96 | 2023 ~ 2043 | 17 ~ 19 | 95 |

## Pierre Damoy–Chambertin
# 皮埃尔达蒙 – 香贝天园

**所属产区**：法国勃艮第夜丘吉菲香贝天村
**所属等级**：香贝天特级园
**葡萄品种**：黑皮诺
**土壤特征**：黏土石灰质、泥灰质土壤
**配餐建议**：浓郁酱汁的肉类

### 相关介绍

皮埃尔达蒙酒庄的这款酒口感清新、凝练，陈年后更具有醇厚风味，令人沉醉。

### 皮埃尔达蒙 – 香贝天园　年份表格

| 年份 | 价格（元） | 分数 | 适饮期 | 侍酒（℃） | 醒酒（分钟） |
|------|-----------|------|--------|----------|-------------|
| 2001 | 1010～1160 | 92 | 2006～2020 | 14～16 | 35 |
| 2002 | 4985～5735 | 93 | 2007～2022 | 14～16 | 35 |
| 2003 | 1885～2165 | 92 | 2008～2022 | 14～16 | 45 |
| 2004 | 2065～2375 | 93 | 2009～2023 | 14～16 | 50 |
| 2005 | 4510～5415 | 95 | 2010～2025 | 16～18 | 60 |
| 2006 | 2095～2410 | 93 | 2012～2026 | 15～17 | 60 |
| 2007 | 1675～1930 | 93 | 2013～2027 | 15～17 | 65 |
| 2008 | 1675～1930 | 94 | 2014～2028 | 15～17 | 70 |
| 2009 | 3485～4005 | 94 | 2015～2030 | 15～17 | 75 |
| 2010 | 2530～2910 | 92 | 2016～2035 | 16～18 | 80 |
| 2011 | 2675～2080 | 93 | 2018～2031 | 16～18 | 85 |
| 2012 | 3180～3820 | 96 | 2022～2042 | 17～19 | 90 |

法国·勃艮第产区·夜丘

## Domaine Bernard Dugat–Py–Chambertin
# 贝纳杜卡皮－香贝天园

所属产区：法国勃艮第夜丘区吉菲香贝天村
所属等级：香贝天特级园
葡萄品种：黑皮诺
土壤特征：黏土及石灰石土壤
每年产量：6 000瓶
配餐建议：红肉类

### 相关介绍

  贝纳杜卡皮的香贝天园是勃艮第顶级葡萄酒的典范之作，在市面上很难看到，价值不菲。

贝纳杜卡皮－香贝天园　年份表格

| 年份 | 价格（元） | 分数 | 适饮期 | 侍酒（℃） | 醒酒（分钟） |
|------|-----------|------|--------|-----------|-------------|
| 2001 | 15480～18575 | 97 | 2003～2025 | 15～17 | 55 |
| 2002 | 21895～26275 | 97 | 2005～2028 | 15～17 | 60 |
| 2003 | 15535～18640 | 96 | 2008～203 | 15～17 | 60 |
| 2004 | 14415～17295 | 95 | 2008～2033 | 15～17 | 65 |
| 2005 | 31090～37310 | 97 | 2008～2033 | 16～18 | 70 |
| 2006 | 14415～17295 | 96 | 2010～2035 | 16～18 | 75 |
| 2007 | 19040～22850 | 95 | 2012～2038 | 16～18 | 80 |
| 2008 | 14125～16955 | 95 | 2012～2038 | 16～18 | 85 |
| 2009 | 18375～22050 | 96 | 2014～2040 | 16～18 | 90 |
| 2010 | 17555～21065 | 96 | 2015～2043 | 17～19 | 95 |
| 2011 | 13840～16610 | 95 | 2020～2045 | 17～19 | 100 |

## Domaine Bernard Dugat–Py–Charmes Chambertin
# 贝纳杜卡皮－詹姆士香贝天园

所属产区：法国勃艮第夜丘区吉菲香
　　　　　贝天村

所属等级：詹姆士香贝天特级园

葡萄品种：黑皮诺

土壤特征：黏土及石灰石土壤

年产量：6 000瓶

配餐建议：红肉类

### 相关介绍

　　此酒被收录在《世界百大珍稀葡萄酒鉴赏》一书中，在全世界特别是亚洲国家备受追捧。

### 贝纳杜卡皮－詹姆士香贝天园　年份表格

| 年份 | 价格（元） | 分数 | 适饮期 | 侍酒（℃） | 醒酒（分钟） |
| --- | --- | --- | --- | --- | --- |
| 2001 | 3540～4070 | 94 | 2005～2020 | 14～16 | 40 |
| 2002 | 4245～4880 | 94 | 2008～2023 | 14～16 | 45 |
| 2003 | 4095～4910 | 95 | 2008～2023 | 15～17 | 55 |
| 2004 | 3235～3720 | 94 | 2008～2023 | 14～16 | 55 |
| 2005 | 5980～7175 | 96 | 2010～2025 | 16～18 | 65 |
| 2006 | 3810～4380 | 94 | 2011～2026 | 15～17 | 65 |
| 2007 | 3295～3785 | 94 | 2012～2028 | 15～17 | 70 |
| 2008 | 4110～4730 | 94 | 2013～2028 | 15～17 | 75 |
| 2009 | 5100～6120 | 95 | 2014～2030 | 16～18 | 85 |
| 2010 | 4170～4795 | 94 | 2015～2030 | 16～18 | 85 |
| 2011 | 3905～4490 | 92 | 2020～2033 | 16～18 | 90 |
| 2012 | 4150～4770 | 94 | 2022～2035 | 16～18 | 95 |

法国·勃艮第产区·夜丘

# Domaine Bernard Dugat–Py–Mazis Chambertin
## 贝纳杜卡皮－美思香贝天园

**所属产区：**法国勃艮第夜丘区吉菲香贝
　　　　　天村

**所属等级：**美思香贝天特级园

**葡萄品种：**黑皮诺

**土壤特征：**黏土及石灰石土壤

**每年产量：**6 000瓶

**配餐建议：**红肉类

### 相关介绍

　　贝纳杜卡皮酒厂是公认的勃艮第顶级葡萄酒酿造者，此酒单宁
丝，却越陈越香，酒体结构非常平衡。

### 贝纳杜卡皮－美思香贝天园　年份表格

| 年份 | 价格（元） | 分数 | 适饮期 | 侍酒（℃） | 醒酒（分钟 |
|------|-----------|------|--------|-----------|-----------|
| 2001 | 4700～5640 | 96 | 2005～2018 | 15～17 | 40 |
| 2002 | 5885～7060 | 96 | 2007～2020 | 15～17 | 45 |
| 2003 | 4800～5760 | 95 | 2008～2022 | 15～17 | 50 |
| 2004 | 4095～4710 | 94 | 2009～2023 | 14～16 | 55 |
| 2005 | 8625～10350 | 97 | 2009～2025 | 16～18 | 60 |
| 2006 | 4510～5415 | 95 | 2010～2025 | 16～18 | 65 |
| 2007 | 4875～5850 | 96 | 2012～2028 | 16～18 | 70 |
| 2008 | 3265～3920 | 95 | 2012～2028 | 16～18 | 75 |
| 2009 | 5225～6270 | 95 | 2014～2030 | 16～18 | 80 |
| 2010 | 6360～7630 | 96 | 2015～2030 | 17～19 | 85 |
| 2011 | 5980～6875 | 93 | 2020～2036 | 16～18 | 90 |
| 2012 | 6055～7265 | 95 | 2022～2040 | 17～19 | 95 |

## Domaine Chateau de la Tour—Clos Vougeot
# 德拉图酒庄－伏旧园

**所属产区**：法国勃艮第夜丘伏旧村

**所属等级**：伏旧特级园

**葡萄品种**：黑皮诺

**土壤特征**：黏土石灰质

**配餐建议**：浓郁酱汁的肉类

### 相关介绍

    德拉图酒庄是勃艮第拥有城堡的几个少数酒庄之一，也是伏旧园最大的地主。此酒是伏旧园的顶级葡萄酒，口感柔和但又力道十足，是颇有个性的勃艮第红葡萄酒。

法国·勃艮第产区·夜丘

### 德拉图酒庄－伏旧园　年份表格

| 年份 | 价格（元） | 分数 | 适饮期 | 侍酒（℃） | 醒酒（分钟） |
|---|---|---|---|---|---|
| 2001 | 960～1105 | 91 | 2006～2020 | 14～16 | 40 |
| 2002 | 1675～1930 | 90 | 2007～2022 | 14～16 | 45 |
| 2003 | 1315～1510 | 93 | 2008～2022 | 14～16 | 50 |
| 2004 | 1065～1225 | 91 | 2009～2023 | 14～16 | 55 |
| 2005 | 1295～1490 | 93 | 2010～2025 | 15～17 | 60 |
| 2006 | 1255～1445 | 93 | 2012～2026 | 15～17 | 65 |
| 2007 | 1030～1180 | 92 | 2013～2027 | 15～17 | 70 |
| 2008 | 1140～1310 | 94 | 2014～2028 | 15～17 | 75 |
| 2009 | 1160～1335 | 93 | 2015～2030 | 15～17 | 80 |
| 2010 | 1275～1470 | 92 | 2016～2035 | 16～18 | 85 |
| 2011 | 1140～1310 | 88 | 2016～2025 | 15～17 | 85 |
| 2012 | 1140～1315 | 89 | 2016～2022 | 15～17 | 90 |

# Domaine Denis ( Arnaud ) Mortet Gevrey–Chambertin
## 丹尼斯默特－香贝天园

**所属产区**：法国勃艮第夜丘区吉菲香
贝天村
**所属等级**：香贝天特级园
**葡萄品种**：黑皮诺
**土壤特征**：黏土
**配餐建议**：炖肉

### 相关介绍

　　丹尼斯默特酒庄始建于20世纪90年代初期，其前任庄主是有着"天才酿酒师"之称的丹尼斯·默特。他采取深犁土地、人工除草、施用有机粪肥、严格修枝去芽等措施，极力提升葡萄风味的浓郁度，以期更好地展现当地的风土特色。这款酒清新纯净，有着咸香肥厚的口感。

### 丹尼斯默特－香贝天园　年份表格

| 年份 | 价格（元） | 分数 | 适饮期 | 侍酒（℃） | 醒酒（分钟） |
|------|-----------|------|---------|-----------|-------------|
| 2001 | 490～565 | 93 | 2006～2026 | 14～16 | 40 |
| 2002 | 1180～1415 | 95 | 2007～2027 | 15～17 | 55 |
| 2003 | 1065～1225 | 93 | 2008～2028 | 14～16 | 50 |
| 2004 | 820～940 | 93 | 2009～2029 | 14～16 | 55 |
| 2005 | 925～1060 | 94 | 2010～2030 | 15～17 | 60 |
| 2006 | 760～880 | 93 | 2013～2033 | 15～17 | 65 |
| 2007 | 685～790 | 92 | 2015～2035 | 15～17 | 70 |
| 2008 | 725～835 | 93 | 2016～2036 | 15～17 | 75 |
| 2009 | 780～900 | 94 | 2016～2036 | 15～17 | 80 |
| 2010 | 760～915 | 95 | 2016～2036 | 17～19 | 95 |
| 2011 | 645～710 | 87 | 2014～2024 | 15～17 | 85 |
| 2012 | 650～715 | 89 | 2015～2026 | 15～17 | 90 |

# 洛蒂酒园－詹姆士香贝天园（老藤）

所属产区：法国勃艮第夜丘吉菲香贝天村
所属等级：詹姆士香贝天特级园
葡萄品种：黑皮诺
土壤特征：黏土石灰质
配餐建议：浓郁酱汁的肉类

## 相关介绍

　　洛蒂酒园是勃艮第夜丘（Cote de Nuits）产区的名家。洛蒂酒园出产许多顶尖的勃艮第葡萄酒。酒园擅长酿造出酒体饱满带有力度的葡萄酒，产量较低，因此价格相对较高。

法国·勃艮第产区·夜丘

洛蒂酒园－詹姆士香贝天园（老藤）　年份表格

| 年份 | 价格（元） | 分数 | 适饮期 | 侍酒（℃） | 醒酒（分钟） |
|------|-----------|------|--------|----------|------------|
| 2001 | 3730～4290 | 94 | 2006～2026 | 14～16 | 40 |
| 2002 | 6090～7310 | 95 | 2007～2027 | 15～17 | 50 |
| 2003 | 2380～2740 | 92 | 2008～2028 | 14～16 | 50 |
| 2004 | 2000～2350 | 92 | 2009～2029 | 14～16 | 55 |
| 2005 | 6225～7160 | 94 | 2010～2030 | 15～17 | 60 |
| 2006 | 2115～2430 | 92 | 2012～2032 | 15～17 | 65 |
| 2007 | 2390～2750 | 93 | 2013～2033 | 15～17 | 70 |
| 2008 | 2400～2760 | 93 | 2015～2035 | 15～17 | 75 |
| 2009 | 4305～4950 | 94 | 2016～2036 | 15～17 | 80 |
| 2010 | 4245～5095 | 96 | 2016～2036 | 17～19 | 90 |
| 2011 | 4380～5035 | 93 | 2020～2045 | 16～18 | 90 |
| 2012 | 4665～5600 | 95 | 2020～2045 | 17～19 | 100 |

## Domaine Joseph et Philippe Roty–Mazis Chambertin
# 洛蒂酒园 - 美思香贝天园

所属产区：法国勃艮第夜丘吉菲香贝天村
所属等级：美思香贝天特级园
葡萄品种：黑皮诺
土壤特征：黏土石灰质
配餐建议：浓郁酱汁的肉类

### 相关介绍

美思香贝天特级园位于地势中上端，是全村乃至全夜丘最北的特级园，洛蒂酒园在此出产的酒款香气芬芳，酒体扎实，力量十足，与滋味浓郁的肉类菜肴搭配十分相宜。

### 洛蒂酒园 - 美思香贝天园　年份表格

| 年份 | 价格（元） | 分数 | 适饮期 | 侍酒（℃） | 醒酒（分钟） |
|------|-----------|------|--------|-----------|--------------|
| 2001 | 1560～1795 | 91 | 2006～2020 | 14～16 | 40 |
| 2002 | 2815～3240 | 92 | 2007～2022 | 14～16 | 45 |
| 2003 | 2705～3110 | 90 | 2008～2022 | 14～16 | 50 |
| 2004 | 2020～2320 | 91 | 2009～2023 | 14～16 | 55 |
| 2005 | 4950～5690 | 94 | 2010～2025 | 15～17 | 60 |
| 2006 | 2055～2365 | 92 | 2012～2026 | 15～17 | 65 |
| 2007 | 1865～2145 | 91 | 2013～2027 | 15～17 | 70 |
| 2008 | 2340～2695 | 92 | 2014～2028 | 15～17 | 75 |
| 2009 | 2980～3430 | 93 | 2015～2030 | 15～17 | 80 |
| 2010 | 2990～3440 | 93 | 2016～2032 | 16～18 | 85 |
| 2011 | 2190～2520 | 91 | 2018～2030 | 16～18 | 90 |
| 2012 | 3260～3745 | 93 | 2020～2035 | 16～18 | 95 |

## Domaine Leroy–Chambertin
## 乐花庄园 - 香贝天园

所属产区：法国勃艮第夜丘吉菲香贝
　　　　天村

所属等级：香贝天特级园

葡萄品种：黑皮诺

土壤特征：黏土石灰质、泥灰质土壤

每年产量：6 000 ~ 8 000瓶

配餐建议：烤肉、牛扒

### 相关介绍

　　始建于1868年的乐花庄园毫无疑问是勃艮第地区最杰出的一个。女主拉露（Lalou Bize）是当地葡萄酒界最受争议和最具传奇色彩的头号人物，她曾掌管DRC，而现在掌管的乐花庄园被众多酒评家认为是无论从品质还是价格上唯一能够与DRC匹敌的酒庄。乐花的香贝天园被称为最出色的香贝天酒之一，是众多名家推崇的顶级佳酿。

### 乐花庄园 - 香贝天园　年份表格

| 年份 | 价格（元） | 分数 | 适饮期 | 侍酒（℃） | 醒酒（分钟） |
| --- | --- | --- | --- | --- | --- |
| 2001 | 37430 ~ 44920 | 95 | 2010 ~ 2030 | 15 ~ 17 | 45 |
| 2002 | 34750 ~ 41695 | 97 | 2012 ~ 2032 | 15 ~ 17 | 50 |
| 2003 | 38180 ~ 45815 | 97 | 2013 ~ 2033 | 15 ~ 17 | 55 |
| 2005 | 42400 ~ 50885 | 97 | 2015 ~ 2035 | 15 ~ 17 | 65 |
| 2006 | 17555 ~ 20190 | 94 | 2016 ~ 2036 | 15 ~ 17 | 65 |
| 2007 | 19010 ~ 22810 | 96 | 2017 ~ 2037 | 16 ~ 18 | 75 |
| 2008 | 26410 ~ 31695 | 98 | 2018 ~ 2038 | 16 ~ 18 | 80 |
| 2009 | 36594 ~ 43910 | 98 | 2020 ~ 2040 | 16 ~ 18 | 85 |
| 2010 | 30375 ~ 36450 | 99 | 2025 ~ 2050 | 16 ~ 18 | 90 |
| 2011 | 34435 ~ 41325 | 98 | 2020 ~ 2045 | 17 ~ 19 | 95 |

法国·勃艮第产区·夜丘

## Domaine Leroy–Chambolle Musigny
# 乐花庄园 – 香波蜜思妮园

所属产区：法国勃艮第夜丘区香波蜜思妮村
所属等级：香波蜜思妮一级园
葡萄品种：黑皮诺
土壤特征：黏土石灰质、泥灰质土壤
配餐建议：烤肉、牛扒

### 相关介绍

　　由于知名度高，酿制工艺先进，乐花庄园的香波蜜思妮酒款在同类酒款中售价最高，加之年产量只有1000~1500瓶，是诸多高端红酒爱好者追捧的对象。

### 乐花庄园 – 香波蜜思妮园　年份表格

| 年份 | 价格（元） | 分数 | 适饮期 | 侍酒（℃） | 醒酒（分钟） |
|------|-----------|------|--------|-----------|--------------|
| 2001 | 53635~64365 | 96 | 2008~2022 | 15~17 | 45 |
| 2002 | 96645~115980 | 97 | 2008~2022 | 15~17 | 50 |
| 2003 | 51905~59690 | 93 | 2010~2025 | 14~16 | 50 |
| 2004 | 44530~51215 | 94 | 2010~2030 | 14~16 | 55 |
| 2005 | 77015~92420 | 95 | 2014~2030 | 16~18 | 65 |
| 2006 | 61270~73525 | 96 | 2016~2036 | 16~18 | 70 |
| 2007 | 65830~78995 | 97 | 2016~2036 | 16~18 | 75 |
| 2008 | 68678~82415 | 98 | 2020~2040 | 16~18 | 85 |
| 2009 | 106145~127380 | 97 | 2019~2040 | 16~18 | 85 |
| 2010 | 64890~77870 | 96 | 2020~2045 | 17~19 | 90 |
| 2011 | 69665~83600 | 95 | 2020~2045 | 17~19 | 95 |

# Domaine Leroy–Clos de la Roche
## 乐花庄园 - 石头园

**所属产区：** 法国勃艮第夜丘区
墨黑 - 圣丹尼村

**所属等级：** 石头特级园

**葡萄品种：** 黑皮诺

**土壤特征：** 黏土石灰质、泥灰
质土壤

**配餐建议：** 烤肉、牛扒

## 相关介绍

乐花庄园在石头园出产的酒款品质卓越、价格昂贵，获得了业界的广泛好评，也成为了高端宴会搭配红肉的上佳酒款。

### 乐花庄园 - 石头园　年份表格

| 年份 | 价格（元） | 分数 | 适饮期 | 侍酒（℃） | 醒酒（分钟） |
|------|-----------|------|--------|----------|-------------|
| 2001 | 14490～16665 | 94 | 2006～2025 | 14～16 | 40 |
| 2002 | 12435～14920 | 96 | 2008～2026 | 15～17 | 50 |
| 2003 | 28255～33905 | 96 | 2008～2027 | 15～17 | 55 |
| 2005 | 13825～16590 | 97 | 2012～2029 | 15～17 | 65 |
| 2006 | 9430～11320 | 95 | 2012～2030 | 16～18 | 70 |
| 2007 | 13405～16085 | 96 | 2013～2033 | 16～18 | 75 |
| 2008 | 17195～20630 | 95 | 2015～2035 | 16～18 | 80 |
| 2009 | 19780～23740 | 98 | 2020～2040 | 17～19 | 90 |
| 2010 | 21160～25390 | 97 | 2020～2040 | 17～19 | 90 |
| 2011 | 26220～29465 | 95 | 2020～2040 | 17～19 | 95 |

## Domaine Leroy–Richebourg
# 乐花庄园 - 李其堡

**所属产区：**法国勃艮第夜丘区华罗曼
尼村

**所属等级：**李其堡特级园

**葡萄品种：**黑皮诺

**土壤特征：**黏土石灰质、泥灰质土壤

**配餐建议：**烤肉、牛扒

### 相关介绍

产自李其堡特级园的乐花庄园酒款呈现出清亮的紫色，口味优雅凝练，肉质口感十足，并有着悠长的余味，细品则唇齿留香，无愧于自身高昂的价格。

### 乐花庄园 - 李其堡　年份表格

| 年份 | 价格（元） | 分数 | 适饮期 | 侍酒（℃） | 醒酒（分钟） |
|------|-----------|------|--------|-----------|-------------|
| 2001 | 22275～25620 | 94 | 2008～2023 | 14～16 | 40 |
| 2002 | 18385～22065 | 96 | 2009～2025 | 15～17 | 50 |
| 2003 | 19770～23720 | 95 | 2010～2025 | 15～17 | 55 |
| 2005 | 38780～46540 | 96 | 2011～2026 | 15～17 | 65 |
| 2006 | 19970～23965 | 95 | 2013～2027 | 16～18 | 70 |
| 2007 | 15540～18640 | 95 | 2014～2028 | 16～18 | 75 |
| 2008 | 20640～23735 | 94 | 2015～2030 | 15～17 | 75 |
| 2009 | 21420～25705 | 95 | 2018～2035 | 16～18 | 85 |
| 2010 | 23746～28495 | 98 | 2019～2040 | 17～19 | 95 |

## Maison Dominique Laurent–Chambolle Musigny
# 多米尼克·卢亨酒庄 – 香波蜜思妮园

**所属产区：**法国勃艮第夜丘香波蜜思妮村

**所属等级：**蜜思妮特级园

**葡萄品种：**黑皮诺

**土壤特征：**黏土石灰质

**配餐建议：**叉烧、烤肉

### 相关介绍

　　得益于所处地区丰富的石灰质土壤，多米尼克·卢亨酒庄在该地区出产的酒款具有颜色清浅、芳香优雅的特点。

**多米尼克·卢亨酒庄 – 香波蜜思妮园　年份表格**

| 年份 | 价格（元） | 分数 | 适饮期 | 侍酒（℃） | 醒酒（分钟） |
|------|-----------|------|--------|-----------|--------------|
| 2001 | 600～690 | 93 | 2006～2026 | 14～16 | 35 |
| 2002 | 710～815 | 94 | 2007～2027 | 14～16 | 40 |
| 2003 | 720～830 | 92 | 2008～2028 | 14～16 | 45 |
| 2005 | 1715～2060 | 98 | 2010～2030 | 15～17 | 60 |
| 2006 | 670～740 | 89 | 2010～2030 | 14～16 | 55 |
| 2008 | 1585～1820 | 94 | 2015～2035 | 15～17 | 70 |

# Maison Joseph Drouhin –Grands Echezeaux
## 德罗茵庄园 － 大依切索园

所属产区：法国勃艮第夜丘菲歌依
切索村

所属等级：大依切索特级园

葡萄品种：黑皮诺

土壤特征：黏土石灰质

配餐建议：浓郁酱汁的肉类

相关介绍

　　德罗茵庄园在大依切索园产出的葡萄酒良好地发挥了当地的风土优势，近年来品质不断提高，具有美妙的口味和清透的酒体，余味悠长。

德罗茵庄园－大依切索园　年份表格

| 年份 | 价格（元） | 分数 | 适饮期 | 侍酒（℃） | 醒酒（分钟） |
|------|-----------|------|--------|-----------|--------------|
| 2001 | 1865～2145 | 90 | 2006～2020 | 14～16 | 35 |
| 2002 | 1570～1810 | 94 | 2007～2022 | 14～16 | 40 |
| 2003 | 1770～2040 | 92 | 2008～2023 | 14～16 | 45 |
| 2004 | 1980～2280 | 92 | 2009～2024 | 14～16 | 50 |
| 2005 | 2565～2950 | 94 | 2010～2025 | 15～17 | 55 |
| 2006 | 1350～1555 | 93 | 2010～2026 | 15～17 | 60 |
| 2007 | 1845～2120 | 92 | 2012～2027 | 15～17 | 65 |
| 2008 | 1960～2255 | 92 | 2013～2028 | 15～17 | 70 |
| 2009 | 3085～3550 | 93 | 2015～2030 | 15～17 | 75 |
| 2010 | 3995～4595 | 94 | 2016～2032 | 16～18 | 80 |
| 2011 | 3105～3570 | 92 | 2018～2035 | 16～18 | 85 |
| 2012 | 4475～5145 | 93 | 2020～2040 | 16～18 | 90 |

## Nicolas Potel–Chambertin
# 力高宝德 - 香贝天园

**所属产区**：法国勃艮第夜丘吉菲香贝
天村

**所属等级**：香贝天特级园

**葡萄品种**：黑皮诺

**土壤特征**：黏土石灰质、泥灰质土壤

**配餐建议**：浓郁酱汁的肉类

### 相关介绍

　　力高宝德在勃艮第是位颇为传奇的人物，他亲手酿制的第一款葡萄酒，于1997年一推出便击败了当地的众多名庄酒，使其一跃成为一颗耀眼的新星。而香贝天园的葡萄一向是高端红酒的重要原料，在酒庄的努力之下，香贝天园的葡萄潜力几乎被发挥到了极致。

### 力高宝德 - 香贝天园　年份表格

| 年份 | 价格（元） | 分数 | 适饮期 | 侍酒（℃） | 醒酒（分钟） |
|------|-----------|------|--------|-----------|--------------|
| 2001 | 1655～1905 | 92 | 2006～2026 | 14～16 | 35 |
| 2002 | 1770～2035 | 93 | 2007～2027 | 14～16 | 40 |
| 2003 | 1305～1505 | 94 | 2008～2028 | 14～16 | 45 |
| 2004 | 1580～1820 | 93 | 2009～2029 | 14～16 | 50 |
| 2005 | 4970～5720 | 96 | 2010～2030 | 15～17 | 65 |
| 2006 | 1695～1950 | 94 | 2010～2030 | 15～17 | 60 |
| 2007 | 1770～2035 | 92 | 2010～2030 | 15～17 | 65 |
| 2008 | 1950～2240 | 93 | 2016～2036 | 15～17 | 70 |

## Nicolas Potel–Charmes Chambertin
# 力高宝德－詹姆士香贝天园

**所属产区**：法国勃艮第夜丘吉菲香贝
天村
**所属等级**：詹姆士香贝天特级园
**葡萄品种**：黑皮诺
**土壤特征**：黏土石灰质
**配餐建议**：浓郁酱汁的肉类

PRODUCE OF FRANCE

*Charmes Chambertin*
GRAND CRU
*Appellation Charmes Mazis Grand Cru Contrôlée*
— 2007 —
*Nicolas Potel*
*Vinifié, élevé, mis en bouteille*
*à Nuits-Saint-Georges, Côte d'Or, France*

### 相关介绍

力高宝德酒庄拥有多个勃艮第一级和特等园产品，在世界权威的酒评杂志《葡萄酒观察家》（Wine Spectator）的评比中，屡次击败勃艮第众多顶级名庄，成为葡萄酒收藏家不能错过的佳酿。

**力高宝德－詹姆士香贝天园 年份表格**

| 年份 | 价格（元） | 分数 | 适饮期 | 侍酒（℃） | 醒酒（分钟） |
|------|-----------|------|---------|-----------|--------------|
| 2001 | 730 ~ 805 | 89 | 2006 ~ 2020 | 14 ~ 16 | 30 |
| 2002 | 1430 ~ 1640 | 92 | 2007 ~ 2022 | 14 ~ 16 | 40 |
| 2003 | 1430 ~ 1640 | 91 | 2008 ~ 2022 | 14 ~ 16 | 45 |
| 2004 | 1050 ~ 1210 | 92 | 2009 ~ 2023 | 14 ~ 16 | 50 |
| 2005 | 1065 ~ 1225 | 92 | 2010 ~ 2025 | 15 ~ 17 | 55 |
| 2006 | 1140 ~ 1315 | 92 | 2012 ~ 2026 | 15 ~ 17 | 60 |
| 2007 | 1255 ~ 1445 | 92 | 2013 ~ 2027 | 15 ~ 17 | 65 |
| 2008 | 815 ~ 900 | 88 | 2014 ~ 2028 | 14 ~ 16 | 65 |
| 2009 | 1805 ~ 2080 | 90 | 2015 ~ 2030 | 15 ~ 17 | 75 |

## Pierre Damoy–Chambertin Clos de Beze
# 皮埃尔达蒙－贝思香贝天园

所属产区：法国勃艮第夜丘吉菲香贝天村

所属等级：贝思香贝天特级园

葡萄品种：黑皮诺

土壤特征：黏土石灰质、泥灰质土壤

配餐建议：浓郁酱汁的肉类

### 相关介绍

　　皮埃尔达蒙酒庄位于勃艮第的明星酒庄之一，以生产顶级黑皮诺葡萄酒见长。酒庄在上世纪50年代和60年代酿造出不少经典的年份酒，但随后出现了一段时期的蛰伏，直至现今的庄主皮埃尔·达蒙在90年代接管后才恢复往日的光彩。

### 皮埃尔达蒙－贝思香贝天园　年份表格

| 年份 | 价格（元） | 分数 | 适饮期 | 侍酒（℃） | 醒酒（分钟） |
|---|---|---|---|---|---|
| 2001 | 1350～1555 | 92 | 2006～2020 | 15～17 | 35 |
| 2002 | 1370～1640 | 96 | 2007～2022 | 16～18 | 50 |
| 2003 | 2225～2560 | 94 | 2008～2022 | 15～17 | 45 |
| 2004 | 1370～1575 | 94 | 2009～2023 | 14～16 | 50 |
| 2005 | 1905～2190 | 93 | 2010～2025 | 16～18 | 55 |
| 2006 | 2245～2580 | 91 | 2012～2026 | 16～18 | 60 |
| 2007 | 1505～1730 | 91 | 2013～2027 | 16～18 | 65 |
| 2008 | 1640～1730 | 96 | 2014～2028 | 17～19 | 80 |
| 2009 | 2860～3285 | 94 | 2015～2030 | 16～18 | 75 |
| 2010 | 2855～3280 | 93 | 2016～2035 | 17～19 | 80 |
| 2011 | 1770～1950 | 89 | 2017～2036 | 15～17 | 80 |
| 2012 | 3370～4045 | 96 | 2022～2042 | 17～19 | 90 |

法国·勃艮第产区·夜丘

# Domaine Armand Rousseau–Chambertin Clos de Beze
## 阿曼罗素 – 贝思香贝天园

所属产区：法国勃艮第夜丘区吉菲
香贝天村

所属等级：贝思香贝天特级园

葡萄品种：黑皮诺

土壤特征：黏土

每年产量：8 000瓶

配餐建议：炖肉

### 相关介绍

    阿曼罗素酒厂成立于 20 世纪初，创始者Armand Rousseau是一个葡萄农，辛勤经营葡萄园，1959年由其子Charles Rousseau 接手。Charles Rousseau是一位在勃艮第享有盛名的酿酒师，连Rober Parker都说："我是 Charles Rousseau 最大的崇拜者，我以收藏他所酿制的酒为傲。"此酒深红色泽，红色水果与香料香源源不绝地扑鼻而来，单宁丝滑，富有层次感，余韵绵长，是一款非常精美细致的葡萄酒。

### 阿曼罗素 – 贝思香贝天园　年份表格

| 年份 | 价格（元） | 分数 | 适饮期 | 侍酒（℃） | 醒酒（分钟） |
|------|-----------|------|--------|----------|------------|
| 2001 | 9615～11060 | 94 | 2006～2026 | 14～16 | 40 |
| 2002 | 14490～17390 | 95 | 2007～2027 | 15～17 | 50 |
| 2003 | 8190～9415 | 94 | 2008～2028 | 14～16 | 50 |
| 2004 | 7065～8125 | 94 | 2009～2029 | 14～16 | 55 |
| 2005 | 17136～20560 | 96 | 2010～2030 | 16～18 | 65 |
| 2006 | 6740～7750 | 93 | 2012～2030 | 15～17 | 65 |
| 2007 | 6815～8180 | 95 | 2014～2030 | 16～18 | 75 |
| 2008 | 7710～9255 | 95 | 2016～2036 | 16～18 | 80 |
| 2009 | 12015～14420 | 95 | 2016～2036 | 16～18 | 85 |
| 2010 | 13325～15995 | 96 | 2018～2036 | 17～19 | 90 |
| 2011 | 14660～17590 | 96 | 2020～2041 | 17～19 | 95 |
| 2012 | 14050～16860 | 95 | 2020～2042 | 17～19 | 100 |

## Domaine Armand Rousseau–Chambertin
## 阿曼罗素 - 香贝天园

所属产区：法国勃艮第夜丘区吉菲
　　　　　香贝天村

所属等级：香贝天特级园

葡萄品种：黑皮诺

土壤特征：黏土

每年产量：8 000瓶

配餐建议：炖肉

### 相关介绍

　　阿曼罗素 - 香贝天园是酒厂的旗舰产品，拥有不凡的甘草香气，结构均衡，单宁厚实，尾韵优雅迷人，需要较长的时间陈年。

法国·勃艮第产区·夜丘

### 阿曼罗素 - 香贝天园　年份表格

| 年份 | 价格（元） | 分数 | 适饮期 | 侍酒（℃） | 醒酒（分钟） |
|------|-----------|------|--------|-----------|-------------|
| 2001 | 4550～5235 | 94 | 2006～2026 | 14～16 | 40 |
| 2002 | 13250～15900 | 95 | 2007～2027 | 15～17 | 45 |
| 2003 | 7520～9025 | 95 | 2008～2028 | 15～17 | 50 |
| 2004 | 7995～9195 | 94 | 2009～2029 | 14～16 | 55 |
| 2005 | 16315～19580 | 97 | 2010～2030 | 16～18 | 60 |
| 2006 | 7255～8705 | 95 | 2010～2030 | 16～18 | 65 |
| 2007 | 8130～9350 | 94 | 2010～2030 | 15～17 | 70 |
| 2008 | 8505～10205 | 96 | 2016～2036 | 16～18 | 75 |
| 2009 | 12850～15420 | 96 | 2016～2036 | 16～18 | 80 |
| 2010 | 14130～16955 | 96 | 2016～2036 | 17～19 | 85 |
| 2011 | 11680～14020 | 95 | 2017～2037 | 17～19 | 90 |
| 2012 | 13900～16680 | 96 | 2018～2038 | 17～19 | 95 |

# Domaine Anne–Francoise Gros–Richebourg
## 安－法兰克格奥斯酒厂－李其堡

**所属产区**：法国勃艮第夜丘区华罗
曼尼村

**所属等级**：李其堡特级园

**葡萄品种**：黑皮诺

**土壤特征**：黏土

**每年产量**：10 000瓶

**配餐建议**：烤肉

### 相关介绍

    格奥斯家族（Gros）是勃艮第地区大名鼎鼎的酿酒世家，每年出售的酒品是众多勃艮第谜争相收购的对象，格奥斯家族之名即是品质保证。Jean Gros于1988年将家族葡萄园传给下面的三个兄妹，唯一的女性Anna Francoise所得到的园地很不错，她自幼与Jean Gros一起学习酿酒，并于1976年嫁给同样是酿酒世家的Francoise Parent，这对夫妻于1988年合并了两家的葡萄园，成立了安－法兰克格奥斯酒厂（A.F.Gros）。此酒厂以其女性化而优雅的风格凸显酒庄魅力，加上家传的酿酒技术，与天生娇贵的黑皮诺葡萄形成了完美搭配，使得各大收藏家对其酒有着特别的喜好。

### 安－法兰克格奥斯酒厂－李其堡　年份表格

| 年份 | 价格（元） | 分数 | 适饮期 | 侍酒（℃） | 醒酒（分钟） |
|------|-----------|------|--------|-----------|-------------|
| 2001 | 2385～5745 | 93 | 2006～2026 | 14～16 | 40 |
| 2002 | 6370～7335 | 93 | 2007～2027 | 14～16 | 45 |
| 2003 | 4760～5710 | 96 | 2008～2028 | 14～16 | 60 |
| 2004 | 3005～3460 | 92 | 2009～2029 | 14～16 | 55 |
| 2005 | 6035～6940 | 92 | 2010～2030 | 15～17 | 60 |
| 2006 | 6914～8295 | 95 | 2010～2030 | 15～17 | 75 |
| 2007 | 5760～6625 | 92 | 2010～2030 | 15～17 | 70 |
| 2008 | 4408～5070 | 92 | 2016～2036 | 15～17 | 75 |
| 2009 | 4760～5475 | 94 | 2016～2036 | 15～17 | 80 |
| 2010 | 4835～5800 | 97 | 2016～2036 | 16～18 | 95 |
| 2011 | 3995～4400 | 88 | 2016～2031 | 16～18 | 85 |
| 2012 | 5140～5910 | 90 | 2020～2040 | 16～18 | 95 |

## Domaine Alain Hudelot–Noellat–Romanee St. Vivant
# 亚兰·修得罗－诺以拉－罗曼尼·圣伟望

所属产区：法国勃艮第夜丘区华罗曼尼村
所属等级：罗曼尼·圣伟望特级园
葡萄品种：黑皮诺
土壤特征：黏土及石灰石土壤
每年产量：6 000瓶
配餐建议：红肉类

### 相关介绍

　　修得罗－诺以拉酒庄目前拥有约10公顷的葡萄园。其葡萄藤均刻意保留高龄，宁可单独一株株地重新种，而不整片拔起重种。修得罗－诺以拉的罗曼尼·圣伟望是酒庄的旗舰产品，受到众多名家的追捧，是一款优雅精致的葡萄酒。

### 亚兰·修得罗诺以拉－罗曼尼·圣伟望　年份表格

| 年份 | 价格（元） | 分数 | 适饮期 | 侍酒（℃） | 醒酒（分钟） |
|------|-----------|------|--------|-----------|--------------|
| 2001 | 1990～2290 | 94 | 2003～2015 | 14～16 | 40 |
| 2002 | 3070～3530 | 94 | 2005～2018 | 14～16 | 45 |
| 2003 | 4085～4695 | 92 | 2008～2023 | 14～16 | 50 |
| 2004 | 4720～5430 | 93 | 2008～2023 | 14～16 | 55 |
| 2005 | 7554～8585 | 95 | 2008～2025 | 15～17 | 65 |
| 2006 | 3760～4325 | 93 | 2010～2025 | 15～17 | 65 |
| 2007 | 3335～3840 | 93 | 2012～2028 | 15～17 | 70 |
| 2008 | 3700～4255 | 93 | 2012～2028 | 15～17 | 75 |
| 2009 | 6385～7345 | 94 | 2014～2030 | 15～17 | 80 |
| 2010 | 4620～5453 | 95 | 2015～2031 | 16～18 | 90 |
| 2011 | 4720～5665 | 95 | 2016～2033 | 16～18 | 95 |
| 2012 | 6175～7410 | 95 | 2016～2035 | 16～18 | 100 |

法国·勃艮第产区·夜丘

## Domaine Alain Hudelot–Noellat–Richebourg
## 亚兰·修得罗－诺以拉－李其堡

所属产区：法国勃艮第夜丘区华罗
　　　　　曼尼村
所属等级：李其堡特级园
葡萄品种：黑皮诺
土壤特征：黏土及石灰石土壤
每年产量：6 000瓶
配餐建议：红肉类

### 相关介绍

　　修得罗－诺以拉的李其堡拥有极佳的平衡感，有着难以置信的纯净，相当优美精致。

亚兰·修得罗－诺以拉－李其堡　年份表格

| 年份 | 价格（元） | 分数 | 适饮期 | 侍酒（℃） | 醒酒（分钟） |
|---|---|---|---|---|---|
| 2001 | 6675～7675 | 94 | 2003～2015 | 14～16 | 40 |
| 2002 | 4080～4690 | 94 | 2005～2018 | 14～16 | 45 |
| 2003 | 3130～3600 | 92 | 2008～2023 | 14～16 | 50 |
| 2004 | 3105～3575 | 93 | 2008～2023 | 14～16 | 55 |
| 2005 | 8575～10290 | 95 | 2008～2025 | 16～18 | 65 |
| 2006 | 4975～5725 | 93 | 2010～2025 | 15～17 | 65 |
| 2007 | 3855～4435 | 90 | 2012～2028 | 15～17 | 70 |
| 2008 | 3585～4125 | 93 | 2012～2028 | 15～17 | 75 |
| 2009 | 7190～8630 | 95 | 2014～2030 | 16～18 | 85 |
| 2010 | 6960～8355 | 95 | 2015～2030 | 17～19 | 90 |
| 2011 | 6660～7990 | 95 | 2020～2030 | 17～19 | 95 |
| 2012 | 7900～9480 | 95 | 2020～2042 | 17～19 | 100 |

## Bouchard Pere & Fils–Chambertin Clos de Beze
# 宝尚父子－贝思香贝天园

所属产区：法国勃艮第夜丘区吉菲香
　　　　　贝天村
所属等级：贝思香贝天特级园
葡萄品种：黑皮诺
土壤特征：黏土石灰质、泥灰质土壤
配餐建议：浓郁酱汁的肉类

相关介绍

　　宝尚父子是法国勃艮第金丘产区最大的地主，拥有130公顷的葡萄园，其中有12公顷特级园和74公顷一级园。1995年宝尚父子被著名的香槟公司Henriot收购，开始新的发展篇章。此酒是酒庄的旗舰产品，带有浓郁的草莓、梅子、玫瑰花和香料香，口感柔顺，单宁丝滑，回味中等长度。

宝尚父子－贝思香贝天园　年份表格

| 年份 | 价格（元） | 分数 | 适饮期 | 侍酒（℃） | 醒酒（分钟） |
|------|-----------|------|--------|----------|-------------|
| 2001 | 2395～2760 | 93 | 2006～2026 | 14～16 | 40 |
| 2002 | 2130～2450 | 93 | 2007～2027 | 14～16 | 45 |
| 2003 | 1665～1920 | 93 | 2008～2028 | 14～16 | 50 |
| 2004 | 1285～1480 | 93 | 2009～2029 | 14～16 | 55 |
| 2005 | 4065～4880 | 96 | 2010～2030 | 16～18 | 60 |
| 2006 | 2090～2405 | 93 | 2010～2030 | 15～17 | 65 |
| 2007 | 1800～2070 | 93 | 2010～2030 | 15～17 | 70 |
| 2008 | 2185～2515 | 93 | 2016～2036 | 15～17 | 75 |
| 2009 | 2320～2670 | 93 | 2016～2036 | 15～17 | 80 |
| 2010 | 2495～2870 | 94 | 2016～2036 | 16～18 | 85 |
| 2011 | 2090～2405 | 93 | 2018～2038 | 16～18 | 90 |
| 2012 | 2320～2670 | 92 | 2019～2039 | 16～18 | 95 |

## Vincent Girardin–Corton Charlemagne
# 文森吉拉丁酒庄－哥顿查理曼园

**所属产区：**法国勃艮第宝望丘
区阿勒斯哥顿村

**所属等级：**哥顿查理曼特级园

**葡萄品种：**霞多丽

**土壤特征：**黏土

**配餐建议：**海鲜

### 相关介绍

　　这款产自文森吉拉丁酒庄的葡萄酒，它的酒体均衡、口感成熟集中，带有梨、苹果、矿物和香料的风味，此酒多次获得各葡萄酒评酒机构90分以上的好评，是一款品质优越的葡萄酒。

### 文森吉拉丁酒庄－哥顿查理曼园　年份表格

| 年份 | 价格（元） | 分数 | 适饮期 | 侍酒（℃） | 醒酒（分钟） |
|------|-----------|------|--------|-----------|--------------|
| 2001 | 685～750 | 89 | 2006～2015 | 11～12 | 10 |
| 2002 | 1160～1335 | 92 | 2008～2016 | 10～12 | 10 |
| 2003 | 830～950 | 91 | 2005～2011 | 10～12 | 15 |
| 2004 | 875～1005 | 93 | 2006～2012 | 10～12 | 15 |
| 2005 | 1125～1295 | 92 | 2007～2013 | 10～12 | 20 |
| 2006 | 990～1140 | 92 | 2008～2015 | 9～11 | 20 |
| 2007 | 1160～1340 | 92 | 2009～2016 | 9～11 | 20 |
| 2008 | 1240～1425 | 92 | 2010～2018 | 9～11 | 20 |
| 2009 | 1045～1205 | 92 | 2012～2018 | 9～11 | 20 |
| 2010 | 1025～1385 | 93 | 2013～2020 | 9～11 | 30 |
| 2011 | 1130～1295 | 94 | 2015～2025 | 7～10 | 30 |
| 2012 | 1600～1840 | 91 | 2015～2025 | 7～10 | 30 |

# Vincent Girardin–Chevalier Montrachet
## 文森吉拉丁酒庄－骑士梦雪真园

**所属产区：** 法国勃艮第宝望区
丘普利－梦雪真村
**所属等级：** 骑士梦雪真特级园
**葡萄品种：** 霞多丽
**土壤特征：** 黏土
**配餐建议：** 海鲜

**CHEVALIER-MONTRACHET**

**VINCENT GIRARDIN**

### 相关介绍

这款酒产自文森吉拉丁酒庄，它的酒体均衡优雅，口感醇厚，带有干无花果、甜瓜、摩卡的气息和明显的黄油风味，富有层次感。此酒2003年份获得葡萄酒观察家90分的好评，品质十分优秀。

文森吉拉丁酒庄－骑士梦雪真园　年份表格

| 年份 | 价格（元） | 分数 | 适饮期 | 侍酒（℃） | 醒酒（分钟） |
|------|-----------|------|---------|-----------|--------------|
| 2001 | 2190～2410 | 89 | 2005～2015 | 11～12 | 10 |
| 2002 | 2340～2690 | 94 | 2005～2015 | 10～12 | 10 |
| 2003 | 1260～1450 | 92 | 2006～2016 | 10～12 | 15 |
| 2004 | 2340～2695 | 94 | 2007～2017 | 10～12 | 15 |
| 2005 | 1770～2035 | 93 | 2008～2018 | 10～12 | 20 |
| 2006 | 2705～3110 | 93 | 2009～2019 | 9～11 | 20 |
| 2007 | 3730～4290 | 94 | 2010～2020 | 9～11 | 20 |
| 2008 | 2855～3285 | 93 | 2011～2021 | 9～11 | 20 |
| 2009 | 2190～2520 | 93 | 2013～2023 | 9～11 | 20 |
| 2010 | 2915～3350 | 93 | 2013～2023 | 9～11 | 30 |
| 2011 | 2605～2995 | 94 | 2015～2025 | 7～10 | 30 |
| 2012 | 3825～4400 | 93 | 2015～2025 | 7～10 | 30 |

## Nicolas Potel–Corton Charlemagne
# 力高宝德－哥顿查理曼园

所属产区：法国勃艮第宝望丘区阿勒斯哥顿村
所属等级：哥顿查理曼特级园
葡萄品种：霞多丽
土壤特征：黏土
配餐建议：海鲜

### 相关介绍

　　力高宝德酒庄拥有多个勃艮第一级和特等园产品，在世界权威的酒评杂志《葡萄酒观察家》的评比中，屡次击败勃艮第众多顶级名庄，成为葡萄酒收藏家不能错过的佳酿。

### 力高宝德－哥顿查理曼园　年份表格

| 年份 | 价格（元） | 分数 | 适饮期 | 侍酒（℃） | 醒酒（分钟） |
|------|-----------|------|--------|----------|-------------|
| 2001 | 528~605 | 90 | 2003~2008 | 10~12 | 10 |
| 2002 | 540~620 | 90 | 2004~2010 | 10~12 | 10 |
| 2004 | 756~870 | 91 | 2006~2013 | 10~12 | 15 |
| 2005 | 950~1095 | 91 | 2007~2015 | 10~12 | 15 |
| 2006 | 780~900 | 91 | 2008~2016 | 10~12 | 20 |
| 2007 | 1580~1820 | 93 | 2009~2017 | 9~11 | 20 |
| 2008 | 745~855 | 92 | 2010~2018 | 9~11 | 20 |
| 2009 | 1050~1505 | 92 | 2012~2020 | 9~11 | 20 |
| 2010 | 970~1120 | 92 | 2013~2020 | 9~11 | 20 |
| 2011 | 845~970 | 90 | 2015~2020 | 9~11 | 30 |

# 路易斯拉图酒庄－哥顿查理曼园

所属产区：法国勃艮第宝望丘区阿
勒斯哥顿村

所属等级：哥顿查理曼特级园

葡萄品种：霞多丽

土壤特征：黏土

配餐建议：海鲜

## 相关介绍

　　路易斯拉图酒庄，是雄霸法国勃艮第酒业超二百年的家族品牌，出产品皆为一级或特级葡萄酒。他们只在收成好的年份才会考虑酿制及销售葡萄酒，故此其酿制的各类名酒，往往供不应求。

法国·勃艮第产区·宝望丘

### 路易斯拉图酒庄－哥顿查理曼园　年份表格

| 年份 | 价格（元） | 分数 | 适饮期 | 侍酒（℃） | 醒酒（分钟） |
| --- | --- | --- | --- | --- | --- |
| 2001 | 875～965 | 89 | 2005～2015 | 11～12 | 10 |
| 2002 | 1240～1360 | 89 | 2007～2012 | 11～12 | 10 |
| 2003 | 1295～1490 | 91 | 2006～2016 | 10～12 | 15 |
| 2004 | 840～965 | 92 | 2007～2017 | 10～12 | 15 |
| 2005 | 1430～1640 | 92 | 2008～2018 | 10～12 | 20 |
| 2006 | 840～995 | 92 | 2009～2019 | 9～11 | 20 |
| 2007 | 840～970 | 93 | 2010～2020 | 9～11 | 20 |
| 2008 | 1010～1160 | 93 | 2011～2021 | 9～11 | 20 |
| 2009 | 1200～1380 | 93 | 2013～2023 | 9～11 | 20 |
| 2010 | 1580～1820 | 93 | 2013～2025 | 9～11 | 30 |
| 2011 | 1315～1510 | 91 | 2015～2025 | 7～9 | 30 |
| 2012 | 1105～1215 | 88 | 2016～2026 | 8～10 | 25 |

# Maison Louis Latour–Chevalier Montrachet Les Demoiselles
## 路易斯拉图酒庄－淑女园

**所属产区：**法国勃艮第宝望丘区普利－梦
雪真村

**所属等级：**骑士梦雪真特级园

**葡萄品种：**霞多丽

**土壤特征：**黏土

**配餐建议：**海鲜

### 相关介绍

路易斯拉图酒庄，是雄霸法国勃艮第酒业超二百年的家族品牌，出
产品皆为一级或特级葡萄酒。他们只在收成好的年份才会考虑酿制及销
售葡萄酒，故此其酿制的各类名酒，往往供不应求。

### 路易斯拉图酒庄－淑女园　年份表格

| 年份 | 价格（元） | 分数 | 适饮期 | 侍酒（℃） | 醒酒（分钟 |
|------|-----------|------|--------|-----------|-----------|
| 2001 | 2530～2910 | 92 | 2008～2014 | 10～12 | 10 |
| 2002 | 2115～2430 | 93 | 2009～2015 | 10～12 | 10 |
| 2003 | 2115～2430 | 92 | 2006～2016 | 10～12 | 15 |
| 2004 | 2115～2430 | 92 | 2007～2017 | 10～12 | 15 |
| 2005 | 2360～2715 | 92 | 2008～2018 | 10～12 | 20 |
| 2006 | 2495～2870 | 92 | 2009～2019 | 9～11 | 20 |
| 2007 | 2000～2300 | 93 | 2010～2020 | 9～11 | 20 |
| 2008 | 2625～3020 | 94 | 2011～2021 | 9～11 | 20 |
| 2009 | 2780～3200 | 93 | 2013～2023 | 9～11 | 20 |
| 2010 | 2780～3200 | 93 | 2013～2025 | 9～11 | 30 |
| 2011 | 2530～2910 | 93 | 2015～2025 | 7～9 | 30 |
| 2012 | 2385～2745 | 92 | 2019～2028 | 7～9 | 30 |

## Louis Jadot–Corton Charlemagne
## 路易斯雅都－哥顿查理曼园

所属产区：法国勃艮第宝望丘区阿勒
　　　　斯哥顿村

所属等级：哥顿查理曼特级园

葡萄品种：霞多丽

土壤特征：黏土

配餐建议：海鲜

### 相关介绍

　　路易斯雅都酒庄地处法国勃艮第心脏地带，葡萄园占地154公顷，遍布整个勃艮第地区，其中超过一半是一级和特级的葡萄园，是最能代表勃艮第葡萄酒精神的著名酒庄之一。

### 路易斯雅都－哥顿查理曼园　年份表格

| 年份 | 价格（元） | 分数 | 适饮期 | 侍酒（℃） | 醒酒（分钟） |
|------|-----------|------|--------|-----------|-------------|
| 2001 | 1638 ~ 1885 | 92 | 2003 ~ 2010 | 10 ~ 12 | 10 |
| 2002 | 990 ~ 1190 | 95 | 2004 ~ 2012 | 9 ~ 11 | 15 |
| 2003 | 1690 ~ 1945 | 92 | 2005 ~ 2013 | 10 ~ 12 | 15 |
| 2004 | 1295 ~ 1490 | 93 | 2006 ~ 2015 | 10 ~ 12 | 15 |
| 2005 | 1215 ~ 1395 | 94 | 2007 ~ 2018 | 10 ~ 12 | 20 |
| 2006 | 990 ~ 1140 | 94 | 2008 ~ 2019 | 9 ~ 11 | 20 |
| 2007 | 1180 ~ 1355 | 94 | 2009 ~ 2020 | 9 ~ 11 | 20 |
| 2008 | 1255 ~ 1510 | 95 | 2010 ~ 2020 | 8 ~ 10 | 25 |
| 2009 | 1180 ~ 1415 | 95 | 2012 ~ 2023 | 8 ~ 10 | 25 |
| 2010 | 1255 ~ 1510 | 96 | 2013 ~ 2023 | 8 ~ 10 | 25 |
| 2011 | 1255 ~ 1445 | 91 | 2016 ~ 2026 | 7 ~ 9 | 30 |
| 2012 | 1350 ~ 1620 | 96 | 2016 ~ 2026 | 7 ~ 9 | 35 |

## Louis Jadot–Batard Montrachet
## 路易斯雅都 - 巴塔梦雪真园

所属产区：法国勃艮第宝望丘区普利 - 梦
　　　　雪真村

所属等级：巴塔梦雪真特级园

葡萄品种：霞多丽

土壤特征：黏土

配餐建议：海鲜

### 相关介绍

　　路易斯雅都酒庄地处法国勃艮第心脏地带，葡萄园占地154公顷，遍布整个勃艮第地区，其中超过一半是一级和特级的葡萄园，是最能代表勃艮第葡萄酒精神的著名酒庄之一。

### 路易斯雅都 - 巴塔梦雪真园　年份表格

| 年份 | 价格（元） | 分数 | 适饮期 | 侍酒（℃） | 醒酒（分钟 |
|------|-----------|------|--------|-----------|-----------|
| 2001 | 2085～2400 | 92 | 2004～2014 | 10～12 | 10 |
| 2002 | 2835～3260 | 94 | 2005～2015 | 10～12 | 10 |
| 2003 | 4145～4770 | 92 | 2006～2016 | 10～12 | 15 |
| 2004 | 1770～2035 | 94 | 2007～2017 | 10～12 | 15 |
| 2005 | 2055～2360 | 94 | 2008～2018 | 10～12 | 20 |
| 2006 | 1900～2190 | 94 | 2009～2019 | 9～11 | 20 |
| 2007 | 2015～2320 | 94 | 2010～2020 | 9～11 | 20 |
| 2008 | 2320～2670 | 92 | 2011～2021 | 9～11 | 20 |
| 2009 | 2510～3010 | 95 | 2013～2023 | 8～10 | 25 |
| 2010 | 2340～2810 | 95 | 2014～2025 | 8～10 | 25 |
| 2011 | 2565～2950 | 93 | 2015～2025 | 7～9 | 30 |
| 2012 | 2775～3190 | 92 | 2015～2025 | 7～9 | 30 |

# Jean Francois Coche Dury–Meursault Les Perrieres
## 歌希杜利酒庄－普利艾园

所属产区：法国勃艮第宝望丘区摩梭
葡萄品种：霞多丽
土壤特征：黏土石灰质
配餐建议：生蚝

### 相关介绍

　　歌希杜利酒庄酿制的白葡萄酒是勃艮第白葡萄酒中的翘楚，而且也被认为是一种信仰，他们所酿造的白葡萄酒的完美程度，令人难以企及。

### 歌希杜利酒庄－普利艾园　年份表格

| 年份 | 价格（元） | 分数 | 适饮期 | 侍酒（℃） | 醒酒（分钟） |
|---|---|---|---|---|---|
| 2001 | 14322 ~ 17186 | 95 | 2005 ~ 2017 | 9 ~ 11 | 15 |
| 2002 | 20390 ~ 24470 | 95 | 2010 ~ 2016 | 9 ~ 11 | 15 |
| 2003 | 6510 ~ 7490 | 90 | 2005 ~ 2020 | 10 ~ 12 | 15 |
| 2004 | 13980 ~ 16080 | 93 | 2006 ~ 2021 | 10 ~ 12 | 15 |
| 2005 | 20960 ~ 24105 | 94 | 2007 ~ 2022 | 10 ~ 12 | 20 |
| 2006 | 11335 ~ 13605 | 95 | 2008 ~ 2023 | 8 ~ 10 | 25 |
| 2007 | 12095 ~ 13910 | 94 | 2009 ~ 2024 | 9 ~ 11 | 20 |
| 2008 | 11336 ~ 13605 | 96 | 2010 ~ 2025 | 8 ~ 10 | 25 |
| 2009 | 10615 ~ 12740 | 95 | 2011 ~ 2026 | 8 ~ 10 | 25 |
| 2010 | 14760 ~ 17710 | 96 | 2012 ~ 2027 | 8 ~ 10 | 25 |
| 2011 | 11470 ~ 13765 | 95 | 2017 ~ 2030 | 7 ~ 10 | 30 |
| 2012 | 11336 ~ 13035 | 94 | 2018 ~ 2030 | 7 ~ 9 | 30 |

## Jean Francois Coche Dury–Corton Charlemagne
# 歌希杜利酒庄－哥顿查理曼园

所属产区：法国勃艮第宝望丘区阿勒斯
哥顿村

所属等级：哥顿查理曼特级园

葡萄品种：霞多丽

土壤特征：黏土石灰质

配餐建议：生蚝

### 相关介绍

　　此款酒来自科奇酒庄，酿酒葡萄产自伯恩丘特级葡萄园——哥顿查理曼园，品质十分突出，因而价格也相当昂贵。

### 歌希杜利酒庄－哥顿查理曼园　年份表格

| 年份 | 价格（元） | 分数 | 适饮期 | 侍酒（℃） | 醒酒（分钟） |
|------|------------|------|--------|-----------|--------------|
| 2001 | 25240～30290 | 95 | 2005～2015 | 9～11 | 15 |
| 2002 | 32505～39005 | 96 | 2007～2016 | 9～11 | 15 |
| 2003 | 21530～24760 | 93 | 2008～2028 | 10～12 | 15 |
| 2004 | 18412～21175 | 94 | 2009～2029 | 10～12 | 15 |
| 2005 | 29725～35675 | 98 | 2010～2030 | 8～10 | 25 |
| 2006 | 18125～21750 | 96 | 2010～2030 | 8～10 | 25 |
| 2007 | 24990～29990 | 95 | 2010～2030 | 8～10 | 25 |
| 2008 | 21950～26340 | 96 | 2016～2036 | 8～10 | 25 |
| 2009 | 20010～24010 | 96 | 2016～2036 | 8～10 | 25 |
| 2010 | 21245～25495 | 95 | 2017～2037 | 7～9 | 35 |
| 2011 | 25240～30290 | 95 | 2018～2038 | 7～9 | 35 |

法国·勃艮第产区·宝望丘

## Fontaine–Gagnard –Batard Montrachet
## 枫丹甘露 - 巴塔梦雪真园

所属产区：法国勃艮第宝望丘区
莎珊妮 - 梦雪真村

所属等级：巴塔梦雪真特级园

葡萄品种：霞多丽

土壤特征：黏土

配餐建议：海鲜

### 相关介绍

　　枫丹甘露位于法国东部的勃艮第，是一块出产葡萄酒的宝地。特殊的地质结构、气候条件赋予了这里出产高价葡萄酒的"特权"，独一无二的个性和稀少的产量，令世界上最昂贵的红、白葡萄酒均来自于这一贵族地区，而枫丹甘露则是以出产这些顶级白葡萄酒而闻名的优秀酒庄之一。

### 枫丹甘露 - 巴塔梦雪真园　年份表格

| 年份 | 价格（元） | 分数 | 适饮期 | 侍酒（℃） | 醒酒（分钟） |
|---|---|---|---|---|---|
| 2001 | 3005～3460 | 93 | 2004～2014 | 10～12 | 10 |
| 2002 | 1955～2350 | 95 | 2005～2015 | 9～11 | 15 |
| 2003 | 1225～1410 | 92 | 2006～2016 | 10～12 | 15 |
| 2004 | 1595～1835 | 92 | 2007～2017 | 10～12 | 15 |
| 2005 | 1140～1310 | 92 | 2008～2018 | 10～12 | 20 |
| 2006 | 2245～2580 | 93 | 2009～2019 | 9～11 | 20 |
| 2007 | 1225～1410 | 93 | 2010～2020 | 9～11 | 20 |
| 2008 | 1350～1550 | 93 | 2011～2021 | 9～11 | 20 |
| 2009 | 1350～1550 | 94 | 2013～2023 | 9～11 | 20 |
| 2010 | 1765～2120 | 95 | 2013～2025 | 8～10 | 35 |
| 2011 | 2265～2605 | 91 | 2015～2026 | 7～10 | 30 |
| 2012 | 2155～2480 | 93 | 2015～2026 | 7～10 | 30 |

# Fontaine–Gagnard–Criots Batard Montrachet
## 枫丹甘露－克依奥巴塔梦雪真园

所属产区：法国勃艮第宝望丘区莎珊妮－梦雪真村

所属等级：克依奥巴塔梦雪真特级园

葡萄品种：霞多丽

土壤特征：黏土

配餐建议：海鲜

### 相关介绍

　　枫丹甘露位于法国东部的勃艮第，是一块出产葡萄酒的宝地。特殊的地质结构、气候条件赋予了这里出产高价葡萄酒的"特权"，独一无二的个性和稀少的产量，令世界上最昂贵的红、白葡萄酒均来自于这一贵族地区，而枫丹甘露则是以出产这些顶级白葡萄酒而闻名的优秀酒庄之一。

### 枫丹甘露－克依奥巴塔梦雪真园　年份表格

| 年份 | 价格（元） | 分数 | 适饮期 | 侍酒（℃） | 醒酒（分钟） |
|------|-----------|------|--------|-----------|-------------|
| 2001 | 1390～1600 | 92 | 2004～2014 | 10～12 | 10 |
| 2002 | 1390～1600 | 94 | 2005～2015 | 10～12 | 10 |
| 2003 | 1150～1325 | 92 | 2006～2016 | 10～12 | 15 |
| 2004 | 1365～1570 | 93 | 2007～2017 | 10～12 | 15 |
| 2005 | 1165～1340 | 92 | 2008～2018 | 10～12 | 20 |
| 2006 | 1425～1640 | 92 | 2009～2019 | 9～11 | 20 |
| 2007 | 1225～1410 | 92 | 2010～2020 | 9～11 | 20 |
| 2008 | 1690～1945 | 93 | 2011～2021 | 9～11 | 20 |
| 2009 | 1390～1595 | 94 | 2013～2023 | 9～11 | 20 |
| 2010 | 1560～1795 | 94 | 2013～2025 | 9～11 | 30 |
| 2011 | 1710～1970 | 91 | 2015～2029 | 7～10 | 30 |
| 2012 | 1710～1970 | 94 | 2015～2030 | 7～10 | 30 |

## DRC–Montrachet
# 罗曼妮康帝 - 梦雪真园

所属产区：法国勃艮第宝望丘区普
利 - 梦雪真村

所属等级：梦雪真特级园

葡萄品种：霞多丽

土壤特征：黏土

配餐建议：海鲜

### 相关介绍

　　罗曼尼康帝，简称DRC，生产的葡萄酒被认为是世界上最昂贵的葡萄酒之一，被誉为亿万富翁所饮的酒，通常选用老藤葡萄作为原料，产量极低，以厚重、复杂和耐久存而著称。

### 罗曼妮康帝 - 梦雪真园　年份表格

| 年份 | 价格（元） | 分数 | 适饮期 | 侍酒（℃） | 醒酒（分钟） |
|---|---|---|---|---|---|
| 2001 | 43895～52680 | 95 | 2006～2020 | 9～11 | 15 |
| 2002 | 47150～56580 | 96 | 2007～2020 | 9～11 | 15 |
| 2003 | 42490～48865 | 94 | 2008～2022 | 9～11 | 15 |
| 2004 | 41065～49275 | 95 | 2009～2022 | 9～11 | 15 |
| 2005 | 47585～57105 | 97 | 2010～2025 | 9～11 | 25 |
| 2006 | 41290～49550 | 95 | 2011～2026 | 8～10 | 25 |
| 2007 | 42490～50990 | 98 | 2013～2028 | 8～10 | 25 |
| 2008 | 42490～50990 | 96 | 2013～2030 | 8～10 | 25 |
| 2009 | 41770～50120 | 96 | 2015～2035 | 8～10 | 25 |
| 2010 | 43820～50395 | 94 | 2017～2030 | 9～11 | 30 |
| 2011 | 40000～46000 | 94 | 2019～2040 | 7～10 | 30 |

# Domaine Ramonet–Batard Montrachet
## 雷蒙酒庄 - 巴塔梦雪真园

所属产区：法国勃艮第宝望丘区普
　　　　　利 - 梦雪真村

所属等级：巴塔梦雪真特级园

葡萄品种：霞多丽

土壤特征：黏土

配餐建议：海鲜

### 相关介绍

　　雷蒙酒庄地处法国勃艮第产区，是一个备受追捧的酒庄。该酒庄在
葡萄栽培方面十分细心，并且一直坚持低产量，使用100%全新的橡木桶
进行酿制。

### 雷蒙酒庄 - 巴塔梦雪真园　年份表格

| 年份 | 价格（元） | 分数 | 适饮期 | 侍酒（℃） | 醒酒（分钟 |
|------|-----------|------|--------|-----------|-----------|
| 2001 | 3425 ~ 3940 | 93 | 2004 ~ 2010 | 10 ~ 12 | 10 |
| 2002 | 4810 ~ 5535 | 93 | 2009 ~ 2015 | 10 ~ 12 | 10 |
| 2003 | 3515 ~ 4045 | 92 | 2006 ~ 2016 | 10 ~ 12 | 15 |
| 2004 | 2630 ~ 3020 | 93 | 2007 ~ 2017 | 10 ~ 12 | 15 |
| 2005 | 3995 ~ 4590 | 92 | 2008 ~ 2018 | 10 ~ 12 | 20 |
| 2006 | 2175 ~ 2500 | 94 | 2009 ~ 2019 | 9 ~ 11 | 20 |
| 2007 | 2625 ~ 3020 | 94 | 2010 ~ 2020 | 9 ~ 11 | 20 |
| 2008 | 3540 ~ 4245 | 95 | 2011 ~ 2021 | 8 ~ 10 | 25 |
| 2009 | 3405 ~ 3915 | 94 | 2013 ~ 2023 | 9 ~ 11 | 20 |
| 2010 | 2965 ~ 3415 | 94 | 2013 ~ 2025 | 9 ~ 11 | 30 |
| 2011 | 3195 ~ 3675 | 94 | 2014 ~ 2025 | 7 ~ 10 | 30 |
| 2012 | 4525 ~ 5205 | 94 | 2015 ~ 2025 | 7 ~ 10 | 30 |

## Domaine Leroy–Corton Charlemagne
## 乐花庄园－哥顿查理曼园

所属产区：法国勃艮第宝望丘区阿
勒斯哥顿村

所属等级：哥顿查理曼特级园

葡萄品种：霞多丽

土壤特征：黏土石灰质

配餐建议：生蚝

### 相关介绍

此酒是勃艮第顶级的白葡萄酒之一，香气馥郁持久，迷人的矿物质气息令人难忘。

### 乐花庄园－哥顿查理曼园　年份表格

| 年份 | 价格（元） | 分数 | 适饮期 | 侍酒（℃） | 醒酒（分钟） |
|------|-----------|------|---------|-----------|--------------|
| 2001 | 9625~11550 | 97 | 2003~2018 | 9~11 | 15 |
| 2002 | 14850~17825 | 95 | 2004~2019 | 9~11 | 15 |
| 2003 | 11885~14265 | 95 | 2005~2020 | 9~11 | 15 |
| 2004 | 10135~12165 | 95 | 2006~2021 | 9~11 | 15 |
| 2005 | 24785~28500 | 94 | 2007~2022 | 10~12 | 20 |
| 2006 | 15005~18005 | 96 | 2008~2023 | 8~10 | 25 |
| 2007 | 15635~17980 | 94 | 2009~2024 | 9~11 | 20 |
| 2008 | 12840~14765 | 94 | 2010~2025 | 9~11 | 20 |
| 2009 | 14020~16820 | 95 | 2011~2026 | 8~10 | 25 |
| 2011 | 12745~15290 | 93 | 2018~2030 | 8~10 | 35 |

法国·勃艮第产区·宝望丘

## Domaine Leflaive–Montrachet
# 勒夫雷酒庄 - 梦雪真园

所属产区：法国勃艮第宝望丘区普利 - 梦
　　　　　雪真村

所属等级：梦雪真特级园

葡萄品种：霞多丽

土壤特征：黏土

配餐建议：海鲜

### 相关介绍

　　勒夫雷酒庄是法国勃艮第产区的酒庄之一，酒庄目前的葡萄园面积为23公顷，全部种植霞多丽葡萄。消费者如果品尝该酒庄酿制的葡萄酒，就会发现这些葡萄酒拥有优质的勃艮第白葡萄酒共有的浓郁矿物质味道。此外，它们还兼具花香迷人，质地柔滑，风味紧致，陈年潜力庞大的优良特质。

### 勒夫雷酒庄 - 梦雪真园　年份表格

| 年份 | 价格（元） | 分数 | 适饮期 | 侍酒（℃） | 醒酒（分钟） |
|------|-----------|------|--------|-----------|--------------|
| 2001 | 45860～52740 | 92 | 2006～2020 | 10～12 | 10 |
| 2002 | 50195～60235 | 97 | 2007～2020 | 9～11 | 15 |
| 2003 | 57060～65620 | 93 | 2008～2022 | 10～12 | 15 |
| 2004 | 53805～61880 | 94 | 2009～2022 | 10～12 | 15 |
| 2005 | 57460～68950 | 97 | 2010～2025 | 9～11 | 25 |
| 2006 | 48180～57820 | 96 | 2011～2026 | 8～10 | 25 |
| 2007 | 69630～83560 | 95 | 2013～2026 | 8～10 | 25 |
| 2008 | 53255～63905 | 96 | 2013～2030 | 8～10 | 25 |
| 2009 | 52885～63460 | 96 | 2015～2035 | 8～10 | 25 |
| 2010 | 53585～64300 | 97 | 2016～2036 | 8～10 | 30 |
| 2011 | 48405～55665 | 94 | 2017～2037 | 7～9 | 30 |
| 2012 | 60330～72395 | 95 | 2018～2038 | 7～9 | 35 |

## Domaine Leflaive–Chevalier Montrachet
# 勒夫雷酒庄－骑士梦雪真园

所属产区：法国勃艮第宝望丘区普利－梦
　　　　　雪真村

所属等级：骑士梦雪真特级园

葡萄品种：霞多丽

土壤特征：黏土

配餐建议：海鲜

### 相关介绍

　　此款葡萄酒是法国勃艮第著名酒庄——勒弗莱酒庄酿制的一款干白葡萄酒，采用特级葡萄园出产的霞多丽酿制而成。2009年份的此款葡萄酒获得著名酒评家史蒂芬·坦泽95分的评分。

勒夫雷酒庄－骑士梦雪真园　年份表格

| 年份 | 价格（元） | 分数 | 适饮期 | 侍酒（℃） | 醒酒（分钟） |
|---|---|---|---|---|---|
| 2001 | 4240～4880 | 93 | 2004～2014 | 10～12 | 10 |
| 2002 | 5590～6710 | 95 | 2005～2015 | 9～11 | 15 |
| 2003 | 4015～4620 | 91 | 2006～2016 | 10～12 | 15 |
| 2004 | 3955～4750 | 95 | 2007～2017 | 9～11 | 15 |
| 2005 | 5895～7075 | 98 | 2008～2018 | 9～11 | 15 |
| 2006 | 4660～5590 | 96 | 2009～2019 | 8～10 | 25 |
| 2007 | 4810～5770 | 96 | 2010～2020 | 8～10 | 25 |
| 2008 | 4735～5680 | 96 | 2011～2021 | 8～10 | 25 |
| 2009 | 4890～5665 | 96 | 2013～2023 | 8～10 | 25 |
| 2010 | 4890～5665 | 96 | 2013～2025 | 8～10 | 30 |
| 2011 | 4280～5135 | 95 | 2015～2034 | 7～9 | 35 |
| 2012 | 4280～5135 | 95 | 2015～2034 | 7～9 | 35 |

# Domaine Leflaive–Batard Montrachet
## 勒夫雷酒庄 - 巴塔梦雪真园

**所属产区**：法国勃艮第宝望丘区普利 - 梦
雪真村

**所属等级**：巴塔梦雪真特级园

**葡萄品种**：霞多丽

**土壤特征**：黏土

**配餐建议**：海鲜

### 相关介绍

此款葡萄酒是法国勃艮第著名酒庄——勒夫雷酒庄酿制的一款干白葡萄酒，采用特级葡萄园的霞多丽葡萄酿制而成。2009年份的此款葡萄酒曾获得著名酒评家——杰西斯·罗宾逊18分的评分。

### 勒夫雷酒庄 - 巴塔梦雪真园　年份表格

| 年份 | 价格（元） | 分数 | 适饮期 | 侍酒（℃） | 醒酒（分钟） |
|------|-----------|------|--------|-----------|--------------|
| 2001 | 3655～4205 | 91 | 2004～2014 | 10～12 | 10 |
| 2002 | 6440～7405 | 94 | 2005～2015 | 10～12 | 10 |
| 2003 | 3140～3610 | 91 | 2006～2016 | 10～12 | 15 |
| 2004 | 3650～4200 | 94 | 2007～2017 | 10～12 | 15 |
| 2005 | 4600～5520 | 96 | 2008～2018 | 9～11 | 20 |
| 2006 | 3745～4495 | 95 | 2009～2019 | 8～10 | 25 |
| 2007 | 3425～3940 | 94 | 2010～2020 | 9～11 | 20 |
| 2008 | 3540～4245 | 95 | 2011～2021 | 8～10 | 25 |
| 2009 | 3540～4070 | 94 | 2013～2023 | 9～11 | 20 |
| 2010 | 3405～4085 | 94 | 2013～2025 | 8～10 | 25 |
| 2011 | 3535～4070 | 94 | 2015～2028 | 7～9 | 30 |
| 2012 | 4030～4840 | 95 | 2018～2030 | 7～9 | 30 |

## Domaine Jean–Noel Gagnard–Batard Montrachet
# 博洛酒庄 - 巴塔梦雪真园

所属产区：法国勃艮第宝望丘区普
　　　　利 - 梦雪真村

所属等级：巴塔梦雪真特级园

葡萄品种：霞多丽

土壤特征：黏土

配餐建议：海鲜

### 相关介绍

　　博洛酒庄是勃艮第数百年历史的酒庄。他们拥有悠久的酿酒文化积累， 既尊重传统与风土，又勇于创新，是表现勃艮第风土气息不可或缺的著名酒庄。

### 博洛酒庄 - 巴塔梦雪真园　年份表格

| 年份 | 价格（元） | 分数 | 适饮期 | 侍酒（℃） | 醒酒（分钟） |
|---|---|---|---|---|---|
| 2001 | 1850 ~ 2125 | 91 | 2008 ~ 2017 | 10 ~ 12 | 10 |
| 2002 | 2100 ~ 2415 | 92 | 2008 ~ 2020 | 10 ~ 12 | 10 |
| 2003 | 2160 ~ 2485 | 92 | 2005 ~ 2015 | 10 ~ 12 | 15 |
| 2004 | 2245 ~ 2580 | 94 | 2006 ~ 2016 | 10 ~ 12 | 15 |
| 2005 | 2950 ~ 3395 | 93 | 2007 ~ 2017 | 10 ~ 12 | 20 |
| 2006 | 1690 ~ 1945 | 93 | 2008 ~ 2018 | 9 ~ 11 | 20 |
| 2007 | 2475 ~ 2850 | 92 | 2009 ~ 2019 | 9 ~ 11 | 20 |
| 2008 | 2530 ~ 2910 | 93 | 2011 ~ 2020 | 9 ~ 11 | 20 |
| 2009 | 3065 ~ 3530 | 94 | 2012 ~ 2020 | 9 ~ 11 | 20 |
| 2010 | 2265 ~ 2605 | 93 | 2013 ~ 2023 | 9 ~ 11 | 30 |
| 2011 | 2760 ~ 3175 | 91 | 2014 ~ 2024 | 7 ~ 9 | 30 |
| 2012 | 3940 ~ 4530 | 94 | 2016 ~ 2026 | 7 ~ 9 | 30 |

## Domaine Jean & Fils Boillot– Puligny Montrachet Les Pucelles
# 博洛酒庄 - 普策园

所属产区：法国勃艮第宝望丘区普利 - 梦雪真
　　　　　村
所属等级：普利 - 梦雪真一级园
葡萄品种：霞多丽
土壤特征：黏土石灰质
配餐建议：海鲜

### 相关介绍

　　博洛酒庄是勃艮第数百年历史的酒庄。他们拥有悠久的酿酒文化积累，既尊重传统与风土，又勇于创新，是表现勃艮第风土气息不可或缺的著名酒庄。

### 博洛酒庄 - 普策园　年份表格

| 年份 | 价格（元） | 分数 | 适饮期 | 侍酒（℃） | 醒酒（分钟） |
|------|-----------|------|-----------|-----------|-------------|
| 2001 | 720 ~ 830 | 93 | 2004 ~ 2014 | 10 ~ 12 | 10 |
| 2002 | 755 ~ 870 | 92 | 2005 ~ 2015 | 10 ~ 12 | 10 |
| 2003 | 740 ~ 850 | 92 | 2006 ~ 2016 | 10 ~ 12 | 15 |
| 2004 | 780 ~ 935 | 96 | 2007 ~ 2017 | 9 ~ 11 | 20 |
| 2006 | 945 ~ 1090 | 93 | 2009 ~ 2019 | 10 ~ 12 | 20 |
| 2007 | 1090 ~ 1255 | 94 | 2010 ~ 2020 | 9 ~ 11 | 20 |

## Domaine Jean & Fils Boillot –Meursault Les Genevrieres
# 博洛酒庄－格尼伍利园

所属产区：法国勃艮第宝望丘区摩梭

葡萄品种：霞多丽

土壤特征：黏土石灰质

配餐建议：海鲜

### 相关介绍

　　博洛酒庄是勃艮第数百年历史的酒庄。他们拥有悠久的酿酒文化积累，既尊重传统与风土，又勇于创新，是表现勃艮第风土气息不可或缺的著名酒庄。

### 博洛酒庄－格尼伍利园　年份表格

| 年份 | 价格（元） | 分数 | 适饮期 | 侍酒（℃） | 醒酒（分钟） |
|---|---|---|---|---|---|
| 2001 | 755 ~ 870 | 93 | 2004 ~ 2014 | 10 ~ 12 | 10 |
| 2002 | 745 ~ 855 | 92 | 2005 ~ 2015 | 10 ~ 12 | 10 |
| 2003 | 665 ~ 770 | 90 | 2006 ~ 2016 | 10 ~ 12 | 15 |
| 2004 | 930 ~ 1070 | 92 | 2007 ~ 2017 | 10 ~ 12 | 15 |
| 2005 | 840 ~ 870 | 94 | 2008 ~ 2018 | 10 ~ 12 | 20 |
| 2006 | 925 ~ 1060 | 94 | 2009 ~ 2019 | 9 ~ 11 | 20 |
| 2007 | 1180 ~ 1360 | 93 | 2010 ~ 2020 | 9 ~ 11 | 20 |
| 2008 | 1065 ~ 1225 | 93 | 2011 ~ 2021 | 9 ~ 11 | 20 |
| 2009 | 1010 ~ 1160 | 93 | 2012 ~ 2022 | 9 ~ 11 | 20 |
| 2010 | 965 ~ 1110 | 93 | 2013 ~ 2023 | 9 ~ 11 | 30 |
| 2011 | 1050 ~ 1205 | 94 | 2014 ~ 2024 | 7 ~ 9 | 30 |
| 2012 | 1030 ~ 1180 | 94 | 2015 ~ 2025 | 7 ~ 9 | 30 |

## Domaine Jean & Fils Boillot–Meursault Les Charmes
# 博洛酒庄－萨姆园

所属产区：法国勃艮第宝望丘区摩
梭
葡萄品种：霞多丽
土壤特征：黏土石灰质

### 相关介绍

博洛酒庄是勃艮第数百年历史的酒庄。他们拥有悠久的酿酒文化积累，既尊重传统与风土，又勇于创新，是表现勃艮第风土气息不可或缺的著名酒庄。

### 博洛酒庄－萨姆园　年份表格

| 年份 | 价格（元） | 分数 | 适饮期 | 侍酒（℃） | 醒酒（分钟） |
|------|-----------|------|--------|-----------|--------------|
| 2001 | 670～770 | 93 | 2004～2014 | 10～12 | 10 |
| 2002 | 720～830 | 92 | 2005～2015 | 10～12 | 10 |
| 2003 | 730～805 | 88 | 2006～2016 | 11～12 | 10 |
| 2004 | 780～900 | 93 | 2007～2017 | 10～12 | 15 |
| 2005 | 730～830 | 93 | 2008～2018 | 10～12 | 20 |
| 2006 | 705～810 | 92 | 2009～2019 | 9～11 | 20 |
| 2007 | 930～1070 | 92 | 2010～2020 | 9～11 | 20 |
| 2008 | 570～660 | 92 | 2011～2021 | 9～11 | 20 |
| 2009 | 625～720 | 91 | 2012～2022 | 9～11 | 20 |
| 2010 | 840～965 | 93 | 2013～2023 | 9～11 | 30 |
| 2011 | 760～875 | 92 | 2014～2025 | 7～9 | 30 |
| 2012 | 915～1050 | 92 | 2014～2025 | 7～9 | 30 |

## Domaine Jean & Fils Boillot– Corton Charlemagne
# 博洛酒庄－哥顿查理曼园

**所属产区：** 法国勃艮第宝望丘区阿
勒斯哥顿村

**所属等级：** 哥顿查理曼特级园

**葡萄品种：** 霞多丽

**土壤特征：** 黏土

**配餐建议：** 海鲜

### 相关介绍

　　博洛酒庄是勃艮第数百年历史的酒庄。他们拥有悠久的酿酒文化积累，既尊重传统与风土，又勇于创新，是表现勃艮第风土气息不可或缺的著名酒庄。

博洛酒庄－哥顿查理曼园　年份表格

| 年份 | 价格（元） | 分数 | 适饮期 | 侍酒（℃） | 醒酒（分钟） |
|------|-----------|------|--------|-----------|--------------|
| 2001 | 1690～2030 | 95 | 2004～2014 | 9～11 | 15 |
| 2002 | 1860～2140 | 94 | 2005～2015 | 10～12 | 10 |
| 2003 | 1235～1425 | 92 | 2006～2016 | 10～12 | 15 |
| 2004 | 1825～2100 | 94 | 2007～2017 | 10～12 | 15 |
| 2005 | 2495～2990 | 96 | 2008～2018 | 9～11 | 20 |
| 2006 | 1275～1470 | 94 | 2009～2019 | 9～11 | 20 |
| 2007 | 1620～1940 | 96 | 2010～2020 | 8～10 | 25 |
| 2008 | 1675～1930 | 92 | 2015～2025 | 9～11 | 20 |
| 2009 | 1580～1820 | 94 | 2015～2019 | 9～11 | 20 |
| 2010 | 1715～1970 | 93 | 2014～2024 | 9～11 | 30 |
| 2011 | 1685～1940 | 93 | 2014～2030 | 7～9 | 30 |
| 2012 | 1770～2040 | 94 | 2015～2030 | 7～9 | 30 |

## Domaine Jean & Fils Boillot–Chevalier Montrachet
# 博洛酒庄－骑士梦雪真园

所属产区：法国勃艮第宝望丘区普利－梦
　　　　　雪真村
所属等级：骑士梦雪真特级园
葡萄品种：霞多丽
土壤特征：黏土
配餐建议：海鲜

### 相关介绍

　　博洛酒庄是勃艮第数百年历史的酒庄。他们拥有悠久的酿酒文化积累，既尊重传统与风土，又勇于创新，是表现勃艮第风土气息不可或缺的著名酒庄。

### 博洛酒庄－骑士梦雪真园　年份表格

| 年份 | 价格（元） | 分数 | 适饮期 | 侍酒（℃） | 醒酒（分钟） |
|------|-----------|------|--------|----------|-------------|
| 2001 | 2125～2550 | 95 | 2004～2014 | 10～12 | 10 |
| 2002 | 3500～4025 | 94 | 2005～2015 | 10～12 | 10 |
| 2003 | 2400 ～2760 | 92 | 2005～2015 | 10～12 | 15 |
| 2004 | 3380～3890 | 94 | 2006～2016 | 10～12 | 15 |
| 2005 | 4230～5075 | 96 | 2007～2017 | 9～11 | 25 |
| 2006 | 4270～5970 | 96 | 2008～2018 | 8～10 | 25 |
| 2007 | 4785～5740 | 97 | 2009～2019 | 8～10 | 25 |
| 2010 | 4280～5135 | 94 | 2013～2023 | 9～11 | 20 |

## Domaine Etienne Sauzet–Montrachet
# 爱田苏哲酒庄 – 梦雪真园

所属产区：法国勃艮第宝望丘区普利 – 梦雪真
　　　　　村

所属等级：梦雪真特级园

葡萄品种：霞多丽

土壤特征：黏土

配餐建议：海鲜

### 相关介绍

　　爱田苏哲酒庄在勃艮第的名气很大，酿制葡萄酒很受欢迎，堪称为
酒界典范。

#### 爱田苏哲酒庄 – 梦雪真园　年份表格

| 年份 | 价格（元） | 分数 | 适饮期 | 侍酒（℃） | 醒酒（分钟） |
|---|---|---|---|---|---|
| 2001 | 3030～3480 | 94 | 2005～2015 | 10～12 | 10 |
| 2002 | 6570～7880 | 95 | 2005～2015 | 9～11 | 15 |
| 2003 | 4205～4840 | 92 | 2006～2016 | 10～12 | 15 |
| 2004 | 4950～5940 | 96 | 2007～2017 | 9～11 | 15 |
| 2005 | 5485～6580 | 96 | 2008～2018 | 9～11 | 20 |
| 2006 | 6245～7495 | 95 | 2009～2019 | 8～10 | 25 |
| 2007 | 6245～7495 | 96 | 2011～2020 | 8～10 | 25 |
| 2008 | 5560～6670 | 95 | 2012～2020 | 8～10 | 25 |
| 2009 | 5865～7040 | 96 | 2013～2023 | 8～10 | 25 |
| 2010 | 6360～7315 | 94 | 2014～2025 | 9～11 | 30 |
| 2011 | 5350～6420 | 96 | 2015～2035 | 7～9 | 35 |
| 2012 | 6510～7490 | 94 | 2015～2035 | 7～9 | 30 |

# Domaine Etienne Sauzet –Chevalier Montrachet
## 爱田苏哲酒庄－骑士梦雪真园

**所属产区**：法国勃艮第宝望丘区普
　　　　　利－梦雪真村
**所属等级**：骑士梦雪真特级园
**葡萄品种**：霞多丽
**土壤特征**：黏土
**配餐建议**：海鲜

### 相关介绍

　　爱田苏哲酒庄在勃艮第的名气很大，酿制葡萄酒很受欢迎，堪称为酒界典范。

爱田苏哲酒庄－骑士梦雪真园　年份表格　年份表格

| 年份 | 价格（元） | 分数 | 适饮期 | 侍酒（℃） | 醒酒（分钟） |
|------|-----------|------|--------|-----------|-------------|
| 2001 | 1980～2280 | 90 | 2008～2015 | 10～12 | 10 |
| 2002 | 3885～4470 | 91 | 2008～2020 | 10～12 | 10 |
| 2003 | 3425～3940 | 91 | 2005～2015 | 10～12 | 15 |
| 2004 | 3275～3930 | 95 | 2006～2016 | 9～11 | 20 |
| 2005 | 3460～4150 | 96 | 2007～2017 | 9～11 | 20 |
| 2006 | 2990～3440 | 94 | 2008～2018 | 9～11 | 20 |
| 2007 | 2970～3565 | 95 | 2009～2019 | 8～10 | 25 |
| 2008 | 3405～4090 | 96 | 2011～2020 | 8～10 | 25 |
| 2009 | 2855～3430 | 95 | 2012～2020 | 8～10 | 25 |
| 2010 | 3466～4160 | 95 | 2013～2023 | 8～10 | 20 |
| 2011 | 3485～4005 | 94 | 2015～2035 | 7～9 | 30 |
| 2012 | 3960～4555 | 93 | 2015～2035 | 7～9 | 30 |

# 安东尼吉永酒庄 - 哥顿园

**所属产区：** 法国勃艮第宝望丘区阿勒
斯哥顿村

**所属等级：** 哥顿特级园

**葡萄品种：** 黑皮诺

**土壤特征：** 黏土石灰质

**配餐建议：** 羊肉

## 相关介绍

安东尼吉永酒庄位于法国勃艮第产区，是勃艮第名庄之一。酒庄拥有葡萄园总面积达119英亩，园中种植红葡萄品种黑皮诺和白葡萄品种霞多丽。

### 安东尼吉永酒庄 - 哥顿园　年份表格

| 年份 | 价格（元） | 分数 | 适饮期 | 侍酒（℃） | 醒酒（分钟） |
|------|-----------|------|--------------|-----------|--------------|
| 2001 | 490 ~ 565 | 90 | 2006 ~ 2020 | 13 ~ 14 | 30 |
| 2002 | 575 ~ 660 | 93 | 2007 ~ 2021 | 13 ~ 14 | 35 |
| 2003 | 770 ~ 880 | 92 | 2008 ~ 2023 | 13 ~ 14 | 40 |
| 2004 | 730 ~ 840 | 91 | 2009 ~ 2025 | 13 ~ 14 | 45 |
| 2005 | 780 ~ 860 | 89 | 2010 ~ 2026 | 13 ~ 15 | 45 |
| 2006 | 765 ~ 880 | 90 | 2010 ~ 2027 | 14 ~ 16 | 55 |
| 2007 | 745 ~ 855 | 92 | 2010 ~ 2028 | 14 ~ 16 | 60 |
| 2008 | 825 ~ 950 | 92 | 2013 ~ 2029 | 14 ~ 16 | 65 |
| 2009 | 685 ~ 790 | 93 | 2015 ~ 2030 | 14 ~ 16 | 70 |
| 2010 | 800 ~ 920 | 92 | 2018 ~ 2035 | 16 ~ 18 | 75 |
| 2011 | 760 ~ 875 | 92 | 2018 ~ 2030 | 16 ~ 18 | 80 |
| 2012 | 1390 ~ 1600 | 92 | 2020 ~ 2035 | 16 ~ 18 | 85 |

法国·勃艮第产区·宝望丘

## Domaine Antonin Guyon–Gorton Charlemagne
# 安东尼吉永酒庄－哥顿查理曼园

所属产区：法国勃艮第宝望丘区阿勒
　　　　　斯哥顿村

所属等级：哥顿查理曼特级园

葡萄品种：霞多丽

土壤特征：黏土

配餐建议：贝类

### 相关介绍

　　此酒含洋槐、金银花和坚果类味道，以及丝缕矿物质气息，口感强劲，浓郁集中，既可以趁年轻饮用，也可陈放10年以上。

### 安东尼吉永酒庄－哥顿查理曼园　年份表格

| 年份 | 价格（元） | 分数 | 适饮期 | 侍酒（℃） | 醒酒（分钟） |
|------|-----------|------|--------|-----------|-------------|
| 2001 | 705～815 | 90 | 2003～2013 | 10～12 | 10 |
| 2002 | 885～1020 | 92 | 2004～2014 | 10～12 | 10 |
| 2003 | 1065～1225 | 91 | 2005～2015 | 10～12 | 15 |
| 2004 | 960～1105 | 91 | 2006～2016 | 10～12 | 15 |
| 2005 | 710～815 | 92 | 2007～2017 | 10～12 | 20 |
| 2006 | 1225～1410 | 91 | 2008～2018 | 9～11 | 20 |
| 2007 | 1020～1170 | 94 | 2009～2019 | 9～11 | 20 |
| 2008 | 1120～1290 | 93 | 2011～2020 | 9～11 | 20 |
| 2009 | 930～1070 | 92 | 2012～2020 | 9～11 | 20 |
| 2010 | 1500～1805 | 95 | 2016～2026 | 8～10 | 35 |
| 2011 | 1085～1250 | 91 | 2018～2026 | 7～9 | 35 |
| 2012 | 2085～2505 | 95 | 2018～2030 | 7～9 | 30 |

## Bouchard Pere & Fils–Montrachet
# 宝尚父子－梦雪真园

**所属产区**：法国勃艮第宝望丘区普利－梦
　　　　　雪真村

**所属等级**：梦雪真特级园

**葡萄品种**：霞多丽

**土壤特征**：黏土

**配餐建议**：海鲜

### 相关介绍

　　宝尚父子是法国勃艮第金丘产区最大的地主，拥有130公顷的葡萄园。

### 宝尚父子－梦雪真园　年份表格

| 年份 | 价格（元） | 分数 | 适饮期 | 侍酒（℃） | 醒酒（分钟） |
|------|-----------|------|--------|-----------|--------------|
| 2001 | 4380～5040 | 92 | 2010～2012 | 10～12 | 10 |
| 2002 | 5370～6445 | 95 | 2012～2015 | 9～11 | 15 |
| 2003 | 2855～3285 | 92 | 2005～2015 | 10～12 | 15 |
| 2004 | 4245～5095 | 95 | 2006～2016 | 9～11 | 15 |
| 2005 | 5865～7040 | 96 | 2007～2017 | 9～11 | 20 |
| 2006 | 4645～5575 | 96 | 2008～2018 | 8～10 | 25 |
| 2007 | 4170～5005 | 96 | 2009～2019 | 8～10 | 25 |
| 2008 | 5995～7200 | 96 | 2011～2020 | 8～10 | 25 |
| 2009 | 2105～2525 | 97 | 2012～2020 | 8～10 | 25 |
| 2010 | 5500～6325 | 94 | 2015～2025 | 9～11 | 30 |
| 2011 | 4875～5605 | 92 | 2015～2025 | 7～9 | 30 |
| 2012 | 4875～5605 | 93 | 2016～2026 | 7～9 | 30 |

## Bouchard Pere & Fils–Chevalier Montrachet
# 宝尚父子－骑士梦雪真园

所属产区：法国勃艮第宝望丘区普利－梦雪真
村

所属等级：骑士梦雪真特级园

葡萄品种：霞多丽

土壤特征：黏土

配餐建议：海鲜

### 相关介绍

宝尚父子是法国勃艮第金丘产区最大的地主，拥有130公顷的葡萄园。

### 宝尚父子－骑士梦雪真园　年份表格

| 年份 | 价格（元） | 分数 | 适饮期 | 侍酒（℃） | 醒酒（分钟） |
|------|-----------|------|--------|-----------|--------------|
| 2001 | 2875～3310 | 91 | 2003～2013 | 10～12 | 10 |
| 2002 | 1925～2215 | 93 | 2004～2014 | 10～12 | 10 |
| 2003 | 2170～2495 | 91 | 2005～2015 | 10～12 | 15 |
| 2004 | 1695～1950 | 93 | 2006～2016 | 10～12 | 15 |
| 2005 | 3770～4525 | 95 | 2007～2017 | 9～11 | 20 |
| 2006 | 2610～3130 | 95 | 2008～2018 | 8～10 | 25 |
| 2007 | 2055～2365 | 94 | 2009～2019 | 9～11 | 20 |
| 2008 | 2150～2480 | 94 | 2011～2020 | 9～11 | 20 |
| 2009 | 2170～2495 | 94 | 2012～2020 | 9～11 | 20 |
| 2010 | 2340～2810 | 95 | 2013～2013 | 8～10 | 30 |
| 2011 | 2380～2740 | 93 | 2015～2022 | 7～9 | 30 |
| 2012 | 2480～2850 | 91 | 2018～2030 | 7～9 | 30 |

04

香 槟 产 区
WINE REGIONS OF CHAMPAGNE

# 香槟产区
# Wine Regions of Champagne

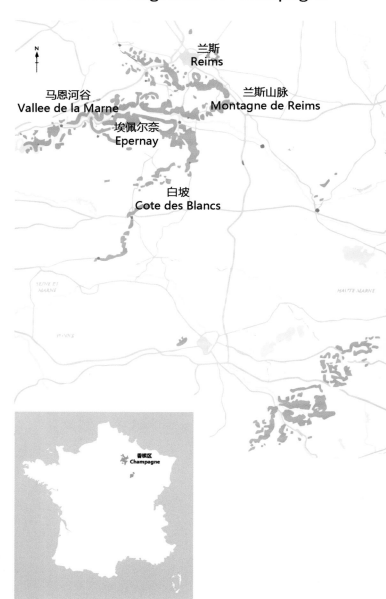

兰斯
Reims

马恩河谷
Vallee de la Marne

兰斯山脉
Montagne de Reims

埃佩尔奈
Epernay

白坡
Cote des Blancs

香槟区
Champagne

# 产区特征

## 地理位置

香槟产区位于法国北部，是世界上最出名的起泡酒产区。

## 主要产区

马恩河上的沙隆等。

## 葡萄品种

法定葡萄品种有三种：红葡萄黑皮诺（Pinot Noir）、比诺曼尼耶（Pinot Meunier）和白葡萄霞多丽（Chardonnay）。

## 分级制度

香槟产区有上万的葡萄酒庄，其AOC级香槟酒中最好的17个酒庄被评为顶级酒庄，其100%用园内葡萄酿造，称为GRAND CRU。 另外40个酒庄被评为一级酒庄，90%～99%用园内葡萄酿造，称为PREMIER CRU。

## Taittinger–Champagne Millesime Rose
### 泰廷爵粉红香槟

所属产区：法国香槟区
葡萄品种：霞多丽、黑皮诺、比诺曼尼耶
土壤特征：石灰石及白垩岩
配餐建议：海鲜

相关介绍

　　泰廷爵桃红香槟品质卓越，是著名的俄罗斯舞蹈家和舞蹈指挥家鲁道夫诺雷瓦最喜欢的香槟。

泰廷爵粉红香槟　年份表格

| 年份 | 价格（元） | 分数 | 适饮期 | 侍酒（℃） |
|------|-----------|------|--------|-----------|
| 2002 | 1700～1955 | 94 | 2007～2020 | 6～8 |
| 2003 | 1480～1700 | 94 | 2009～2022 | 6～8 |
| 2004 | 1200～1380 | 93 | 2012～2025 | 6～8 |

## Taittinger–Champagne Millesime Blanc de Blancs
### 泰廷爵白香槟

所属产区：法国香槟区
葡萄品种：霞多丽
土壤特征：石灰石及白垩岩
配餐建议：海鲜

相关介绍

　　泰廷爵白香槟风格偏向大众化，但品质不错。香气诱人，果味浓厚。

泰廷爵白香槟　年份表格

| 年份 | 价格（元） | 分数 | 适饮期 | 侍酒（℃） |
|------|-----------|------|--------|-----------|
| 2002 | 1500～1725 | 94 | 2007～2020 | 6～8 |
| 2003 | 2400～2760 | 94 | 2009～2022 | 6～8 |
| 2004 | 1000～1150 | 93 | 2012～2025 | 6～8 |

法国·香槟产区

## Ruinart–Champagne Millesime Dom Ruinart Rose
### 卢娜珍藏粉红香槟

所属产区：法国香槟区
葡萄品种：霞多丽、黑皮诺
土壤特征：石灰石及白垩岩
配餐建议：海鲜

相关介绍

　　卢娜珍藏粉红香槟是目前市场上最优秀的桃红香槟之一，它有着非同一般的芳香，给人感官上感觉很像勃艮第酒，风格典雅且成熟。

卢娜珍藏粉红香槟　年份表格

| 年份 | 价格（元） | 分数 | 适饮期 | 侍酒（℃） |
|------|-----------|------|--------|-----------|
| 2002 | 2340 ~ 2690 | 94 | 2014 ~ 2032 | 6 ~ 8 |

## Ruinart–Champagne Millesime Dom Ruinart
### 卢娜珍藏香槟

所属产区：法国香槟区
葡萄品种：霞多丽
土壤特征：石灰石及白垩岩
配餐建议：海鲜

相关介绍

　　卢娜珍藏香槟的风味极其优美雅致，而且圆润溢口，广受好评。

卢娜珍藏香槟　年份表格

| 年份 | 价格（元） | 分数 | 适饮期 | 侍酒（℃） |
|------|-----------|------|--------|-----------|
| 2002 | 1615 ~ 1860 | 95 | 2010 ~ 2032 | 6 ~ 8 |
| 2003 | 1605 ~ 1850 | 95 | 2011 ~ 2033 | 6 ~ 8 |
| 2004 | 1485 ~ 1705 | 94 | 2016 ~ 2036 | 6 ~ 8 |
| 2005 | 610 ~ 705 | 89 | 2012 ~ 2030 | 6 ~ 8 |

法国·香槟产区

## Ruinart–Champagne Millesime Brut
# 卢娜香槟

所属产区：法国香槟区

葡萄品种：霞多丽

土壤特征：石灰石及白垩岩

配餐建议：海鲜

相关介绍

　　在大型商行中，卢娜香槟的外形可能是最不起眼的，因为它在本质上是以其商标的知名度而闻名于鉴赏家们之中的。

卢娜香槟　年份表格

| 年份 | 价格（元） | 分数 | 适饮期 | 侍酒（℃） |
|------|------------|------|------------|-----------|
| 2002 | 515～590 | 94 | 2011～2020 | 6～8 |
| 2004 | 515～565 | 79 | 2007～2020 | 6～8 |
| 2005 | 760～835 | 78 | 2009～2022 | 6～8 |
| 2006 | 570～630 | 86 | 2012～2025 | 6～8 |
| 2007 | 550～600 | 85 | 2015～2027 | 6～8 |

## Pommery–Champagne Millesime Brut
# 宝马里香槟

所属产区：法国香槟区

葡萄品种：霞多丽

土壤特征：石灰石及白垩岩

配餐建议：海鲜

相关介绍

　　艺术、品质、创新是宝马里酒庄沿袭近二百年的灵魂。

宝马里香槟　年份表格

| 年份 | 价格（元） | 分数 | 适饮期 | 侍酒（℃） |
|------|------------|------|------------|-----------|
| 2002 | 435～480 | 89 | 2010～2018 | 6～8 |
| 2004 | 646～740 | 90 | 2013～2018 | 6～8 |
| 2005 | 475～525 | 80 | 2010～2018 | 6～8 |

# 菲丽宝娜 - 歌雪园

所属产区：法国香槟区
葡萄品种：霞多丽
土壤特征：白垩质土壤
配餐建议：海鲜、白肉类

## 相关介绍

　　菲丽宝娜是历史最悠久的香槟酒庄之一，歌雪园是其旗舰产品，起泡持久，香气馥郁令人难忘。

法国·香槟产区

### 菲丽宝娜 - 歌雪园　年份表格

| 年份 | 价格（元） | 分数 | 适饮期 | 侍酒（℃） |
| --- | --- | --- | --- | --- |
| 2001 | 1385 ~ 1595 | 91 | 2010 ~ 2041 | 6 ~ 8 |
| 2002 | 1845 ~ 2120 | 94 | 2010 ~ 2032 | 6 ~ 8 |
| 2003 | 1370 ~ 1580 | 94 | 2013 ~ 2033 | 6 ~ 8 |
| 2004 | 1445 ~ 1735 | 95 | 2018 ~ 2046 | 6 ~ 8 |
| 2005 | 1465 ~ 1685 | 93 | 2017 ~ 2035 | 6 ~ 8 |

# 菲丽宝娜－1522

所属产区：法国香槟区
葡萄品种：霞多丽
土壤特征：白垩质土壤
配餐建议：海鲜、白肉类

法国·香槟产区

### 相关介绍

此酒是为纪念酒庄于1522年成立而酿造。

#### 菲丽宝娜－1522　年份表格

| 年份 | 价格（元） | 分数 | 适饮期 | 侍酒（℃） |
|------|-----------|------|---------|-----------|
| 2002 | 705～810 | 92 | 2014～2022 | 6～8 |
| 2003 | 780～900 | 93 | 2013～2018 | 6～8 |
| 2004 | 570～660 | 92 | 2014～2024 | 6～8 |
| 2005 | 605～700 | 93 | 2014～2020 | 6～8 |
| 2006 | 880～1010 | 91 | 2012～2025 | 6～8 |

## 巴黎之花玫瑰红特别珍藏香槟

所属产区：法国香槟区

葡萄品种：霞多丽、黑皮诺、比诺曼
尼耶

土壤特征：石灰石及白垩岩

配餐建议：海鲜

### 相关介绍

　　这款香槟经过了长时间的酝酿，是该品牌两百年悠久传统的传承。桃红是一种十分清雅的颜色，它与银莲花图案匹配，更表现出一份无与伦比的雅致。

巴黎之花玫瑰红特别珍藏香槟　年份表格

| 年份 | 价格（元） | 分数 | 适饮期 | 侍酒（℃） |
|------|-----------|------|--------|-----------|
| 2002 | 2075～2385 | 90 | 2007～2017 | 6～8 |
| 2004 | 2280～2625 | 93 | 2009～2019 | 6～8 |
| 2005 | 3290～3950 | 95 | 2012～2022 | 6～8 |
| 2006 | 2015～2320 | 90 | 2013～2022 | 6～8 |
| 2007 | 2190～2515 | 91 | 2014～2023 | 6～8 |

法国·香槟产区

## Perrier Jouet–Champagne Millesime Brut Belle Epoque
# 巴黎之花特别珍藏香槟

所属产区：法国香槟区
葡萄品种：霞多丽
土壤特征：石灰石及白垩岩
配餐建议：海鲜

相关介绍

　　这款酒完美地诠释了巴黎之花香槟花香馥郁、细腻高贵的风格。它将白丘地区优质霞多丽的特点体现得淋漓尽致，是世界上最驰名的香槟之一。汤姆·史蒂文森曾评论说："没有任何一款顶级香槟可以比得上花样年华所有年份香槟的柔润匀称"。

巴黎之花特别珍藏香槟　年份表格

| 年份 | 价格（元） | 分数 | 适饮期 | 侍酒（℃） |
|------|-----------|------|--------|-----------|
| 2002 | 1445～1665 | 90 | 2009～2015 | 6～8 |
| 2004 | 1385～1530 | 89 | 2011～2016 | 6～8 |
| 2005 | 1105～1215 | 86 | 2012～2018 | 6～8 |
| 2006 | 1295～1490 | 91 | 2013～2018 | 6～8 |
| 2007 | 1995～2300 | 93 | 2014～2020 | 6～8 |
| 2008 | 1805～2075 | 94 | 2015～2021 | 6～8 |
| 2009 | 1090～1255 | 90 | 2016～2022 | 6～8 |

## 酩悦香槟 – 唐倍侬

所属产区：法国香槟区
葡萄品种：霞多丽
土壤特征：白垩质土壤
配餐建议：海鲜、白肉类

### 相关介绍

　　酩悦的历史颇为长远，酒厂始创于1743年，超越了两个世纪，曾因法皇拿破仑的喜爱而赢得"皇室香槟（Imperial）"的美誉。到目前为止，酩悦香槟已成为法国最具国际知名度的香槟，隶属奢侈品巨头LVMH集团旗下。据说，世界上每卖出四瓶的香槟酒之中，就有一瓶是酩悦。香槟区独一无二的地质和气候条件，为酩悦香槟提供了最好的原料。这款香槟馥郁芳香、口感绵延持久。

酩悦香槟 – 唐倍侬　年份表格

| 年份 | 价格（元） | 分数 | 适饮期 | 侍酒（℃） |
|------|-----------|------|--------|-----------|
| 2001 | 1540 ~ 1770 | 90 | 2006 ~ 2026 | 6 ~ 8 |
| 2002 | 1690 ~ 2030 | 95 | 2010 ~ 2032 | 6 ~ 8 |
| 2003 | 1600 ~ 1840 | 93 | 2012 ~ 2053 | 6 ~ 8 |
| 2004 | 1540 ~ 1770 | 94 | 2013 ~ 2034 | 6 ~ 8 |
| 2005 | 1525 ~ 1830 | 95 | 2015 ~ 2035 | 6 ~ 8 |
| 2009 | 1790 ~ 2145 | 95 | 2018 ~ 2038 | 6 ~ 8 |

法国·香槟产区

## Louis Roederer–Champagne Millesime Cristal Rose
# 路易王妃水晶粉红香槟

所属产区：法国香槟区

葡萄品种：霞多丽、黑皮诺、比诺
曼尼耶

土壤特征：白垩质土壤

配餐建议：海鲜

相关介绍

此酒酿造工艺较为复杂，产量稀少，因此较为珍贵。

路易王妃水晶粉红香槟　年份表格

| 年份 | 价格（元） | 分数 | 适饮期 | 侍酒（℃） |
|------|-----------|------|--------|-----------|
| 2002 | 5000～6000 | 95 | 2013～2022 | 6～8 |
| 2004 | 4525～5430 | 97 | 2012～2026 | 6～8 |
| 2005 | 4470～5140 | 93 | 2013～2026 | 6～8 |
| 2006 | 4505～5410 | 95 | 2015～2027 | 6～8 |

## Louis Roederer–Champagne Millesime Cristal
## 路易王妃水晶香槟

所属产区：法国香槟区

葡萄品种：霞多丽

土壤特征：白垩质土壤

配餐建议：海鲜

### 相关介绍

此酒是世界顶级的香槟之一，也是各大拍卖行的挚爱。

路易王妃水晶香槟　年份表格

| 年份 | 价格（元） | 分数 | 适饮期 | 侍酒（℃） |
| --- | --- | --- | --- | --- |
| 2001 | 1475～1700 | 90 | 2008～2019 | 6～8 |
| 2002 | 2280～2740 | 95 | 2009～2037 | 6～8 |
| 2003 | 2160～2590 | 96 | 2010～2025 | 6～8 |
| 2004 | 2090～2510 | 95 | 2011～2034 | 6～8 |
| 2005 | 2015～2320 | 94 | 2013～2022 | 6～8 |
| 2006 | 1960～2255 | 94 | 2014～2024 | 7～9 |
| 2007 | 2660～3195 | 95 | 2015～2028 | 7～9 |
| 2008 | 2940～3530 | 95 | 2015～2028 | 7～9 |
| 2009 | 2985～3585 | 95 | 2016～2030 | 7～9 |

## Louis Roederer–Champagne Millesime Brut Blanc de Blancs
# 路易王妃白香槟

所属产区：法国香槟区
葡萄品种：霞多丽
土壤特征：白垩质土壤
配餐建议：海鲜

相关介绍

　　路易王妃白香槟是在伟大的年份，采用上等的霞多丽酿制的香槟，是香槟中的珍稀佳酿。酒体均衡、复杂。口感柔滑、雅致，且具有咸香味，可口、醇厚。

路易王妃白香槟　年份表格

| 年份 | 价格（元） | 分数 | 适饮期 | 侍酒（℃） |
|------|-----------|------|--------|-----------|
| 2001 | 1425～1640 | 93 | 2012～2015 | 6～8 |
| 2002 | 745～855 | 92 | 2013～2017 | 6～8 |
| 2003 | 855～985 | 90 | 2009～2018 | 6～8 |
| 2004 | 645～745 | 91 | 2013～2016 | 6～8 |
| 2005 | 720～795 | 89 | 2013～2015 | 6～8 |
| 2006 | 820～940 | 92 | 2013～2021 | 7～9 |
| 2007 | 760～875 | 92 | 2013～2022 | 7～9 |
| 2008 | 795～920 | 93 | 2014～2019 | 7～9 |

法国·香槟产区

## Krug–Champagne Millesime Brut
# 库克香槟

所属产区：法国香槟区
葡萄品种：霞多丽
土壤特征：石灰石及白垩岩
配餐建议：海鲜

相关介绍

世界上顶级的香槟品牌之一，2000年至今仍受到市场追捧。

### 库克香槟　年份表格

| 年份 | 价格（元） | 分数 | 适饮期 | 侍酒（℃） |
| --- | --- | --- | --- | --- |
| 2003 | 2490 ~ 2865 | 93 | 2008 ~ 2024 | 6 ~ 8 |
| 2004 | 1415 ~ 1630 | 90 | 2009 ~ 2023 | 6 ~ 8 |
| 2006 | 2330 ~ 2680 | 92 | 2010 ~ 2025 | 6 ~ 8 |
| 2008 | 1445 ~ 1665 | 91 | 2011 ~ 2026 | 6 ~ 8 |
| 2012 | 1680 ~ 1930 | 90 | 2012 ~ 2027 | 7 ~ 9 |

## Krug–Champagne Brut Rose
# 库克粉红香槟

所属产区：法国香槟区
葡萄品种：霞多丽
土壤特征：石灰石及白垩岩
配餐建议：海鲜

### 相关介绍

库克香槟酒庄，由德国人约翰·约瑟夫·库克（Johann–Josep
Krug）1843年创建，现已传承6代人，是殿堂级的香槟酒庄。

#### 库克粉红香槟　年份表格

| 年份 | 价格（元） | 分数 | 适饮期 | 侍酒（℃） |
|------|-----------|------|--------|-----------|
| 2008 | 5280～6070 | * | * | 7～9 |
| NV | 1900～2185 | 94 | * | 7～9 |

## Jacquart–Champagne Millesime Brut Blanc de Blancs
# 雅克白香槟

所属产区：法国香槟区
葡萄品种：霞多丽
土壤特征：石灰石及白垩岩
配餐建议：海鲜

#### 相关介绍

雅克香槟是顶级香槟品牌之一。

#### 雅克白香槟　年份表格

| 年份 | 价格（元） | 分数 | 适饮期 | 侍酒（℃） |
|------|-----------|------|--------|-----------|
| 2002 | 605～670 | 89 | 2007～2020 | 6～8 |
| 2004 | 420～460 | 88 | 2009～2022 | 6～8 |
| 2005 | 325～360 | 85 | 2012～2025 | 6～8 |
| 2006 | 415～460 | 83 | 2013～2026 | 6～8 |

法国·香槟产区

## Henriot–Champagne Millesime Brut
# 恩里奥香槟

所属产区：法国香槟区

葡萄品种：霞多丽

土壤特征：石灰石及白垩岩

配餐建议：海鲜

相关介绍

　　恩里奥香槟创建于1808年，是荷兰、奥地利、匈牙利宫廷专供香槟。

### 恩里奥香槟　年份表格

| 年份 | 价格（元） | 分数 | 适饮期 | 侍酒（℃） |
| --- | --- | --- | --- | --- |
| 2002 | 475～525 | 86 | 2007～2020 | 6～8 |
| 2003 | 725～830 | 91 | 2009～2022 | 6～8 |
| 2005 | 515～590 | 91 | 2014～2025 | 6～8 |

## Bollinger–Champagne Millesime Vieilles Vignes Francaises
# 宝林哲法国老藤香槟

所属产区：法国香槟区

葡萄品种：黑皮诺

土壤特征：石灰石及白垩岩

配餐建议：海鲜

相关介绍

　　宝林哲香槟完全采用家族式经营，1884年入选维多利亚女王酒单。

### 宝林哲法国老藤香槟　年份表格

| 年份 | 价格（元） | 分数 | 适饮期 | 侍酒（℃） |
| --- | --- | --- | --- | --- |
| 2002 | 7750～9300 | 98 | 2012～2020 | 6～8 |
| 2004 | 6890～7925 | 90 | 2009～2022 | 6～8 |
| 2005 | 8375～10055 | 99 | 2015～2023 | 6～8 |

法国·香槟产区

## Bollinger–Champagne Millesime Rose Grande Annee
## 宝林哲特级粉红香槟

所属产区：法国香槟区

葡萄品种：霞多丽、黑皮诺、比诺
曼尼耶

土壤特征：石灰石及白垩岩

配餐建议：海鲜

相关介绍

宝林哲香槟完全采用家族式经营，1884年入选维多利亚女王酒单。

宝林哲特级粉红香槟　年份表格

| 年份 | 价格（元） | 分数 | 适饮期 | 侍酒（℃） |
|------|-----------|------|--------|-----------|
| 2002 | 1740～2000 | 91 | 2007～2020 | 6～8 |
| 2004 | 1240～1425 | 94 | 2009～2022 | 6～8 |

## Bollinger–Champagne Millesime Grande Annee
## 宝林哲特级香槟

所属产区：法国香槟区

葡萄品种：霞多丽

土壤特征：石灰石及白垩岩

配餐建议：海鲜

相关介绍

宝林哲香槟完全采用家族式经营，1884年入选维多利亚女王酒单。

宝林哲特级香槟　年份表格

| 年份 | 价格（元） | 分数 | 适饮期 | 侍酒（℃） |
|------|-----------|------|--------|-----------|
| 2002 | 1030～1180 | 94 | 2009～2025 | 6～8 |
| 2003 | 1165～1340 | 94 | 2009～2025 | 6～8 |
| 2004 | 1010～1160 | 94 | 2010～2029 | 6～8 |
| 2005 | 950～1095 | 90 | 2010～2025 | 6～8 |
| 2008 | 1500～1725 | 96 | 2014～2025 | 6～8 |

05

汝 拉 产 区
WINE REGIONS OF JURA

# 汝拉葡萄酒产区
## Wine Regions of Jura

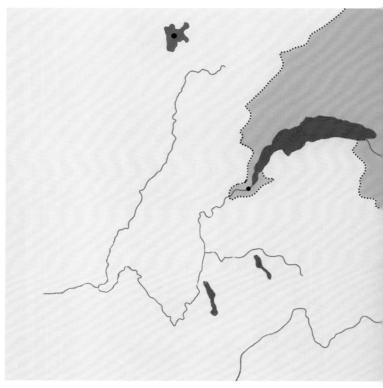

汝拉
Jura

# 产区特征

## 地理位置

汝拉产区位于法国东部，接近瑞士，属于大陆性气候，产量虽然不大，但因葡萄酒风格独特，自成一格。

## 主要产区

阿尔布瓦产区（Arbois）是法国首个AOC产区，是汝拉最重要的葡萄酒产区，葡萄藤种植区覆盖13个村庄，酿造各种风格葡萄酒。

## 葡萄品种

由于土壤的独特性，汝拉拥有的三大品种是其他产区没有种植的，分别是红葡萄品种普萨（Poulsard）和特鲁索（Trousseau），白葡萄品种萨瓦涅。

汝拉种植最普遍的红葡萄品种是普萨（Poulsard），在阿尔布瓦（Arbois）地区被称为Ploussard，酿出的酒颜色浅，和桃红葡萄酒非常接近，口感清淡柔和，果香甜美；特鲁索（Trousseau）的种植面积仅有5%，特点是颜色较深，单宁强劲，口味粗犷，带有动物及野味的香气。当地最著名的白葡萄品种是萨瓦涅，酿出的白葡萄酒常带有坚果和香料的风味，有时也调配一些霞多丽葡萄。黄葡萄酒（Vin Jaune）和稻草酒（Vin De Paille）是当地的特色白葡萄酒。

# Domaine Rolet Pere et Fils–Vin Jaune
## 罗莱特父子酒庄黄酒

所属产区：法国汝拉产区
葡萄品种：萨瓦涅
土壤特征：石灰岩及砾石
每年产量：300 000瓶
配餐建议：甜点

### 相关介绍

　　罗莱特父子酒庄位于著名的汝拉产区，是一个家族式酒庄，由罗莱特先生建立于40年代初，并享有较高的声誉。酒庄采用传统酿造方式与现代先进技术相结合，从葡萄采摘到酿造装瓶，庄主都亲力亲为，酿造了令许多葡萄酒发烧友都无法挑剔的著名葡萄酒，所以产品多次获得法国国内和国际奖项。

#### 罗莱特父子酒庄黄酒　年份表格

| 年份 | 价格（元） | 分数 | 适饮期 | 侍酒（℃） | 醒酒（分钟） |
|------|-----------|------|--------|----------|-------------|
| 2001 | 550～605 | 88 | 2010～2024 | 6～8 | 20 |
| 2002 | 460～530 | 90 | 2010～2017 | 6～8 | 20 |
| 2003 | 400～440 | 88 | 2013～2023 | 6～8 | 20 |
| 2004 | 485～530 | 87 | 2012～2020 | 6～8 | 20 |
| 2005 | 435～480 | 89 | 2013～2025 | 6～8 | 20 |
| 2006 | 425～470 | 87 | 2014～2020 | 7～9 | 25 |

## Domaine Daniel Dugois–Vin Jaune
# 丹尼杜葛庄园黄酒

所属产区：法国汝拉
葡萄品种：萨瓦涅
土壤特征：红黏土、砂质黏土、鹅卵石
每年产量：70 000瓶
配餐建议：甜点

### 相关介绍

　　此酒由100%的萨瓦涅葡萄所酿成，在葡萄非常成熟的时候采摘，带有极具风干的成年梅子味与酿造气味，特殊风味与香气常常让饮用的人爱不释口。

### 丹尼杜葛庄园黄酒　年份表格

| 年份 | 价格（元） | 分数 | 适饮期 | 侍酒（℃） | 醒酒（分钟） |
|------|-----------|------|--------|-----------|-------------|
| 2001 | 480～530 | 83 | 2010～2014 | 6～8 | 20 |
| 2002 | 420～460 | 84 | 2010～2017 | 6～8 | 20 |
| 2003 | 455～500 | 86 | 2013～2023 | 6～8 | 20 |
| 2004 | 470～515 | 83 | 2012～2020 | 6～8 | 20 |
| 2005 | 505～570 | 83 | 2013～2022 | 6～8 | 20 |
| 2006 | 400～440 | 81 | 2014～2020 | 7～9 | 25 |
| 2007 | 445～490 | 82 | 2014～2021 | 7～9 | 25 |
| 2009 | 450～495 | 83 | 2016～2024 | 7～9 | 25 |
| 2010 | 415～460 | 83 | 2015～2025 | 8～10 | 30 |
| 2011 | 480～530 | 84 | 2020～2035 | 8～10 | 30 |
| 2012 | 450～495 | 82 | 2021～2035 | 8～10 | 30 |

法国·汝拉产区

# Domaine Andre et Mireille Tissot—Savagnin
## 安德和米赫酒庄 - 萨瓦涅

所属产区：法国汝拉阿尔伯斯

葡萄品种：萨瓦涅

土壤特征：石灰岩及砾石

每年产量：400 000瓶

配餐建议：海鲜、沙拉

法国·汝拉产区

### 相关介绍

此酒酒色呈麦秆黄色，口感清新，适合做开胃酒。

安德和米赫酒庄 - 萨瓦涅　年份表格

| 年份 | 价格（元） | 分数 | 适饮期 | 侍酒（℃） | 醒酒（分钟） |
|------|-----------|------|--------|-----------|-------------|
| 2001 | 460～505 | 88 | 2010～2024 | 6～8 | 10 |
| 2002 | 285～315 | 87 | 2010～2017 | 6～8 | 10 |
| 2003 | 215～240 | 88 | 2013～2023 | 6～8 | 10 |
| 2004 | 310～360 | 90 | 2012～2020 | 6～8 | 10 |
| 2005 | 180～200 | 84 | 2013～2025 | 6～8 | 15 |
| 2006 | 155～180 | 91 | 2014～2020 | 7～9 | 15 |
| 2007 | 240～280 | 92 | 2014～2021 | 7～9 | 15 |
| 2009 | 360～415 | 90 | 2016～2024 | 7～9 | 15 |
| 2010 | 225～260 | 90 | 2015～2025 | 8～10 | 20 |
| 2011 | 285～330 | 91 | 2020～2035 | 8～10 | 20 |

## Chateau de l'Etoile
# 乐拓尔庄园

所属产区：法国汝拉
葡萄品种：霞多丽、萨瓦涅
土壤特征：卵石、沙子和黏土
每年产量：78 000瓶
配餐建议：海鲜

### 相关介绍

　　庄园的城堡建于18世纪，最初是由私人拥有，它的起源可以追溯到古代。葡萄园位于山丘的东南坡上，主要种植霞多丽、萨瓦涅、普萨、特鲁索等葡萄品种。此酒用95％霞多丽与5％萨瓦涅混酿而成，酒体丰满，结构紧致，散发非常明显的坚果香气，口感清新细腻。

### 乐拓尔庄园　年份表格

| 年份 | 价格（元） | 分数 | 适饮期 | 侍酒（℃） | 醒酒（分钟） |
|---|---|---|---|---|---|
| 2001 | 450～495 | 84 | 2003～2010 | 6～8 | 10 |
| 2002 | 540～595 | 83 | 2005～2010 | 6～8 | 10 |
| 2003 | 460～505 | 83 | 2006～2012 | 6～8 | 10 |
| 2004 | 620～680 | 85 | 2006～2012 | 6～8 | 10 |
| 2005 | 300～330 | 82 | 2007～2015 | 7～9 | 15 |
| 2006 | 440～480 | 83 | 2007～2014 | 7～9 | 15 |
| 2007 | 440～485 | 85 | 2008～2015 | 7～9 | 15 |
| 2009 | 240～265 | 80 | 2009～2016 | 8～10 | 15 |
| 2010 | 380～420 | 82 | 2010～2018 | 8～10 | 20 |

## Chateau D'Arlay–Vin Jaune
# 达利庄园黄酒

所属产区：法国汝拉

葡萄品种：萨瓦涅

土壤特征：黏土和石灰石

每年产量：80 000瓶

配餐建议：甜点、巧克力

### 相关介绍

　　达利庄园历史悠久，城堡最早建于13世纪，直到18世纪成为Arlay家族的私人建筑，是目前为止已知的法国最古老的"城堡葡萄园"。庄园强调现代化管理与传统方式相结合，盛产优质黄酒、稻草酒，名声享誉全球，以优雅自然而著称，荣获了许多国际和国内大奖。产品远销亚洲、欧洲、美洲等几十个国家。此酒带有浓郁的矿物质味，口感清新，有很强的抗老化能力。

### 达利庄园黄酒　年份表格

| 年份 | 价格（元） | 分数 | 适饮期 | 侍酒（℃） | 醒酒（分钟） |
|---|---|---|---|---|---|
| 2001 | 565～620 | 89 | 2010～2024 | 6～8 | 10 |
| 2002 | 405～450 | 91 | 2010～2022 | 6～8 | 15 |
| 2003 | 430～475 | 89 | 2011～2023 | 6～8 | 10 |
| 2004 | 625～685 | 90 | 2012～2020 | 6～8 | 15 |
| 2005 | 660～725 | 90 | 2010～2015 | 6～8 | 15 |
| 2007 | 550～610 | 90 | 2010～2015 | 7～9 | 20 |

06

朗格多克-露喜龙产区
WINE REGIONS OF
LANGUEDOC-ROUSSILLON

# 朗格多克-露喜龙葡萄酒产区
# Wine Regions of Languedoc-Ressillon

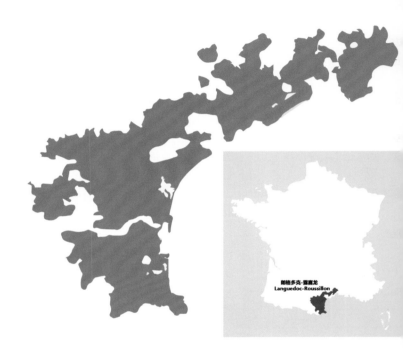

朗格多克-露喜龙
Languedoc-Roussillon

　　早期以出产日常餐酒为主，近年来品质有着惊人的进步，以西拉和歌海娜两种葡萄见长。

　　朗格多克地区种植的葡萄品种繁多，土壤、气候和生产条件的多样性使每个产区的葡萄酒品质奇异独特，是世界上保有葡萄品种最多样化的地区之一。拥有传统品种如佳丽酿、神索、歌海娜和西拉，以及国际知名品种如赤霞珠、梅洛和霞多丽。

　　露喜龙除了是全法国最重要的天然甜葡萄酒（VDN）的产区，还出产不错的干型葡萄酒。位于北部的"露喜龙村庄区（Cotes du Roussilllon Villages）只产优质的红葡萄酒；与西班牙交界的"科利沃尔（Collioure）"产干型的红酒和桃红酒，颜色深，酒精强，口感颇为强劲厚实。

# 产区特征

## 地理位置

朗格多克－露喜龙位于法国最南部地中海沿岸一带，露喜龙靠近西班牙边境，位于比利牛斯山脚，地势较高且崎岖。全法国1/3的葡萄园都坐落在此。

## 主要产区

朗格多克地区的五个法定产区被列为受保护的原产地命名：圣希年、密涅瓦、福日尔、朗格多克克莱雷特和朗格多克。露喜龙地区主要有露喜龙区、露喜龙村庄区和科利沃尔。

## 葡萄品种

白葡萄：霞多丽（Chardonnay）、长相思（Sauvignon Blanc）、马粃奥（Macabeo）、莫扎克（Mauzac）、白诗南（Chenin Blanc）

红葡萄：佳丽酿（Carignan）、神索（Cinsault）、歌海娜（Grenache）、慕合怀特（Mourvedre）、赤霞珠（Cabernet Sauvignon）、西拉（Shiraz）

# Finca Narraza
# 芬卡娜拉酒庄

所属产区：法国露喜龙产区
葡萄品种：佳丽酿、歌海娜、西拉
土壤特征：石灰岩、页岩、黏土及石灰石
每年产量：25 000瓶
配餐建议：烤肉

## 相关介绍

　　此酒带有野生浆果、新鲜皮革和甘草的气息，平衡感强，酒体饱满。

芬卡娜拉酒庄　年份表格

| 年份 | 价格（元） | 分数 | 适饮期 | 侍酒（℃） | 醒酒（分钟） |
|------|-----------|------|--------|-----------|-------------|
| 2001 | 360～395 | 83 | 2005～2012 | 13～14 | 20～25 |
| 2002 | 280～310 | 82 | 2006～2014 | 13～14 | 20～25 |
| 2003 | 290～320 | 82 | 2007～2015 | 13～14 | 20～25 |
| 2004 | 280～310 | 82 | 2008～2015 | 13～14 | 20～25 |
| 2005 | 360～400 | 83 | 2009～2015 | 14～15 | 25～30 |
| 2006 | 320～350 | 82 | 2010～2018 | 14～15 | 25～30 |
| 2007 | 320～350 | 82 | 2013～2020 | 14～15 | 25～30 |
| 2008 | 360～395 | 83 | 2013～2020 | 14～15 | 25～30 |
| 2009 | 420～460 | 83 | 2014～2022 | 14～15 | 25～30 |
| 2010 | 300～335 | 81 | 2015～2023 | 16～17 | 30～35 |

法国·朗格多克·露喜龙产区

## Domaine Ollier Taillefer
# 奥利耶－泰勒菲庄园

**所属产区：** 法国朗格多克产区
**葡萄品种：** 佳丽酿、歌海娜、西拉
**土壤特征：** 砂岩和泥灰岩
**每年产量：** 216 000瓶
**配餐建议：** 小牛肉

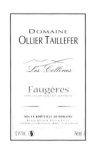

相关介绍

目前，庄园由吕克·奥利耶与弗朗索瓦·奥利耶兄妹掌管，他们是家族的第五代酿酒师。此酒由50%的佳丽酿、30%的歌海娜和20%的西拉混酿而成，酒色深浓，散发出松树的气味，口感深邃迷人。

奥利耶－泰勒菲庄园　年份表格

| 年份 | 价格（元） | 分数 | 适饮期 | 侍酒（℃） | 醒酒（分钟） |
|---|---|---|---|---|---|
| 2001 | 280～310 | 83 | 2005～2012 | 13～14 | 20～25 |
| 2002 | 232～255 | 82 | 2006～2014 | 13～14 | 20～25 |
| 2003 | 280～305 | 82 | 2007～2015 | 13～14 | 20～25 |
| 2004 | 280～310 | 82 | 2008～2015 | 13～14 | 20～25 |
| 2005 | 320～350 | 83 | 2009～2015 | 14～15 | 25～30 |
| 2006 | 270～295 | 82 | 2010～2018 | 14～15 | 25～30 |
| 2007 | 230～255 | 82 | 2013～2020 | 14～15 | 25～30 |
| 2008 | 230～255 | 83 | 2013～2020 | 14～15 | 25～30 |
| 2009 | 330～365 | 83 | 2013～2022 | 14～15 | 25～30 |
| 2010 | 330～365 | 81 | 2015～2025 | 16～17 | 30～35 |
| 2011 | 330～365 | 81 | 2015～2025 | 16～17 | 30～35 |

法国·朗格多克·露喜龙产区

# Domaine les Aurelles
# 奥雷尔酒庄

**所属产区**：法国朗格多克产区
**葡萄品种**：西拉、歌海娜、佳丽酿
**土壤特征**：砂砾、卵石及玄武岩
**每年产量**：90 000瓶
**配餐建议**：红肉

### 相关介绍

  酒庄建于1995年。酒庄酿酒师Basile Saint Germain是波尔多大学的地理学教授，曾经在波尔多赫赫有名的拉图酒庄担任过酿酒师，他对葡萄酒热情且专注，采用有机种植的方式。目前，奥雷尔酒庄是该区一颗冉冉升起的新星。

### 奥雷尔酒庄　年份表格

| 年份 | 价格（元） | 分数 | 适饮期 | 侍酒（℃） | 醒酒（分钟） |
|------|-----------|------|--------|-----------|-------------|
| 2001 | 320～350 | 86 | 2005～2012 | 13～14 | 20～25 |
| 2002 | 335～370 | 85 | 2006～2014 | 13～14 | 20～25 |
| 2003 | 370～410 | 86 | 2007～2015 | 13～14 | 20～25 |
| 2004 | 390～430 | 85 | 2008～2015 | 13～14 | 20～25 |
| 2005 | 430～470 | 88 | 2009～2015 | 14～15 | 25～30 |
| 2006 | 390～430 | 86 | 2010～2018 | 14～15 | 25～30 |
| 2007 | 405～445 | 85 | 2013～2020 | 14～15 | 25～30 |
| 2008 | 325～355 | 88 | 2013～2020 | 14～15 | 25～30 |
| 2009 | 350～380 | 89 | 2013～2022 | 14～15 | 25～30 |
| 2010 | 430～470 | 86 | 2015～2025 | 16～17 | 30～35 |

## Domaine D'Aupilhac
## 奥匹亚酒庄

**所属产区**：法国朗格多克产区
**葡萄品种**：西拉、歌海娜、佳丽酿
**土壤特征**：砂岩和石灰石
**每年产量**：108 000瓶
**配餐建议**：红肉

### 相关介绍

　　酒庄建于1989年，坐落在西南部高海拔地区，葡萄园在近365.75米梯田上与阳光充分接触。这里的土壤具有丰富的牡蛎化石，因此葡萄酒中富含矿物质味。此酒有着成熟的水果香，单宁强劲有力，富有野性。

### 奥匹亚酒庄　年份表格

| 年份 | 价格（元） | 分数 | 适饮期 | 侍酒（℃） | 醒酒（分钟） |
|------|-----------|------|--------|-----------|--------------|
| 2001 | 245 ~ 270 | 85 | 2005 ~ 2012 | 13 ~ 14 | 10 ~ 15 |
| 2002 | 320 ~ 350 | 85 | 2006 ~ 2014 | 13 ~ 14 | 10 ~ 15 |
| 2003 | 340 ~ 375 | 85 | 2007 ~ 2015 | 13 ~ 14 | 10 ~ 15 |
| 2004 | 370 ~ 405 | 85 | 2008 ~ 2015 | 13 ~ 14 | 10 ~ 15 |
| 2005 | 290 ~ 320 | 88 | 2009 ~ 2015 | 14 ~ 15 | 15 ~ 20 |
| 2006 | 250 ~ 280 | 85 | 2010 ~ 2018 | 14 ~ 15 | 15 ~ 20 |
| 2007 | 270 ~ 300 | 85 | 2013 ~ 2020 | 14 ~ 15 | 15 ~ 20 |
| 2008 | 310 ~ 340 | 88 | 2013 ~ 2020 | 14 ~ 15 | 15 ~ 20 |
| 2009 | 250 ~ 280 | 87 | 2013 ~ 2022 | 14 ~ 15 | 15 ~ 20 |
| 2010 | 270 ~ 300 | 85 | 2015 ~ 2025 | 16 ~ 17 | 20 ~ 25 |
| 2011 | 270 ~ 300 | 84 | 2015 ~ 2025 | 16 ~ 17 | 20 ~ 25 |
| 2012 | 270 ~ 300 | 84 | 2016 ~ 2025 | 16 ~ 17 | 20 ~ 25 |

法国·朗格多克·露壹龙产区

## Domaine Calvet–Thunevin–Hugo
## 卡维－图内文庄园－雨果

所属产区：法国露喜龙产区

葡萄品种：佳丽酿、歌海娜、
　　　　　西拉

土壤特征：泥灰岩、黏土石灰
　　　　　石、花岗岩

每年产量：360 000瓶

配餐建议：牛肉、家禽类

### 相关介绍

　　卡维－图内文庄园位于法国南部地中海沿岸的露喜龙大区，多样的土质、适宜的气候、丰富的葡萄品种以及种植者的智慧造就了这里出产的葡萄酒的不凡品质。此酒带有黑加仑和黑醋栗的果香，略微带点皮革味，是一款口感醇厚的红葡萄酒。

卡维－图内文庄园－雨果　年份表格

| 年份 | 价格（元） | 分数 | 适饮期 | 侍酒（℃） | 醒酒（分钟） |
|------|-----------|------|---------|-----------|--------------|
| 2001 | 450～495 | 89 | 2007～2015 | 13～14 | 20～25 |
| 2002 | 360～395 | 88 | 2008～2015 | 13～14 | 20～25 |
| 2003 | 445～515 | 90 | 2009～2015 | 13～14 | 20～25 |
| 2004 | 420～480 | 90 | 2010～2018 | 13～14 | 20～25 |
| 2005 | 540～580 | 90 | 2011～2020 | 14～15 | 25～30 |
| 2006 | 590～650 | 89 | 2012～2020 | 14～15 | 25～30 |
| 2007 | 340～380 | 88 | 2013～2022 | 14～15 | 25～30 |
| 2008 | 360～400 | 89 | 2013～2023 | 14～15 | 25～30 |
| 2009 | 590～650 | 88 | 2014～2024 | 14～15 | 25～30 |
| 2010 | 660～730 | 89 | 2015～2025 | 16～17 | 30～35 |

## Chateau Mosse
# 墨瑟酒庄

所属产区：法国露喜龙产区
葡萄品种：西拉、歌海娜、佳丽酿
土壤特征：黏土及石灰石
每年产量：300 000瓶
配餐建议：烤肉、牛扒

### 相关介绍

　　酒庄位于法国露喜龙产区的中心地带，创建于1884年，具有悠久的历史。酒庄面积达到100公顷，为了保护环境，只使用了其中50%的土地。酒庄葡萄园被划分为两个区域：山坡地区主要是板岩及泥灰岩土壤；沿海地区是黏土和石灰石土壤。这里葡萄品种多样，沿海的葡萄园主要种植最古老的歌海娜、佳丽酿等葡萄品种。

### 墨瑟酒庄　年份表格

| 年份 | 价格（元） | 分数 | 适饮期 | 侍酒（℃） | 醒酒（分钟） |
|------|-----------|------|--------|-----------|-------------|
| 2001 | 360 ~ 400 | 85 | 2005 ~ 2012 | 13 ~ 14 | 20 ~ 25 |
| 2002 | 360 ~ 400 | 83 | 2006 ~ 2014 | 13 ~ 14 | 20 ~ 25 |
| 2003 | 360 ~ 400 | 83 | 2007 ~ 2015 | 13 ~ 14 | 20 ~ 25 |
| 2004 | 360 ~ 400 | 83 | 2008 ~ 2015 | 13 ~ 14 | 20 ~ 25 |
| 2005 | 460 ~ 505 | 86 | 2009 ~ 2015 | 14 ~ 15 | 25 ~ 30 |
| 2006 | 360 ~ 400 | 83 | 2010 ~ 2018 | 14 ~ 15 | 25 ~ 30 |
| 2007 | 360 ~ 400 | 83 | 2013 ~ 2020 | 14 ~ 15 | 25 ~ 30 |
| 2008 | 360 ~ 400 | 82 | 2013 ~ 2020 | 14 ~ 15 | 25 ~ 30 |
| 2009 | 420 ~ 460 | 84 | 2013 ~ 2022 | 14 ~ 15 | 25 ~ 30 |
| 2010 | 360 ~ 400 | 82 | 2015 ~ 2025 | 16 ~ 17 | 30 ~ 35 |

## Chateau Jouclary
# 祖克拉里酒庄

所属产区：法国朗格多克产区
葡萄品种：梅洛、赤霞珠、西拉、歌海娜
土壤特征：卵石、砂子和黏土
每年产量：360 000瓶
配餐建议：烤肉、香肠

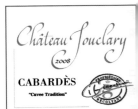

### 相关介绍

　　酒庄位于法国著名的朗格多克产区北部一个以黏土和石灰质为主要土壤类型的山坡上，山坡其中一侧受地中海气候的影响，阳光充足、少雨；另一侧受到大西洋季风的影响，冬季干燥，天气晴朗，有利于葡萄的成熟。此酒含有新鲜的果香，劲力十足，口感丰富且优雅平衡。

### 祖克拉里酒庄　年份表格

| 年份 | 价格（元） | 分数 | 适饮期 | 侍酒（℃） | 醒酒（分钟） |
|------|-----------|------|---------|-----------|-------------|
| 2001 | 365～400 | 83 | 2004～2010 | 13～14 | 20～25 |
| 2002 | 360～400 | 83 | 2005～2011 | 13～14 | 20～25 |
| 2003 | 320～360 | 82 | 2006～2013 | 13～14 | 20～25 |
| 2004 | 300～330 | 83 | 2007～2015 | 13～14 | 20～25 |
| 2005 | 360～400 | 83 | 2009～2018 | 14～15 | 25～30 |
| 2006 | 330～365 | 82 | 2010～2020 | 14～15 | 25～30 |
| 2007 | 320～350 | 83 | 2011～2020 | 14～15 | 25～30 |
| 2008 | 320～350 | 85 | 2012～2020 | 14～15 | 25～30 |
| 2009 | 330～365 | 83 | 2013～2023 | 14～15 | 25～30 |
| 2010 | 290～320 | 83 | 2015～2025 | 16～17 | 30～35 |
| 2011 | 400～440 | 85 | 2015～2025 | 16～17 | 30～35 |
| 2012 | 460～510 | 85 | 2015～2020 | 16～17 | 30～35 |

法国·朗格多克·露喜龙产区

## Chateau Haut–Blanville
## 奥波兰威尔酒庄

**所属产区：** 法国朗格多克产区

**葡萄品种：** 歌海娜、西拉、慕合怀特、神索、佳丽酿

**土壤特征：** 石灰石、砾石

**每年产量：** 350 000瓶

**配餐建议：** 烤鸭、浓郁酱汁肉类

### 相关介绍

葡萄园占地65公顷，种植了西拉、歌海娜及古老的神索等葡萄品种。此酒经过8个月的橡木桶陈酿，再根据比例进行调配，不经过滤直接装瓶，从而保持其芳香的气味和力度。

### 奥波兰威尔酒庄　年份表格

| 年份 | 价格（元） | 分数 | 适饮期 | 侍酒（℃） | 醒酒（分钟） |
|------|-----------|------|---------|-----------|-------------|
| 2001 | 310～340 | 83 | 2004～2010 | 13～14 | 20～25 |
| 2002 | 310～340 | 84 | 2005～2011 | 13～14 | 20～25 |
| 2003 | 320～350 | 83 | 2006～2013 | 13～14 | 20～25 |
| 2004 | 310～345 | 84 | 2007～2015 | 13～14 | 20～25 |
| 2005 | 230～250 | 83 | 2009～2018 | 14～15 | 25～30 |
| 2006 | 300～330 | 84 | 2010～2020 | 14～15 | 25～30 |
| 2007 | 190～210 | 83 | 2011～2020 | 14～15 | 25～30 |
| 2008 | 205～225 | 84 | 2012～2020 | 14～15 | 25～30 |
| 2009 | 215～240 | 83 | 2013～2023 | 14～15 | 25～30 |
| 2010 | 210～230 | 84 | 2015～2025 | 16～17 | 30～35 |

## Chateau des Karantes–La Clape
# 卡然特酒庄

**所属产区**：法国朗格多克产区朗格多克谷
**葡萄品种**：歌海娜、西拉、慕合怀特、神索、佳丽酿
**土壤特征**：黏土和石灰石
**每年产量**：1 158 000瓶
**配餐建议**：小牛肉

### 相关介绍

　　酒庄位于法国朗格多克‐露喜龙产区一个山谷的中心位置，风景秀丽，从葡萄园可以俯瞰大海，酒庄距离纳博讷海滩只有15分钟车程。城堡建筑宏伟，以前庄主卡尔卡松主教的名字命名。此酒散发红色、暗紫色成熟的水果的香气，伴随着黑莓和黑樱桃的美妙气息，入口微辣，充满了甘草及水果的味道。

### 卡然特酒庄　年份表格

| 年份 | 价格（元） | 分数 | 适饮期 | 侍酒（℃） | 醒酒（分钟） |
|------|-----------|------|--------|-----------|--------------|
| 2005 | 380～420 | 89 | 2008～2015 | 14～15 | 25～30 |
| 2006 | 230～250 | 87 | 2009～2016 | 14～15 | 25～30 |
| 2007 | 180～200 | 88 | 2010～2018 | 14～15 | 25～30 |
| 2008 | 215～240 | 88 | 2012～2020 | 14～15 | 25～30 |
| 2009 | 250～290 | 89 | 2013～2023 | 14～15 | 25～30 |
| 2010 | 285～330 | 90 | 2015～2025 | 16～17 | 30～35 |
| 2011 | 285～330 | 90 | 2015～2025 | 16～17 | 30～35 |

## Chateau des Estanilles
# 尔斯坦尼酒庄

**所属产区**：法国朗格多克产区

**葡萄品种**：歌海娜、西拉、慕合怀特、佳丽酿、神索

**土壤特征**：土壤页岩

**每年产量**：210 000瓶

**配餐建议**：嫩牛肉

### 相关介绍

　　酒庄由米歇尔·路易松于1976年建立，葡萄园占地35公顷。这里是典型的朗格多克页岩土壤，含有很高的酸度，能够储存热量和保持水分。此酒呈深红宝石色，散发红色水果以及略微辛辣的香料香气，富含矿物质味，单宁强劲，口感复杂且优雅平衡。

### 尔斯坦尼酒庄　年份表格

| 年份 | 价格（元） | 分数 | 适饮期 | 侍酒（℃） | 醒酒（分钟） |
|------|-----------|------|--------|-----------|-------------|
| 2001 | 205 ~ 225 | 84 | 2004 ~ 2010 | 13 ~ 14 | 20 ~ 25 |
| 2002 | 210 ~ 230 | 83 | 2005 ~ 2011 | 13 ~ 14 | 20 ~ 25 |
| 2003 | 230 ~ 255 | 83 | 2006 ~ 2013 | 13 ~ 14 | 20 ~ 25 |
| 2004 | 255 ~ 280 | 85 | 2007 ~ 2015 | 13 ~ 14 | 20 ~ 25 |
| 2005 | 270 ~ 295 | 83 | 2009 ~ 2018 | 14 ~ 15 | 25 ~ 30 |
| 2006 | 255 ~ 280 | 83 | 2010 ~ 2020 | 14 ~ 15 | 25 ~ 30 |
| 2007 | 255 ~ 280 | 83 | 2011 ~ 2020 | 14 ~ 15 | 25 ~ 30 |
| 2008 | 230 ~ 255 | 83 | 2012 ~ 2020 | 14 ~ 15 | 25 ~ 30 |
| 2009 | 280 ~ 305 | 82 | 2013 ~ 2023 | 14 ~ 15 | 25 ~ 30 |
| 2010 | 360 ~ 400 | 80 | 2015 ~ 2025 | 16 ~ 17 | 30 ~ 35 |
| 2011 | 360 ~ 400 | 82 | 2015 ~ 2025 | 16 ~ 17 | 30 ~ 35 |
| 2012 | 380 ~ 420 | 83 | 2015 ~ 2025 | 16 ~ 17 | 30 ~ 35 |

## Chateau de Cazeneuve—Pic Saint Loup Le Roc des Mates
# 卡资内庄园

**所属产区：** 法国朗格多克产区朗格多克谷

**葡萄品种：** 歌海娜、西拉、慕合怀特、佳丽酿、神索

**土壤特征：** 黏土、石灰石及泥灰岩

**每年产量：** 210 000瓶

**配餐建议：** 红肉

### 相关介绍

　　庄园的历史可追溯到法国大革命时期。1991年，酿酒师安德烈·伯哈特翻修了城堡建筑和农场建筑，重新整理了葡萄园，使庄园迎来新的发展。庄园目前占地35公顷，种植80%的红葡萄和20%的白葡萄品种。庄园从不使用化学除草剂或化学合成农药，整个葡萄园操作都由人工完成。此酒是其旗舰产品，酒体丰满，口感浓郁。

### 卡资内庄园　年份表格

| 年份 | 价格（元） | 分数 | 适饮期 | 侍酒（℃） | 醒酒（分钟） |
|------|-----------|------|--------|----------|------------|
| 2001 | 165～185 | 89 | 2005～2012 | 13～14 | 20～25 |
| 2002 | 190～210 | 85 | 2006～2014 | 13～14 | 20～25 |
| 2003 | 190～210 | 90 | 2007～2015 | 13～14 | 20～25 |
| 2004 | 190～210 | 88 | 2008～2015 | 13～14 | 20～25 |
| 2005 | 240～265 | 93 | 2009～2015 | 14～15 | 25～30 |
| 2006 | 285～315 | 90 | 2010～2018 | 14～15 | 25～30 |
| 2007 | 230～365 | 87 | 2011～2020 | 14～15 | 25～30 |
| 2008 | 210～230 | 88 | 2012～2020 | 14～15 | 25～30 |
| 2009 | 228～250 | 88 | 2012～2020 | 14～15 | 25～30 |
| 2010 | 290～320 | 88 | 2015～2022 | 16～17 | 30～35 |
| 2011 | 230～250 | 82 | 2015～2022 | 16～17 | 30～35 |

所属产区：法国郎格多克产区利穆

葡萄品种：梅洛、西拉、品丽珠

土壤特征：卵石、砂子和黏土

每年产量：300 000瓶

配餐建议：红肉和烧烤类

### 相关介绍

安图雅庄园位于奥德山谷的高处，距卡尔卡松古城南部90公里。葡萄园位于海拔500米的朗格多克地区的坡地上。此酒呈诱人的樱桃红色，散发出红色水果、覆盆子、紫罗兰和黑莓的芳香，以及经橡木桶陈年后释放出的香料气息。口感紧实平衡，酒体丰满，回味悠长。

### 安图雅庄园　年份表格

| 年份 | 价格（元） | 分数 | 适饮期 | 侍酒（℃） | 醒酒（分钟） |
|---|---|---|---|---|---|
| 2005 | 480～530 | 88 | 2008～2014 | 13～14 | 25～30 |
| 2006 | 500～550 | 88 | 2009～2015 | 13～14 | 25～30 |
| 2007 | 680～780 | 90 | 2010～2018 | 13～14 | 25～30 |
| 2008 | 520～570 | 87 | 2010～2017 | 13～14 | 25～30 |

07

# 卢 瓦 河 谷 产 区
WINE REGIONS OF LOIRE

# 卢瓦河谷葡萄酒产区
## Wine Regions of Loire

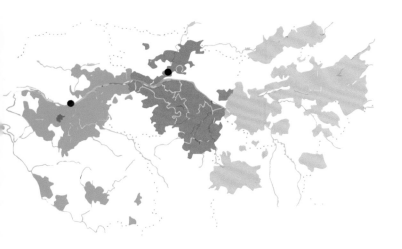

卢瓦河谷
Loire Valley

# 产区特征

## 地理位置

卢瓦河是法国最长的河流，位于河谷的这片葡萄酒产区是法国最大的旅游胜地，被称为法国的"皇家后花园"，富丽堂皇的城堡庄园到处可见，因此也有"帝皇谷"之称。

## 主要产区

主要产区包括安茹（Anjou）、图雷（Touraine）等。

## 葡萄品种

卢瓦河谷的葡萄酒主要分布在两大区域内：

（1）图尔地区葡萄酒，其中著名的品种有布赫戈耶（Bourgueil）、诗浓（Chinon）、 沃海（Vouvray）、舍维尔尼（Cheverny）和瓦朗赛（Valencay）。

（2）法国中央大区葡萄酒，其中著名的品种有桑赛荷（Sancerre）、莫纳图 - 沙龙（Menetou - Salon）、甘稀（Quincy）和鹤翼（Reuilly）等。

卢瓦河谷是法国最重要的白葡萄酒产区，以白诗南（Chenin Blanc）葡萄为主，口感淡雅清新。

卢瓦河谷葡萄园中许多品种的高品质酿酒葡萄已形成了完全适应当地土壤和气候而生长的习性，这也使得卢瓦河谷地区成为法国排名第三的葡萄酒产区，并且还是法国排名第一的白葡萄酒产区。

卢瓦河谷的葡萄酒特别适合配合羊奶奶酪和极具地方特色的苹果馅饼来饮用。

## Charles Joguet–Clos de la Dioterie Vieilles Vignes
## 查尔斯祖格酒庄－老树珍藏

所属产区：法国卢瓦河图雷

葡萄品种：品丽珠

土壤特征：黏土

每年产量：60 000瓶

配餐建议：烧鸭、乳鸽

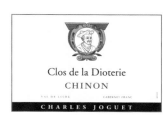

相关介绍

　　此酒是酒庄的旗舰产品，采用树龄50年的老藤葡萄酿造，酒色呈宝石红色，单宁如丝，酒体丰满浓郁。

查尔斯祖格酒庄－老树珍藏　年份表格

| 年份 | 价格（元） | 分数 | 适饮期 | 侍酒（℃） | 醒酒（分钟） |
|---|---|---|---|---|---|
| 2001 | 355～390 | 89 | 2005～2012 | 10～12 | 10～15 |
| 2002 | 330～365 | 89 | 2006～2014 | 10～12 | 10～15 |
| 2003 | 415～480 | 93 | 2007～2015 | 10～12 | 10～15 |
| 2004 | 330～380 | 92 | 2008～2015 | 10～12 | 10～15 |
| 2005 | 380～440 | 92 | 2009～2015 | 8～10 | 15～20 |
| 2006 | 365～420 | 91 | 2010～2018 | 8～10 | 15～20 |
| 2007 | 215～250 | 91 | 2013～2020 | 8～10 | 15～20 |
| 2008 | 380～440 | 91 | 2013～2020 | 8～10 | 15～20 |
| 2009 | 465～535 | 90 | 2013～2022 | 7～9 | 15～20 |
| 2010 | 345～400 | 92 | 2015～2025 | 7～9 | 20～25 |
| 2012 | 305～350 | 90 | 2015～2025 | 7～9 | 20～25 |

# Chateau de la Grille
# 格雷尔酒庄

所属产区：法国卢瓦河图雷
葡萄品种：品丽珠
土壤特征：砂砾
每年产量：300 000瓶
配餐建议：红肉

相关介绍

此酒由100％的品丽珠酿造而成，酒色深浓，酒体丰厚，单宁丝滑，口感浓郁。

格雷尔酒庄　年份表格

| 年份 | 价格（元） | 分数 | 适饮期 | 侍酒（℃） | 醒酒（分钟） |
|------|-----------|------|---------|-----------|--------------|
| 2001 | 275～305 | 85 | 2005～2012 | 10～12 | 10～15 |
| 2002 | 290～320 | 85 | 2006～2014 | 10～12 | 10～15 |
| 2003 | 280～310 | 85 | 2007～2015 | 10～12 | 10～15 |
| 2004 | 280～310 | 85 | 2008～2015 | 10～12 | 10～15 |
| 2005 | 240～265 | 88 | 2009～2015 | 8～10 | 15～20 |
| 2006 | 230～250 | 85 | 2010～2018 | 8～10 | 15～20 |
| 2007 | 205～225 | 85 | 2011～2019 | 8～10 | 15～20 |
| 2008 | 170～185 | 88 | 2013～2020 | 8～10 | 20～25 |
| 2009 | 190～210 | 87 | 2013～2022 | 7～9 | 15～20 |
| 2010 | 230～250 | 85 | 2013～2022 | 7～9 | 20～25 |

## Domaine Bourillon–Dorleans–Chenin Blanc
## 布里雍·道尔良酒庄－白诗南

所属产区：法国卢瓦河安茹
葡萄品种：白诗南
土壤特征：白垩土
年产量：360 000瓶
配餐建议：浓味干乳酪

相关介绍

目前酒庄传至第三代人，一直坚持传统的葡萄酒酿造技术。此酒是当地最出色的白葡萄酒之一，芳香无比，口感清冽，回味甘香。

布里雍·道尔良酒庄－白诗南　年份表格

| 年份 | 价格（元） | 分数 | 适饮期 | 侍酒（℃） | 醒酒（分钟） |
|---|---|---|---|---|---|
| 2002 | 180～200 | 82 | 2004～2012 | 10～12 | 10～15 |
| 2004 | 190～210 | 84 | 2005～2012 | 10～12 | 10～15 |
| 2005 | 190～210 | 83 | 2006～2014 | 8～10 | 15～20 |
| 2006 | 190～210 | 83 | 2007～2015 | 8～10 | 15～20 |
| 2007 | 170～185 | 85 | 2008～2015 | 8～10 | 15～20 |
| 2008 | 145～160 | 81 | 2009～2015 | 8～10 | 20～25 |
| 2009 | 190～210 | 84 | 2010～2018 | 7～9 | 15～20 |
| 2010 | 190～210 | 82 | 2013～2020 | 7～9 | 20～25 |
| 2011 | 230～250 | 89 | 2014～2020 | 7～9 | 20～25 |
| 2012 | 150～170 | 85 | 2015～2020 | 7～9 | 20～25 |

法国·卢瓦河谷产区

# Domaine Cady–Saint–Aubin Les Varennes
## 卡迪酒庄

所属产区：法国卢瓦河安茹

葡萄品种：白诗南

土壤特征：白垩土

每年产量：360 000瓶

配餐建议：浓味干乳酪

相关介绍

此酒口感浓郁，带有迷人的奶油气息，略甜。

卡迪酒庄　年份表格

| 年份 | 价格（元） | 分数 | 适饮期 | 侍酒（℃） | 醒酒（分钟） |
|------|-----------|------|--------|-----------|-------------|
| 2001 | 245～270 | 85 | 2003～2010 | 10～12 | 10～15 |
| 2002 | 180～200 | 85 | 2004～2012 | 10～12 | 10～15 |
| 2003 | 215～240 | 87 | 2004～2011 | 10～12 | 10～15 |
| 2004 | 280～310 | 88 | 2005～2012 | 10～12 | 10～15 |
| 2005 | 245～270 | 89 | 2006～2014 | 8～10 | 15～20 |
| 2006 | 250～270 | 86 | 2007～2015 | 8～10 | 15～20 |
| 2007 | 170～185 | 85 | 2008～2015 | 8～10 | 15～20 |
| 2008 | 285～310 | 87 | 2009～2015 | 8～10 | 20～25 |
| 2009 | 300～330 | 86 | 2010～2016 | 7～9 | 15～20 |
| 2010 | 280～310 | 86 | 2011～2016 | 7～9 | 20～25 |

## Domaine Huet–Cuvee Constance
# 玉尔酒庄－特别珍藏甜白

所属产区：法国卢瓦河沃雷

葡萄品种：白诗南

土壤特征：黏土和硅土

每年产量：6 000瓶

配餐建议：浓味干乳酪、甜点

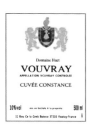

### 相关介绍

　　沃雷是卢瓦河产区最著名的村庄，以白诗南白葡萄酒闻名。玉尔酒庄被称为当地最好的酒庄，由Victor Huet和他的儿子Gaston在1928年建立，现由Gaston Huet的女婿Noel Pinguet掌管。此酒是酒庄超稀有的甜白葡萄酒，只在最好的年份酿造，在市面上很难寻得。

### 玉尔酒庄－特别珍藏甜白　年份表格

| 年份 | 价格（元） | 分数 | 适饮期 | 侍酒（℃） | 醒酒（分钟） |
|------|-----------|------|--------|-----------|-------------|
| 2002 | 1905～2285 | 97 | 2004～2015 | 10～12 | 15～20 |
| 2003 | 1600～1920 | 98 | 2004～2018 | 10～12 | 15～20 |
| 2005 | 1885～2260 | 97 | 2008～2018 | 8～10 | 15～20 |
| 2006 | 2280～2740 | 98 | 2008～2018 | 8～10 | 20～25 |
| 2009 | 1485～1785 | 97 | 2010～2020 | 7～9 | 20～25 |

法国·卢瓦河谷产区

## Rene Renou–Cuvee Zenith
# 赫内赫诺酒庄

所属产区：法国卢瓦河安茹

葡萄品种：白诗南

土壤特征：白垩土

每年产量：30 000瓶

配餐建议：浓味干乳酪

法国·卢瓦河谷产区

### 相关介绍

此酒产自安茹区著名的博尼索村（Bonnezeaux），产量稀少，口感清爽宜人。

赫内赫诺酒庄　年份表格

| 年份 | 价格（元） | 分数 | 适饮期 | 侍酒（℃） | 醒酒（分钟） |
|------|------------|------|-------------|-----------|--------------|
| 2001 | 780～860 | 85 | 2003～2010 | 10～12 | 10～15 |
| 2002 | 456～500 | 85 | 2004～2012 | 10～12 | 10～15 |
| 2003 | 680～780 | 90 | 2004～2012 | 10～12 | 10～15 |
| 2004 | 450～500 | 88 | 2005～2012 | 10～12 | 10～15 |

08

罗 纳 河 谷 产 区
WINE REGIONS OF RHONE

# 罗纳河谷葡萄酒产区
# Wine Regions of Rhone

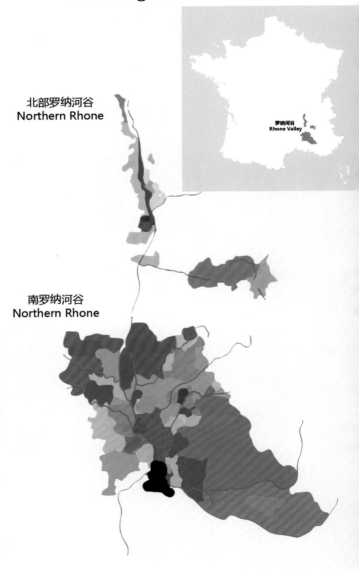

北部罗纳河谷
Northern Rhone

南罗纳河谷
Northern Rhone

罗纳河谷
Rhone Valley

# 产区特征

## 地理位置

罗纳河谷位于法国东南部，是法国最早的葡萄酒产地，也是法国AOC制度的诞生地，目前是仅次于波尔多的第二大AOC产区。整体气候较炎热。

## 主要产区

罗纳河谷产区是世界上酒精度最高的葡萄酒产区，分为南北部。北部的名酒产区包括罗地丘（Cote Rotie）和爱美达（Hermitage），以单一品种西拉为主；南部的名酒产区包括教皇新堡（Chateauneuf‐du‐Pape）、吉恭达斯（Gigondas）和瓦给拉斯（Vacqueyras），以调配型为主，葡萄品种可多达13种。

## 葡萄品种

歌海娜（Grenache）、西拉（Shiraz）、佳丽酿（Carignan）、慕合怀特（Mourvedre）、克莱雷（Clairette）、歌海娜（Grenache）、白玉霓（Ugni blanc）、布布兰克（Bourboulenc）、玛珊（Marsanne）、瑚珊（Roussanne）、维欧尼（Viognier）。

罗纳河谷产区的葡萄酒呈现出两种不同的风格，其中北部生产酒体丰满的红葡萄酒和酒体丰满的干白葡萄酒；南部生产酒体适中的红葡萄酒。

## 分级制度

罗纳河谷产区内的法定产区主要分为三级：最低等级是隆河丘，属于大区级。更高一级是村庄级，共有95个村庄在此范围内，其中有16个条件最好的村庄可以标注村名；最高等级是15个条件最好的独立村镇，被称为Crus。

## Yves Cuilleron—Les Chaillets
# 伊娃酒庄

所属产区：法国罗纳河谷康德里奥

葡萄品种：维奥尼尔

配餐建议：海鲜

### 相关介绍

此酒是该区顶级白葡萄酒之一，口感富有矿物味，余韵悠长。

### 伊娃酒庄　年份表格

| 年份 | 价格（元） | 分数 | 适饮期 | 侍酒（℃） | 醒酒（分钟） |
|------|-----------|------|--------|-----------|--------------|
| 2001 | 455～525 | 91 | 2004～2014 | 10～12 | 10 |
| 2004 | 645～745 | 93 | 2008～2017 | 10～12 | 10 |
| 2005 | 360～415 | 92 | 2009～2018 | 10～12 | 15 |
| 2006 | 705～810 | 93 | 2009～2019 | 8～10 | 15 |
| 2007 | 475～550 | 92 | 2009～2020 | 8～10 | 15 |
| 2008 | 910～1050 | 92 | 2011～2020 | 8～10 | 15 |
| 2009 | 370～430 | 92 | 2012～2022 | 8～10 | 15 |
| 2010 | 590～680 | 92 | 2013～2022 | 9～11 | 25 |
| 2011 | 540～620 | 92 | 2014～2025 | 7～9 | 25 |
| 2012 | 565～650 | 91 | 2014～2025 | 7～9 | 25 |

## Vidal Fleury–Cote Brune et Blonde
## 威菲庄园

所属产区：法国罗纳河谷罗地丘

葡萄品种：西拉

配餐建议：嫩牛肉、煎羊排

相关介绍

威菲庄园是罗纳河谷历史最悠久的庄园之一。



威菲庄园　年份表格

| 年份 | 价格（元） | 分数 | 适饮期 | 侍酒（℃） | 醒酒（分钟） |
|---|---|---|---|---|---|
| 2001 | 560～650 | 90 | 2004～2019 | 14～15 | 35 |
| 2002 | 495～545 | 88 | 2006～2020 | 14～15 | 40 |
| 2003 | 930～1025 | 88 | 2008～2021 | 14～15 | 45 |
| 2004 | 630～690 | 88 | 2009～2021 | 14～15 | 50 |
| 2005 | 665～735 | 88 | 2009～2021 | 15～16 | 55 |
| 2006 | 360～400 | 88 | 2013～2025 | 15～16 | 60 |
| 2009 | 565～650 | 90 | 2014～2026 | 16～17 | 85 |

# 赫内酒庄－金丘

所属产区：法国罗纳河谷罗地丘

葡萄品种：西拉

配餐建议：嫩牛肉、煎羊排

## 相关介绍

　　赫内酒庄由赫内·罗塞腾（Rene Rostaing）创建。最初葡萄园面积仅有1.5公顷，随着葡萄酒面积不断的扩大，罗塞腾的酿酒天赋得以充分发挥出来，无论什么人，一旦品尝了他的葡萄酒，都会承认它是罗纳河谷产区的一颗明星。

### 赫内酒庄－金丘　年份表格

| 年份 | 价格（元） | 分数 | 适饮期 | 侍酒（℃） | 醒酒（分钟） |
|------|-----------|------|--------|-----------|--------------|
| 2001 | 1105～1270 | 92 | 2004～2019 | 14～15 | 35 |
| 2003 | 1715～1970 | 93 | 2006～2020 | 14～15 | 45 |
| 2004 | 1685～1940 | 92 | 2008～2021 | 14～15 | 50 |
| 2005 | 1770～2120 | 96 | 2009～2021 | 16～17 | 60 |
| 2006 | 950～1095 | 94 | 2009～2021 | 15～16 | 60 |
| 2007 | 950～1095 | 93 | 2009～2022 | 15～16 | 65 |
| 2008 | 1030～1180 | 92 | 2011～2024 | 15～16 | 70 |
| 2009 | 1160～1390 | 95 | 2013～2026 | 17～18 | 90 |
| 2010 | 1405～1620 | 94 | 2015～2030 | 17～18 | 90 |
| 2011 | 1120～1290 | 93 | 2014～2030 | 17～18 | 90 |
| 2012 | 1160～1335 | 93 | 2015～2031 | 17～18 | 95 |

所属产区：法国罗纳河谷罗地丘

葡萄品种：西拉

配餐建议：嫩牛肉、煎羊排

### 相关介绍

　　赫内酒庄由赫内·罗塞腾（Rene Rostaing）创建。最初葡萄园面积仅有1.5公顷，随着葡萄酒面积不断的扩大，罗塞腾的酿酒天赋得以充分发挥出来，无论什么人，一旦品尝了他的葡萄酒，都会承认它是罗纳河谷产区的一颗明星。

### 赫内酒庄－拉栋　年份表格

| 年份 | 价格（元） | 分数 | 适饮期 | 侍酒（℃） | 醒酒（分钟） |
|------|-----------|------|--------|----------|-------------|
| 2001 | 1105～1270 | 93 | 2004～2019 | 14～15 | 35 |
| 2003 | 1195～1440 | 96 | 2006～2020 | 14～15 | 50 |
| 2004 | 780～900 | 91 | 2008～2021 | 14～15 | 50 |
| 2005 | 1275～1465 | 94 | 2009～2021 | 15～16 | 55 |
| 2006 | 910～1050 | 92 | 2009～2021 | 15～16 | 60 |
| 2007 | 820～940 | 92 | 2009～2022 | 15～16 | 65 |
| 2008 | 895～1030 | 90 | 2011～2024 | 15～16 | 70 |
| 2009 | 950～1095 | 94 | 2013～2026 | 16～17 | 85 |
| 2010 | 1215～1400 | 93 | 2015～2030 | 17～18 | 90 |
| 2011 | 1195～1380 | 92 | 2014～2025 | 17～18 | 90 |
| 2012 | 1120～1290 | 90 | 2015～2025 | 17～18 | 95 |

法国·罗纳河谷产区

# Pierre Gaillard
## 皮埃尔酒庄

所属产区：法国罗纳河谷罗地丘

葡萄品种：西拉

配餐建议：烤肉、熏肉

相关介绍

此酒酒色深浓，带有黑胡椒的气息，口感辛辣但不失优雅。

皮埃尔酒庄　年份表格

| 年份 | 价格（元） | 分数 | 适饮期 | 侍酒（℃） | 醒酒（分钟） |
|---|---|---|---|---|---|
| 2004 | 455～525 | 90 | 2008～2028 | 14～15 | 50 |
| 2005 | 440～505 | 91 | 2009～2029 | 15～16 | 55 |
| 2006 | 440～505 | 90 | 2010～2030 | 15～16 | 60 |
| 2007 | 625～720 | 92 | 2011～2031 | 15～16 | 65 |
| 2008 | 400～460 | 90 | 2012～2032 | 15～16 | 70 |
| 2009 | 435～480 | 87 | 2013～2033 | 16～17 | 85 |
| 2010 | 440～505 | 93 | 2014～2034 | 17～18 | 90 |
| 2011 | 440～480 | 88 | 2014～2034 | 17～18 | 90 |
| 2012 | 420～460 | 89 | 2017～2035 | 17～18 | 95 |

## Michel & Stephane Ogier–Cuvee Belle Helene
# 奥吉尔酒庄 – 海伦

所属产区：法国罗纳河谷罗地丘

葡萄品种：西拉

配餐建议：牛扒

### 相关介绍

此酒是奥吉尔酒庄的顶级品牌，只在最好年份出产。

### 奥吉尔酒庄 – 海伦　年份表格

| 年份 | 价格（元） | 分数 | 适饮期 | 侍酒（℃） | 醒酒（分钟） |
|------|-----------|------|--------|-----------|--------------|
| 2001 | 1920 ～2210 | 94 | 2004～2019 | 14～15 | 35 |
| 2003 | 1305 ～1500 | 92 | 2006～2020 | 14～15 | 45 |
| 2004 | 1095 ～1260 | 93 | 2008～2021 | 14～15 | 50 |
| 2005 | 1510 ～1740 | 94 | 2009～2021 | 15～16 | 55 |
| 2006 | 1920 ～2210 | 94 | 2009～2021 | 15～16 | 60 |
| 2007 | 1900 ～2185 | 95 | 2009～2022 | 15～16 | 70 |
| 2009 | 3340 ～3840 | 96 | 2013～2026 | 16～17 | 90 |
| 2010 | 3320～3820 | 97 | 2015～2030 | 17～18 | 95 |

## Marc Sorrel–Le Greal
# 马克索雷酒庄 - 格雷

所属产区：法国罗纳河谷爱美达
葡萄品种：西拉
配餐建议：小牛肉、羊T骨

### 相关介绍

　　这款酒曾获得罗伯特·帕克的《葡萄酒倡导家》杂志94分的评分，酒款质量极高，口感颇有深度，紧实、柔顺。

### 马克索雷酒庄 - 格雷　年份表格

| 年份 | 价格（元） | 分数 | 适饮期 | 侍酒（℃） | 醒酒（分钟） |
|------|-----------|------|--------|-----------|-------------|
| 2001 | 980～1130 | 92 | 2004～2019 | 14～15 | 35 |
| 2003 | 1285～1540 | 96 | 2006～2020 | 14～15 | 50 |
| 2004 | 940～1080 | 92 | 2008～2021 | 14～15 | 50 |
| 2005 | 1035～1190 | 94 | 2009～2021 | 15～16 | 55 |
| 2006 | 980～1130 | 94 | 2009～2021 | 15～16 | 60 |
| 2007 | 888～1020 | 93 | 2009～2022 | 15～16 | 65 |
| 2009 | 1115～1335 | 95 | 2013～2026 | 15～16 | 75 |
| 2010 | 1230～1410 | 93 | 2015～2030 | 17～18 | 90 |
| 2011 | 1055～1215 | 92 | 2016～2030 | 17～18 | 90 |
| 2012 | 1075～1235 | 93 | 2016～2031 | 17～18 | 95 |

法国·罗纳河谷产区

# Jean–Michel Stephan–Vieille Vigne en Coteaux
## 让米歇尔·史提芬酒庄 - 老藤

所属产区：法国罗纳河谷罗地丘

葡萄品种：西拉

配餐建议：小牛肉、羊T骨

### 相关介绍

此酒采用树龄60年以上的老藤葡萄酿造，只在最好的年份出产。

### 让米歇尔·史提芬酒庄 - 老藤　年份表格

| 年份 | 价格（元） | 分数 | 适饮期 | 侍酒（℃） | 醒酒（分钟） |
|------|-----------|------|--------|-----------|-------------|
| 2001 | 780～900 | 90 | 2004～2019 | 14～15 | 35 |
| 2003 | 2000～2400 | 95 | 2006～2020 | 14～15 | 50 |
| 2004 | 780～900 | 90 | 2008～2021 | 14～15 | 50 |
| 2005 | 1100～1265 | 92 | 2009～2021 | 15～16 | 55 |
| 2006 | 1300～1495 | 92 | 2009～2021 | 15～16 | 60 |

## Jean–Michel Gerin–la Landonne
# 让米歇尔酒庄－拉栋

所属产区：法国罗纳河谷罗地丘

葡萄品种：西拉

配餐建议：小牛肉、羊T骨

相关介绍

让米歇尔酒庄是该区的十大酒庄之一，此酒是其高端产品。

让米歇尔酒庄－拉栋　年份表格

| 年份 | 价格（元） | 分数 | 适饮期 | 侍酒（℃） | 醒酒（分钟） |
|---|---|---|---|---|---|
| 2001 | 1140～1310 | 93 | 2004～2019 | 14～15 | 35 |
| 2002 | 970～1115 | 90 | 2005～2020 | 14～15 | 40 |
| 2003 | 1295～1490 | 93 | 2006～2020 | 14～15 | 45 |
| 2004 | 1560～1795 | 93 | 2008～2021 | 14～15 | 50 |
| 2005 | 1275～1465 | 94 | 2009～2021 | 15～16 | 55 |
| 2006 | 1120～1290 | 93 | 2009～2021 | 15～16 | 60 |
| 2007 | 1350～1550 | 92 | 2009～2022 | 15～16 | 65 |
| 2009 | 1445～1660 | 93 | 2013～2026 | 15～16 | 70 |
| 2010 | 1630～1875 | 93 | 2015～2030 | 17～18 | 90 |
| 2011 | 1655～1900 | 91 | 2016～2030 | 17～18 | 90 |
| 2012 | 1635～1880 | 93 | 2016～2035 | 17～18 | 95 |

## Jasmin Winery
# 贾士敏酒庄

所属产区：法国罗纳河谷罗地丘

葡萄品种：西拉

配餐建议：小牛肉、羊T骨

相关介绍

此酒比较少做推广，但品质不容小觑，具有高性价比。

贾士敏酒庄　年份表格

| 年份 | 价格（元） | 分数 | 适饮期 | 侍酒（℃） | 醒酒（分钟） |
|------|-----------|------|---------|-----------|-------------|
| 2001 | 500～550 | 89 | 2004～2019 | 13～14 | 30 |
| 2002 | 310～345 | 87 | 2005～2020 | 13～14 | 35 |
| 2003 | 505～580 | 90 | 2008～2015 | 14～15 | 45 |
| 2004 | 405～445 | 89 | 2008～2021 | 13～14 | 45 |
| 2005 | 805～890 | 89 | 2009～2021 | 14～15 | 50 |
| 2006 | 615～675 | 89 | 2009～2021 | 14～15 | 55 |
| 2007 | 420～460 | 88 | 2009～2022 | 14～15 | 60 |
| 2008 | 385～420 | 89 | 2011～2024 | 14～15 | 65 |
| 2009 | 595～655 | 89 | 2013～2026 | 14～15 | 70 |
| 2010 | 420～465 | 89 | 2015～2030 | 16～17 | 75 |
| 2011 | 485～560 | 91 | 2016～2032 | 16～17 | 85 |
| 2012 | 525～605 | 91 | 2016～2032 | 16～17 | 90 |

# 弗拉顿父子 - 盛宴

所属产区：法国罗纳河谷爱美达

葡萄品种：西拉

配餐建议：小牛肉、羊T骨

相关介绍

这款酒是弗拉顿父子酒庄的代表作，具有圆润、微苦、余味悠长的特点。

弗拉顿父子 - 盛宴　年份表格

| 年份 | 价格（元） | 分数 | 适饮期 | 侍酒（℃） | 醒酒（分钟） |
|------|-----------|------|--------|----------|-------------|
| 2004 | 825～950 | 94 | 2008～2021 | 14～15 | 50 |
| 2005 | 845～970 | 94 | 2009～2021 | 15～16 | 55 |
| 2006 | 730～840 | 92 | 2009～2021 | 15～16 | 60 |
| 2007 | 865～995 | 92 | 2009～2022 | 15～16 | 65 |
| 2008 | 885～1020 | 91 | 2011～2024 | 15～16 | 70 |
| 2009 | 1055～1215 | 91 | 2013～2026 | 16～17 | 85 |
| 2010 | 1070～1230 | 92 | 2015～2030 | 17～18 | 90 |
| 2011 | 1115～1280 | 94 | 2016～2033 | 17～18 | 90 |
| 2012 | 1225～1410 | 92 | 2021～2033 | 17～18 | 95 |

# Domaine Jean–Louis Chave–Ermitage Cuvee Cathelin
## 让路易斯酒庄 – 凯瑟琳珍藏

所属产区：法国罗纳河谷爱美达

葡萄品种：西拉

配餐建议：小牛肉、羊T骨

相关介绍

　　让路易斯酒庄是罗纳河谷著名的酒庄之一。庄主让路易·沙夫和他的父亲堪称世界最优秀酿酒师的代表，他们家族已拥有将近600年的葡萄酒酿制历史，酿造的葡萄酒风格独特，充分表现了罗纳河谷的风土气息。

让路易斯酒庄 – 凯瑟琳珍藏　年份表格

| 年份 | 价格（元） | 分数 | 适饮期 | 侍酒（℃） | 醒酒（分钟） |
|------|-----------|------|--------|-----------|-------------|
| 2003 | 64375～77255 | 99 | 2006～2020 | 14～15 | 40 |
| 2009 | 49900～59880 | 99 | 2013～2026 | 16～17 | 85 |

# Domaine Jean–Louis Chave–Hermitage
## 让路易斯酒庄

所属产区：法国罗纳河谷爱美达

葡萄品种：西拉

配餐建议：小牛肉、羊T骨

### 相关介绍

让路易斯酒庄是罗纳河谷教皇新堡（Chateauneuf–du–Pape）产区的名庄之一。教皇新堡产区是罗纳河谷最具盛名的产区，地处罗纳山麓最干燥的地区，以出产优质上乘的酒款而闻名。而让路易斯酒庄得天独厚的地理优势也在其各酒品中得到充分体现。让路易斯酒庄葡萄酒的成功原因有二：一是葡萄树产量低，葡萄采收晚，所以在生理上完全成熟；二是葡萄酒的发酵过程中没有任何人工操作，只做稍微澄清后，不过滤直接装瓶。

### 让路易斯酒庄　年份表格

| 年份 | 价格（元） | 分数 | 适饮期 | 侍酒（℃） | 醒酒（分钟） |
|---|---|---|---|---|---|
| 2001 | 2495～2870 | 94 | 2004～2019 | 14～15 | 35 |
| 2002 | 1420～1630 | 91 | 2005～2020 | 14～15 | 40 |
| 2003 | 5415～6500 | 98 | 2006～2020 | 14～15 | 60 |
| 2004 | 2110～2535 | 96 | 2008～2021 | 14～15 | 55 |
| 2005 | 2955～3550 | 97 | 2009～2021 | 15～16 | 60 |
| 2006 | 2340～2810 | 95 | 2009～2021 | 15～16 | 65 |
| 2007 | 2245～2695 | 96 | 2009～2022 | 15～16 | 70 |
| 2008 | 1575～1810 | 92 | 2011～2024 | 15～16 | 70 |
| 2009 | 4165～5000 | 97 | 2013～2026 | 16～17 | 90 |
| 2010 | 4680～5620 | 98 | 2015～2030 | 17～18 | 105 |
| 2011 | 4550～5460 | 95 | 2020～2035 | 17～18 | 100 |

## Domaine Jamet–Cote Roti
# 雅米酒庄

所属产区：法国罗纳河谷罗地丘

葡萄品种：西拉

配餐建议：小牛肉、羊T骨

### 相关介绍

　　雅米酒庄由约瑟夫·雅米于1950年创立，在北罗纳河谷拥有35公顷的葡萄园。1991年，让–保罗雅米和让–卢克雅米从他们的父亲手中接过了酒庄并经营至今。酒庄的酒款多使用带梗葡萄进行发酵，虽然名气并不算显赫，但是仍然有着一批固定的爱好者。

### 雅米酒庄　年份表格

| 年份 | 价格（元） | 分数 | 适饮期 | 侍酒（℃） | 醒酒（分钟） |
|------|-----------|------|--------|-----------|--------------|
| 2001 | 2055～2465 | 92 | 2004～2019 | 14～15 | 35 |
| 2002 | 705～775 | 87 | 2005～2020 | 14～15 | 35 |
| 2003 | 1475～1700 | 91 | 2006～2020 | 14～15 | 45 |
| 2004 | 1575～1810 | 91 | 2008～2021 | 14～15 | 50 |
| 2005 | 1095～1260 | 93 | 2009～2021 | 15～16 | 55 |
| 2006 | 1365～1570 | 91 | 2009～2021 | 15～16 | 60 |
| 2007 | 1035～1190 | 91 | 2009～2022 | 15～16 | 65 |
| 2008 | 905～1040 | 90 | 2011～2024 | 15～16 | 70 |
| 2009 | 1135～1305 | 92 | 2013～2026 | 16～17 | 85 |
| 2010 | 1245～1495 | 96 | 2015～2030 | 17～18 | 90 |
| 2011 | 1370～1580 | 93 | 2014～2025 | 17～18 | 90 |
| 2012 | 1510～1735 | 94 | 2017～2030 | 17～18 | 95 |

法国·罗纳河谷产区

## Domaine Etienne Guigal–la Mouline
# 吉佳乐世家－拉穆林

所属产区：法国罗纳河谷罗地丘
葡萄品种：西拉、维奥尼尔
每年产量：5 000瓶
配餐建议：嫩牛肉、煎羊排、红烧鲍
　　　　　鱼、硬奶酪

### 相关介绍

　　吉佳乐世家是罗纳河谷经典酒厂之一，1946年由Etienne Guigal一手创立，坐落于罗纳河谷北部著名产区金丘。吉佳乐世家是这个地区唯一维持传统在新橡木中陈年36～42个月的酒园，被《葡萄酒爱好者》杂志评选为"2003年度最佳庄园"，庄主Marcel Guigal先生则被《品醇客》杂志评为2006年"年度先生"。今天它的第三代传人Philippe Guigal仍坚持着这个家族的传统，尽心竭力酿造着高质量葡萄酒。吉佳乐世家是罗纳谷最著名的酿造商之一，其精湛的酿造工艺引领了罗纳谷红葡萄酒的复兴。

### 吉佳乐世家－拉穆林　年份表格

| 年份 | 价格（元） | 分数 | 适饮期 | 侍酒（℃） | 醒酒（分钟） |
|------|-----------|------|--------|-----------|-------------|
| 2001 | 2945～3540 | 96 | 2004～2019 | 14～15 | 35 |
| 2002 | 2015～2320 | 92 | 2005～2020 | 14～15 | 40 |
| 2003 | 6525～7830 | 97 | 2006～2020 | 14～15 | 50 |
| 2004 | 2625～3150 | 95 | 2008～2021 | 14～15 | 55 |
| 2005 | 5305～6365 | 97 | 2009～2021 | 15～16 | 60 |
| 2006 | 2550～3060 | 95 | 2009～2021 | 15～16 | 65 |
| 2007 | 3045～3650 | 96 | 2009～2022 | 15～16 | 70 |
| 2008 | 2055～2360 | 92 | 2011～2024 | 15～16 | 70 |
| 2009 | 4795～5755 | 98 | 2013～2026 | 16～17 | 90 |
| 2010 | 4490～5385 | 96 | 2015～2030 | 17～18 | 95 |
| 2011 | 3160～3790 | 94 | 2020～2045 | 17～18 | 100 |

法国·罗纳河谷产区

## Domaine Etienne Guigal–la Landonne
# 吉佳乐世家－拉栋

所属产区：法国罗纳河谷罗地丘

葡萄品种：西拉

每年产量：12 000瓶

配餐建议：小牛肉、羊T骨

相关介绍

　　此酒是吉佳乐世家的顶级品牌。

### 吉佳乐世家－拉栋　年份表格

| 年份 | 价格（元） | 分数 | 适饮期 | 侍酒（℃） | 醒酒（分钟） |
|---|---|---|---|---|---|
| 2001 | 3255～3745 | 94 | 2004～2019 | 14～15 | 35 |
| 2002 | 2960～3405 | 93 | 2005～2020 | 14～15 | 40 |
| 2003 | 6375～7655 | 98 | 2006～2020 | 14～15 | 60 |
| 2004 | 5475～6570 | 95 | 2008～2021 | 14～15 | 65 |
| 2005 | 5370～6445 | 99 | 2009～2021 | 15～16 | 70 |
| 2006 | 2820～3380 | 96 | 2009～2021 | 15～16 | 75 |
| 2007 | 3030～3635 | 96 | 2009～2022 | 15～16 | 80 |
| 2008 | 2170～2605 | 93 | 2011～2024 | 15～16 | 85 |
| 2009 | 4895～5870 | 99 | 2013～2026 | 16～17 | 90 |
| 2010 | 4435～5320 | 96 | 2015～2030 | 17～18 | 95 |
| 2011 | 4160～4990 | 96 | 2020～2035 | 17～18 | 100 |

## Delas Freres–la Landonne
## 弗拉酒庄－拉栋

所属产区：法国罗纳河谷罗地丘
葡萄品种：西拉
配餐建议：烤肉、熏肉

### 相关介绍

　　弗拉酒庄的发展源头可以追溯到19世纪。从1996年开始，弗拉获得了一系列的投资，所有陈酿设备得到了重建，新酒窖全部依照酒庄对葡萄酒质量的最新规则而设计，使这间始建于1835年的古老酒庄再度酝酿，并迸发出昔日的激情。翻新后的弗拉酒庄特别注重发酵与陈酿技术的完美结合。酒庄的地下酒窖里面有所有由最完善的保存技术保存起来的葡萄酒，每瓶都能达到最充盈的陈年品质。酒窖里面还有一面著名的酒墙，里面保存着所有款式不同年份的葡萄酒。

### 弗拉酒庄－拉栋　年份表格

| 年份 | 价格（元） | 分数 | 适饮期 | 侍酒（℃） | 醒酒（分钟） |
|------|-----------|------|--------|-----------|--------------|
| 2001 | 1140～1310 | 92 | 2005～2025 | 14～15 | 35 |
| 2003 | 1485～1710 | 94 | 2007～2027 | 14～15 | 45 |
| 2004 | 1055～1215 | 92 | 2008～2028 | 14～15 | 50 |
| 2005 | 1105～1270 | 93 | 2009～2029 | 15～16 | 55 |
| 2006 | 1200～1380 | 93 | 2010～2030 | 15～16 | 60 |
| 2009 | 2075～2490 | 96 | 2013～2033 | 17～18 | 90 |
| 2010 | 1925～2310 | 96 | 2014～2034 | 17～18 | 90 |
| 2012 | 1465～1690 | 91 | 2022～2035 | 17～18 | 95 |

## Delas Freres–Les Bessards
# 弗拉酒庄 - 贝萨

所属产区：法国罗纳河谷爱美达

葡萄品种：西拉

配餐建议：烤肉、熏肉

相关介绍

此酒酒色深浓，带有黑胡椒的气息，口感辛辣但不失优

弗拉酒庄 - 贝萨　年份表格

| 年份 | 价格（元） | 分数 | 适饮期 | 侍酒（℃） | 醒酒（分钟） |
|---|---|---|---|---|---|
| 2001 | 990～1140 | 92 | 2005～2025 | 14～15 | 35 |
| 2003 | 1030～1235 | 95 | 2007～2027 | 14～15 | 50 |
| 2004 | 875～1005 | 94 | 2008～2028 | 14～15 | 50 |
| 2005 | 1065～1280 | 95 | 2009～2029 | 15～16 | 60 |
| 2006 | 1695～1950 | 94 | 2010～2030 | 15～16 | 60 |
| 2007 | 930～1070 | 93 | 2011～2031 | 15～16 | 70 |
| 2009 | 2400～2880 | 97 | 2013～2033 | 16～17 | 95 |
| 2010 | 2190～2830 | 96 | 2014～2034 | 17～18 | 100 |
| 2011 | 2580～3095 | 95 | 2015～2035 | 17～18 | 100 |
| 2012 | 2405～2890 | 93 | 2022～2036 | 17～18 | 100 |

## Chapoutier–l'Ermite
# 查普提酒庄－乐米特园

所属产区：法国罗纳河谷爱美达

葡萄品种：西拉

配餐建议：烤肉、熏肉

相关介绍

查普提酒庄的爱美达葡萄酒芳香无比，口感浓郁丰厚，是该区最顶级的红葡萄酒之一。

法国·罗纳河谷产区

### 查普提酒庄－乐米特园　年份表格

| 年份 | 价格（元） | 分数 | 适饮期 | 侍酒（℃） | 醒酒（分钟） |
|------|-----------|------|--------|-----------|-------------|
| 2001 | 2798～3360 | 95 | 2005～2025 | 14～15 | 40 |
| 2002 | 990～1140 | 90 | 2006～2026 | 14～15 | 40 |
| 2003 | 4795～5760 | 98 | 2007～2027 | 14～15 | 60 |
| 2004 | 1405～1685 | 95 | 2008～2028 | 14～15 | 65 |
| 2005 | 2475～2970 | 97 | 2009～2029 | 15～16 | 65 |
| 2006 | 2150～2580 | 96 | 2010～2030 | 15～16 | 75 |
| 2007 | 1830～2195 | 94 | 2011～2031 | 15～16 | 75 |
| 2008 | 1275～1530 | 94 | 2012～2032 | 15～16 | 80 |
| 2009 | 2855～3425 | 97 | 2013～2033 | 16～17 | 90 |
| 2010 | 3905～4685 | 96 | 2014～2034 | 17～18 | 100 |
| 2011 | 3340～4010 | 95 | 2020～2035 | 17～18 | 105 |
| 2012 | 3340～4010 | 96 | 2020～2040 | 17～18 | 110 |

## Bernard Chave–Hermitage
## 贝纳酒庄

所属产区：法国罗纳河谷爱美达

葡萄品种：西拉

配餐建议：小牛肉、羊T骨

### 相关介绍

　　贝纳酒庄红葡萄酒以红色浆果、巧克力和皮革的香气著称；白葡萄酒有香草、菩提树花和白色花朵的香气。

### 贝纳酒庄　年份表格

| 年份 | 价格（元） | 分数 | 适饮期 | 侍酒（℃） | 醒酒（分钟） |
|------|-----------|------|--------|-----------|-------------|
| 2001 | 2805～3230 | 90 | 2008～2020 | 14～15 | 35 |
| 2002 | 2400～2760 | 93 | 2004～2019 | 14～15 | 40 |
| 2003 | 2740～3280 | 99 | 2006～2020 | 14～15 | 60 |
| 2004 | 3430～3945 | 94 | 2008～2021 | 14～15 | 55 |
| 2005 | 3765 ～4520 | 95 | 2009～2021 | 15～16 | 65 |
| 2006 | 2505～ 3010 | 96 | 2009～2021 | 15～16 | 70 |
| 2007 | 3540～4070 | 94 | 2009～2022 | 15～16 | 65 |
| 2009 | 3310～3975 | 95 | 2013～2026 | 16～17 | 90 |
| 2010 | 4115～4730 | 93 | 2014～2028 | 17～18 | 90 |
| 2011 | 3885～4470 | 92 | 2015～2028 | 17～18 | 90 |
| 2012 | 3885～4470 | 92 | 2016～2028 | 17～18 | 95 |

## Vignerons de Caractere–Vieilles Vignes
# 维德卡庄园 - 罗纳老藤

所属产区：法国罗纳河谷瓦给拉斯
葡萄品种：歌海娜、西拉、慕合怀特
配餐建议：鱼子酱、烤肉

### 相关介绍

　　维德卡庄园创建的时间虽然不长，但1958年推出第一个年份的葡萄酒即在巴黎农业展中荣获金奖，名声大振。此后几乎每年在国际大赛中都有斩获奖项，在多部世界性的葡萄酒鉴赏类丛书中都有推荐，产品远销欧洲、美洲和亚洲等30多个国家和地区。罗纳老藤这款酒采用树龄50年的葡萄酿造，口感浓郁强劲，却不失优雅，后味有一丝辛辣，2007年份更是在布鲁塞尔大奖赛荣获银奖。

### 维德卡庄园 - 罗纳老藤　年份表格

| 年份 | 价格（元） | 分数 | 适饮期 | 侍酒（℃） | 醒酒（分钟） |
|------|-----------|------|--------|-----------|--------------|
| 2001 | 1000～1150 | 90 | 2005～2025 | 14～15 | 35 |
| 2002 | 1045～1200 | 90 | 2006～2026 | 14～15 | 40 |
| 2003 | 1025～1180 | 90 | 2007～2027 | 14～15 | 45 |
| 2004 | 975～1120 | 90 | 2008～2028 | 14～15 | 50 |
| 2005 | 920～1060 | 90 | 2009～2029 | 15～16 | 55 |
| 2006 | 1100～1265 | 90 | 2010～2030 | 15～16 | 60 |
| 2007 | 1200～1380 | 92 | 2011～2031 | 15～16 | 65 |
| 2008 | 950～1090 | 90 | 2012～2032 | 15～16 | 70 |
| 2009 | 890～1025 | 91 | 2013～2033 | 16～17 | 75 |
| 2010 | 900～1035 | 90 | 2014～2034 | 17～18 | 80 |
| 2011 | 965～1110 | 90 | 2015～2035 | 17～18 | 85 |
| 2012 | 995～1145 | 92 | 2018～2040 | 17～18 | 90 |

## Domaine la Barroche–Cuvee Pure
## 巴罗什酒庄

所属产区：法国罗纳河谷教皇新堡
葡萄品种：歌海娜、西拉、慕合怀特
配餐建议：牛排、炖焖肉

### 相关介绍

　　巴罗什酒庄从14世纪以来一直属于巴罗什家族，目前酒庄主人是 Julien Barrot。此酒中度酒体，散发出樱桃酒、甘草、薰衣草及烟草叶 的芳香，是典型的教皇新堡葡萄酒风格。

法国·罗纳河谷产区

### 巴罗什酒庄　年份表格

| 年份 | 价格（元） | 分数 | 适饮期 | 侍酒（℃） | 醒酒（分钟） |
|------|-----------|------|--------|-----------|--------------|
| 2004 | 940 ～1080 | 92 | 2010～2017 | 14～15 | 50 |
| 2005 | 2016 ～2420 | 96 | 2015～2020 | 15～16 | 60 |
| 2006 | 920 ～1105 | 95 | 2011～2020 | 15～16 | 65 |
| 2007 | 2225 ～2560 | 92 | 2012～2025 | 15～16 | 65 |
| 2009 | 710 ～820 | 93 | 2016～2035 | 16～17 | 75 |
| 2010 | 2185 ～2515 | 93 | 2016～2030 | 17～18 | 80 |
| 2011 | 995～1095 | 89 | 2014～2026 | 17～18 | 80 |
| 2012 | 975～1120 | 92 | 2018～2028 | 17～18 | 90 |

## Chateau Rayas
## 稀雅丝酒庄

所属产区：法国罗纳河谷教皇新堡
葡萄品种：歌海娜、西拉、慕合怀特
配餐建议：烤肉、熏肉

### 相关介绍

　　稀雅丝酒庄被誉为"罗纳河谷南部的酒王"，此酒是其旗舰产品，
酒体丰厚，香气优雅。

### 稀雅丝酒庄　年份表格

| 年份 | 价格（元） | 分数 | 适饮期 | 侍酒（℃） | 醒酒（分钟） |
|------|-----------|------|---------|-----------|-------------|
| 2001 | 3090～3555 | 91 | 2005～2025 | 14～15 | 35 |
| 2002 | 2205～2540 | 91 | 2006～2026 | 14～15 | 40 |
| 2003 | 3820～4390 | 94 | 2007～2027 | 14～15 | 45 |
| 2004 | 2955～3400 | 93 | 2008～2028 | 14～15 | 50 |
| 2005 | 3455～4150 | 96 | 2009～2029 | 15～16 | 60 |
| 2006 | 3455～3980 | 94 | 2010～2030 | 15～16 | 60 |
| 2007 | 4550～5460 | 96 | 2011～2031 | 15～16 | 70 |
| 2008 | 2840～3980 | 92 | 2012～2032 | 15～16 | 70 |

## Chateau de la Nerthe–Cuvee Des Cadettes
# 纳斯酒庄－卡德特园

所属产区：法国罗纳河谷教皇新堡

葡萄品种：歌海娜、西拉、慕合怀特

配餐建议：烤肉、熏肉

相关介绍

此酒是顶级教皇新堡葡萄酒之一，富有层次感。

纳斯酒庄－卡德特园　年份表格

| 年份 | 价格（元） | 分数 | 适饮期 | 侍酒（℃） | 醒酒（分钟） |
|------|-----------|------|--------|-----------|-------------|
| 2001 | 845～1010 | 95 | 2005～2025 | 14～15 | 40 |
| 2003 | 805～925 | 93 | 2007～2027 | 14～15 | 45 |
| 2004 | 995～1150 | 94 | 2008～2028 | 14～15 | 50 |
| 2005 | 1075～1240 | 93 | 2009～2029 | 15～16 | |
| 2006 | 845～970 | 93 | 2010～2030 | 15～16 | 60 |
| 2009 | 730～840 | 94 | 2013～2033 | 16～17 | 75 |
| 2010 | 920～1060 | 95 | 2014～2034 | 17～18 | 85 |
| 2011 | 885～970 | 88 | 2020～2030 | 16～17 | 80 |

## Chapoutier–Croix de Bois
# 查普提酒庄－十字园

所属产区：法国罗纳河谷教皇新堡
葡萄品种：歌海娜、西拉、慕合怀特
配餐建议：烤肉、熏肉

### 相关介绍

    查普提酒庄的教皇新堡有着明显的黑色浆果气息，单宁紧密，回味无穷。

### 查普提酒庄－十字园　年份表格

| 年份 | 价格（元） | 分数 | 适饮期 | 侍酒（℃） | 醒酒（分钟） |
|------|-----------|------|---------|-----------|--------------|
| 2001 | 825～950 | 92 | 2005～2025 | 14～15 | 30 |
| 2002 | 440～485 | 88 | 2006～2026 | 13～14 | 30 |
| 2003 | 805～890 | 92 | 2007～2027 | 14～15 | 40 |
| 2004 | 670～775 | 94 | 2008～2028 | 14～15 | 50 |
| 2005 | 805～930 | 92 | 2009～2029 | 15～16 | 50 |
| 2006 | 690～795 | 94 | 2010～2030 | 15～16 | 60 |
| 2007 | 690～795 | 94 | 2011～2031 | 15～16 | 65 |
| 2008 | 520～595 | 92 | 2012～2032 | 15～16 | 65 |
| 2009 | 750～860 | 93 | 2013～2033 | 16～17 | 70 |
| 2010 | 615～705 | 93 | 2014～2034 | 16～17 | 75 |
| 2011 | 575～635 | 88 | 2015～2034 | 16～17 | 75 |
| 2012 | 635～730 | 90 | 2016～2036 | 17～18 | 85 |

法国·罗纳河谷产区

09

# 西南葡萄酒产区
# Wine Regions of Sudouest

# 产区特征

## 地理位置

西南产区是法国最古老的葡萄酒产区之一，这里的葡萄栽培可以追溯到一世纪，邻近波尔多，有小波尔多之称。该地区以海洋性气候为主，气候温暖湿润，非常有利于葡萄的成熟。

西南区自古就一直笼罩在波尔多葡萄酒的阴影之下，由于波尔多的保护主义，有将近五个世纪的时间，西南区的葡萄酒必须等波尔多的葡萄酒售罄之后，才能通过波尔多的经销商以波尔多之名销售到海外市场。

## 主要产区

法国西南部各产区的葡萄园分布在十个县，各自有各自的风格和特性。主要有贝尔热拉克、洛特、加龙河、卡奥尔、弗隆东、加亚克、马第宏及维克－贝勒帕夏尔、朱朗松等产区。

## 葡萄品种

赤霞珠（Cabernet Sauvignon）、梅洛（Merlot）、丹娜（Tannat）、赛美蓉（Semillon）、长相思（Sauvignon Blanc）、白玉霓（Ugni Blanc）。

## 分级制度

法国西南产区生产三种级别葡萄酒：法定产区葡萄酒（AOC）、地区餐酒（VDP）和普通餐酒（VDT）。

# Domaine de Cause–Dame des Champs
## 德克斯酒庄

所属产区：法国西南产区
葡萄品种：马尔贝克、梅洛、泰纳特
土壤特征：以硅质和含铁质的土壤为主
每年产量：120 000瓶
配餐建议：烤肉

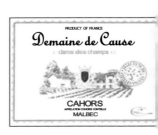

### 相关介绍

酒庄是西南产区卡奥尔地区（Cahors）顶尖名庄之一，酒庄总面积30公顷，拥有20公顷葡萄园，以出产果香浓郁、口感强劲的高品质干红而闻名。

### 德克斯酒庄　年份表格

| 年份 | 价格（元） | 分数 | 适饮期 | 侍酒（℃） | 醒酒（分钟） |
|------|-----------|------|--------|-----------|-------------|
| 2001 | 480～530 | 86 | 2005～2012 | 13～15 | 30 |
| 2002 | 460～505 | 85 | 2006～2014 | 13～15 | 35 |
| 2003 | 520～570 | 86 | 2007～2015 | 13～15 | 40 |
| 2004 | 530～580 | 87 | 2008～2015 | 13～15 | 45 |
| 2005 | 490～540 | 84 | 2009～2015 | 14～16 | 50 |
| 2006 | 580～640 | 88 | 2010～2018 | 14～16 | 55 |
| 2007 | 530～580 | 85 | 2013～2020 | 14～16 | 60 |
| 2009 | 640～705 | 89 | 2013～2020 | 14～16 | 70 |
| 2010 | 700～770 | 90 | 2013～2022 | 15～17 | 75 |

# Domaine Cauhape
## 考哈普酒庄

所属产区：法国西南产区

葡萄品种：小芒生

土壤特征：黏土、硅石及卵石

每年产量：240 000瓶

配餐建议：口味清淡的开胃菜、新鲜的奶酪以及
鲜美的鱼类

### 相关介绍

　　酒庄现有40公顷葡萄园，葡萄种植在陡峭的山坡上。以生产干型或甜型的白葡萄酒为主，此酒果味浓郁，口感清爽宜人。

### 考哈普酒庄　年份表格

| 年份 | 价格（元） | 分数 | 适饮期 | 侍酒（℃） | 醒酒（分钟） |
|------|-----------|------|--------|-----------|-------------|
| 2001 | 210～230 | 83 | 2005～2012 | 6～8 | 10 |
| 2002 | 200～220 | 83 | 2006～2014 | 6～8 | 10 |
| 2003 | 150～165 | 83 | 2007～2015 | 6～8 | 10 |
| 2004 | 170～190 | 83 | 2008～2015 | 6～8 | 10 |
| 2005 | 160～180 | 83 | 2009～2015 | 6～8 | 10～15 |
| 2006 | 170～190 | 83 | 2010～2018 | 7～9 | 10～15 |
| 2007 | 170 ～190 | 83 | 2013～2020 | 7～9 | 10～15 |
| 2009 | 190～210 | 83 | 2013～2020 | 7～9 | 10～15 |
| 2010 | 210～232 | 83 | 2013～2022 | 8～10 | 15～20 |
| 2011 | 230～255 | 83 | 2015～2025 | 8～10 | 15～20 |
| 2012 | 250～275 | 84 | 2016～2027 | 8～10 | 15～20 |

# Coste Blanche Rouge Reserve
## 凯丝特布兰诗珍藏

所属产区：法国西南产区
葡萄品种：马尔贝克、梅洛、泰纳特
土壤特征：土壤为砂质黏土质
每年产量：120 000瓶
配餐建议：酱鸭、红烧肉、烟熏肉类

### 相关介绍

　　1860年，创始人Jean - Pierre Termes 将一片葡萄园传给他的儿子 Clement Termes，酒庄于1868年建造了自己的酿酒设备，城堡也是在随后的几年内修筑的，当时主要是销售成桶散酒给各修道院的教士。如今，该酒庄已经是家族的第六代继承人在管理和经营。此酒是酒庄的旗舰产品，口感醇厚，平衡感极佳。

### 凯丝特布兰诗珍藏　年份表格

| 年份 | 价格（元） | 分数 | 适饮期 | 侍酒（℃） | 醒酒（分钟） |
|------|-----------|------|--------|-----------|-------------|
| 2001 | 680～750 | 85 | 2005～2012 | 13～15 | 30 |
| 2002 | 695～765 | 85 | 2006～2014 | 13～15 | 35 |
| 2003 | 685～755 | 84 | 2007～2015 | 13～15 | 40 |
| 2004 | 605～665 | 85 | 2008～2015 | 13～15 | 45 |
| 2005 | 585～645 | 82 | 2009～2015 | 14～16 | 50 |
| 2006 | 665～730 | 85 | 2010～2018 | 14～16 | 55 |
| 2007 | 710～780 | 85 | 2013～2020 | 14～16 | 60 |
| 2009 | 785～865 | 83 | 2013～2020 | 14～16 | 65 |
| 2010 | 805～885 | 85 | 2013～2022 | 15～17 | 70 |
| 2011 | 880～970 | 85 | 2015～2025 | 15～17 | 75 |
| 2012 | 995～1095 | 86 | 2016～2027 | 15～17 | 80 |

法国·西南产区

## Clos Lapeyre
# 克洛斯莱布酒庄

所属产区：法国西南产区

葡萄品种：芒生

土壤特征：石灰石、砂砾、黏土及卵石

每年产量：100 000瓶

配餐建议：海鲜、沙拉

### 相关介绍

　　酒庄位于西南产区的朱朗松（Jurançon），由Larrieu家族掌控，共有12公顷葡萄园。酒庄建于1985年，葡萄种植在海拔250米的斜坡。此酒口感清冽，是一款容易欣赏的白葡萄酒。

### 克洛斯莱布酒庄　年份表格

| 年份 | 价格（元） | 分数 | 适饮期 | 侍酒（℃） | 醒酒（分钟） |
|------|-----------|------|--------|-----------|--------------|
| 2004 | 190~210 | 88 | 2008~2015 | 6~8 | 10 |
| 2007 | 170~190 | 82 | 2013~2020 | 7~9 | 10~15 |
| 2009 | 145~160 | 82 | 2013~2020 | 7~9 | 10~15 |
| 2010 | 110~120 | 88 | 2013~2022 | 8~10 | 15~20 |
| 2011 | 135~150 | 82 | 2015~2025 | 8~10 | 15~20 |
| 2012 | 135~150 | 83 | 2015~2025 | 8~10 | 15~20 |

10

萨 瓦 产 区
WINE REGIONS OF SAVOIE

# 萨瓦葡萄酒产区
## Wine Regions of Savoie

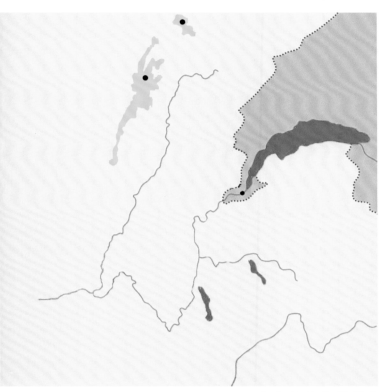

# 产区特征

## 地理位置

　　萨瓦产区位于法国东部与瑞士交界的阿尔卑斯山区，位处高海拔山区，属于高原气候，气候非常寒冷，是著名的滑雪胜地。

## 风格特点

　　本土红葡萄蒙德斯（Mondeuse）的表现最为优异。本地原产的贾给尔（Jacquere）是萨瓦种植面积最广的品种，所产葡萄酒口味清淡，酒精含量低，常有火石味。阿尔地斯（Altesse）（又称为鲁塞特Roussette）产量少，酒精度高，口味重，香味浓郁，具有久存的潜力。主要制成单一品种（或混合霞多丽）的干白酒。

## 主要产区和分级制度

　　地方性AOC有"萨瓦葡萄酒（Vin de Savoie）"以及"萨瓦－鲁塞特（Roussette de Savoie）"两种。村庄AOC则有两个：日内瓦湖畔采用夏瑟拉的"克雷皮（Crepy）"产区，以及隆河畔生产白酒和起泡酒的"塞塞勒（Seyssel）"。

## Domaine Andre & Michel Quenard–Mondeuse
# 安德迈克酒庄

所属产区：法国萨瓦
葡萄品种：蒙德斯
土壤特征：石灰岩
每年产量：100 000瓶
配餐建议：牛扒、烧鸭

相关介绍

　　此酒具有典型的萨瓦风格，有桑果、胡椒等气息，单宁柔和，口感平衡。

安德迈克酒庄　年份表格

| 年份 | 价格（元） | 分数 | 适饮期 | 侍酒（℃） | 醒酒（分钟） |
|---|---|---|---|---|---|
| 2001 | 460～505 | 88 | 2004～2014 | 14～15 | 35 |
| 2002 | 410～450 | 88 | 2005～2015 | 14～15 | 40 |
| 2003 | 400～440 | 89 | 2005～2015 | 14～15 | 45 |
| 2004 | 400～440 | 88 | 2006～2016 | 14～15 | 50 |
| 2005 | 430～475 | 87 | 2007～2017 | 15～16 | 55 |
| 2006 | 360～395 | 88 | 2008～2018 | 15～16 | 60 |
| 2007 | 390～430 | 86 | 2009～2019 | 15～16 | 65 |
| 2009 | 515～595 | 90 | 2010～2020 | 16～17 | 70 |
| 2010 | 440～480 | 88 | 2015～2025 | 17～18 | 75 |
| 2011 | 360～395 | 87 | 2015～2025 | 17～18 | 80 |
| 2012 | 390～430 | 85 | 2015～2025 | 17～18 | 85 |

## Cuvee Dionysos
# 宙斯

所属产区：法国萨瓦
葡萄品种：蒙德斯
土壤特征：石灰岩
每年产量：100 000瓶
配餐建议：牛扒、烧鸭

### 相关介绍

　　此酒由著名的吉恩巴黎家族（Jean Perrier Et Fils）酿造，是典型的萨瓦风格，有桑果、胡椒等气息，单宁柔和，口感和谐。

### 宙斯　年份表格

| 年份 | 价格（元） | 分数 | 适饮期 | 侍酒（℃） | 醒酒（分钟） |
|---|---|---|---|---|---|
| 2001 | 260～285 | 83 | 2004～2014 | 14～15 | 35 |
| 2002 | 280～305 | 83 | 2005～2015 | 14～15 | 40 |
| 2003 | 300～330 | 84 | 2005～2015 | 14～15 | 45 |
| 2004 | 295～330 | 85 | 2006～2016 | 14～15 | 50 |
| 2005 | 295～330 | 83 | 2007～2017 | 15～16 | 55 |
| 2006 | 300～330 | 83 | 2008～2018 | 15～16 | 60 |
| 2007 | 320～350 | 84 | 2009～2019 | 15～16 | 65 |
| 2009 | 310～340 | 86 | 2010～2020 | 16～17 | 70 |
| 2010 | 290～320 | 83 | 2015～2025 | 17～18 | 75 |
| 2011 | 300～330 | 84 | 2015～2025 | 17～18 | 80 |
| 2012 | 315～350 | 85 | 2016～2028 | 17～18 | 85 |

法国·萨瓦产区

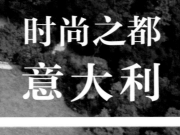

时尚之都
意大利

# 意大利葡萄酒产区
## Wine Regions of Italy

皮埃蒙特
**Piemonte**

托斯卡纳
**Toscana**

西西里岛
**Sicilia**

# 意大利葡萄酒概况

## 地理位置

意大利有着4000年葡萄酒的历史，被称为"旧世界中的旧世界"，无论是生产、出口，还是人均饮用量，意大利葡萄酒都居全球首位。意大利地处地中海，国土呈细长形，自然环境也各式各样，造就了诸多有地方特色的葡萄酒。

## 主要产区和葡萄品种

全国拥有20个产酒区，顶级名酒大多集中在西北部的皮埃蒙特（Piemonte）和中部的托斯卡纳（Toscana）。皮埃蒙特以本土葡萄品种内比奥罗（Nebbiolo）为主，是意大利成名最早的产区，大部分酒庄采用传统的本土酿酒方法，其中以巴罗露（Barolo）和巴巴莱斯科（Babaresco）两大子产区最为出名；托斯卡纳则以本土葡萄品种桑娇维塞（Sangiovese）为主，但赤霞珠在该区也大放异彩，著名的"超级托斯卡纳"新派葡萄酒就是由赤霞珠打造而成。

## 风格特点

意大利葡萄酒普遍酸度高、酒体丰厚、耐久存。

## 分级制度（由低到高）

日常餐酒（VDT）Vino da Tavola；

优良餐酒（IGT）Indicazione Geograficha Tipica；

法定产区酒（DOC）Denominazione di Origni Controllata；

优质法定产区酒（DOCG）Denominazione di Origni Controllata e Garantita。

# 皮埃蒙特产区
WINE REGIONS OF PIEMONTE

# 皮埃蒙特葡萄酒产区
## Wine Regions of Piemonte

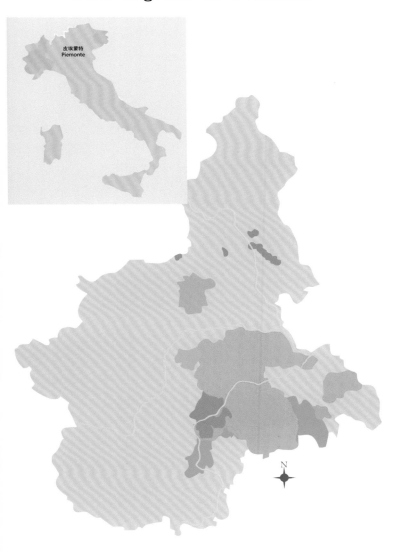

# 产区特征

## 地理位置

皮埃蒙特北靠阿尔卑斯山（Alps），南邻绵延的亚平宁山脉（Apennines），坐落在波河河谷（Po River Valley），而就在这山脉河谷间，诞生着世界葡萄酒界的传奇。

## 主要产区

皮埃蒙特产区有着40多个DOC产区和10多个DOCG产区，其中巴罗露（Barolo）和巴巴莱斯科（Barbaresco）是最著名的两大DOCG级葡萄酒，而且两者都是采用内比奥罗（Nebbiolo）酿造。不过，从皮埃蒙特葡萄酒的总产量来看，两大最出名的葡萄酒的产量却仅占3%而已。

## 葡萄品种

皮埃蒙特产区葡萄品种丰富，比较著名的葡萄品种有内比奥罗（Nebbiolo）、巴贝拉（Barbera）、多姿桃（Dolcetto）、白莫斯卡托（Moscato Bianco）、柯蒂斯（Cortese）、阿内斯（Arneis）等。

从整体上，皮埃蒙特最优秀的葡萄酒都产自亚平宁山脉的北部地区。不过，由于加蒂纳拉（Gattinara）产区气候偏于凉爽，因此该地区出产的葡萄酒酒体更加轻盈，酸度更高，风格偏于优雅。

## 分级制度

日常餐酒（VDT）Vino da Tavola；

优良餐酒（IGT）Indicazione Geograficha Tipica；

法定产区酒（DOC）Denominazione di Origni Controllata；

优质法定产区酒（DOCG）Denominazione di Origni Controllata e Garantita。

## Produttori di Barbaresco–Riserva Rabaja
# 普罗度托利酒庄－珍藏

所属产区：意大利皮埃蒙特巴巴莱斯科

所属等级：DOCG

葡萄品种：内比奥罗

配餐建议：烤肉、牛扒

### 相关介绍

　　此酒呈现出经典的巴巴莱斯科风格，酒色深浓，带有泥土的气息，口感浓郁丰厚。

### 普罗度托利酒庄 － 珍藏　年份表格

| 年份 | 价格（元） | 分数 | 适饮期 | 侍酒（℃） | 醒酒（分钟） |
|------|-----------|------|---------|-----------|-------------|
| 2001 | 525~600 | 92 | 2009~2023 | 13~14 | 30 |
| 2004 | 760~875 | 94 | 2012~2028 | 13~14 | 45 |
| 2005 | 430~495 | 92 | 2014~2030 | 13~14 | 50 |
| 2007 | 405~465 | 92 | 2015~2030 | 13~14 | 60 |
| 2008 | 445~510 | 93 | 2015~2030 | 14~15 | 65 |
| 2009 | 450~520 | 93 | 2017~2030 | 14~15 | 70 |

意大利·皮埃蒙特产区

## Marchesi di Barolo–Cannubi
## 玛切斯酒庄

所属产区：意大利皮埃蒙特巴罗露（Barolo）

所属等级：DOCG

葡萄品种：内比奥罗

配餐建议：烤肉、牛扒

### 相关介绍

　　此酒呈现出经典的巴罗露风格，属于大酒，其酒色深黑，酒体丰满，口感丰厚。

### 玛切斯酒庄　年份表格

| 年份 | 价格（元） | 分数 | 适饮期 | 侍酒（℃） | 醒酒（分钟） |
|------|-----------|------|--------|----------|-------------|
| 2001 | 740～850 | 91 | 2008～2025 | 13～14 | 30 |
| 2003 | 485～560 | 90 | 2010～2027 | 13～14 | 40 |
| 2004 | 430～490 | 90 | 2011～2028 | 13～14 | 45 |
| 2005 | 585～570 | 92 | 2012～2028 | 13～14 | 50 |
| 2006 | 545～630 | 91 | 2013～2029 | 14～15 | 55 |
| 2007 | 450～515 | 93 | 2015～2030 | 14～15 | 60 |
| 2008 | 485～560 | 92 | 2016～2035 | 14～15 | 65 |
| 2009 | 450～515 | 90 | 2017～2037 | 14～15 | 70 |
| 2010 | 485～560 | 92 | 2018～2038 | 14～15 | 75 |

## Bruno Giacosa–Riserva Rocche del Falletto ( Red Label )
# 吉雅克萨酒庄－红标珍藏

所属产区：意大利皮埃蒙特巴罗露（Barolo）

所属等级：DOCG

葡萄品种：内比奥罗

配餐建议：烤肉、牛扒

### 相关介绍

　　酒庄的成功归功于对传统酿酒技艺的重视，此酒单宁非常强劲，口感辛香，耐久存。

### 吉雅克萨酒庄－红标珍藏　年份表格

| 年份 | 价格（元） | 分数 | 适饮期 | 侍酒（℃） | 醒酒（分钟） |
|---|---|---|---|---|---|
| 2001 | 3535 ～4245 | 95 | 2009～2023 | 13～14 | 40 |
| 2003 | 3380 ～4055 | 95 | 2010～2028 | 13～14 | 50 |
| 2004 | 4100 ～4920 | 97 | 2013～2030 | 13～14 | 55 |
| 2005 | 1340 ～1545 | 93 | 2014～2030 | 13～14 | 60 |
| 2006 | 2665～3065 | 91 | 2014～2030 | 14～15 | 65 |
| 2007 | 3090～3710 | 96 | 2015～2035 | 14～15 | 70 |
| 2008 | 2915～3350 | 93 | 2017～2035 | 14～15 | 75 |
| 2009 | 3210～3205 | 94 | 2018～2039 | 14～15 | 80 |
| 2012 | 340～375 | 88 | 2013～2023 | 7～9 | 20～25 |

# Bruno Giacosa–Riserva Asili
## 吉雅克萨酒庄 - 阿西丽珍藏

所属产区：意大利皮埃蒙特巴巴莱斯科

所属等级：DOCG

葡萄品种：内比奥罗

配餐建议：烤肉、牛扒

## 相关介绍

此酒单宁强劲但不失优雅，结构扎实，口感浓郁，平衡感非常好。

### 吉雅克萨酒庄 - 阿西丽珍藏　年份表格

| 年份 | 价格（元） | 分数 | 适饮期 | 侍酒（℃） | 醒酒（分钟） |
|------|-----------|------|--------|-----------|-------------|
| 2001 | 2975～3570 | 99 | 2009～2023 | 13～14 | 40 |
| 2004 | 2645～3170 | 97 | 2013～2030 | 13～14 | 65 |
| 2007 | 2625～3150 | 97 | 2015～2035 | 13～14 | 80 |
| 2008 | 2120～2540 | 95 | 2016～2035 | 13～14 | 85 |

## Bruno Ceretto–Barolo Bricco Rocche
# 赛拉图－碧高石头园

所属产区：意大利皮埃蒙特巴罗露

所属等级：DOCG

葡萄品种：内比奥罗

配餐建议：烤肉、牛扒

意大利·皮埃蒙特产区

### 相关介绍

　　赛拉图是意大利三大酒厂之一，此酒是其旗舰产品，充满泥土气息，气味芬芳，是一款酒体丰满、结构雄厚、口感强劲但不失优雅的红葡萄酒。

### 赛拉图－碧高石头园　年份表格

| 年份 | 价格（元） | 分数 | 适饮期 | 侍酒（℃） | 醒酒（分钟） |
|------|-----------|------|--------|-----------|-------------|
| 2001 | 1475～1695 | 92 | 2009～2025 | 13～14 | 40 |
| 2004 | 1575～1810 | 94 | 2012～2030 | 13～14 | 55 |
| 2005 | 1185～1365 | 94 | 2013～2030 | 13～14 | 60 |
| 2006 | 1305～1500 | 92 | 2013～2030 | 13～14 | 65 |
| 2007 | 1965～2260 | 92 | 2015～2032 | 14～15 | 70 |
| 2008 | 2100～2520 | 96 | 2016～2033 | 14～15 | 90 |
| 2009 | 1770～2040 | 92 | 2014～2021 | 14～15 | 80 |
| 2010 | 1690～1950 | 92 | 2014～2030 | 14～15 | 85 |

# Angelo Gaja–Rosso Sori San Lorenzo
## 嘉雅酒庄 - 索李园

所属产区：意大利皮埃蒙特朗格
所属等级：DOCG
葡萄品种：内比奥罗
配餐建议：烤肉、牛扒

### 相关介绍

　　嘉雅酒庄是意大利皮埃蒙特地区的酒王，总是以改革者的身份出现在大家眼前，是第一个在该区以单一葡萄园的葡萄酿酒的酒庄。此酒是其顶级产品，以其卓越的品质征服了众多酒评家和葡萄酒爱好者的味蕾。

### 嘉雅酒庄 - 索李园　年份表格

| 年份 | 价格（元） | 分数 | 适饮期 | 侍酒（℃） | 醒酒（分钟） |
|---|---|---|---|---|---|
| 2001 | 3555 ~ 4270 | 95 | 2008 ~ 2030 | 14 ~ 15 | 50 |
| 2003 | 2430 ~ 2795 | 93 | 2011 ~ 2032 | 13 ~ 14 | 50 |
| 2004 | 3285 ~ 3780 | 94 | 2012 ~ 2032 | 13 ~ 14 | 54 |
| 2005 | 3130 ~ 3600 | 94 | 2014 ~ 2034 | 14 ~ 15 | 60 |
| 2006 | 3205 ~ 3690 | 94 | 2014 ~ 2035 | 14 ~ 15 | 65 |
| 2007 | 3615 ~ 4340 | 95 | 2014 ~ 2035 | 14 ~ 15 | 70 |
| 2008 | 3365 ~ 3870 | 94 | 2015 ~ 2038 | 14 ~ 15 | 75 |
| 2009 | 3380 ~ 4060 | 95 | 2017 ~ 2040 | 14 ~ 15 | 90 |
| 2010 | 3790 ~ 4550 | 96 | 2018 ~ 2041 | 16 ~ 17 | 95 |
| 2011 | 3810 ~ 4570 | 95 | 2018 ~ 2041 | 16 ~ 17 | 100 |

02

# 托斯卡纳产区
WINE REGIONS OF TUSCANY

# 托斯卡纳葡萄酒产区
## Wine Regions of Tuscany

比萨
Pisa

佛罗伦萨
Firenze

阿雷佐
Arezzo

圣吉米尼亚诺
San Gimignano

锡耶纳
Siena

蒙特普齐亚诺
Montepulciano

格罗瑟托
Grosseto

托斯卡纳
Tuscany

# 产区特征

## 地理位置

托斯卡纳是意大利最知名的明星产区，北邻艾米里亚－罗马涅（Emilia－Romagna），西北临利古里亚（Liguria），南接翁布利亚（Umbria）和拉齐奥（Latium），西靠第勒尼安海（Tyrrhenian Sea），地理位置优越。托斯卡纳在意大利中部，好比波尔多在法国。

## 主要产区

托斯卡纳大区现在有8个DOCG，30个DOC，其中尤为著名的有经典的基安蒂（Chianti）、布鲁尼罗（Brunello di Montalcino）以及蒙特普齐亚诺（Montepulciano）。

## 葡萄品种

桑娇维塞（Sangiovese）是托斯卡纳最著名的品种之一，除了桑娇维塞，同时还允许添加少量的卡内奥罗（Canaiolo）、卡罗利诺（Colorino），以及国际知名的葡萄品种赤霞珠（Cabernet Sauvignon）和梅洛（Merlot）。

托斯卡纳葡萄酒酒香浓郁，持久复杂，既有灌木丛、红色浆果以及泥土的清香，也有由木桶与陈年带来的甜香。口感高雅和谐，酒体饱满，酸度合适。

## 分级制度

日常餐酒（VDT）Vino da Tavola；

优良餐酒（IGT）Indicazione Geograficha Tipica；

法定产区酒（DOC）Denominazione di Origni Controllata；

优质法定产区酒（DOCG）Denominazione di Origni Controllata e Garantita。

## Tenuta San Guido-Sassicaia
# 西施佳雅

所属产区：意大利托斯卡纳宝格丽

所属等级：DOC

葡萄品种：赤霞珠、品丽珠

配餐建议：嫩牛肉、煎羊排、红烧鲍鱼、硬奶酪

### 相关介绍

　　西施佳雅被誉为意大利新派酒王，是改变意大利葡萄酒格局的重要角色。此酒摒弃了传统的意大利葡萄品种，而选用法国波尔多品种酿造，一推出即受到众多赞誉，更被美国《葡萄酒观察家》杂志主编评价为"最好的法国波尔多和最好的美国纳帕谷赤霞珠的结合体"。

### 西施佳雅　年份表格

| 年份 | 价格（元） | 分数 | 适饮期 | 侍酒（℃） | 醒酒（分钟） |
|------|-----------|------|--------|-----------|-------------|
| 2001 | 2270～2615 | 93 | 2005～2025 | 13～15 | 30 |
| 2002 | 1730～1990 | 93 | 2005～2025 | 13～14 | 35 |
| 2003 | 1790～2055 | 92 | 2006～2026 | 13～14 | 40 |
| 2004 | 2020～2325 | 93 | 2010～2030 | 14～15 | 45 |
| 2005 | 1980～2280 | 94 | 2010～2030 | 14～15 | 50 |
| 2006 | 2175～2505 | 93 | 2010～2030 | 14～15 | 55 |
| 2007 | 1885～2170 | 94 | 2012～2032 | 14～15 | 60 |
| 2008 | 1850～2120 | 95 | 2013～2033 | 14～15 | 65 |
| 2009 | 1710～1970 | 94 | 2014～2034 | 16～17 | 70 |
| 2010 | 1690～1950 | 94 | 2017～2040 | 16～17 | 75 |
| 2011 | 1615～1855 | 94 | 2016～2023 | 16～17 | 80 |
| 2012 | 1515～1745 | 93 | 2017～2025 | 16～17 | 85 |

## Tenuta Greppo Biondi–Santi–Brunello di Montalcino Riserva
# 碧安山帝酒庄－珍藏

所属产区：意大利托斯卡纳布鲁梦塔
　　　　　西露

所属等级：DOCG

葡萄品种：桑娇维塞

配餐建议：煎羊排、烤肉

### 相关介绍

　　碧安山帝酒庄被称为意大利的老酒王，是典型的带有意大利传统风格的葡萄酒，其特点是口感丰厚，耐久存，可陈放三四十年以上。

意大利·托斯卡纳产区

#### 碧安山帝酒庄－珍藏　年份表格

| 年份 | 价格（元） | 分数 | 适饮期 | 侍酒（℃） | 醒酒（分钟） |
|---|---|---|---|---|---|
| 2001 | 3595～4135 | 94 | 2005～2035 | 14～15 | 40 |
| 2004 | 3130～3600 | 94 | 2010～2040 | 14～15 | 55 |
| 2006 | 4725～5430 | 94 | 2010～2045 | 15～16 | 65 |
| 2007 | 4240～4875 | 93 | 2016～2037 | 15～16 | 70 |
| 2008 | 3420～3935 | 92 | 2018～2036 | 15～16 | 75 |

## Tenuta di Valgiano
# 华姿山庄

所属产区：意大利托斯卡纳歌连路吉斯

所属等级：DOC

葡萄品种：桑娇维塞、梅洛、西拉

配餐建议：嫩牛肉、煎羊排、红烧鲍鱼、硬奶酪

### 相关介绍

自14世纪起已经开始葡萄种植，华姿山庄目前的葡萄种植面积只有16公顷，却出产了非常出色的葡萄酒，是意大利六十大"超级托斯卡纳"名庄之一。华姿山庄的酒采用配额制供应，每年酒一上市就很快被世界各地的爱酒者和精品餐厅订购一空。其酒以托斯卡纳传统葡萄品种桑娇维塞为主，配以小比例的西拉和梅洛，酒色深浓，香气浓郁，以黑色浆果香气为主，入口即可感觉其强劲口感，后味非常持久。

### 华姿山庄　年份表格

| 年份 | 价格（元） | 分数 | 适饮期 | 侍酒（℃） | 醒酒（分钟） |
|------|-----------|------|--------|----------|------------|
| 2001 | 1070～1230 | 94 | 2005～2025 | 13～14 | 30 |
| 2002 | 490～565 | 92 | 2005～2025 | 13～14 | 35 |
| 2003 | 515～590 | 93 | 2006～2026 | 13～14 | 40 |
| 2004 | 760～870 | 94 | 2010～2030 | 14～15 | 45 |
| 2005 | 530～605 | 93 | 2010～2030 | 14～15 | 50 |
| 2006 | 565～650 | 93 | 2010～2030 | 14～15 | 55 |
| 2007 | 565～650 | 92 | 2012～2032 | 14～15 | 60 |
| 2008 | 580～660 | 92 | 2013～2033 | 14～15 | 65 |
| 2009 | 485～560 | 91 | 2014～2034 | 16～17 | 70 |
| 2010 | 670～770 | 93 | 2014～2025 | 16～17 | 75 |
| 2011 | 505～580 | 92 | 2015～2026 | 16～17 | 80 |

## Marchesi Antinori–Tignanello
# 安东尼世家天娜

所属产区：意大利托斯卡纳基安蒂经典

所属等级：IGT

葡萄品种：桑娇维塞、赤霞珠、品丽珠

土壤特征：石灰石

配餐建议：嫩牛肉、煎羊排、红烧鲍鱼、硬奶酪

### 相关介绍

　　1385年，Giovanni di Piero Antinori加入酿酒师公会，而他加入工会的那一天被后世认为是他们家族葡萄酒复兴的开端。此后，该庄园的酒声名远扬。后来虽然几经沉浮，安东尼家族始终保持着对葡萄酒的热情。天娜是安东尼世家的一块顶级葡萄园，仅产优质年份的葡萄酒，如1992年、2002年则没有产酒。其酒是典型的托斯卡纳风格，酒色深浓，拥有馥郁而多元的香气，单宁十分强劲，耐久存。

意大利 · 托斯卡纳产区

### 安东尼世家天娜　年份表格

| 年份 | 价格（元） | 分数 | 适饮期 | 侍酒（℃） | 醒酒（分钟） |
| --- | --- | --- | --- | --- | --- |
| 2001 | 1010～1160 | 92 | 2007～2017 | 14～15 | 30 |
| 2003 | 815～940 | 90 | 2007～2018 | 13～14 | 40 |
| 2004 | 1130～1295 | 94 | 2010～2020 | 13～14 | 45 |
| 2005 | 855～985 | 92 | 2010～2020 | 14～15 | 50 |
| 2006 | 760～870 | 92 | 2014～2024 | 14～15 | 55 |
| 2007 | 875～1005 | 92 | 2011～2030 | 14～15 | 60 |
| 2008 | 815～940 | 92 | 2012～2030 | 14～15 | 65 |
| 2009 | 780～895 | 92 | 2013～2030 | 14～15 | 70 |
| 2010 | 780～895 | 93 | 2015～2030 | 16～17 | 75 |
| 2011 | 760～870 | 92 | 2019～2031 | 16～17 | 80 |
| 2012 | 855～985 | 92 | 2019～2030 | 16～17 | 85 |

热情奔放的国度
西班牙

# 西班牙葡萄酒产区
# Wine Regions of Spain

里奥哈
**Rioja**

杜埃罗河岸
**Ribera del Duero**

•雪莉
**Sherry**

# 西班牙葡萄酒概况

## 地理位置

西班牙是世界上葡萄种植面积最大的产酒国，总产量仅次于意大利和法国，出产众多质量上乘的葡萄酒。西班牙拥有地中海充足的阳光和温暖的气候。

## 主要产区

著名红葡萄酒产区包括杜埃罗河岸（Ribera del Duero）、里奥哈（Rioja）和纳瓦拉（Navarra），它们对红葡萄酒有着严格的陈年规定，需经过橡木桶陈年和瓶中陈酿成熟再上市；雪莉酒则集中在雪莉产区（Sherry）。

## 风格特点

所产红葡萄酒都以浓郁风格为主，另外还生产著名的起泡酒加瓦（Cava）以及加烈酒雪莉（Sherry）。

## 葡萄品种

红葡萄品种以添帕尼洛（Tempanillo）为主，白葡萄品种以爱莲（Airen）最常见，主要用来酿造雪莉酒。

## 分级制度（由低到高）

日常餐酒（VDM）Vino De Mesa；

优良餐酒（VC）Vino Comarcal；

准法定产区酒（VDLT）Vino De La Tierra；

法定产区酒（DO）Denomination De Origin；

优质法定产区酒（DOC）Denomination De Origin Calificda。

01

## 杜埃罗河岸产区
WINE REGIONS OF RIBERA DEL DUERO

# 杜埃罗河岸葡萄酒产区
# Wine Regions of Ribera Del Duero

杜埃罗河出产著名的丹魄（Tempranillo）红葡萄酒，其酒果香浓郁，未经橡木桶发酵的比较浓烈，在桶中熟成后会变得圆润，且更加优雅。桃红葡萄酒呈洋葱皮色，果香浓郁，极具风味，但有时酒精度偏高，酒体偏重。

## Vega Sicilia–Unico Gran Reserva
## 维加西西利亚酒庄－特级珍藏

所属产区：西班牙杜埃罗河岸
葡萄品种：添帕尼洛、赤霞珠、梅洛、马尔贝克
土壤特征：石灰质的黏土
配餐建议：浓郁酱汁的肉类

### 相关介绍

　　维加西西利亚酒庄被许多人认为是"西班牙的拉菲"，建于1864年。特级珍藏的葡萄酒在榨汁发酵后被放在大木桶中陈放1年，然后再转到中型木桶中继续陈放。陈放3年后，再转入老木桶中继续陈放6～7年，装瓶后至少陈放1～4年才出厂。算起来一瓶"珍藏级"必须在收成10年以后才能上市。对于这样的一款极品佳酿，酒评家是这样评价的：口感丰富、美味而高贵，毫不费力就能把力量与优雅结合在一起。

### 维加西西利亚酒庄－特级珍藏　年份表格

| 年份 | 价格（元） | 分数 | 适饮期 | 侍酒（℃） | 醒酒（分钟） |
|------|-----------|------|--------|-----------|--------------|
| 2002 | 2760～3175 | 94 | 2010～2030 | 14～15 | 50 |
| 2003 | 2605～2995 | 93 | 2010～2030 | 13～14 | 50 |
| 2004 | 2720～3265 | 98 | 2010～2030 | 13～14 | 54 |
| 2007 | 2940～3380 | 94 | 2015～2035 | 14～15 | 60 |
| 2008 | 2645～3040 | 94 | 2015～2035 | 14～15 | 65 |
| 2012 | 3675～4225 | 95 | 2019～2040 | 14～15 | 70 |

西班牙·杜埃罗河岸产区

## Bodegas Valtravieso–Reserva
## 瓦乐维索酒庄 – 珍藏

所属产区：西班牙杜埃罗河岸
葡萄品种：赤霞珠、提诺芬奴
土壤特征：石灰质、黏土
配餐建议：浓郁酱汁的肉类

### 相关介绍

　　此酒以波尔多葡萄品种与西班牙本土品种混酿而成，别有一番风味。

瓦乐维索酒庄 – 珍藏　年份表格

| 年份 | 价格（元） | 分数 | 适饮期 | 侍酒（℃） | 醒酒（分钟） |
|------|-----------|------|--------|-----------|-------------|
| 2001 | 250～290 | 90 | 2005～2015 | 13～15 | 30 |
| 2005 | 240～280 | 90 | 2010～2018 | 13～14 | 35 |
| 2006 | 275～320 | 91 | 2011～2019 | 13～14 | 40 |
| 2007 | 275～320 | 91 | 2012～2020 | 14～15 | 45 |
| 2009 | 275～320 | 90 | 2014～2023 | 14～15 | 50 |
| 2010 | 215～250 | 90 | 2015～2025 | 14～15 | 55 |

西班牙·杜埃罗河岸产区

## Bodegas Hermanos Perez Pascuas–Gran Seleccion
# 帕斯卡酒庄－特别精选

所属产区：西班牙杜埃罗河岸

葡萄品种：添帕尼洛

土壤特征：石灰质、黏土

配餐建议：牛扒

相关介绍

　　此酒是该酒庄的旗舰产品，以香气馥郁、口感丰富、耐久存放著称。

帕斯卡酒庄－特别精选　年份表格

| 年份 | 价格（元） | 分数 | 适饮期 | 侍酒（℃） | 醒酒（分钟） |
|------|-----------|------|--------|-----------|--------------|
| 2001 | 1980～2275 | 94 | 2008～2026 | 13～15 | 30 |
| 2003 | 1225～1410 | 94 | 2008～2027 | 13～14 | 35 |
| 2004 | 2040～2350 | 93 | 2010～2028 | 13～14 | 40 |
| 2005 | 1980～2280 | 94 | 2012～2030 | 14～15 | 45 |
| 2006 | 1295～1490 | 91 | 2011～2028 | 14～15 | 50 |
| 2012 | 3675～4225 | 95 | 2019～2040 | 14～15 | 70 |

## Bodegas Emilio Moro–Malleolus
# 梦罗酒庄 - 玛乐露丝

所属产区：西班牙杜埃罗河岸

葡萄品种：添帕尼洛

土壤特征：石灰质、黏土

配餐建议：浓郁酱汁的肉类

MALLEOLUS

2006

相关介绍

此酒果香浓郁，极具风味。

梦罗酒庄 - 玛乐露丝　年份表格

| 年份 | 价格（元） | 分数 | 适饮期 | 侍酒（℃） | 醒酒（分钟） |
|------|-----------|------|--------|-----------|--------------|
| 2001 | 760～870 | 91 | 2006～2016 | 13～15 | 30 |
| 2002 | 480～550 | 91 | 2007～2017 | 13～14 | 35 |
| 2003 | 330～380 | 91 | 2008～2018 | 13～14 | 40 |
| 2004 | 640～740 | 93 | 2009～2019 | 14～15 | 45 |
| 2005 | 760～870 | 93 | 2010～2020 | 14～15 | 50 |
| 2006 | 450～515 | 90 | 2010～2020 | 14～15 | 55 |
| 2007 | 405～470 | 91 | 2012～2022 | 14～15 | 60 |
| 2008 | 370～430 | 91 | 2014～2024 | 14～15 | 65 |
| 2009 | 350～405 | 95 | 2015～2030 | 16～17 | 85 |
| 2010 | 330～380 | 91 | 2015～2028 | 16～17 | 75 |
| 2011 | 310～360 | 91 | 2016～2029 | 16～17 | 80 |

## 02

里 奥 哈 产 区
WINE REGIONS OF RIOJA

# 里奥哈葡萄酒产区
## Wine Regions of Rioja

阿拉瓦里奥哈
Rioja Alavesa

里奥哈高地
Rioja Atla

里奥哈低地
Rioja Baja

里奥哈葡萄酒具有超凡的窖藏能力，红葡萄酒以丹魄品种为主要成分，特点是酒精成分、色泽和酸度都十分均衡。经过窖藏的葡萄酒，口感优雅适中，酒体和口感层次上都达到了完美的平衡状态。

里奥哈
Rioja

# 产区特征

## 地理位置

　　该地区位于西班牙的北部，分布于杜埃罗河两岸。从产区最西端的Haro到最东端的Alfaro有100公里的距离。而山谷中最大的跨度可以达到40公里。

## 主要产区

　　主要分布在杜埃罗河岸两侧

## 葡萄品种

　　红葡萄品种包括丹魄（Tempranillo）、歌海娜（Garnacha）和格拉西亚诺（Graciano）等；白葡萄品种有维尤拉（Viura）、莫维塞亚（Malvasia）、白歌海娜（Garnacha Blanca）、白丹魄（Tempranillo Blanco）、霞多丽（Chardonnay）、长相思（Sauvignon Blanc）和贝德侯（Verdejo）。

## 分级制度（由低到高）

　　日程餐酒（VDM）Vino De Mesa；

　　优良餐酒（VC）Vino Comarcal；

　　准法定产区酒（VDLT）Vino De La Tierra；

　　法定产区酒（DO）Denomination De Origin；

　　优质法定产区酒（DOC）Denomination De Origin Calificda。

## Bodegas Baron de Ley–Gran Reserva
# 拜伦蒂莱酒庄－特级珍藏

所属产区：西班牙里奥哈

葡萄品种：添帕尼洛、赤霞珠

土壤特征：黏土混合石灰石

配餐建议：与各种红肉、炸火腿、烤鱼
　　　　　以及口味浓郁的菜肴搭配

### 相关介绍

　　酒庄于1985年成立，却是当地高性价比葡萄酒的代名词。此酒在全新橡木桶陈年2年（一半法国橡木桶、一半美国橡木桶），随后在瓶中陈年5年后才正式上市。

拜伦蒂莱酒庄－特级珍藏　年份表格

| 年份 | 价格（元） | 分数 | 适饮期 | 侍酒（℃） | 醒酒（分钟） |
|------|-----------|------|--------|-----------|-------------|
| 2001 | 485～560 | 91 | 2007～2020 | 13～14 | 30 |
| 2004 | 235～270 | 91 | 2010～2017 | 13～14 | 40 |
| 2005 | 235～270 | 90 | 2015～2020 | 13～14 | 45 |
| 2007 | 235～270 | 90 | 2015～2020 | 14～15 | 50 |
| 2008 | 295～340 | 90 | 2012～2017 | 14～15 | 55 |

西班牙·里奥哈产区

## CVNE–Imperial Gran Reserva
## 喜悦酒庄－皇家特级珍藏

所属产区：西班牙里奥哈
葡萄品种：添帕尼洛
土壤特征：黏土混合石灰石
配餐建议：浓郁菜肴

西班牙·里奥哈产区

相关介绍

　　酒庄至今有120年的历史，是唯一用西班牙国旗做酒标的酒庄。此酒是西班牙皇室婚宴用酒。

喜悦酒庄－皇家特级珍藏　年份表格

| 年份 | 价格（元） | 分数 | 适饮期 | 侍酒（℃） | 醒酒（分钟） |
|------|-----------|------|--------|-----------|--------------|
| 2001 | 815～940 | 91 | 2007～2020 | 13～14 | 30 |
| 2004 | 875～1005 | 90 | 2010～2020 | 13～14 | 45 |
| 2005 | 940～1080 | 91 | 2013～2025 | 13～14 | 50 |
| 2007 | 865～1000 | 91 | 2015～2027 | 14～15 | 60 |
| 2008 | 720～830 | 90 | 2015～2025 | 14～15 | 65 |
| 2009 | 875～1010 | 92 | 2019～2030 | 14～15 | 70 |
| 2011 | 1030～1185 | 90 | 2020～2030 | 14～15 | 80 |

## Bodegas Muga–Seleccion Especial
## 幕卡酒庄 - 特级精选

所属产区：西班牙里奥哈

葡萄品种：添帕尼洛、歌海娜、马苏罗、
　　　　　佳丽诺

土壤特征：黏土混合石灰石

配餐建议：羊肉

### 相关介绍

　　此酒采用树龄为80年的老藤葡萄酿造，在橡木桶中陈年30个月，在瓶中陈年12个月。香气以黑色水果为主，口感丰富。

### 幕卡酒庄 - 特级精选　年份表格

| 年份 | 价格（元） | 分数 | 适饮期 | 侍酒（℃） | 醒酒（分钟） |
|---|---|---|---|---|---|
| 2001 | 620～715 | 91 | 2007～2020 | 13～14 | 30 |
| 2003 | 310～345 | 86 | 2009～2020 | 13～14 | 40 |
| 2004 | 385～730 | 89 | 2010～2020 | 13～14 | 45 |
| 2005 | 330～380 | 92 | 2012～2023 | 14～15 | 50 |
| 2006 | 390～450 | 91 | 2012～2023 | 14～15 | 55 |
| 2008 | 325～370 | 91 | 2013～2025 | 14～15 | 65 |
| 2009 | 340～390 | 91 | 2014～2020 | 14～15 | 70 |
| 2010 | 375～430 | 92 | 2015～2025 | 15～16 | 75 |

西班牙 · 里奥哈产区

## Bodegas Marques de Careres-Gran Reserva
## 卡瑟公爵酒庄－特级珍藏

所属产区：西班牙里奥哈

葡萄品种：添帕尼洛、歌海娜、马苏罗、佳
丽诺

土壤特征：黏土混合石灰石

配餐建议：烤肉

相关介绍

此酒属于西班牙的大酒，结构扎实，口感浓郁。

卡瑟公爵酒庄－特级珍藏　年份表格

| 年份 | 价格（元） | 分数 | 适饮期 | 侍酒（℃） | 醒酒（分钟） |
|------|-----------|------|--------|-----------|-------------|
| 2001 | 250～290 | 90 | 2007～2020 | 13～14 | 30 |
| 2004 | 290～335 | 90 | 2010～2020 | 13～14 | 45 |
| 2005 | 235～270 | 90 | 2012～2023 | 13～14 | 50 |
| 2008 | 250～275 | 90 | 2013～2025 | 14～15 | 65 |
| 2009 | 250～275 | 90 | 2014～2025 | 14～15 | 70 |

03

雪 莉 产 区
WINE REGIONS OF
SHERRY

# 雪莉葡萄酒产区
# Wine Regions of Sherry

桑卢卡尔—德巴拉梅达
Sanlucar de Barrameda

赫雷斯—德拉弗隆特拉
Jerez de la Frontera

## 产区特征

### 地理位置

西班牙的安达卢西亚自治区（Andalucía），加的斯省（Provincia de Cadiz）的西端。

### 主要产区

集中在赫雷斯—德拉弗隆特拉（Jerez de la Frontera）、圣玛利亚港（PuertodcSantaMafia）和桑卢卡尔—德巴拉梅达（Sanlucar de Barrameda）三座城市四周。

### 风格特点

口味复杂柔和，香气芬芳浓郁。

雪莉
Sherry

### 葡萄品种

帕罗米诺（Palomino）、佩德罗·希梅内斯（Pedro Ximenez）、麝香（Moscatel）。

## Bodegas Antonio Barbadillo-Amontillado V.O.R.S.
## 安东尼奥酒庄

所属产区：西班牙雪莉区

配餐建议：水果、甜品

相关介绍

此酒口感甜而不腻，香气浓郁。

安东尼奥酒庄　年份表格

| 年份 | 价格（元） | 分数 | 适饮期 | 侍酒（℃） |
|------|-----------|------|--------|-----------|
| NV | 505~580 | 92 | * | 8~10 |

## Bodegas Vinicola Hildalgo–Palo Cortado Viejo
## 希达哥酒庄

所属产区：西班牙雪莉区

配餐建议：水果、甜品

相关介绍

此酒口感甜美，开瓶后两周内依然芳香不减。

希达哥酒庄　年份表格

| 年份 | 价格（元） | 分数 | 适饮期 | 侍酒（℃） |
|------|-----------|------|--------|-----------|
| NV | 990~1140 | 94 | * | 8~10 |

## Osborne—Oloroso Solera India
# 奥斯本酒庄

所属产区：西班牙雪莉区

配餐建议：水果、甜品

### 相关介绍

此酒口感甜而不腻，香气浓郁。

奥斯本酒庄　年份表格

| 年份 | 价格（元） | 分数 | 适饮期 | 侍酒（℃） |
|------|-----------|------|--------|-----------|
| NV | 2045～2350 | 91 | * | 8～10 |

# 波尔图之美

## 葡萄牙

# 葡萄牙葡萄酒产区
# Wine Regions of Portugal

波尔图
Porton

杜罗河产区
Douro

# 葡萄牙葡萄酒概况

## 地理位置

葡萄牙濒临大西洋，属于典型的地中海气候。

## 主要产区

名酒集中在杜罗河（Douro）和波尔图（Porto）两大产区。

## 风格特点

波特酒（Port）是葡萄牙最著名的葡萄酒类型，属于加烈葡萄酒，主要是通过在葡萄酒发酵时加入白兰地强制终止发酵而成，酒精度达20度左右。根据欧盟的相关规定，只有产自葡萄牙才能打上"Port"的名号。

## 葡萄品种

葡萄品种有数百种，且大多是本土品种，包括图丽卡（Touriga Nacional）、图丽卡弗兰卡（Touriga Franca）、缇娜罗莉（Tinta Roriz）等，是酿造波特酒（Port Wine）的主要品种。

## 分级制度

日常餐酒 Vinho de Masa （VDM），相当于法国的葡萄餐酒VDT；

地区餐酒 Vinho Regional （VDR），相当于法国的地区餐酒VDP；

准法定产区酒 （VQPRD）Vinhos de Qualidade Produzidos em Regioses Determinadas；

推荐产区酒（IPR）Indication of Regulated Provenance，相当于法国的VDQS；

法定产区酒 （DOC）Denomination de Origem Controlada，相当于法国的AOC。

01

杜 罗 河 产 区
WINE REGIONS OF DOURO

# 杜罗河葡萄酒产区
# Wine Regions of Douro

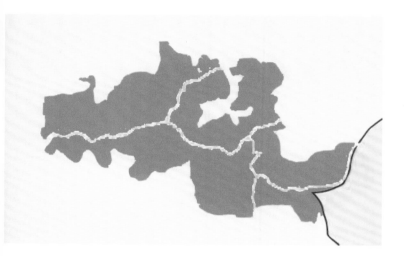

# 产区特征

## 地理位置

位于葡萄牙的东北部，周围是Marao和Montemuro山脉。

## 主要产区

主要分为西部的Baixo Corgo、中部的Cima Corgo和东部的Douro Superior产区。

## 风格特点

杜罗河产区是葡萄牙最重要的产酒区，所出产的红葡萄酒颜色深浓，酒体丰满，单宁充沛，品质优异，适合久藏，该产区出产的波特酒（Port）香醇浓烈，以香浓味甘闻名世界。

## 葡萄品种

红葡萄品种包括国产多瑞加（Touriga Nacional）、国产弗兰卡（Touriga Franca）、红巴罗卡（Tinta Barroca）、阿拉哥斯（Aragonez）、猎狗（Tinto Cao）；白葡萄品种包括玛尔维萨（Malvasia Fina）、古维欧（Gouveio）和维欧新（Viosinho）。

## 分级制度（由低到高）

日常餐酒（VDM）；

地区餐酒（VDR）；

推荐产区酒（IPR）；

法定产生酒（DOC）。

## Warre's–Vintage Port
# 华莱士酒庄－年份波特酒

所属产区：葡萄牙波尔图

葡萄品种：图丽卡

配餐建议：甜点

### 相关介绍

　　酒庄以著名的西班牙英雄华莱士勇士的名字命名，彰显出其酒雄劲有力的口感。

华莱士酒庄－年份波特酒　年份表格

| 年份 | 价格（元） | 分数 | 适饮期 | 侍酒（℃） |
|------|-----------|------|--------|-----------|
| 2001 | 305～355 | 92 | 2007～2023 | 10～12 |
| 2003 | 690～800 | 93 | 2010～2025 | 10～12 |
| 2004 | 490～570 | 90 | 2010～2025 | 10～12 |
| 2007 | 695～800 | 93 | 2014～2030 | 13～15 |
| 2009 | 870～1000 | 93 | 2015～2035 | 13～15 |
| 2011 | 890～1070 | 95 | 2020～2050 | 15～17 |

## Taylor–Vintage Port
# 泰勒酒庄－年份波特酒

所属产区：葡萄牙波尔图

葡萄品种：图丽卡

配餐建议：巧克力蛋糕

### 相关介绍

　　泰勒酒庄是葡萄牙最大的酒商之一，此酒果香浓郁，甜而不腻，适合收藏。

泰勒酒庄－年份波特酒　年份表格

| 年份 | 价格（元） | 分数 | 适饮期 | 侍酒（℃） |
|------|-----------|------|--------|-----------|
| 2003 | 1060～1270 | 95 | 2010～2030 | 10～12 |
| 2005 | 600～720 | 96 | 2012～2030 | 13～14 |
| 2007 | 870～1040 | 95 | 2015～2035 | 13～14 |
| 2009 | 945～1090 | 94 | 2016～2035 | 13～15 |
| 2011 | 1080～1300 | 97 | 2040～2080 | 15～17 |

葡萄牙·杜罗河产区

所属产区：葡萄牙波尔图
葡萄品种：图丽卡
配餐建议：巧克力蛋糕

## 相关介绍

　　辛名顿酒庄是葡萄牙最大的酒商之一，此酒是其旗舰产品，采用葡萄牙本土品种酿造而成，口感浓郁，耐久存，获得各方非常高的评价。

辛名顿酒庄 - 波特酒　年份表格

| 年份 | 价格（元） | 分数 | 适饮期 | 侍酒（℃） |
|------|-----------|------|--------|-----------|
| 2001 | 615～740 | 95 | 2007～2020 | 10～12 |
| 2003 | 590～695 | 95 | 2007～2020 | 10～12 |
| 2004 | 580～695 | 95 | 2010～2023 | 10～12 |
| 2005 | 690～830 | 95 | 2012～2025 | 13～15 |
| 2006 | 715～860 | 95 | 2013～2025 | 13～15 |
| 2007 | 715～860 | 95 | 2014～2025 | 13～15 |
| 2008 | 620～740 | 95 | 2015～2030 | 13～15 |
| 2009 | 675～775 | 93 | 2015～2030 | 13～15 |
| 2010 | 620～710 | 95 | 2016～2030 | 16～17 |
| 2011 | 810～970 | 95 | 2022～2045 | 16～17 |
| 2012 | 730～840 | 93 | 2020～2040 | 16～17 |

葡萄牙·杜罗河产区

## Ramos Pinto–Port Tawny 30 Years
## 雷莫比图酒庄 – 30年波特酒

所属产区：葡萄牙波尔图

葡萄品种：图丽卡

配餐建议：巧克力蛋糕

相关介绍

　　酒庄由Adriano Ramos Pinto先生创立于1880年。此酒用不同年份的酒液调配而成，平均年份为30年，酒色已呈茶色但口感仍非常活跃。

雷莫比图酒庄 – 30年波特酒　年份表格

| 年份 | 价格（元） | 分数 | 适饮期 | 侍酒（℃） |
|------|-----------|------|--------|-----------|
| NV | 810~930 | 93 | * | 13~14 |

## Niepoort–Vintage Port
## 倪波酒庄 – 年份波特酒

所属产区：葡萄牙波尔图

葡萄品种：图丽卡

配餐建议：甜点

相关介绍

　　倪波酒庄是波尔图区十大酒庄之一。

倪波酒庄 – 年份波特酒　年份表格

| 年份 | 价格（元） | 分数 | 适饮期 | 侍酒（℃） |
|------|-----------|------|--------|-----------|
| 2001 | 350~380 | 86 | * | 10~12 |
| 2003 | 750~865 | 93 | * | 10~12 |
| 2005 | 715~820 | 94 | * | 13~15 |
| 2007 | 770~820 | 94 | * | 13~15 |
| 2009 | 640~730 | 94 | * | 13~15 |
| 2011 | 830~955 | 94 | 2030~2070 | 16~17 |

葡萄牙·杜罗河产区

# Graham–Vintage Port
## 葛兰汉酒庄－年份波特酒

所属产区：葡萄牙波尔图

葡萄品种：图丽卡

配餐建议：巧克力蛋糕

### 相关介绍

　　葛兰汉酒庄是葡萄牙最有影响力的酒商之一，此酒是其旗舰产品，采用多个葡萄牙本土品种酿造而成，香气馥郁迷人。

### 葛兰汉酒庄－年份波特酒　年份表格

| 年份 | 价格（元） | 分数 | 适饮期 | 侍酒（℃） |
| --- | --- | --- | --- | --- |
| 2003 | 870~1040 | 95 | 2010~2030 | 10~12 |
| 2007 | 870~1040 | 95 | 2015~2035 | 13~15 |
| 2009 | 565~680 | 96 | 2017~2040 | 13~15 |
| 2011 | 985~1180 | 95 | 2025~2060 | 16~17 |

## Quinta do Portal–Grande Reserva
## 波尔塔酒庄 - 特级珍藏

所属产区：葡萄牙杜罗产区

葡萄品种：图丽卡

配餐建议：浓郁酱汁肉类

相关介绍

　　此酒被《葡萄酒热心家》选为世界100款最佳葡萄酒，也曾在伦敦葡萄酒挑战赛上获得金奖，带有典型的杜罗产区风格，是一款以优雅著称的葡萄酒。

波尔塔酒庄 - 特级珍藏　年份表格

| 年份 | 价格（元） | 分数 | 适饮期 | 侍酒（℃） | 醒酒（分钟） |
|------|-----------|------|---------|-----------|--------------|
| 2001 | 300～330 | 89 | 2007～2020 | 13～14 | 20 |
| 2003 | 305～355 | 91 | 2007～2020 | 13～14 | 30 |
| 2006 | 240～280 | 91 | 2010～2023 | 14～15 | 45 |
| 2007 | 270～310 | 91 | 2012～2025 | 14～15 | 50 |
| 2009 | 270～300 | 89 | 2013～2025 | 14～15 | 50 |

## Quinta do Crasto–Reserva Old Vines
# 克拉斯图酒庄 - 老树珍藏

所属产区：葡萄牙杜罗产区

葡萄品种：图丽卡

配餐建议：浓郁酱汁肉类

### 相关介绍

此酒由树龄为80年的老藤葡萄酿造而成，口感特别，性价比颇高。

### 克拉斯图酒庄 - 老树珍藏　年份表格

| 年份 | 价格（元） | 分数 | 适饮期 | 侍酒（℃） | 醒酒（分钟） |
|------|-----------|------|--------|-----------|--------------|
| 2001 | 490～570 | 90 | 2005～2015 | 13～14 | 20 |
| 2002 | 270～300 | 89 | 2006～2016 | 13～14 | 20 |
| 2003 | 365～420 | 91 | 2007～2017 | 13～14 | 30 |
| 2004 | 425～490 | 91 | 2009～2020 | 14～15 | 35 |
| 2005 | 350～400 | 91 | 2009～2020 | 14～15 | 40 |
| 2006 | 230～270 | 91 | 2010～2023 | 14～15 | 45 |
| 2007 | 270～310 | 93 | 2012～2025 | 14～15 | 50 |
| 2008 | 290～335 | 92 | 2013～2025 | 14～15 | 55 |
| 2009 | 290～335 | 93 | 2014～2026 | 16～17 | 60 |
| 2010 | 290～335 | 91 | 2013～2023 | 16～17 | 65 |
| 2011 | 305～355 | 91 | 2014～2020 | 16～17 | 70 |
| 2012 | 310～355 | 91 | 2015～2025 | 16～17 | 75 |

## Churchill–Quinta da Gricha
## 丘吉尔酒庄

所属产区：葡萄牙杜罗产区

葡萄品种：图丽卡

配餐建议：浓郁酱汁肉类

### 相关介绍

此酒在国内较少见到，但在国际上享有高知名度。

### 丘吉尔酒庄　年份表格

| 年份 | 价格（元） | 分数 | 适饮期 | 侍酒（℃） | 醒酒（分钟） |
|------|-----------|------|--------|-----------|--------------|
| 2003 | 790～905 | 91 | 2009～2020 | 13～15 | 30 |
| 2005 | 480～555 | 91 | 2012～2025 | 13～14 | 35 |
| 2007 | 540～620 | 93 | 2013～2025 | 13～14 | 40 |
| 2008 | 575～660 | 92 | 2014～2026 | 14～15 | 45 |
| 2009 | 575～665 | 92 | 2015～2028 | 14～15 | 50 |

葡萄牙·杜罗河产区

严谨的国度
德    国

# 德国葡萄酒产区
# Wine Resions of Germany

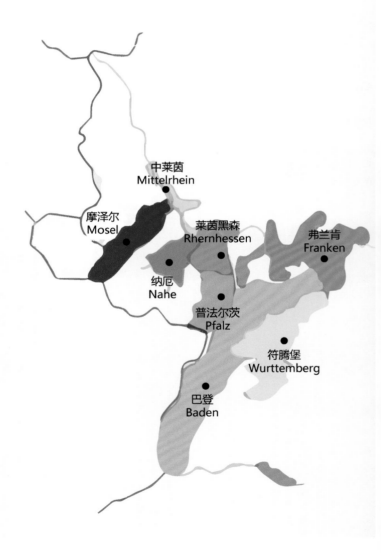

中莱茵
Mittelrhein

摩泽尔
Mosel

莱茵黑森
Rhernhessen

弗兰肯
Franken

纳厄
Nahe

普法尔茨
Pfalz

符腾堡
Wurttemberg

巴登
Baden

# 德国葡萄酒概况

## 地理位置

德国是全世界葡萄酒产区的最北限，气候寒冷。

## 主要产区

德国一共有13个葡萄酒产区，以摩泽尔（Mosel）、莱茵高（Rheingau）、莱茵黑森（Rheinhessen）和普法尔茨（Pfalz）最为出名。

## 风格特点

以产白葡萄酒为主。为了让葡萄达到充分成熟，德国的葡萄采摘时间较迟。葡萄酒多以单一品种酿造，而且以成熟度和含糖量高低划分，越高级别的葡萄酒葡萄成熟度越高，甜度越高。

## 葡萄品种

主要的白葡萄品种有雷司令（Riesling）和米勒-图高（Müller-Thurgau），尤以雷司令出名，德国被认为是世界上最好的雷司令葡萄酒产地。

## 分级制度（由低到高）

一般葡萄酒（Kabinet）；

晚摘葡萄酒（Spatlese Late Harvest）；

精选颗粒葡萄酒（Auslese Select Harvest）；

精选贵腐霉葡萄酒（Beerenauslese Berry Selection）；

冰葡萄酒（Eiswein Icewine）；

精选干颗粒贵腐霉葡萄酒（Trockenbeerenauslese Dry Berries Selection）。

## Weingut Müller–Catoir–Haardter Burgergarten Rieslaner Beerenauslese
## 穆勒酒庄

所属产区：德国普法尔茨产区

所属等级：精选贵腐霉葡萄酒

葡萄品种：雷司令

配餐建议：甜点

相关介绍

此酒口感浓郁香甜，后味带有奶油感。

穆勒酒庄　年份表格

| 年份 | 价格（元） | 分数 | 适饮期 | 侍酒（℃） | 醒酒（分钟） |
|------|-----------|------|--------|-----------|-------------|
| 2003 | 1500～1730 | 92 | 2008～2020 | 10～12 | 20～25 |

## Weingut Johannishof–Johannisberger Goldatzel Riesling Eiswein
## 约翰尼索酒庄－冰酒

所属产区：德国莱茵高产区约翰山堡

所属等级：冰葡萄酒

葡萄品种：雷司令

配餐建议：甜点

相关介绍

酒庄只在最优秀的年份才出产，拥有令人难忘的芳香和馥郁的口感。

约翰尼索酒庄－冰酒　年份表格

| 年份 | 价格（元） | 分数 | 适饮期 | 侍酒（℃） | 醒酒（分钟） |
|------|-----------|------|--------|-----------|-------------|
| 2001 | 1680～2015 | 96 | 2008～2020 | 10～12 | 15～20 |
| 2002 | 2620～3015 | 94 | 2009～2025 | 10～12 | 15～20 |

德

国

## Weingut Joh. Jos. Prum–Badstube Riesling Beerenauslese
## 约翰普仑酒庄

所属产区：德国摩泽尔产区

所属等级：精选贵腐霉葡萄酒

葡萄品种：雷司令

配餐建议：甜点

相关介绍

酒庄只在最优秀的年份才出产，拥有令人难忘的芳香和馥郁的口感。

约翰普仑酒庄　年份表格

| 年份 | 价格（元） | 分数 | 适饮期 | 侍酒（℃） | 醒酒（分钟） |
|------|-----------|------|--------|-----------|--------------|
| 2006 | 1925~2315 | 95 | 2008~2020 | 10~12 | 20~25 |

## Weingut J J Christoffel–Urziger Wurzgarten Riesling Trockenbeerenauslese
## 克里斯托福酒庄

所属产区：德国摩泽尔产区

所属等级：精选干颗粒贵腐霉葡萄酒

葡萄品种：雷司令

配餐建议：甜点

相关介绍

此酒是酒庄的顶级产品，在当地亦享有非常高的知名度，以其诱人的芳香和丰厚的口感出名。

克里斯托福酒庄　年份表格

| 年份 | 价格（元） | 分数 | 适饮期 | 侍酒（℃） | 醒酒（分钟） |
|------|-----------|------|--------|-----------|--------------|
| 2003 | 14315~17180 | 95 | 2008~2020 | 10~12 | 30 |

## Weingut Dr. Burklin–Wolf–Wachenheimer Gerumpel Riesling Beerenauslese
## 柏林五福博士酒庄

所属产区：德国普法尔茨产区

所属等级：精选贵腐霉葡萄酒

葡萄品种：雷司令

配餐建议：甜点

相关介绍

此酒酒色金黄，香气馥郁，口感丰厚。

柏林五福博士酒庄　年份表格

| 年份 | 价格（元） | 分数 | 适饮期 | 侍酒（℃） | 醒酒（分钟） |
|------|-----------|------|--------|-----------|--------------|
| 2002 | 1465～1685 | 95 | 2006～2020 | 10～12 | 15～20 |

## Weingut Bassermann–Jordan–Ruppertsberger Reiterpfad Riesling Trockenbeerenauslese
## 芭莎曼酒庄

所属产区：德国普法尔茨产区

所属等级：精选干颗粒贵腐霉葡萄酒

葡萄品种：雷司令

配餐建议：甜点

相关介绍

酒庄是德国历史最悠久的酒庄之一，此酒是英国皇室用酒。

芭莎曼酒庄　年份表格

| 年份 | 价格（元） | 分数 | 适饮期 | 侍酒（℃） | 醒酒（分钟） |
|------|-----------|------|--------|-----------|--------------|
| 2001 | 2160～2590 | 95 | 2005～2020 | 10～12 | 15～20 |
| 2006 | 2945～3390 | 94 | 2009～2025 | 10～12 | 20～25 |
| 2007 | 3405～3920 | 94 | 2010～2026 | 10～12 | 20～25 |

德
国

# Weingut Balthasar Ress–Hattenheimer Nussbrunnen Riesling Auslese
## 巴塔纱酒庄

所属产区：德国莱茵高产区

所属等级：串选葡萄酒

葡萄品种：雷司令

配餐建议：甜点

相关介绍

此酒带有迷人的柑橘、蜂蜜香气，口感甜而不腻。

巴塔纱酒庄　年份表格

| 年份 | 价格（元） | 分数 | 适饮期 | 侍酒（℃） | 醒酒（分钟） |
|---|---|---|---|---|---|
| 2001 | 500～580 | 92 | 2004～2014 | 10～12 | 10～15 |
| 2002 | 345～400 | 93 | 2005～2015 | 10～12 | 10～15 |
| 2003 | 305～355 | 93 | 2006～2016 | 10～12 | 10～15 |
| 2004 | 215～250 | 92 | 2008～2018 | 13～15 | 10～15 |
| 2005 | 345～400 | 94 | 2009～2018 | 13～15 | 10～15 |
| 2006 | 405～470 | 93 | 2010～2020 | 15～17 | 15～20 |
| 2009 | 450～515 | 93 | 2013～2023 | 15～17 | 15～20 |

德
国

## Weingut August Kesseler–Rudesheimer Berg Roseneck Riesling Beerenauslese Gold Cap

## 八月酒庄－金帽雷司令

所属产区：德国莱茵高产区

所属等级：精选贵腐霉葡萄酒

葡萄品种：雷司令

配餐建议：甜点

### 相关介绍

此酒酸度与甜度结合得恰到好处，余味悠长。

八月酒庄－金帽雷司令　年份表格

| 年份 | 价格（元） | 分数 | 适饮期 | 侍酒（℃） | 醒酒（分钟） |
|---|---|---|---|---|---|
| 2002 | 2580～2970 | 93 | 2005～2020 | 10～12 | 15～20 |
| 2003 | 2880～3310 | 93 | 2006～2025 | 10～12 | 15～20 |
| 2007 | 3880～4460 | 94 | 2010～2028 | 10～12 | 20～25 |

## 约翰山堡酒庄－金标雷司令

所属产区：德国莱茵高产区约翰山堡
所属等级：精选干颗粒贵腐霉葡萄酒
葡萄品种：雷司令
配餐建议：甜点

相关介绍

　　酒庄以产区名字冠名，其实力可见一斑。此酒是德国甜白葡萄酒顶级的品牌之一，蜂蜜、香梨等香气浓郁，充满奶油质感且甜而不腻，只在最优秀的年份才出产。

德

国

约翰山堡酒庄－金标雷司令　年份表格

| 年份 | 价格（元） | 分数 | 适饮期 | 侍酒（℃） | 醒酒（分钟） |
|------|-----------|------|--------|-----------|--------------|
| 2003 | 7295～8390 | 93 | 2006～2018 | 10～12 | 15～20 |
| 2005 | 7990～9190 | 93 | 2008～2020 | 10～12 | 20～25 |
| 2006 | 4885～5860 | 97 | 2009～2025 | 10～12 | 20～25 |
| 2009 | 2940～3530 | 94 | 2010～2025 | 13～15 | 20～25 |

## Dr Loosen Saint Johannishof–Erdener Pralat Riesling Auslese Long Gold Cap
# 卢森博士－金帽雷司令

所属产区：德国摩泽尔产区

所属等级：串选葡萄酒

葡萄品种：雷司令

配餐建议：甜点

相关介绍

此酒酒色金黄，香气以蜂蜜、花香为主，口感浓郁，回味甘甜。

德

国

卢森博士－金帽雷司令　年份表格

| 年份 | 价格（元） | 分数 | 适饮期 | 侍酒（℃） | 醒酒（分钟） |
|------|-----------|------|--------|-----------|--------------|
| 2005 | 4580～5495 | 97 | 2008～2020 | 10～12 | 20～25 |
| 2006 | 3280～3935 | 96 | 2009～2025 | 10～12 | 20～25 |
| 2007 | 2880～3310 | 94 | 2010～2025 | 10～12 | 20～25 |
| 2008 | 3280～3935 | 96 | 2013～2028 | 13～15 | 20～25 |
| 2009 | 2880～3310 | 94 | 2014～2019 | 13～15 | 20～25 |
| 2010 | 2880～3310 | 93 | 2015～2025 | 15～17 | 25～30 |

甜美国度
奥地利

# 奥地利葡萄酒产区
## Wine Regions of Austria

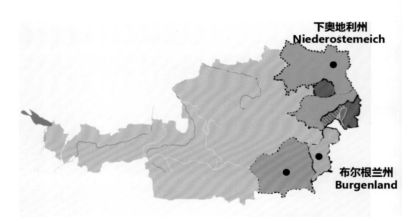

下奥地利州
Niederostemeich

布尔根兰州
Burgenland

施泰尔马克州
Steiermark

# 奥地利葡萄酒概况

## 地理位置

奥地利位于欧洲的正中位置，被称为"欧洲的心脏"的音乐及美酒之都——奥地利是全球产葡萄酒最好的国家之一，它所出产的葡萄酒享誉国际。

## 主要产区

奥地利的葡萄酒一直以内销为主，因此在国外比较少见，主要有四大产区：下奥地利州（Niederosterreich）、布尔根兰州（Burgenland）、施泰尔马克州（Steiermark）和维也纳（Vienna）。

## 风格特点

奥地利以白葡萄酒为主，尤其是冰酒和甜酒，以高质量、低产量而著称。

## 葡萄品种

常见的葡萄品种包括本土品种葛鲁娜（Gruner Veltliner）、穆勒‐图尔高（Müller‐Thurgau）、新山（Neuburger）等，也有常见的国际品种霞多丽（Chardonnay）和雷司令（Riesling）。

## 分级制度

奥地利的葡萄酒分级方式则与德国葡萄酒相似，按照糖分含量划分，糖分含量越高则级别越高。

## Alois Gross–Gewürztraminer Eiswein
# 阿罗斯格罗酒庄－琼瑶浆冰酒

所属产区：奥地利施泰尔马克州
葡萄品种：琼瑶浆
配餐建议：辣味菜肴、甜点

### 相关介绍

　　阿罗斯格罗酒庄是奥地利著名的葡萄酒酒庄之一，其酒款口感饱满、紧致，回味悠长。

### 阿罗斯格罗酒庄－琼瑶浆冰酒　年份表格

| 年份 | 价格（元） | 分数 | 适饮期 | 侍酒（℃） | 醒酒（分钟） |
|------|-----------|------|--------|-----------|--------------|
| 2010 | 870～1040 | 92 | 2013～2025 | 9～11 | 75 |

## Weingut Wieninger–Chardonnay Grand Select
# 维尼哲酒庄精选

所属产区：奥地利维也纳区
葡萄品种：霞多丽
配餐建议：沙拉

### 相关介绍

　　维尼哲酒庄葡萄园的面积在45 公顷左右，采用生物动力法种植，酿造手法是传统和现代的结合。

### 维尼哲酒庄精选　年份表格

| 年份 | 价格（元） | 分数 | 适饮期 | 侍酒（℃） | 醒酒（分钟） |
|------|-----------|------|--------|-----------|--------------|
| 2008 | 395～475 | 95 | 2012～2020 | 9～11 | 15～20 |
| 2009 | 470～540 | 93 | 2013～2020 | 9～11 | 15～20 |
| 2011 | 460～555 | 95 | 2015～2023 | 7～10 | 20～25 |
| 2012 | 480～555 | 90 | 2015～2022 | 7～10 | 20～25 |

奥地利

## Weingut Prager–Gruner Veltliner Stockkultur
# 普拉格酒庄

所属产区：奥地利瓦硕区

葡萄品种：葛鲁娜

配餐建议：甜点

### 相关介绍

普拉格酒庄结合传统的酿酒工艺，不断改革创新，致力于出产更高品质的优雅葡萄酒。

### 普拉格酒庄　年份表格

| 年份 | 价格（元） | 分数 | 适饮期 | 侍酒（℃） | 醒酒（分钟） |
|------|-----------|------|--------|-----------|--------------|
| 2007 | 460～530 | 94 | 2011～2020 | 9～10 | 15～20 |
| 2009 | 365～420 | 94 | 2012～2022 | 9～10 | 15～20 |
| 2010 | 460～530 | 94 | 2015～2025 | 7～9 | 20～25 |
| 2011 | 425～490 | 93 | 2013～2023 | 7～9 | 20～25 |
| 2012 | 405～465 | 94 | 2015～2025 | 7～9 | 20～25 |

## Weingut Franz Hirtzberger–Riesling Beerenauslese
# 弗兰兹酒庄

所属产区：奥地利瓦硕区

葡萄品种：雷司令

配餐建议：甜点

### 相关介绍

此酒酒香甜蜜，口感醇厚，带有丰富的杏酱、蜂蜜、坚果和肉桂的香气及风味，回味悠长。

### 弗兰兹酒庄　年份表格

| 年份 | 价格（元） | 分数 | 适饮期 | 侍酒（℃） | 醒酒（分钟） |
|------|-----------|------|--------|-----------|--------------|
| 2005 | 730～880 | 95 | 2009～2018 | 9～10 | 15～20 |
| 2006 | 810～970 | 98 | 2010～2020 | 10～11 | 15～20 |
| 2009 | 870～1040 | 94 | 2012～2025 | 9～10 | 15～20 |

奥地利

## Weingut Anton ( Romerhof ) Kollwentz–Chardonnay Welschriesling Trockenbeerenauslese
## 安顿酒庄 - 贵腐霉甜酒

所属产区：奥地利维也纳区

葡萄品种：霞多丽

配餐建议：辣味菜肴、巧克力

### 相关介绍

用霞多丽酿造的一款非常有特色的甜酒，芳香无比，甜而不腻。

安顿酒庄 - 贵腐霉甜酒　年份表格

| 年份 | 价格（元） | 分数 | 适饮期 | 侍酒（℃） | 醒酒（分钟） |
|------|-----------|------|---------|-----------|-------------|
| 2005 | 1250～1500 | 94 | 2008～2020 | 9～10 | 15～20 |
| 2007 | 1160～1400 | 93 | 2010～2020 | 9～10 | 15～20 |

遍洒阳光
的圣土
澳大利亚

# 澳大利亚葡萄酒产区
## Wine Resions of Auatralia

北领地
Northern Territory

昆士兰
Queensland

西澳大利亚
Western Australia

南澳大利亚
South Australia

新南威尔士
New South Wales

嘉利谷
Clare Valley

维多利亚
Victoria

芭萝莎谷
Barossa Valley

猎人谷
Hunter Valley

玛格丽特河产区
Margaret River

塔斯马尼亚
Tasmania

# 澳大利亚葡萄酒概况

## 地理位置

作为新兴的移民国家，澳大利亚有着多元的酿酒背景，加上其稳定的气候条件和丰富的土地矿物质含量，澳大利亚被众多酒评家认为是最好的新世界葡萄酒出产国。

## 主要产区

从西到东，澳洲的优质产酒区包括西澳大利亚（Western Australia）、南澳大利亚（South Australia）、新南威尔士（New South Wales）、维多利亚（Victoria）和塔斯曼尼亚（Tasmania）五大产区。其中，西澳大利亚的玛格丽特河谷（Margherita River）、南澳大利亚的芭萝莎谷（Barossa Valley）、新南威尔士的猎人谷（Hunter Valley）是澳大利亚名酒的聚集地。

## 风格特点

澳大利亚的酿酒师在酿酒时，普遍采用橡木桶储存及低温发酵技术，故制造出的葡萄酒以口感丰腴、带有巧克力和水果香为特色。

## 葡萄品种

目前，在澳大利亚种植的葡萄品种主要是国际上比较流行的葡萄品种：赤霞珠（Cabernet Sauvignon）、黑皮诺（Pinot Noir）、梅洛（Merlot）、西拉（Shiraz）、格连纳什（Grenache）、穆维多（Mouvedre）、霞多丽（Chardonnay）、雷司令（Riesling）、赛美蓉（Semillon）、长相思（Sauvignon Blanc）和麝香（Muscat）。

## 分级制度

澳大利亚没有明确的分级制度，目前以专业酒评家如James Suckling的评分，以及著名拍卖行朗格顿的评级系统进行分级。

## Torbreck–Run rig Shiraz
# 托布雷克酒庄－西拉

所属产区：澳大利亚南澳大利亚芭萝莎谷

葡萄品种：西拉

配餐建议：烧鸭、牛扒

澳大利亚

### 相关介绍

　　酒庄由澳洲著名酿酒师David Powell创立于1994年，目前其旗下的多款酒已跻身澳洲名酒之列。此酒是托布雷克的旗舰产品，是拍卖行中的常客，由97%的西拉和3%的白葡萄维奥尼尔调配而成。西拉在法国橡木桶中陈年两年半，60%为新桶；维奥尼尔则在橡木桶中陈放6个月。

### 托布雷克酒庄－西拉　年份表格

| 年份 | 价格（元） | 分数 | 适饮期 | 侍酒（℃） | 醒酒（分钟） |
| --- | --- | --- | --- | --- | --- |
| 2001 | 2320～2670 | 94 | 2005～2025 | 14～15 | 35 |
| 2002 | 2165～2595 | 95 | 2006～2026 | 15～16 | 50 |
| 2003 | 2260～2715 | 96 | 2008～2028 | 15～16 | 55 |
| 2004 | 2225～2670 | 95 | 2009～2029 | 15～16 | 50 |
| 2005 | 2050～2460 | 96 | 2010～2030 | 15～16 | 65 |
| 2006 | 2010～2415 | 95 | 2010～2030 | 16～17 | 70 |
| 2007 | 2190～2630 | 96 | 2012～2033 | 16～17 | 75 |
| 2009 | 2130～2555 | 95 | 2015～2035 | 16～17 | 85 |
| 2010 | 2410～2890 | 96 | 2015～2035 | 17～18 | 90 |

## Tahbilk–1860 Vines Shiraz
## 德宝酒庄 - 老藤西拉

所属产区：澳大利亚维多利亚纳金碧湖区
葡萄品种：西拉
配餐建议：烤肉

### 相关介绍

　　由于纳金碧湖区内的微型气候及独特的土壤条件，德宝酒庄拥有传说中全世界最古老的西拉葡萄树（1860年的老树）。罗伯特·帕克（Robert Parker）也说：“德宝酒庄是维多利亚酒业的历史明星代表，是澳洲最好的四大葡萄酒生产酒庄之一。”其酒浑厚有劲，是最具窖藏潜力的澳洲酒之一。

澳大利亚

德宝酒庄 - 老藤西拉　年份表格

| 年份 | 价格（元） | 分数 | 适饮期 | 侍酒（℃） | 醒酒（分钟） |
|---|---|---|---|---|---|
| 2002 | 1295～1490 | 93 | 2006～2026 | 14～15 | 40 |
| 2003 | 1045～1200 | 93 | 2008～2028 | 14～15 | 45 |
| 2004 | 1120～1345 | 95 | 2009～2029 | 15～16 | 60 |
| 2005 | 1370～1580 | 92 | 2010～2030 | 14～15 | 55 |
| 2006 | 1375～1580 | 90 | 2010～2030 | 15～16 | 60 |
| 2007 | 1410～1625 | 91 | 2012～2033 | 15～16 | 65 |
| 2008 | 1990～2290 | 92 | 2015～2035 | 15～16 | 70 |
| 2009 | 1990～2290 | 92 | 2015～2035 | 15～16 | 75 |

## Rockford–Basket Press Shiraz
# 洛克福酒庄－西拉

所属产区：澳大利亚南澳大利亚芭萝莎谷
葡萄品种：西拉
配餐建议：烤鸭、乳鸽

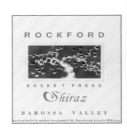

### 相关介绍

　　洛克福酒庄是近年澳大利亚葡萄酒投资者的大热之选，也是澳洲八十大酒庄之一。此酒有着明显的黑胡椒味，酒体中度，口感平衡。

### 洛克福酒庄－西拉　年份表格

| 年份 | 价格（元） | 分数 | 适饮期 | 侍酒（℃） | 醒酒（分钟） |
|------|-----------|------|--------|-----------|--------------|
| 2001 | 1100～1270 | 92 | 2004～2014 | 14～15 | 35 |
| 2002 | 1740～2000 | 93 | 2005～2015 | 14～15 | 40 |
| 2003 | 1140～1370 | 95 | 2006～2016 | 15～16 | 55 |
| 2004 | 1315～1580 | 96 | 2008～2018 | 15～16 | 60 |
| 2005 | 695～800 | 92 | 2009～2019 | 14～15 | 55 |
| 2006 | 720～830 | 93 | 2010～2020 | 15～16 | 60 |
| 2007 | 695～800 | 94 | 2010～2020 | 15～16 | 65 |
| 2008 | 735～845 | 93 | 2012～2023 | 15～16 | 70 |
| 2009 | 620～710 | 91 | 2013～2025 | 15～16 | 75 |
| 2010 | 685～790 | 91 | 2013～2025 | 16～17 | 80 |
| 2011 | 715～825 | 90 | 2015～2030 | 16～17 | 85 |

## Penfolds–Grange
# 奔富－格兰许

所属产区：澳大利亚南澳大利亚

葡萄品种：西拉、赤霞珠

每年产量：60 000瓶

配餐建议：嫩牛肉、煎羊排、红烧鲍鱼、硬奶酪

### 相关介绍

　　一个半世纪以前，年轻医生Christophe Rawson Penfolds创建了奔富酒庄。奔富是澳大利亚最著名、最大的葡萄酒庄，它被人们看作是澳大利亚红酒的象征。奔富酒庄葡萄园极其分散，在澳大利亚多个大产区均有葡萄园，加起来总面积超过1000公顷。奔富格兰许被认为是奔富旗下最高端的产品，可谓是澳洲葡萄酒的代表作，也是在中国最受追捧的葡萄酒品牌之一。其酒色深浓，果香浓郁，另有诱人的肉汁气质，入口即可感觉到其庞大的骨架，需陈放10年以上才适合饮用。

### 奔富－格兰许　年份表格

| 年份 | 价格（元） | 分数 | 适饮期 | 侍酒（℃） | 醒酒（分钟） |
|------|-----------|------|--------|-----------|--------------|
| 2001 | 2340～2690 | 94 | 2006～2030 | 14～15 | 35 |
| 2002 | 2495～2870 | 94 | 2007～2030 | 14～15 | 40 |
| 2003 | 2250～2590 | 93 | 2007～2033 | 14～15 | 45 |
| 2004 | 2535～2915 | 97 | 2008～2034 | 15～16 | 55 |
| 2005 | 2395～2760 | 95 | 2007～2045 | 15～16 | 60 |
| 2006 | 2620～3015 | 95 | 2011～2040 | 15～16 | 65 |
| 2007 | 2495～2870 | 95 | 2012～2040 | 15～16 | 70 |
| 2008 | 3090～3560 | 92 | 2012～2040 | 15～16 | 70 |
| 2009 | 2880～3315 | 95 | 2015～2040 | 16～17 | 80 |
| 2010 | 2890～3325 | 95 | 2015～2040 | 16～17 | 85 |

澳大利亚

## Mount Mary Quintet Cabernet Blend
# 玛丽山庄－五重奏

所属产区：澳大利亚维多利亚雅拉谷

葡萄品种：赤霞珠、梅洛

配餐建议：牛柳

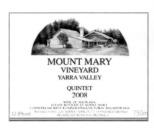

### 相关介绍

　　玛丽山庄在澳大利亚著名的朗格顿拍卖行排行榜上被列为"卓越级"（Exceptional），采用五个品种混合酿造而成，因此被称为"五重奏"。其酒是澳洲酒中少见的细腻型葡萄酒，有酒评家认为它的风格与法国波尔多玛歌村较为相似。

### 玛丽山庄－五重奏　年份表格

| 年份 | 价格（元） | 分数 | 适饮期 | 侍酒（℃） | 醒酒（分钟） |
|------|------------|------|--------|-----------|--------------|
| 2001 | 1335～1535 | 91 | 2006～2026 | 14～15 | 35 |
| 2002 | 1335～1535 | 93 | 2007～2027 | 14～15 | 40 |
| 2003 | 1160～1335 | 93 | 2008～2028 | 14～15 | 45 |
| 2004 | 1120～1290 | 92 | 2009～2029 | 14～15 | 50 |
| 2005 | 1100～1270 | 92 | 2010～2030 | 14～15 | 55 |
| 2006 | 1100～1270 | 90 | 2012～2032 | 15～16 | 60 |
| 2008 | 1075～1240 | 90 | 2015～2035 | 15～16 | 75 |
| 2010 | 1100～1270 | 93 | 2016～2036 | 16～17 | 80 |
| 2011 | 1005～1160 | 94 | 2013～2018 | 16～17 | 85 |
| 2012 | 1065～1225 | 94 | 2015～2020 | 16～17 | 90 |

澳大利亚

## Leeuwin Estate–Art Series Chardonnay
# 露纹酒庄－艺术系列霞多丽

所属产区：澳大利亚西澳大利亚玛格丽特河谷

葡萄品种：霞多丽

配餐建议：生蚝、香煎鳕鱼

### 相关介绍

　　露纹酒庄成立30余年，在中国享有高知名度，此酒稳定的表现为其加分不少。酒色年轻时呈现浅稻黄色，略带一抹青柠色泽，成熟后便是非常迷人的金黄色调。香气富有层次，带有精致的花香，另有梨子、豆蔻等香气，口感饱满丰厚。

露纹酒庄－艺术系列霞多丽　年份表格

| 年份 | 价格（元） | 分数 | 适饮期 | 侍酒（℃） | 醒酒（分钟） |
|---|---|---|---|---|---|
| 2001 | 1315～1515 | 94 | 2004～2016 | 10～12 | 15～20 |
| 2002 | 815～940 | 92 | 2005～2017 | 10～12 | 15～20 |
| 2003 | 970～1110 | 91 | 2006～2015 | 10～12 | 15～20 |
| 2004 | 755～870 | 93 | 2007～2024 | 10～12 | 15～20 |
| 2005 | 1065～1225 | 93 | 2008～2020 | 9～11 | 20～25 |
| 2006 | 830～960 | 91 | 2009～2021 | 9～11 | 20～25 |
| 2007 | 870～1000 | 92 | 2010～2022 | 9～11 | 20～25 |
| 2008 | 850～980 | 92 | 2011～2028 | 9～11 | 20～25 |
| 2009 | 830～960 | 94 | 2012～2024 | 9～11 | 20～25 |
| 2010 | 735～880 | 95 | 2013～2030 | 7～9 | 25～30 |
| 2011 | 715～860 | 94 | 2014～2022 | 7～9 | 25～30 |

## Lake's Folly–Cabernet Blend
# 福林湖酒园

所属产区：澳大利亚新南威尔士猎人谷
葡萄品种：赤霞珠、梅洛、西拉、小华帝
配餐建议：浓郁酱汁肉类

### 相关介绍

    福林湖酒园葡萄园种植面积仅有12公顷，平均树龄为40年，仅产一红一白两款葡萄酒。此酒色泽深浓，带有香草、樱桃、浆果等香味，口感丰满平衡，单宁纤细而结实，具有很好的陈年潜质，是猎人谷的顶级之作。

澳大利亚

### 福林湖酒园　年份表格

| 年份 | 价格（元） | 分数 | 适饮期 | 侍酒（℃） | 醒酒（分钟） |
|---|---|---|---|---|---|
| 2001 | 460～535 | 92 | 2006～2026 | 14～15 | 35 |
| 2002 | 735～845 | 92 | 2007～2027 | 14～15 | 40 |
| 2003 | 890～1025 | 94 | 2008～2028 | 14～15 | 45 |
| 2004 | 775～890 | 91 | 2009～2029 | 14～15 | 50 |
| 2005 | 715～820 | 93 | 2010～2030 | 14～15 | 55 |
| 2006 | 675～780 | 92 | 2012～2032 | 15～16 | 60 |
| 2007 | 775～890 | 91 | 2013～2033 | 15～16 | 65 |
| 2008 | 850～980 | 91 | 2015～2035 | 15～16 | 70 |
| 2009 | 655～760 | 90 | 2015～2035 | 15～16 | 75 |
| 2010 | 660～760 | 92 | 2015～2035 | 16～17 | 80 |
| 2011 | 890～1025 | 94 | 2013～2036 | 16～17 | 85 |
| 2012 | 755～870 | 90 | 2014～2035 | 16～17 | 90 |

# 爵士山庄 - 西拉

所属产区：澳大利亚维多利亚西斯科特

葡萄品种：西拉

配餐建议：浓郁酱汁肉类、辣味菜肴

### 相关介绍

　　爵士山庄提倡"无为"，即尽量减少对葡萄酒的人工修饰和添加，保留葡萄最原始的个性，从1975年建园后就没有使用过化学肥料。爵士山庄是澳大利亚著名的朗格顿拍卖行排行榜的常客。

澳大利亚

### 爵士山庄 - 西拉　年份表格

| 年份 | 价格（元） | 分数 | 适饮期 | 侍酒（℃） | 醒酒（分钟） |
|------|-----------|------|--------|-----------|-------------|
| 2001 | 620～710  | 92 | 2006～2026 | 13～14 | 35 |
| 2002 | 870～1000 | 94 | 2007～2027 | 13～14 | 40 |
| 2003 | 620～710  | 92 | 2008～2028 | 13～14 | 45 |
| 2004 | 930～1065 | 91 | 2009～2029 | 13～14 | 50 |
| 2005 | 735～845  | 92 | 2010～2030 | 14～15 | 55 |
| 2006 | 580～665  | 93 | 2012～2032 | 14～15 | 60 |
| 2007 | 660～760  | 92 | 2013～2033 | 14～15 | 65 |
| 2008 | 525～715  | 94 | 2015～2035 | 14～15 | 70 |
| 2009 | 695～800  | 93 | 2015～2035 | 14～15 | 75 |
| 2010 | 755～870  | 93 | 2015～2035 | 17～19 | 80 |
| 2012 | 660～760  | 93 | 2017～2038 | 17～19 | 90 |

## Henschke Hill of Grace
## 神恩山酒园

所属产区：澳大利亚南澳大利亚伊甸古
葡萄品种：西拉
配餐建议：牛柳

### 相关介绍

　　神恩山是公认的能够与奔富酒庄的格兰许分庭抗衡的葡萄酒，酒园的历史可以追溯到1800年。作为酒园顶级的产品，自1958年问世以来，神恩山一直保持着优异的品质，由于产量极低，有人甚至说，有钱可以买到奔富酒庄的格兰许，但不一定能买到神恩山。其酒香气甜美复杂，富有层次感，酒体结构均衡，后味悠长。

### 神恩山酒园　年份表格

| 年份 | 价格（元） | 分数 | 适饮期 | 侍酒（℃） | 醒酒（分钟） |
|------|-----------|------|--------|-----------|--------------|
| 2001 | 4715～5425 | 94 | 2006～2026 | 14～15 | 35 |
| 2002 | 5335～6140 | 97 | 2007～2027 | 14～15 | 50 |
| 2004 | 4795～5515 | 95 | 2009～2029 | 14～15 | 55 |
| 2005 | 4895～5630 | 96 | 2010～2030 | 15～16 | 60 |
| 2006 | 4970～5715 | 95 | 2011～2031 | 15～16 | 65 |
| 2007 | 4895～5630 | 95 | 2012～2032 | 15～16 | 70 |
| 2008 | 5300～6095 | 96 | 2013～2042 | 15～16 | 75 |
| 2009 | 5300～6095 | 96 | 2014～2050 | 15～16 | 80 |

澳大利亚

## Grosset–Polish Hill Riesling
# 格洛瑟山庄－雷司令

所属产区：澳大利亚南澳大利亚嘉利谷

葡萄品种：雷司令

配餐建议：海鲜、沙拉

### 相关介绍

第一个年份于1980年推出，此酒一直出品不俗，也是朗格顿拍卖行排行榜八十大佳酿之一。本酒以花香著名，带有清爽的柑橘类香气，另有淡淡的矿物味，酸度和甜度平衡得恰到好处，是非常有代表性的嘉利谷雷司令佳作。

### 格洛瑟山庄－雷司令　年份表格

| 年份 | 价格（元） | 分数 | 适饮期 | 侍酒（℃） | 醒酒（分钟） |
|------|-----------|------|--------|-----------|--------------|
| 2001 | 325～380 | 93 | 2002～2012 | 10～12 | 10～15 |
| 2002 | 655～757 | 94 | 2003～2013 | 10～12 | 10～15 |
| 2003 | 310～360 | 93 | 2004～2014 | 10～12 | 10～15 |
| 2004 | 325～370 | 92 | 2005～2015 | 10～12 | 10～15 |
| 2005 | 375～430 | 93 | 2006～2016 | 9～10 | 10～15 |
| 2006 | 540～620 | 92 | 2008～2018 | 9～10 | 15～20 |
| 2007 | 445～510 | 93 | 2009～2019 | 9～10 | 15～20 |
| 2008 | 425～490 | 93 | 2010～2020 | 9～10 | 15～20 |
| 2009 | 405～470 | 93 | 2010～2020 | 9～10 | 15～20 |
| 2010 | 425～490 | 93 | 2012～2023 | 7～9 | 20～25 |
| 2011 | 385～445 | 93 | 2012～2026 | 7～9 | 20～25 |
| 2012 | 405～470 | 94 | 2013～2032 | 7～9 | 20～25 |

澳大利亚

# Giaconda–Chardonnay
# 吉科达酒园 - 霞多丽

所属产区：澳大利亚维多利亚必曲伍兹
葡萄品种：霞多丽
配餐建议：海鲜、淡味菜肴

相关介绍

此酒是朗格顿拍卖行排行榜八十大佳酿之一，是澳洲最好的白葡萄酒之一，风格与法国勃艮第地区的白葡萄酒相似，口感复杂，矿物气息丰富。

吉科达酒园 - 霞多丽　年份表格

| 年份 | 价格（元） | 分数 | 适饮期 | 侍酒（℃） | 醒酒（分钟） |
|------|-----------|------|---------|-----------|--------------|
| 2001 | 1065～1280 | 96 | 2003～2006 | 10～12 | 15～20 |
| 2002 | 1505～1810 | 95 | 2007～2010 | 10～12 | 15～20 |
| 2004 | 1025～1230 | 95 | 2009～2012 | 10～12 | 15～20 |
| 2005 | 1240～1425 | 94 | 2010～2013 | 9～10 | 20～25 |
| 2006 | 1335～1535 | 94 | 2009～2018 | 9～10 | 20～25 |
| 2007 | 970～1110 | 93 | 2009～2019 | 9～10 | 20～25 |
| 2008 | 1295～1555 | 97 | 2010～2020 | 8～10 | 20～25 |
| 2009 | 1065～1280 | 90 | 2011～2023 | 9～10 | 20～25 |
| 2010 | 1235～1485 | 95 | 2012～2030 | 7～9 | 25～30 |
| 2011 | 1260～1450 | 94 | 2013～2026 | 7～9 | 25～30 |
| 2012 | 1100～1270 | 96 | 2015～2035 | 7～9 | 25～30 |

澳大利亚

## Cullen Wines–Diana Madeline Cabernet Merlot
# 库伦酒园－赤霞珠梅洛

所属产区：澳大利亚西澳大利亚玛格丽特河谷

葡萄品种：赤霞珠、梅洛

配餐建议：牛柳、羊扒

### 相关介绍

　　库伦酒园是澳大利亚最杰出的酒园之一，此酒是为纪念于1966年创立酒园的Diana和Madeline而酿造，是朗格顿拍卖行排行榜八十大佳酿之一。2009年更是被澳洲著名酒评家Jeremy Oliver评为"年度最佳葡萄酒"。

澳大利亚

### 库伦酒园－赤霞珠梅洛　年份表格

| 年份 | 价格（元） | 分数 | 适饮期 | 侍酒（℃） | 醒酒（分钟） |
|---|---|---|---|---|---|
| 2001 | 560～670 | 95 | 2006～2026 | 14～15 | 40 |
| 2002 | 1120～1290 | 93 | 2007～2027 | 13～14 | 40 |
| 2003 | 540～650 | 95 | 2008～2028 | 14～15 | 50 |
| 2004 | 715～825 | 94 | 2009～2029 | 14～15 | 50 |
| 2005 | 1025～1180 | 93 | 2010～2030 | 14～15 | 55 |
| 2006 | 600～690 | 92 | 2012～2032 | 16～17 | 60 |
| 2007 | 695～800 | 94 | 2013～2033 | 16～17 | 65 |
| 2008 | 925～1065 | 92 | 2015～2035 | 16～17 | 70 |
| 2009 | 905～1045 | 93 | 2016～2036 | 16～17 | 75 |
| 2010 | 890～1025 | 93 | 2017～2037 | 16～17 | 8 |
| 2011 | 850～980 | 94 | 2013～2046 | 16～18 | 85 |
| 2012 | 870～1000 | 94 | 2014～2032 | 16～18 | 90 |

## Clonakilla–Shiraz Viognier
# 科龙纳酒园 – 西拉维奥尼尔

所属产区：澳大利亚新南威尔士堪培拉
葡萄品种：西拉、维奥尼尔
配餐建议：牛柳、羊扒

### 相关介绍

此酒是朗格顿拍卖行排行榜八十大佳酿之一，以红葡萄西拉与白葡萄维奥尼尔混酿而成，1992年第一个年份一推出，立刻受到了各方的肯定，并逐渐成为科龙纳酒园的旗舰产品。

科龙纳酒园 – 西拉维奥尼尔　年份表格

| 年份 | 价格（元） | 分数 | 适饮期 | 侍酒（℃） | 醒酒（分钟） |
|------|-----------|------|--------|-----------|-------------|
| 2001 | 695～835 | 96 | 2006～2026 | 14～15 | 40 |
| 2002 | 445～530 | 96 | 2007～2027 | 14～15 | 45 |
| 2003 | 1335～1535 | 92 | 2008～2028 | 13～14 | 45 |
| 2004 | 1465～1690 | 94 | 2009～2029 | 13～14 | 50 |
| 2005 | 1335～1600 | 95 | 2010～2030 | 16～17 | 60 |
| 2006 | 655～790 | 95 | 2012～2032 | 16～17 | 65 |
| 2008 | 870～1045 | 96 | 2015～2035 | 16～17 | 75 |
| 2009 | 810～975 | 96 | 2016～2036 | 16～17 | 80 |
| 2010 | 830～960 | 93 | 2017～2037 | 16～17 | 80 |
| 2011 | 830～960 | 93 | 2012～2025 | 16～17 | 85 |
| 2012 | 915～1100 | 95 | 2013～2037 | 17～19 | 95 |

## Clarendon Hills–Astralis Shiraz
# 克莱伦顿酒园－西拉

所属产区：澳大利亚南澳大利亚克拉伦登
葡萄品种：赤霞珠、梅洛
配餐建议：牛柳

### 相关介绍

此酒是克莱伦顿酒园的旗舰品牌，也是澳大利亚著名的朗格顿拍卖行排行榜上被列为"卓越级"（Exceptional）的佳酿之一，多个年份均在罗伯特·帕克主办的《葡萄酒倡导者》杂志上位列100～110名。

### 克莱伦顿酒园－西拉　年份表格

| 年份 | 价格（元） | 分数 | 适饮期 | 侍酒（℃） | 醒酒（分钟） |
|---|---|---|---|---|---|
| 2001 | 2360～2830 | 95 | 2006～2030 | 14～15 | 40 |
| 2002 | 3055～3670 | 96 | 2010～2025 | 14～15 | 45 |
| 2003 | 2420～2900 | 96 | 2007～2033 | 14～15 | 50 |
| 2004 | 2420～2900 | 96 | 2008～2034 | 14～15 | 55 |
| 2005 | 2455～2950 | 96 | 2007～2045 | 14～15 | 60 |
| 2006 | 2515～3020 | 98 | 2018～2026 | 16～17 | 70 |
| 2007 | 2395～2880 | 95 | 2012～2040 | 16～17 | 70 |
| 2008 | 2635～3035 | 94 | 2012～2040 | 16～17 | 70 |
| 2009 | 4005～4805 | 97 | 2015～2040 | 16～17 | 80 |
| 2010 | 4605～5530 | 98 | 2012～2045 | 17～19 | 90 |
| 2012 | 5065～5830 | 93 | 2015～2045 | 17～19 | 90 |

澳大利亚

## Chris Ringland–Shiraz
# 克里斯灵兰－西拉

所属产区：澳大利亚南澳大利亚芭萝莎谷
葡萄品种：西拉
配餐建议：烧鸭、烤肉

### 相关介绍

　　此酒在澳大利亚著名的朗格顿拍卖行排行榜上被列为"卓越级"（Exceptional），是南澳大利亚最出名产区芭萝莎谷的顶级葡萄酒之一。该酒庄成立于1989年，虽然时间短，但其获得的评价非常高，平均年产量仅1200瓶，在市面上非常难见到。

### 克里斯灵兰－西拉　年份表格

| 年份 | 价格（元） | 分数 | 适饮期 | 侍酒（℃） | 醒酒（分钟） |
|------|-----------|------|--------|-----------|-------------|
| 2001 | 9960～11950 | 99 | 2006～2026 | 14～15 | 45 |
| 2002 | 8705～10445 | 99 | 2007～2027 | 14～15 | 50 |
| 2003 | 5630～6755 | 95 | 2008～2028 | 14～15 | 45 |
| 2004 | 4400～5280 | 98 | 2009～2029 | 14～15 | 60 |
| 2005 | 1295～5160 | 96 | 2013～2035 | 16～17 | 60 |
| 2006 | 4660～5590 | 96 | 2013～2035 | 16～17 | 65 |
| 2007 | 4410～5290 | 97 | 2015～2040 | 16～17 | 70 |

澳大利亚

## Brokenwood Wines–Graveyard Vineyard Shiraz
# 布洛克舞 - 格雷屋园西拉

所属产区：澳大利亚新南威尔士猎人谷
葡萄品种：西拉
配餐建议：牛柳、羊扒

### 相关介绍

　　作为澳大利亚最杰出的酒园之一，布洛克舞以格雷屋葡萄园葡萄酒而闻名，是朗格顿拍卖行排行榜八十大佳酿之一。这款葡萄酒挑选澳洲最好的西拉葡萄来酿造，忠实地反映了猎人谷的风格。

### 布洛克舞 - 格雷屋园西拉　年份表格

| 年份 | 价格（元） | 分数 | 适饮期 | 侍酒（℃） | 醒酒（分钟） |
|------|-----------|------|--------|-----------|-------------|
| 2001 | 1065～1225 | 90 | 2006～2026 | 13～14 | 35 |
| 2002 | 695～800 | 90 | 2007～2027 | 13～14 | 40 |
| 2003 | 720～830 | 94 | 2008～2028 | 13～14 | 45 |
| 2004 | 985～1135 | 94 | 2009～2029 | 13～14 | 50 |
| 2005 | 950～1090 | 94 | 2010～2030 | 14～15 | 55 |
| 2006 | 695～800 | 94 | 2012～2032 | 14～15 | 60 |
| 2007 | 1120～1290 | 94 | 2013～2033 | 14～15 | 65 |
| 2009 | 1275～1470 | 94 | 2016～2036 | 14～15 | 75 |
| 2011 | 1200～1380 | 94 | 2013～2041 | 16～17 | 85 |

## Bowen Estate–Cabernet Sauvignon
# 宝云庄－赤霞珠

所属产区：澳大利亚南澳大利亚古华纳拉
葡萄品种：赤霞珠
配餐建议：烧鸭、烤肉

### 相关介绍

　　宝云庄是1972年宝云（Bowen）夫妇创建的一个家庭式酒庄，从规模上讲可以说是个典型的小酒庄，但却是近年澳洲葡萄酒爱好者追求的明星酒庄，是澳洲最大的葡萄酒拍卖行朗格顿八十大最受欢迎名酒的一款。此酒酒色深浓，果香浓郁，口味热情，带有土壤的气息。

### 宝云庄－赤霞珠　年份表格

| 年份 | 价格（元） | 分数 | 适饮期 | 侍酒（℃） | 醒酒（分钟） |
|------|-----------|------|--------|-----------|--------------|
| 2001 | 405～470 | 92 | 2002～2010 | 13～14 | 20 |
| 2002 | 230～260 | 91 | 2003～2011 | 13～14 | 25 |
| 2004 | 190～220 | 91 | 2005～2013 | 14～15 | 35 |
| 2005 | 180～205 | 89 | 2006～2014 | 14～15 | 40 |
| 2006 | 170～190 | 92 | 2007～2015 | 14～15 | 45 |
| 2007 | 190～220 | 90 | 2008～2016 | 14～15 | 55 |
| 2010 | 270～310 | 90 | 2011～2019 | 16～17 | 65 |
| 2011 | 290～335 | 90 | 2013～2016 | 16～17 | 70 |
| 2012 | 310～360 | 90 | 2016～2032 | 16～17 | 80 |

澳大利亚

## Bindi–Original Vinyards Pinot Noir
## 宾迪酒园－黑皮诺

所属产区：澳大利亚维多利亚吉斯本
葡萄品种：黑皮诺
配餐建议：叉烧、牛肉

### 相关介绍

　　宾迪酒园的黑皮诺是澳大利亚少数几个能与法国勃艮第顶级黑皮诺匹敌的品牌之一，也是一款令澳大利亚人骄傲的葡萄酒。葡萄园由于所处地段较为寒冷，因此是黑皮诺生长的乐土。酒园对于质量的控制非常严格，每年产量仅1500箱。

宾迪酒园－黑皮诺　年份表格

| 年份 | 价格（元） | 分数 | 适饮期 | 侍酒（℃） | 醒酒（分钟） |
|---|---|---|---|---|---|
| 2004 | 465～540 | 94 | 2009～2029 | 13～14 | 50 |
| 2005 | 540～620 | 94 | 2010～2030 | 14～15 | 55 |
| 2006 | 740～855 | 93 | 2012～2032 | 14～15 | 60 |
| 2007 | 385～440 | 92 | 2013～2033 | 14～15 | 65 |
| 2008 | 670～770 | 94 | 2015～2035 | 14～15 | 70 |
| 2010 | 715～820 | 94 | 2017～2037 | 16～17 | 80 |
| 2011 | 675～780 | 91 | 2017～2037 | 16～17 | 85 |
| 2012 | 745～855 | 94 | 2019～2039 | 16～17 | 90 |

澳大利亚

## Bass Phillip–Reserve Pinot Noir
# 巴斯菲利普－珍藏黑皮诺

所属产区：澳大利亚维多利亚吉普斯兰

葡萄品种：黑皮诺

配餐建议：嫩牛肉、煎羊排、红烧鲍鱼、硬奶酪

### 相关介绍

由巴斯和菲利普两人合作创立于1979年，这款珍藏黑皮诺被称为澳洲最好的黑皮诺之一，并在澳大利亚著名的朗格顿拍卖行排行榜上被列为"卓越级"（Exceptional）。此酒香气持久，带有迷人的花香与矿物味，精致中又见些许劲道，是一款值得珍藏的葡萄酒。

#### 巴斯菲利普－珍藏黑皮诺　年份表格

| 年份 | 价格（元） | 分数 | 适饮期 | 侍酒（℃） | 醒酒（分钟） |
|------|-----------|------|--------|----------|-------------|
| 2001 | 1985～2380 | 95 | 2006～2030 | 13～14 | 40 |
| 2003 | 1850～2220 | 98 | 2008～2033 | 13～14 | 55 |
| 2004 | 1990～2390 | 95 | 2009～2034 | 14～15 | 60 |
| 2005 | 3450～4140 | 97 | 2010～2035 | 14～15 | 65 |
| 2009 | 3170～3800 | 95 | 2015～2040 | 14～15 | 80 |
| 2012 | 4435～5320 | 95 | 2018～2043 | 16～17 | 95 |

澳大利亚

## Wynns John Riddoch–Cabernet Sauvignon
## 酝思山庄－赤霞珠

所属产区：澳大利亚南澳大利亚库纳瓦拉
葡萄品种：赤霞珠
配餐建议：牛扒、羊扒

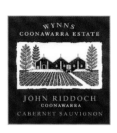

### 相关介绍

　　酝思山庄由苏格兰人John Riddoch创立于1891年，目前是库纳瓦拉地区历史最悠久、规模最大的葡萄酒生产商。酝思山庄的葡萄酒是典型的库纳瓦拉葡萄酒风格，此酒在法国橡木桶中存放26个月，酒体丰厚，口感饱满，富有层次感。

### 酝思山庄－赤霞珠　年份表格

| 年份 | 价格（元） | 分数 | 适饮期 | 侍酒（℃） | 醒酒（分钟） |
|------|-----------|------|--------|-----------|-------------|
| 2003 | 715～820 | 93 | 2008～2028 | 14～15 | 45 |
| 2004 | 660～790 | 95 | 2009～2029 | 15～16 | 55 |
| 2005 | 810～935 | 93 | 2010～2030 | 14～15 | 55 |
| 2006 | 615～710 | 93 | 2010～2030 | 15～16 | 60 |
| 2008 | 580～670 | 92 | 2015～2035 | 15～16 | 70 |
| 2009 | 890～1025 | 94 | 2015～2035 | 15～16 | 75 |
| 2010 | 945～1090 | 93 | 2015～2035 | 16～17 | 80 |

## Wendouree–Shiraz
# 文多利酒庄 - 西拉

所属产区：澳大利亚南澳大利亚嘉利谷

葡萄品种：西拉

配餐建议：腊味、嫩牛肉

相关介绍

　　文多利酒庄成立于1893年，是澳洲历史最悠久的酒庄之一。酒庄拥有超过一百年的老树，加上该区日照时间长，温差较大，形成了浓郁丰厚的葡萄酒风格。

### 文多利酒庄 - 西拉　年份表格

| 年份 | 价格（元） | 分数 | 适饮期 | 侍酒（℃） | 醒酒（分钟） |
|------|-----------|------|--------|----------|-------------|
| 2001 | 875 ~ 1005 | 92 | 2005 ~ 2025 | 14 ~ 15 | 35 |
| 2002 | 1740 ~ 2000 | 93 | 2006 ~ 2026 | 14 ~ 15 | 40 |
| 2003 | 1285 ~ 1550 | 95 | 2008 ~ 2028 | 15 ~ 16 | 50 |
| 2004 | 1505 ~ 1735 | 94 | 2009 ~ 2029 | 14 ~ 15 | 50 |
| 2005 | 1335 ~ 1535 | 94 | 2010 ~ 2030 | 14 ~ 15 | 55 |
| 2006 | 1410 ~ 1625 | 94 | 2010 ~ 2030 | 15 ~ 16 | 60 |
| 2008 | 1375 ~ 1580 | 93 | 2015 ~ 2035 | 15 ~ 16 | 70 |
| 2009 | 1335 ~ 1535 | 94 | 2015 ~ 2035 | 15 ~ 16 | 75 |
| 2010 | 1425 ~ 1640 | 94 | 2015 ~ 2035 | 16 ~ 17 | 80 |
| 2011 | 1025 ~ 1180 | 94 | 2018 ~ 2038 | 16 ~ 17 | 85 |
| 2012 | 1240 ~ 1490 | 98 | 2020 ~ 2040 | 17 ~ 18 | 100 |

牛仔的柔情
美　国

## 美国葡萄酒产区
## Wine region of Amerca

华盛顿州
Washington

纽约州
New York

俄勒冈州
Oregon

密歇根州
Michigan

俄亥俄州
Ohio

加州
California

维吉尼亚州
Virginia

## 美国加州葡萄酒产区
## Wine Resions of California

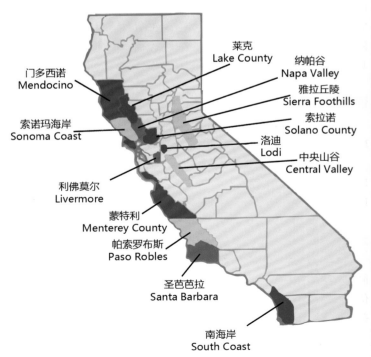

莱克
Lake County

纳帕谷
Napa Valley

门多西诺
Mendocino

雅拉丘陵
Sierra Foothills

索诺玛海岸
Sonoma Coast

索拉诺
Solano County

洛迪
Lodi

中央山谷
Central Valley

利佛莫尔
Livermore

蒙特利
Monterey County

帕索罗布斯
Paso Robles

圣芭芭拉
Santa Barbara

南海岸
South Coast

# 美国葡萄酒概况

## 地理位置

位于北美洲中部，其中最主要的产地加州位于美国西部，南邻墨西哥，西濒太平洋。

## 主要产区

90%的美国葡萄酒在加州酿造，主要产区为纳帕山谷、索罗马山谷、俄罗斯河山谷和威廉美特山谷。剩余的10%在华盛顿等地。

## 风格特点

美国是世界葡萄酒消费第一大国、世界葡萄酒产量第四大国。美国非常注重在品牌、包装、营销策略和酿酒技术方面的不断创新，同时重视学习欧洲数千年的葡萄种植和酿酒传统，这使得美国不仅成为葡萄酒生产大国，也成为葡萄酒质量强国。目前，美国顶级葡萄酒集中在加州的纳帕谷（Napa Valley），以传统的波尔多品种为主，大部分以单一葡萄品种酿造而成。虽然气候炎热，但因为有海洋的调节，加州葡萄酒保留了优雅细致的风味，且因其多次在盲品大赛中击败法国酒的赫赫战绩，成就了新世界葡萄酒的神话。

## 葡萄品种

红酒葡萄品种有赤霞珠（Cabernet Sauvignon）、黑皮诺（Pinot Noir）、梅洛（Merlot）、西拉（Shiraz）、仙粉黛（Zinfandel）等。

白酒葡萄品种有霞多丽（Chardonnay）、长相思（Sauvignon Blanc）、赛美蓉（Semillon）、白皮诺（Pinot Blanc）、白诗南（Chenin Blanc）、雷司令（Riesling）等。

## 分级制度

AVA是美国葡萄酒产地（American Viticultural Areas）制度的简称。与法国的"原产地名称管制制度"相比，它主要对被命名地域的地理位置和范围进行定义，对葡萄品种、种植、产量和酿造方式没有限制。目前美国共确定了145个AVA，其数量还在不断增加。

## Stag's Leap Wine Cellars–Cabernet Sauvignon Cask 23
# 鹿跃酒窖－窖藏23赤霞珠

所属产区：美国加州纳帕谷

葡萄品种：赤霞珠

配餐建议：口感浓郁的肉类及奶酪

### 相关介绍

　　此酒是令鹿跃酒窖甚至整个美国葡萄酒声名大噪的世界级酒款，其1973年份在著名的1976年巴黎盲品大赛中打败了一众一流酒款而获得第一名，是目前美国名气最大的葡萄酒，美国总统、英国女王都曾多次在重要场合选择了该酒。

美 国

### 鹿跃酒窖－窖藏23赤霞珠　年份表格

| 年份 | 价格（元） | 分数 | 适饮期 | 侍酒（℃） | 醒酒（分钟） |
|---|---|---|---|---|---|
| 2001 | 1785～2055 | 92 | 2005～2020 | 14～15 | 35 |
| 2002 | 1410～1620 | 90 | 2006～2023 | 14～15 | 40 |
| 2003 | 1410～1620 | 90 | 2006～2023 | 14～15 | 60 |
| 2004 | 1220～1400 | 90 | 2007～2025 | 14～15 | 65 |
| 2005 | 1655～1905 | 90 | 2009～2025 | 15～16 | 70 |
| 2006 | 1625～1870 | 90 | 2010～2025 | 15～16 | 75 |
| 2007 | 1425～1640 | 91 | 2011～2027 | 15～16 | 80 |
| 2008 | 1640～1890 | 91 | 2015～2028 | 15～16 | 85 |
| 2009 | 1685～1940 | 94 | 2015～2030 | 16～17 | 90 |
| 2010 | 1725～1990 | 90 | 2016～2030 | 17～18 | 95 |
| 2012 | 1900～2390 | 99 | 2018～2035 | 17～18 | 100 |

## Screaming Eagle–Cabernet Sauvignon
# 啸鹰酒庄－赤霞珠

所属产区：美国加州纳帕谷
葡萄品种：赤霞珠、梅洛、品丽珠
配餐建议：口感浓郁的肉类及奶酪

### 相关介绍

　　啸鹰酒庄的名字来自庄园主Jean Phillips请酒评家评论新酒时说的一句话："这酒或许是一只雄鹰，或者什么也不是。"结果，此酒一鸣惊人，从此酒庄得名啸鹰酒庄。酒庄只酿赤霞珠一种红葡萄酒，产量非常小，年产仅数百箱。由于酒的品质高，产量小，价格扶摇直上，在加州膜拜酒中占有举足轻重的地位。

美国

### 啸鹰酒庄－赤霞珠　年份表格

| 年份 | 价格（元） | 分数 | 适饮期 | 侍酒（℃） | 醒酒（分钟） |
|---|---|---|---|---|---|
| 2001 | 16425～18890 | 94 | 2005～2020 | 13～14 | 45 |
| 2002 | 15195～18290 | 95 | 2006～2023 | 14～15 | 55 |
| 2003 | 13715～15775 | 93 | 2006～2023 | 13～14 | 55 |
| 2004 | 13920～16010 | 94 | 2007～2025 | 13～14 | 60 |
| 2005 | 14375～17250 | 96 | 2009～2025 | 15～16 | 70 |
| 2006 | 13345～16020 | 95 | 2010～2025 | 15～16 | 75 |
| 2007 | 18195～21840 | 98 | 2011～2027 | 15～16 | 85 |
| 2008 | 13675～16410 | 96 | 2012～2028 | 15～16 | 85 |
| 2009 | 12970～15565 | 97 | 2014～2030 | 15～16 | 90 |
| 2010 | 15060～18075 | 97 | 2015～2031 | 17～18 | 95 |
| 2011 | 11295～13555 | 95 | 2016～2031 | 17～18 | 105 |

## Rubicon Estate
# 罗宾汉酒庄

所属产区：美国加州纳帕谷

葡萄品种：赤霞珠

土壤特征：砾石

每年产量：366 000瓶

配餐建议：搭配口感浓郁的肉类及奶酪

### 相关介绍

　　罗宾汉酒庄是一家拥有奥斯卡光环的酒庄，主人是鼎鼎大名的《教父》导演科波拉。酒庄始建于1880年，所处的卢瑟福谷位于纳帕谷的中心地带。从1991年开始，罗宾汉酒庄就在首席酿酒师Scott McLeod的领导下酿造极具风土条件的葡萄酒，力求至臻完美。2009年，Scott McLeod被世界权威杂志《葡萄酒爱好者》评为"年度最佳酿酒师"。

### 罗宾汉酒庄　年份表格

| 年份 | 价格（元） | 分数 | 适饮期 | 侍酒（℃） | 醒酒（分钟） |
| --- | --- | --- | --- | --- | --- |
| 2001 | 1255～1450 | 90 | 2005～2020 | 13～14 | 30 |
| 2002 | 1255～1450 | 90 | 2006～2026 | 13～14 | 35 |
| 2003 | 1200～1380 | 90 | 2006～2026 | 13～14 | 40 |
| 2004 | 1565～1805 | 90 | 2007～2022 | 13～14 | 45 |
| 2005 | 1760～2025 | 93 | 2009～2030 | 14～15 | 50 |
| 2006 | 1570～1805 | 90 | 2010～2030 | 14～15 | 55 |
| 2007 | 1740～2005 | 90 | 2011～2030 | 14～15 | 60 |
| 2008 | 2130～2450 | 91 | 2013～2032 | 14～15 | 65 |
| 2009 | 1935～2225 | 91 | 2014～2033 | 14～15 | 70 |
| 2010 | 2015～2315 | 91 | 2015～2034 | 16～17 | 75 |
| 2011 | 2070～2385 | 92 | 2016～2035 | 16～17 | 80 |

## Robert Mondavi–Cabernet Sauvignon Reserve
## 蒙大维－珍藏赤霞珠

所属产区：美国加州纳帕谷

葡萄品种：赤霞珠

配餐建议：嫩牛肉、煎羊排、红烧鲍鱼、硬奶酪

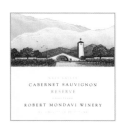

### 相关介绍

　　酒庄由Robert Mondavi先生在1965年创立，那年他已经52岁，由于经营理念与营运方向的分歧，Robert Mondavi离开了工作近30年的家族酒庄，来到纳帕谷并买下新的酒庄，开始了品牌经营的传奇，最后成就了坐拥440公顷葡萄园、年产150万箱的加州知名葡萄酒品牌。此酒酒香馥郁，酒体扎实，是酒庄的顶级产品。

### 蒙大维－珍藏赤霞珠　年份表格

| 年份 | 价格（元） | 分数 | 适饮期 | 侍酒（℃） | 醒酒（分钟） |
|------|-----------|------|--------|----------|------------|
| 2001 | 1240～1425 | 94 | 2006～2019 | 13～14 | 40 |
| 2002 | 1005～1155 | 92 | 2005～2020 | 13～14 | 45 |
| 2003 | 1255～1450 | 93 | 2007～2023 | 13～14 | 50 |
| 2004 | 1260～1450 | 93 | 2008～2024 | 13～14 | 55 |
| 2005 | 1120～1290 | 92 | 2009～2025 | 14～15 | 60 |
| 2006 | 1120～1290 | 93 | 2010～2026 | 14～15 | 65 |
| 2007 | 1255～1450 | 94 | 2011～2027 | 14～15 | 70 |
| 2008 | 1220～1405 | 94 | 2012～2030 | 14～15 | 75 |
| 2009 | 1120～1290 | 94 | 2014～2032 | 14～15 | 80 |
| 2010 | 1200～1380 | 93 | 2013～2033 | 16～17 | 85 |
| 2011 | 1255～1450 | 94 | 2015～2035 | 16～17 | 90 |

美
国

## Opus One–Napa Red
# 作品一号

所属产区：美国加州纳帕谷
葡萄品种：赤霞珠、品丽珠、梅洛、马尔别克、小华帝
配餐建议：嫩牛肉、煎羊排、红烧鲍鱼、硬奶酪

美
国

相关介绍

　　作品一号是法国一级名庄木桐庄与美国本土酿酒师的产物。尽管作品一号的初衷是创造出自己的风格，而不是做法国波尔多的翻版，但行家们还是品出该酒反映出了波尔多地区，特别是梅多克地区的风味。行家评语也从侧面印证了作品一号的绝佳品质：深红的色泽，黑莓与橡木桶香味，饱满而深沉，让人确信其耐得久藏。

作品一号　年份表格

| 年份 | 价格（元） | 分数 | 适饮期 | 侍酒（℃） | 醒酒（分钟） |
|---|---|---|---|---|---|
| 2001 | 2960～3405 | 91 | 2006～2019 | 13～14 | 40 |
| 2002 | 3465～3985 | 90 | 2005～2020 | 13～14 | 45 |
| 2003 | 3270～3600 | 88 | 2007～2023 | 12～13 | 45 |
| 2004 | 3075～3540 | 91 | 2008～2024 | 13～14 | 55 |
| 2005 | 2690～3095 | 92 | 2009～2025 | 14～15 | 60 |
| 2006 | 3020～3475 | 93 | 2010～2026 | 14～15 | 65 |
| 2007 | 3135～3605 | 94 | 2011～2027 | 14～15 | 70 |
| 2008 | 3135～3605 | 92 | 2012～2030 | 14～15 | 75 |
| 2009 | 3020～3475 | 92 | 2014～2032 | 14～15 | 80 |
| 2010 | 2885～3320 | 92 | 2015～2035 | 16～17 | 85 |
| 2011 | 2825～3250 | 90 | 2016～2036 | 16～17 | 90 |

## Harlan Estate–Napa Red
# 贺兰山庄

所属产区：美国加州纳帕谷
葡萄品种：赤霞珠、梅洛、品丽珠
配餐建议：口感浓郁的肉类及奶酪

相关介绍

　　贺兰山庄虽然只有短短20多年的历史，但被誉为美国加州杰出的酒庄之一，此酒富有深度，而又精致优雅，在葡萄酒评分中达到95分以上。其年产量仅800箱，一般通过配合制销售，一经上市就被抢购一空。

美

国

贺兰山庄　年份表格

| 年份 | 价格（元） | 分数 | 适饮期 | 侍酒（℃） | 醒酒（分钟） |
|---|---|---|---|---|---|
| 2001 | 8415～10095 | 97 | 2005～2020 | 14～15 | 50 |
| 2002 | 8685～10420 | 99 | 2006～2023 | 14～15 | 55 |
| 2003 | 4555～5240 | 91 | 2006～2023 | 13～14 | 50 |
| 2004 | 5540～6650 | 97 | 2007～2025 | 14～15 | 65 |
| 2005 | 5165～6200 | 96 | 2009～2025 | 15～16 | 70 |
| 2006 | 4700～6405 | 94 | 2010～2025 | 14～15 | 70 |
| 2007 | 8515～10220 | 98 | 2011～2027 | 15～16 | 80 |
| 2008 | 5495～6595 | 96 | 2015～2028 | 15～16 | 85 |
| 2009 | 6150～7380 | 97 | 2015～2030 | 15～16 | 90 |
| 2010 | 7515～9020 | 97 | 2016～2030 | 17～18 | 95 |
| 2011 | 6030～7235 | 95 | 2016～2031 | 17～18 | 100 |
| 2012 | 7515～9020 | 97 | 2018～2032 | 17～18 | 105 |

## Dominus–Napa Red
# 多米尼斯

所属产区：美国加州纳帕谷
葡萄品种：赤霞珠、梅洛、品丽珠
配餐建议：口感浓郁的肉类及奶酪

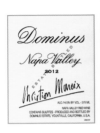

### 相关介绍

多米尼斯是一款由法国波尔多"酒王之王"柏图斯老板Christian
在美国投资、并以柏图斯班底打造的葡萄酒，一推出立即受到多方的认
可。值得一提的是，其酒窖与2008年北京奥运会的主场馆"鸟巢"出于
同一设计师之手。

### 多米尼斯　年份表格

| 年份 | 价格（元） | 分数 | 适饮期 | 侍酒（℃） | 醒酒（分钟） |
|---|---|---|---|---|---|
| 2001 | 1795～2070 | 93 | 2005～2020 | 13～14 | 35 |
| 2002 | 1970～2270 | 93 | 2006～2023 | 13～14 | 40 |
| 2003 | 1605～1850 | 91 | 2006～2023 | 13～14 | 60 |
| 2004 | 1450～1670 | 93 | 2007～2025 | 13～14 | 65 |
| 2005 | 1645～1890 | 92 | 2009～2025 | 14～15 | 70 |
| 2006 | 1505～1735 | 93 | 2010～2025 | 14～15 | 75 |
| 2007 | 2070～2380 | 94 | 2011～2027 | 14～15 | 80 |
| 2008 | 2125～2550 | 95 | 2015～2028 | 15～16 | 90 |
| 2009 | 2190～2630 | 96 | 2015～2030 | 16～17 | 95 |
| 2010 | 2685～3090 | 94 | 2016～2030 | 16～17 | 95 |
| 2011 | 1680～1935 | 92 | 2017～2031 | 16～17 | 100 |

## Diamond Creek–Cabernet Sauvignon Volcanic Hill
# 钻石溪酒庄火山酒园－赤霞珠

所属产区：美国加州纳帕谷

葡萄品种：赤霞珠、梅洛、品丽珠

配餐建议：口感浓郁的肉类及奶酪

### 相关介绍

　　此酒在近年声名鹊起，在一些拍卖行倍受欢迎，香气丰富，精致纯美，风格优雅。

美
国

### 钻石溪酒庄火山酒园－赤霞珠　年份表格

| 年份 | 价格（元） | 分数 | 适饮期 | 侍酒（℃） | 醒酒（分钟） |
|------|-----------|------|--------|----------|------------|
| 2001 | 1490～1715 | 92 | 2005～2020 | 13～14 | 30 |
| 2002 | 2300～2650 | 94 | 2006～2023 | 13～14 | 40 |
| 2003 | 1625～1785 | 89 | 2006～2023 | 13～14 | 35 |
| 2004 | 1760～2025 | 94 | 2007～2025 | 13～14 | 50 |
| 2005 | 1625～1785 | 87 | 2009～2025 | 14～15 | 45 |
| 2006 | 1760～2025 | 90 | 2010～2025 | 14～15 | 55 |
| 2007 | 1815～2090 | 91 | 2011～2027 | 14～15 | 60 |
| 2008 | 1915～2200 | 92 | 2015～2028 | 14～15 | 65 |
| 2009 | 1915～2200 | 92 | 2015～2030 | 14～15 | 70 |
| 2010 | 2260～2600 | 92 | 2016～2030 | 16～17 | 75 |
| 2011 | 2185～2515 | 93 | 2018～2032 | 16～17 | 80 |

## 贝灵哲酒庄 - 纳帕珍藏赤霞珠

所属产区：美国加州纳帕谷
葡萄品种：赤霞珠
土壤特征：火山土壤及岩石性土壤
每年产量：30 000箱
配餐建议：烤猪排或牛排

美
国

### 相关介绍

　　贝灵哲酒庄是纳帕谷最古老的一块葡萄园，建立于1876年，拥有超过130年的酿酒传统。贝灵哲被《葡萄酒热心家》与《葡萄酒与烈酒》杂志同时评为"2001年度最佳酒园"。贝灵哲也是唯一同时获得《葡萄酒观察家》杂志"最佳赤霞珠"与"最佳霞多丽"荣誉的酒庄。结合现代的科学技术与古老的传统工艺，贝灵哲的葡萄园酿造出高质量且令人印象深刻的好酒。贝灵哲的赤霞珠有着迷人的樱桃、香草、橡木香和烟熏气息，酒体结构完美，果味醇厚，口感平衡。

### 贝灵哲酒庄 - 纳帕珍藏赤霞珠　年份表格

| 年份 | 价格（元） | 分数 | 适饮期 | 侍酒（℃） | 醒酒（分钟） |
|------|-----------|------|--------|-----------|--------------|
| 2001 | 1310～1505 | 90 | 2007～2023 | 13～14 | 30 |
| 2002 | 1125～1295 | 90 | 2005～2025 | 13～14 | 35 |
| 2003 | 1440～1655 | 88 | 2006～2026 | 13～14 | 35 |
| 2004 | 1070～1230 | 91 | 2007～2032 | 13～14 | 45 |
| 2005 | 1030～1185 | 92 | 2012～2025 | 14～15 | 50 |
| 2006 | 1220～1405 | 91 | 2010～2016 | 14～15 | 55 |
| 2007 | 1345～1545 | 92 | 2009～2025 | 14～15 | 60 |
| 2008 | 1255～1440 | 92 | 2010～2025 | 14～15 | 65 |
| 2009 | 1125～1295 | 90 | 2014～2029 | 14～15 | 70 |
| 2010 | 1385～1595 | 90 | 2015～2030 | 16～17 | 75 |
| 2011 | 1385～1595 | 91 | 2017～2032 | 16～17 | 80 |

## Beaulieu Vineyard–Georges De Latour Private Reserve Cabernet Sauvignon
# 碧流酒庄－珍藏赤霞珠

**所属产区**：美国加州纳帕谷

**葡萄品种**：赤霞珠

**土壤特征**：砾石、黏土和火山土壤

**每年产量**：2 670 000瓶

**配餐建议**：牛肉三明治、浓郁的意大利面

### 相关介绍

1938年，碧流酒庄庄主请来著名的葡萄栽培和酿酒师Andre Tchelistcheff，并提出"不断创新"的理念，直到今天酒庄也一直坚持着这个理念。酒庄采用最先进的技术，结合历史悠久的传统，生产出很多卓越的酒，使酒庄广受赞誉。其赤霞珠酒色深浓，散发着樱桃、可乐及可可的香气，中度酒体，单宁和酸度都恰到好处，口感平衡。

### 碧流酒庄－珍藏赤霞珠　年份表格

| 年份 | 价格（元） | 分数 | 适饮期 | 侍酒（℃） | 醒酒（分钟） |
|------|-----------|------|--------|-----------|--------------|
| 2001 | 985～1135 | 90 | 2005～2021 | 13～14 | 30 |
| 2002 | 1065～1225 | 90 | 2005～2015 | 13～14 | 35 |
| 2003 | 1070～1230 | 91 | 2006～2011 | 13～14 | 40 |
| 2004 | 1020～1175 | 91 | 2008～2018 | 13～14 | 45 |
| 2005 | 1120～1290 | 93 | 2009～2017 | 14～15 | 50 |
| 2006 | 1005～1160 | 92 | 2009～2026 | 14～15 | 55 |
| 2007 | 1255～1450 | 92 | 2011～2043 | 14～15 | 60 |
| 2008 | 1065～1225 | 92 | 2014～2024 | 14～15 | 65 |
| 2009 | 1005～1160 | 92 | 2015～2025 | 14～15 | 70 |
| 2010 | 1005～1160 | 92 | 2015～2025 | 16～17 | 75 |
| 2011 | 1065～1225 | 92 | 2018～2028 | 16～17 | 80 |

来了之后就不想
再走的地方
新西兰

# 新西兰葡萄酒产区地图
## Wine Resions of New Zealand

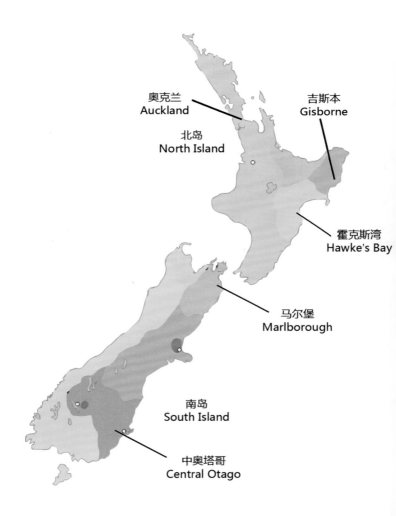

奥克兰
Auckland

吉斯本
Gisborne

北岛
North Island

霍克斯湾
Hawke's Bay

马尔堡
Marlborough

南岛
South Island

中奥塔哥
Central Otago

# 新西兰葡萄酒概况

## 地理位置

新西兰由南岛和北岛组成，南北气候迥然相异，最北端接近亚热带气候，而南端则几乎临近极地，四面环海，日照时间长。

## 主要产区

北岛以奥克兰（Auckland）、吉斯本（Gisborne）与霍克斯湾（Hawke's Bay）较为知名，而南岛的马尔堡（Marlborough）与中奥塔哥（Central Otago）近年更是出产了许多世界瞩目的顶级佳酿。

## 风格特点

新西兰出产的红葡萄酒品质不差，但白葡萄酒还是占了全国产量的90%，在南岛马尔堡区出产的长相思（Sauvignon Blanc）葡萄酒更以香味丰富浓郁、雅致清新闻名世界。红酒方面，新西兰的黑皮诺（Pinot Noir）较为出名，因为这里的气候干爽清凉，很适合像黑皮诺这种皮薄、娇柔的葡萄品种生长。高品质的新西兰黑皮诺香气风情万种，酒体又丰盈温柔。

## 葡萄品种

白葡萄酒以长相思见长，红葡萄酒中黑皮诺则较为出色。

## Te Mata–Cabernet Merlot Coleraine
# 德玛塔酒庄－卡乐琳

所属产区：新西兰北岛霍克斯湾
葡萄品种：赤霞珠、梅洛
配餐建议：烤肉

### 相关介绍

此酒结构扎实，单宁强劲却丝滑，平衡感非常好。

### 德玛塔酒庄－卡乐琳　年份表格

| 年份 | 价格（元） | 分数 | 适饮期 | 侍酒（℃） | 醒酒（分钟） |
|------|-----------|------|--------|-----------|-------------|
| 2002 | 540～595 | 89 | 2005～2013 | 12～13 | 30 |
| 2003 | 385～440 | 90 | 2006～2015 | 13～14 | 40 |
| 2004 | 430～500 | 92 | 2007～2015 | 13～14 | 45 |
| 2005 | 395～455 | 92 | 2008～2016 | 15～16 | 50 |
| 2006 | 620～715 | 92 | 2009～2017 | 15～16 | 55 |
| 2007 | 560～645 | 92 | 2010～2018 | 15～16 | 60 |
| 2008 | 735～845 | 91 | 2010～2018 | 15～16 | 65 |
| 2009 | 560～715 | 93 | 2011～2020 | 15～16 | 70 |
| 2010 | 600～690 | 93 | 2012～2022 | 16～17 | 75 |
| 2011 | 620～715 | 93 | 2013～2022 | 16～17 | 80 |

## Sacred Hill Winery–Shiraz Deer Stalkers
# 斯卡山庄－西拉

所属产区：新西兰北岛霍克斯湾

葡萄品种：西拉

配餐建议：黑椒牛扒

### 相关介绍

此酒有明显黑色水果的香气，是一款口感饱满的红葡萄酒。

斯卡山庄－西拉　年份表格

| 年份 | 价格（元） | 分数 | 适饮期 | 侍酒（℃） | 醒酒（分钟） |
|------|-----------|------|--------|-----------|--------------|
| 2004 | 325～355 | 89 | 2007～2013 | 12～13 | 25 |
| 2007 | 330～380 | 91 | 2010～2015 | 15～16 | 40 |
| 2008 | 300～345 | 91 | 2011～2016 | 15～16 | 45 |
| 2010 | 500～580 | 93 | 2013～2018 | 16～17 | 55 |

新西兰

## Millton Vineyards & Winery–Chardonnay Opou Vineyard
## 米顿酒庄 - 霞多丽

所属产区：新西兰北岛吉斯本

葡萄品种：霞多丽

配餐建议：生蚝、贝类

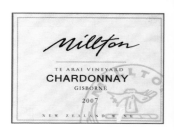

### 相关介绍

此酒口感清新，带有迷人的矿物味，后味甘爽。

米顿酒庄 - 霞多丽　年份表格

| 年份 | 价格（元） | 分数 | 适饮期 | 侍酒（℃） | 醒酒（分钟） |
|------|-----------|------|---------|-----------|--------------|
| 2010 | 330～380 | 91 | 2012～2017 | 7～9 | 20～25 |
| 2011 | 360～420 | 90 | 2012～2015 | 7～9 | 20～25 |
| 2012 | 310～360 | 86 | 2013～2015 | 7～9 | 20～25 |

## Craggy Range Winery–Sophia Proprietary Red Gimblett Gravels
# 克拉吉庄园－索菲亚梅洛（金布列园）

所属产区：新西兰北岛霍克斯湾

葡萄品种：梅洛

配餐建议：牛排

### 相关介绍

　　克拉吉庄园位于新西兰霍克斯湾，由美国实业家特里·皮博迪及著名酿酒大师斯蒂芬·史密斯建立于1998年。该酒厂精选最优良的葡萄品种，专注于单一葡萄园葡萄酒的酿造。其酿酒理念是"基于对葡萄园的精心挑选与管理，加上注重保证在生产过程中各个阶段环节的质量。"他们的目标是坚持酿造单一葡萄园葡萄酒——葡萄酒是葡萄园独特沃土的真实表达。2009年美国旧金山的盲品评酒赛中，此酒以总评分第一的好成绩打败了众多法国葡萄酒，从此声名鹊起。

克拉吉庄园－索菲亚梅洛（金布列园）　年份表格

| 年份 | 价格（元） | 分数 | 适饮期 | 侍酒（℃） | 醒酒（分钟） |
|------|-----------|------|--------------|-----------|--------------|
| 2002 | 850～935   | 89   | 2005～2017 | 13～14    | 30           |
| 2004 | 580～670   | 91   | 2007～2017 | 13～14    | 45           |
| 2005 | 1140～1310 | 90   | 2008～2018 | 15～16    | 50           |
| 2006 | 620～715   | 91   | 2009～2019 | 15～16    | 55           |
| 2007 | 445～515   | 92   | 2010～2020 | 15～16    | 60           |
| 2008 | 580～670   | 94   | 2011～2021 | 15～16    | 65           |
| 2009 | 600～690   | 93   | 2012～2022 | 15～16    | 70           |
| 2010 | 620～715   | 93   | 2013～2023 | 16～17    | 75           |
| 2011 | 685～790   | 92   | 2014～2025 | 16～17    | 80           |

## Villa Maria–Pinot Noir Taylors Pass
# 玛利亚酒园－黑皮诺

所属产区：新西兰南岛马尔堡

葡萄品种：黑皮诺

配餐建议：叉烧、烧鸭

### 相关介绍

此酒单宁如丝，入口柔和，但后味暗藏力量。

新西兰

#### 玛利亚酒园－黑皮诺　年份表格

| 年份 | 价格（元） | 分数 | 适饮期 | 侍酒（℃） | 醒酒（分钟） |
|------|-----------|------|--------|----------|-------------|
| 2007 | 365～420 | 90 | 2010～2018 | 15～16 | 40 |
| 2010 | 500～580 | 90 | 2014～2020 | 16～17 | 55 |
| 2012 | 530～610 | 90 | 2015～2023 | 16～17 | 60 |

## Saint Clair–Sauvignon Blanc Wairau Reserve
# 胜嘉力－珍藏长相思

**所属产区：**新西兰南岛马尔堡

**葡萄品种：**长相思

**配餐建议：**沙拉、海鲜

### 相关介绍

　　胜嘉力是新西兰第一个在国际上获得重大奖项的酒庄，此酒是其旗舰产品，果香浓郁，口感宜人，收结甘香。

新西兰

### 胜嘉力－珍藏长相思　年份表格

| 年份 | 价格（元） | 分数 | 适饮期 | 侍酒（℃） | 醒酒（分钟） |
|------|-----------|------|--------|-----------|-------------|
| 2005 | 350 ～400 | 91 | 2007～2013 | 9～10 | 15～20 |
| 2006 | 350～400 | 90 | 2009～2014 | 9～10 | 15～20 |
| 2007 | 350 ～400 | 92 | 2010～2015 | 9～10 | 15～20 |
| 2008 | 280～320 | 90 | 2011～2016 | 9～10 | 15～20 |
| 2009 | 265～290 | 88 | 2012～2017 | 10～11 | 15～20 |
| 2010 | 250～280 | 90 | 2012～2018 | 7～9 | 20～25 |
| 2011 | 270～300 | 91 | 2013～2019 | 7～9 | 20～25 |
| 2012 | 250～280 | 89 | 2014～2018 | 7～9 | 20～25 |

## Mount Edward–Pinot Noir
# 爱德华山庄－黑皮诺

**所属产区：** 新西兰南岛中奥塔哥

**葡萄品种：** 黑皮诺

**配餐建议：** 叉烧、烧鸭

### 相关介绍

此酒是中奥塔哥地区表现极佳的一款黑皮诺，受到各方认可。

### 爱德华山庄－黑皮诺　年份表格

| 年份 | 价格（元） | 分数 | 适饮期 | 侍酒（℃） | 醒酒（分钟） |
|------|-----------|------|--------|-----------|--------------|
| 2007 | 365～420 | 93 | 2010～2018 | 15～16 | 40 |
| 2008 | 285～330 | 90 | 2012～2020 | 15～16 | 45 |
| 2009 | 405～470 | 90 | 2013～2021 | 15～16 | 50 |
| 2010 | 365～420 | 91 | 2014～2023 | 16～17 | 55 |
| 2011 | 345～400 | 90 | 2014～2022 | 16～17 | 60 |
| 2012 | 300～330 | 89 | 2015～2025 | 16～17 | 65 |

## Felton Road–Pinot Noir Block 5
# 芬顿之路 - 黑皮诺

所属产区：新西兰南岛中奥塔哥
葡萄品种：黑皮诺
配餐建议：叉烧

### 相关介绍

　　此酒近年随着中奥塔哥产区的出名而声名鹊起，带有迷人的菌类气息，口感柔和，非常舒适。

### 芬顿之路 - 黑皮诺　年份表格

| 年份 | 价格（元） | 分数 | 适饮期 | 侍酒（℃） | 醒酒（分钟） |
|---|---|---|---|---|---|
| 2002 | 600～690 | 91 | 2005～2013 | 13～14 | 35 |
| 2003 | 575～660 | 94 | 2006～2014 | 13～14 | 40 |
| 2004 | 430～500 | 90 | 2007～2015 | 13～14 | 45 |
| 2007 | 565～650 | 92 | 2010～2020 | 15～16 | 60 |
| 2008 | 1025～1180 | 92 | 2012～2020 | 15～16 | 65 |
| 2009 | 1605～1750 | 92 | 2013～2023 | 15～16 | 70 |
| 2010 | 715～825 | 93 | 2014～2025 | 16～17 | 75 |
| 2011 | 830～960 | 92 | 2015～2024 | 16～17 | 80 |
| 2012 | 910～1050 | 94 | 2016～2025 | 16～17 | 85 |

## Cloudy Bay–Sauvignon Blanc Te Koko
# 云雾之湾 – 长相思

所属产区：新西兰南岛马尔堡
葡萄品种：长相思
配餐建议：沙拉、海鲜

### 相关介绍

　　此酒使新西兰白葡萄酒受世界瞩目，也是目前名声最响的新西兰白葡萄酒。

#### 云雾之湾 – 长相思　年份表格

| 年份 | 价格（元） | 分数 | 适饮期 | 侍酒（℃） | 醒酒（分钟） |
|------|-----------|------|--------|-----------|-------------|
| 2001 | 265～305 | 90 | 2002～2007 | 10～12 | 10～15 |
| 2002 | 430～475 | 89 | 2003～2009 | 11～13 | 10～15 |
| 2003 | 325～370 | 90 | 2004～2009 | 10～12 | 10～15 |
| 2004 | 430～500 | 90 | 2005～2010 | 10～12 | 10～15 |
| 2005 | 395～455 | 90 | 2006～2012 | 9～10 | 15～20 |
| 2006 | 320～350 | 89 | 2007～2013 | 10～11 | 10～15 |
| 2007 | 405～470 | 90 | 2009～2014 | 9～10 | 15～20 |
| 2008 | 385～445 | 92 | 2010～2015 | 9～10 | 15～20 |
| 2009 | 390～450 | 92 | 2011～2016 | 9～10 | 15～20 |
| 2010 | 445～515 | 93 | 2012～2018 | 7～9 | 20～25 |
| 2011 | 425～490 | 92 | 2014～2018 | 7～9 | 20～25 |
| 2012 | 465～535 | 93 | 2015～2020 | 7～9 | 20～25 |

新旧世界交相辉
映的产区
智　利

# 智利葡萄酒产区
## Wine Regions of New Zealand

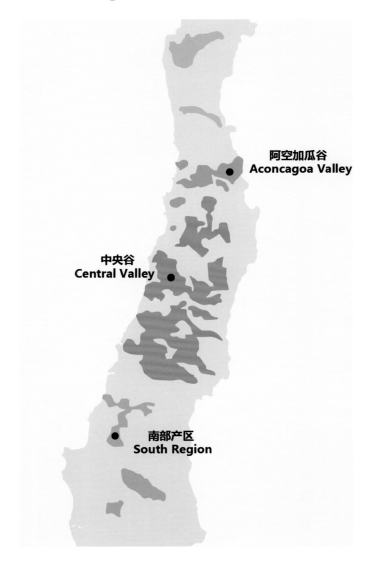

阿空加瓜谷
**Aconcagoa Valley**

中央谷
**Central Valley**

南部产区
**South Region**

# 智利葡萄酒概况

## 地理位置

    坐落于南美洲西南端的智利，地域狭长，东倚安第斯山脉，西濒太平洋，南接南极洲，属于典型的地中海气候，加上坐拥安第斯山脉积雪融化的天然水源，有着得天独厚的葡萄种植环境。智利是南美洲的第二大产酒国，出口量在新世界葡萄酒国家中名列前茅。

## 主要产区

    智利葡萄酒没有严格的等级划分制度，其葡萄酒通常来自三大产区：北部产区，中央谷（Central Valley）和南部产区。其中，中央谷是智利最重要的葡萄酒产区，包括迈波谷（Maipo Valley）、歌查加谷（Colchagua Valley）、兰佩谷（Rapel Valley）等，大部分顶级葡萄酒都来源于此。

## 风格特点

    极富个性，出色的性价比。

## 葡萄品种

    葡萄品种多以传统的波尔多品种为主。红葡萄有赤霞珠（Cabernet Sauvignon）、梅洛（Merlot）、卡曼纳（Carmenere）、西拉（Shiraz）、黑皮诺（Pinot Noir）；白葡萄有长相思（Sauvignon Blanc）、霞多丽（Chardonnay）、维欧尼（Viognier）、雷司令（Riesling）。

## 分级制度（由低到高）

    品种级 Varietal；

    珍藏级 Reserva；

    特级珍藏级 Gran Reserva；

    家族珍藏级 Reserva De Familia；

    至尊限量级 Premium。

## Santa Rita–Cabernet Sauvignon Casa Real
# 桑塔丽塔 - 真实家园赤霞珠

所属产区：智利迈波谷

葡萄品种：赤霞珠

配餐建议：牛扒

### 相关介绍

　　桑塔丽塔庄园是智利三个最大的葡萄酒生产商之一，八次被美国《葡萄酒与烈酒》杂志评为"年度最佳酒园"。此酒是其旗舰产品，以口感丰饶著称。

桑塔丽塔 - 真实家园赤霞珠　年份表格

| 年份 | 价格（元） | 分数 | 适饮期 | 侍酒（℃） | 醒酒（分钟） |
|------|-----------|------|--------|-----------|--------------|
| 2001 | 675～780 | 93 | 2006～2020 | 14～15 | 30 |
| 2002 | 430～500 | 93 | 2006～2021 | 14～15 | 35 |
| 2005 | 445～510 | 94 | 2009～2025 | 15～16 | 60 |
| 2007 | 405～470 | 92 | 2012～2027 | 15～16 | 70 |
| 2008 | 445～515 | 92 | 2013～2028 | 15～16 | 75 |
| 2009 | 425～470 | 87 | 2013～2025 | 14～15 | 75 |
| 2010 | 425～470 | 92 | 2015～2030 | 16～17 | 85 |
| 2011 | 470～540 | 93 | 2016～2031 | 16～17 | 90 |

## Miguel Viu Manent—Viu 1
## 美娜庄园1号

所属产区：智利歌查加谷
葡萄品种：马尔贝克
配餐建议：牛肉、羊肉

### 相关介绍

此酒用智利近年最出色的葡萄品种马尔贝克酿造，酒色深浓，带紫色边缘，以紫罗兰花香、肉桂香气为主，口感圆润，单宁如丝。

### 美娜庄园1号　年份表格

| 年份 | 价格（元） | 分数 | 适饮期 | 侍酒（℃） | 醒酒（分钟） |
|------|-----------|------|--------|-----------|-------------|
| 2001 | 890～1025 | 91 | 2005～2020 | 13～14 | 40 |
| 2005 | 325～375 | 91 | 2009～2025 | 15～16 | 40 |
| 2007 | 540～625 | 90 | 2010～2026 | 15～16 | 50 |
| 2008 | 745～855 | 90 | 2011～2026 | 15～16 | 55 |
| 2010 | 815～940 | 90 | 2014～2030 | 16～17 | 65 |

## Don Melchor Cabernet Sauvignon
# 红魔鬼－赤霞珠

所属产区：智利迈波谷
葡萄品种：赤霞珠
配餐建议：搭配意大利面、干酪和红肉。

相关介绍

　　红魔鬼葡萄酒是南美洲知名的葡萄酒，且被酒评杂志评为"世界最有价值的赤霞珠红葡萄酒"之一，由智利最古老的酒厂之一，也是目前最大的酒厂干露酒厂（Concha Y Toro）酿造。该厂拥有近5000公顷的土地，旗下有13个葡萄园。红魔鬼的赤霞珠是法国传统葡萄品种在智利的成功典范，充满成熟黑色水果的香气，并略带香草、咖啡和烤橡木气息，酒体丰满，酒质细腻，口感顺滑且浓郁，回味绵长。

### 红魔鬼－赤霞珠　年份表格

| 年份 | 价格（元） | 分数 | 适饮期 | 侍酒（℃） | 醒酒（分钟） |
|------|-----------|------|--------|----------|------------|
| 2001 | 540～630 | 93 | 2006～2020 | 13～14 | 30 |
| 2002 | 910～1050 | 92 | 2006～2021 | 13～14 | 35 |
| 2003 | 985～1140 | 93 | 2007～2023 | 13～14 | 40 |
| 2004 | 815～935 | 92 | 2008～2023 | 13～14 | 45 |
| 2005 | 815～935 | 94 | 2009～2025 | 15～16 | 50 |
| 2006 | 775～890 | 93 | 2009～2027 | 15～16 | 55 |
| 2007 | 774～890 | 93 | 2012～2028 | 15～16 | 60 |
| 2008 | 735～850 | 92 | 2013～2028 | 15～16 | 65 |
| 2009 | 755～850 | 93 | 2015～2030 | 15～16 | 70 |
| 2010 | 1005～1160 | 94 | 2016～2035 | 16～17 | 75 |

智利

## Casa Lapostolle—Clos Apalta
# 卡萨拉普酒庄 – 阿帕尔塔

所属产区：智利兰佩谷
葡萄品种：卡曼纳、梅洛和赤霞珠
配餐建议：意式烩饭、烤牛里脊

### 相关介绍

　　卡萨拉普酒庄由法国著名酿酒家族Marnier－Lapostolle所拥有，阿帕尔塔则是该酒庄顶级的产品，也是智利酒的顶级品牌。这款酒以智利独特的品种卡曼纳为主，配以梅洛和赤霞珠混合酿造而成。阿帕尔塔在国际上获得诸多奖项和荣誉，在《葡萄酒观察家》杂志2008年最佳葡萄酒评选中，获得96分的高分。阿帕尔塔是一款气质优雅的葡萄酒，入口第一感觉活泼有力，圆润顺滑，之后幼滑的单宁方才呈现。

#### 卡萨拉普酒庄 – 阿帕尔塔　年份表格

| 年份 | 价格（元） | 分数 | 适饮期 | 侍酒（℃） | 醒酒（分钟） |
| --- | --- | --- | --- | --- | --- |
| 2001 | 620～715 | 92 | 2005～2012 | 13～14 | 30 |
| 2002 | 655～755 | 90 | 2005～2013 | 13～14 | 35 |
| 2003 | 815～940 | 92 | 2006～2012 | 13～14 | 40 |
| 2004 | 815～940 | 92 | 2008～2014 | 13～14 | 45 |
| 2005 | 1510～1740 | 94 | 2010～2016 | 15～16 | 50 |
| 2006 | 930～1070 | 93 | 2010～2018 | 15～16 | 55 |
| 2007 | 910～1050 | 92 | 2011～2019 | 15～16 | 60 |
| 2008 | 870～1000 | 91 | 2012～2020 | 15～16 | 65 |
| 2009 | 945～1090 | 94 | 2015～2025 | 15～16 | 70 |
| 2010 | 915～1050 | 92 | 2014～2022 | 16～17 | 75 |
| 2011 | 955～1100 | 93 | 2015～2025 | 16～17 | 80 |

智
利

## Almaviva
## 活灵魂

所属产区：智利迈波谷
葡萄品种：赤霞珠、品丽珠、卡曼纳
配餐建议：烤牛肉、香煎洋芋牛柳

### 相关介绍

　　活灵魂位居智利葡萄酒行业的金字塔尖，是智利最大、最老的酒厂——干露酒厂和木桐酒庄在智利合作酿造的顶级葡萄酒，也是智利第一款可媲美波尔多顶级庄园的庄园酒。活灵魂是由多个葡萄品种混合酿制而成，以法国波尔多的传统葡萄品种赤霞珠为主。智利优质的土壤、气候，配合法国领先的酿酒技术和优良酿酒传统，活灵魂充分体现了两国文化的完美交融。其酒拥有迷人的红宝石色泽，带有成熟黑醋栗、李子香气，还有些许矿石味，后味中还可感受到香草、咖啡香气，口感平衡，结构良好，个性优雅沉稳。

智利

### 活灵魂　年份表格

| 年份 | 价格（元） | 分数 | 适饮期 | 侍酒（℃） | 醒酒（分钟） |
|------|-----------|------|--------|----------|-------------|
| 2001 | 1105～1270 | 92 | 2006～2026 | 13～14 | 40 |
| 2002 | 1085～1250 | 93 | 2007～2027 | 13～14 | 45 |
| 2003 | 1510～1810 | 95 | 2008～2028 | 14～15 | 55 |
| 2004 | 1005～1160 | 93 | 2009～2029 | 13～14 | 55 |
| 2005 | 1200～1380 | 94 | 2010～2030 | 15～16 | 60 |
| 2006 | 1025～1180 | 92 | 2011～2031 | 15～16 | 65 |
| 2007 | 1295～1590 | 93 | 2012～2032 | 15～16 | 70 |
| 2008 | 1160～1335 | 92 | 2013～2033 | 15～16 | 75 |
| 2009 | 1160～1335 | 92 | 2014～2034 | 15～16 | 80 |
| 2010 | 1255～1450 | 92 | 2015～2035 | 16～17 | 85 |
| 2011 | 1340～1540 | 94 | 2018～2035 | 16～17 | 90 |
| 2012 | 1065～1225 | 90 | 2020～2040 | 16～17 | 95 |

附 录

# 葡萄酒评分系统面面观

工作了一天回到家，我们都喜欢打开电视观看一些娱乐节目放松身心。而最近，像《中国好声音》《舞林争霸》《梦想中国》这样的选秀类节目往往是我们最喜爱、最热衷的。在这些节目当中，我们可以看到令人紧张不已的评委评分环节，评委们都会根据选手们的成绩作出一定的评定，这样无疑为甄选出优秀的选手提供了最重要的依据。不止选秀节目，跳水比赛、体操比赛、画展、音乐演出等都需要评委的评分进行优劣分析，而不能仅通过具体数据进行评定。反观我们的葡萄酒行业，口感因人而异，每个人有着不同的味蕾敏感度和感官经历，每个人都有属于自己的独特感受，每个人都会形成自己对葡萄酒的优劣评价，因此便会形成对葡萄酒不同的评分标准。

葡萄酒的评分，即是对葡萄酒质量的评价，对葡萄酒的市场有着超乎寻常的影响。酒庄会根据分数来定价，酒商会根据分数来确定库存，投资者和消费者会根据分数来决定是否购买。葡萄酒的评分让那些对葡萄酒了解不多的潜在投资者也能轻松进入葡萄酒市场，同时也增强了购买者的决策信心，避免受销售人员的误导。另外，葡萄酒分数简明易懂，不懂外文的人也可以根据分数判断葡萄酒的好坏，这样便可以让优秀的新葡萄酒生产商快速地建立知名度。当然，评分也有缺点，对于消费者来说，分数高的葡萄酒的价格异常之贵。在波尔多的名庄酒报价单上，毫无例外的，每一款酒都会注明RP或者WS的分数，然后才是价格，可见对于大多数的酒商来说，价格与分数已经是密不可分的了。

以上所描述的作用与影响都建立在现有的世界专业的葡萄酒圈评分系统，而其中被认为最有影响力的有4个，统称为3W1D：

《葡萄酒倡导家》，Wine Advocate，简称WA；

《葡萄酒观察家》，Wine Spectator，简称WS；

《葡萄酒爱好者》，Wine Enthusiast，简称WE；

《品醇客》，Decanter，简称DE。

前三者是美国的知名葡萄酒杂志或网站，均采取百分制为标准，最高为

100分；最后一个为英国的知名葡萄酒网站，采取星级为标准，最高为五颗星。当中以被称为葡萄酒王国的皇帝——罗伯特·帕克所创办的《葡萄酒倡导家》最具盛名，在许多专业的葡萄酒商店，尤其是香港的葡萄酒专卖店，如果该酒帕克有给分的话，一般都会在价格牌上同时注明。而对于已经有一定品酒经验的葡萄酒爱好者来说，在选购比较昂贵的葡萄酒时，最简单的方法就是先询问：这款酒帕克给多少分？因此传说帕克的钟情可以把一个酒庄送上天堂，而他的咒语也能将之打入地狱。然而，一些葡萄酒评分的反对者则认为：这样的葡萄酒评分的性质决定了它必定带有主观色彩，因此难免会有失公允；而且，一个简单的分数会使得人们忽视了葡萄酒自身的风格特色及其背后动人的风土历史故事，这样的评价方式会显得较为肤浅；更为重要的是，分数高的葡萄酒价格随之会水涨船高；等等。

帕克曾经说过："品尝葡萄酒最重要的是自己的味蕾，没有什么比自己品尝能得到更好的培训。"那么，我们是否也应该用自己的味蕾来亲自评价一款酒呢，我们是否也应该拥有自己的评价标准呢？建立起我们中国人自己的葡萄酒评分系统已经势在必行。

近年来，中国在经济领域实现了腾飞，市场也已与国际接轨。不仅是市场大开放，随着中国人生活水平的不断提高，人们对生活质量的要求也越来越高，葡萄酒作为一种健康饮品也逐渐进入寻常百姓家。而此时在欧美国家的葡萄酒市场正出现疲软状态，进口葡萄酒在中国则展现出惊人的爆发力，中国巨大的市场潜力将吸引越来越多的葡萄酒进入中国市场，各个产酒国的业内人士都笑称："不是在中国，就是在去中国的路上。"中国显然已经成为葡萄酒市场走向的风向标。

既然中国的葡萄酒市场规模已经如此之大，那我们就必须考虑是否再沿用这些由西方人士组成的评委团和他们的评分系统，他们的生长环境、饮食习惯、口感偏好都与中国人截然不同，并不能代表中国人的味蕾感受。西方人士喜欢吃生冷食物，喝咖啡，喝冰水；而中国人喜欢吃熟食，喝茶，喝温水。种种先天上的差异已造成了欧美评分系统参考价值的盲点。国泰香港国际美酒品评大奖的创办人之一、现任佳士得拍卖行中国葡萄酒分部负责人谭西文曾对记者抛出过这样一个新鲜说法："我们中国人在品评味道方面有两个很厉害的词，一是鲜，二是甜。当你喝到一碗好汤的时候，你只用说它很鲜甜，而不用说'哇，这里面的排骨味很浓'。其实，鲜、甜二字也完全可以成为中国人品评葡萄酒的简单、直接评判标准，因为文化隔膜，西方的葡萄酒评价标准对于中国人而言有些水土不服，例如他们说这款酒有着很浓的黑加仑味道，那些压根不熟悉黑加仑味道的中国人怎么来评判呢？这就像你让欧洲人想象麻辣锅的味道一样困难。但我们很容易能够分辨出鱼翅靓汤、由排骨瑶柱冬瓜炖成的口感丰富的高汤以及由味精、盐和鸡粉调出的汤。如果我们有自信心，面对一款未知的葡萄酒时，完全可以放下老外的那一套评判标准，而从中国人品汤的方法切入，很快就能上手，好酒如好汤，素材鲜靓，层次分明，唇齿留香，回味无穷。"

因此，无论是从中国整体的消费实力，还是从中国独特的口感习惯来看，中国人都需要一个以中国葡萄酒饮用者为主导的具有权威性的评分系统。在这种背景下，少数由中国人建立的葡萄酒评分系统开始出现，其中，在业内较为有名气的是由《葡萄酒》杂志社主办的一年一度的"金樽奖"。这个奖项由清一色的六个中国专业评委进行评分，并首次运用了性价比的评分准则，相对原来的西方评分体系有了很大的突破。然而，这个体系依然是由评委为我们选择，并未达到帕克所说的"自己品尝"的目标，由于品酒乃极其受主观感知的影响，不像其他行业的评测那般客观，所以如何做到准确地表达量化后的分值是艰难而重要的。其中2011年成立的试酒石独立葡萄酒评分机构（简称"试酒石"）就以"由国内业外人士组成评委团来评定属于中国人自己口味的葡萄酒"为特点步入葡萄酒评分领域。这对于评分系统来说，又是一个新的创举。

评酒时，酒评师为了保证自己给出的评分尽可能地可靠，大部分都会将待评的葡萄酒品鉴数次。有的是以盲品的形式进行，有的不以盲品的形式进行，然而在短时间之内给多款酒进行评定，即使再出色的评委也会造成审美疲劳。这种情况下，就会产生两个问题：一是长时间的品尝带来的不同味觉肯定会影响自己的判断力；二是没有背景资料的盲品肯定无法准确地评判它的真正价值。但笔者认为，将价格相差很大的酒放在一起盲品，是不公平的，因为这样虽然能够体现酒的真实水平，却无法体现酒的性价比。又因每位品评者的感官接受不尽相同，所以，即使设计出一张完美的评分表也并不能客观地反映葡萄酒的风貌，而葡萄酒评分系统设计和倡导的评分方法并不应该只强调为葡萄酒加冕一个分数，因为葡萄酒是有生命的，是一种艺术的象征，并不能简单地将其数值化而定优劣。因此，在葡萄酒评分机构中，评语也必须占一定的地位。另外，对于葡萄酒陈年味道的趋势也应该作一定的分析。因为陈年时间的不同，所呈现的味道、颜色与色泽皆不尽相同，是很难定义其优劣的，因此我们应该看清一款酒是否有一定的陈年潜力。

依靠由中国人自己组成的最具代表的评酒团队，以及独创的葡萄酒评分系统，中国葡萄酒评分机构应该通过与葡萄酒专业机构、葡萄酒生产商及葡萄酒销售商进行有效沟通，打造真实反映中国口感的独立葡萄酒评分系统，成为中国葡萄酒爱好者和投资者的风向标，让他们都可以通过这个平台找到自己心仪的葡萄酒，享受葡萄酒带来的乐趣。然而目前国内的这些葡萄酒评分机构依然存在或多或少的缺陷，由于中国接触葡萄酒评分系统的时间尚短，这也是无法避免的，任何成功的案例都要通过无数的失败铺路，希望通过时间的沉淀和磨炼，能够让我们国人看到真正属于我们中国人自己的葡萄酒评分系统。

## 期酒

期酒即消费者与酒商预先签订合同、预先付款购买指定酒，但需等待一段时间（通常是一到两年）后才能实际拿到酒。一般酿造投资级酒的酒庄（园）在好年份时会有期酒销售。简单地讲，它是指葡萄酒的早期购买。换句话说，就是葡萄酒在装瓶之前便开始销售。通常情况下，这时的葡萄酒还被储存在橡木桶中。顾客在最终得到葡萄酒之前的一两年先行付款。一旦等到葡萄酒可以被运送的时候，顾客可以选择立即缴税或者将葡萄酒储存在保税仓库中，直到再次被销售。

期酒是一种早期购买葡萄酒的方法，让消费者有机会在当年的葡萄酒还在木桶里尚未装瓶时，购买特定的葡萄酒。期酒是在年份酒上市一年或18个月以前先行付款。购买葡萄酒期酒的一个可能的好处是在期酒时葡萄酒的价格可能比装瓶并在市场上出售时低很多。然而一些葡萄酒也可能随着时间贬值。葡萄酒专家通常会推荐购买那些产量非常有限，在上市时很有可能购买不到的期酒。虽然也有其他的一些地区采用期酒的方式，但最常见的还是来自波尔多的期酒。

在葡萄收获的第二年春天，酒商或贸易组织将对木桶内的6~8个月的酒进行取样品尝。在波尔多，由于最终的酒品通常是由几种葡萄品种混酿而成，酿酒师会尝试决定酒样的混酿品种和比例。最终酒品的构成可能与酒样有所不同，这取决于每一个橡木桶内陈年过程中的成熟程度。基于最初的酒样，参加品尝的人将对酒品经装瓶、上市以及经过陈年后的预期质量给出一个初步的评分或酒评。

在酒庄完成酒的成熟阶段后，期酒的购买者可以选择装瓶的酒瓶大小，如375 mL或750 mL。在期酒时购买的葡萄酒通常会直接放入保税仓库。期酒作为一种精细的投资方式，购入的期酒可能最终遭受损失，或者可能获得可观的收益。例如，一箱拉图酒庄（Chateau Latour）1982年份的酒，在1983年期酒时的售价为250英镑，而在2007年估值为9000英镑，显然价格增长的主要部分发生在装瓶之后。

对生产者来说，期酒可以改善现金流并得到有保证的产品价格。这个概念在波尔多存在几个世纪了，在其他地区如勃艮第、皮埃蒙特、托斯卡纳、斗罗河以及里奥哈，只是偶尔使用。

对于消费者来说，购买期酒使得他们有机会能够确保买到产量非常小、上市后不容易买到的酒。在好的年份里，有些波尔多列庄可能在酒上市前就把整年的存货分配或卖光。此外，在期酒时购买的价格可能要比酒上市后的价格低。2009年4月，2008年份的波尔多期酒以比过去几年平均低30%的价格发布，这在市场中引发了非常大的购买狂潮，同时也显现了投资机会。

## 如何购买陈年葡萄酒

很多人在葡萄酒收藏的时候都倾向于购买一些陈年的葡萄酒，而这些酒的选购更需谨慎，为此本书提供以下几个基本的选购原则：

**第一个原则：观察酒标是否破损。**

长期地保存一瓶酒需要非常完美的温度和湿度条件，而这两个条件恰巧对保存酒标来说是水火不相容的。因此，一瓶存放了超过20年的酒，你们不要对充满霉菌斑点的酒标而感到惊讶，甚至年代更久一点的，酒标已经被腐蚀了。当然也有两个例外：首先，一些收藏家们特别照料酒标，用塑料薄膜包裹住每一瓶酒；另外一个是，收藏家们说服那些庄主给予他们一张新的酒标。

**第二个原则：仔细观察酒的液面高度。**

**正确认识葡萄酒的缺量标准**

这里的"肩膀"代表着葡萄酒在该酒瓶颈肩的液面高度，代表着其耗损程度。耗损的产生可能是自然的减少（软木塞吸入部分酒液），也可能是因为储藏环境不佳，例如保存温度太高，或是软木塞硬化使与瓶身间的空隙造成的渗漏或蒸发等原因。液面高度越低代表瓶内空气越多，葡萄酒氧化的风险自然也越高。

因此购买陈年葡萄酒时，缺量便成为该瓶酒储藏品质很重要的指标。若液面高度低于正常标准时，应避免购买，或同时观察其酒色和澄清度来判断是否已老化变质。

基础瓶肩（Base Neck）

一般来说，瓶肩Neck(见上图)是最佳的液面高度，若20年以上的葡萄酒基础瓶肩（Base Neck）是正常的液面高度，代表着该葡萄酒是存藏在很好的环境中的。

超高瓶肩（Very High Shoulder）

这对超过15年以上的葡萄酒来说是可以接受的液面高度，对超过35年以上的葡萄酒则算是非常好的酒品状况。

高瓶肩（High Shoulder）

代表着已有蒸发现象，对超过40年以上的葡萄酒来说是可以接受的液面高度。

中瓶肩（Mid Shoulder）

代表着该葡萄酒是存藏品质不佳，对超过50年以上的葡萄酒来说或许可以接受。

低瓶肩（Low Shoulder）

代表着该葡萄酒品质的不确定性高，除非是稀少的收藏品，否则不建议购买。

超低瓶肩（Below Shoulder）

基本上已经不能饮用。

对于勃艮第的葡萄酒瓶来说，由于本身就没有瓶肩，一般以液面离软木塞的距离来衡量(见图)。2 cm是最佳的液面高度，若12～25年以上的葡萄酒3 cm是正常的液面高度，代表着该葡萄酒是存藏在很好的环境中。5 cm对超过30年以上的葡萄酒来说是可以接受的液面高度。

**第三个原则：观察酒色。**

当然，如果你透过浅色的瓶壁去辨别酒色的话，这是很难看清楚的。我们要知道酒色是随着酒龄而变化的，红色是由它年轻时的青紫色到宝石红演变而来的，然后会有一些浅褐色的细微变化。 然而，我们可以相对从容地去观察和欣赏酒的透明性，一瓶陈年的酒肯定要比同源的年轻酒更透明。

## 葡萄酒拍卖

葡萄酒拍卖作为葡萄酒投资的一个特殊渠道，对葡萄酒投资市场有着巨大的影响力。拍卖是一种古老的葡萄酒销售手段，好几个世纪之前，英国人就开始从波尔多进酒自己消费。由于波尔多酒具备优秀的陈年潜力，随着时间的推移一直表现很好，这才使得葡萄酒收藏成为可能。当人们纷纷爱上收藏波尔多老酒的时候，葡萄酒拍卖应运而生。也可以说，正因为有了波尔多酒，才有了葡萄酒拍卖。1766年，英国伦敦佳士得拍卖行(Christie's)成立的当年，就进行了葡萄酒拍卖。

### 葡萄酒拍卖的优点

后来，葡萄酒拍卖越来越流行，它成为那些热衷于以最优的价格购买稀世好酒的行家们的最好选择，甚至直接让葡萄酒成为一种投资品。对投资来说，它具有以下几个方面的优点：

首先，葡萄酒拍卖使得葡萄酒投资市场有了公允的价格。在传统的葡萄酒市场的销售链条中，葡萄酒的价格是由卖方决定的，酒庄把酒卖给酒商，酒商在采购成本上加一点给批发商，批发商再加一点给经销商，经销商再加一点卖给顾客。在这个链条中，价格是以成本为导向的，因此，葡萄酒的投资属性并不明显。但随着葡萄酒拍卖的不断发展，市场价格的制定出现了另一种模式，由买方定价——投资人根据自己的需求和偏好，以自己认为合理的价格来叫价，价高者得。成交的价格完全是由买方确立，或者说是由供需关系确定，这时候葡萄酒完全成为投资品。

其次，葡萄酒拍卖使得市场的流动性大大提高。葡萄酒市场原来更多的是消费属性，正是有了葡萄酒拍卖，使得葡萄酒有了二手交易的市场机会，才使得葡萄酒有了投资属性。再加上拍卖的成交量越来越大，使得葡萄酒的变现能力大大提高。对于投资品而言，流动性是非常关键的。

再次，葡萄酒拍卖迅速拉升稀有品种的价格。1961年的拉图堡应该可以排在全球十大佳酿之中，非常稀有，也是收藏家们追逐的对象。从另一个角度看，拍卖市场是稀有品种的价格弹射器。

另外，我们也看到葡萄酒拍卖吸引眼球，某种程度上有助于品牌的传播。拍卖市场经常出现前所未有的高价，媒体会争相报道，这对酒庄的品牌推广是非常有好处的。

## 拍卖市场现状

正由于拍卖与葡萄酒投资市场的关系密切，最近的拍卖市场也随着葡萄酒投资市场的火爆呈现出以下特点：

**1. 拍卖成交量越来越多，总价越来越高。**

如果有人对葡萄酒拍卖市场是否已经走出了两年衰退期还存在怀疑，2010年给出了答案。根据全球主要葡萄酒拍卖机构提供的数据，2010年，全球佳酿拍卖额达4.08亿美元，创下历史新高，较2009年的2.33亿美元近乎翻番。最值得一提的是，正如美国著名的Acker Merrall &Condit拍卖行拍卖总监John Kapon所预测的那样，2010年，中国香港葡萄酒拍卖额首次超过美国，并将在相当长一段时期内继续引领全球葡萄酒拍卖市场。

**2. 拍卖公司越来越多，频次越来越高。**

原来从事葡萄酒拍卖的拍卖行并不多，比较有名的是Acker、Zachys和两大以艺术品拍卖而闻名的苏富比与佳士得。他们选择的拍卖地一般为纽约或伦敦，这样算下来全年也就20次左右。如今拍卖公司越来越多，再加上新崛起的香港成为全球拍卖市场的中心，各大拍卖行都会到香港来拍，而且每家公司全年都会拍三到四次。这样算下来，除了7、8月的暑假期间，每个月都会有七八次拍卖。如果放眼全世界的话，挑选的余地还是比较多的。

**3. 拍卖价格逐渐趋近于市场价格，甚至超过市场价格。**

拍卖市场一直以来都是非常好的投资渠道，这主要是因为在拍卖市场中经常可以找到非常低的价格，俗称捡漏。但最近一年来，这种机会越来越少，甚至有一部分酒的含佣金成交价高出了市场零售价。去年10月底苏富比的拉菲专场竟然还出现了拍卖价高出市场价5倍的神奇案例。

出现这些现象的原因有三：一、拍卖的底价越来越高。这也不能怪拍卖行，委托人的心理价位已经被市场的热情抬高了。二、投资人越来越冲动。原来大家都比较理智，在家里做好功课，给自己订好最高价，如今大批豪客完全置估值于不顾，自然把价格炒高。三、网络拍卖的普及。原来由于地域的限制，亚洲人一般只参加亚洲的拍卖，美国人只参加美国的拍卖，再加上区域的偏好不同和信息的不完全对称，会出现同款酒在不同拍场的价格有较大的差距，造成了套利的空间。如今有了互联网，使得这种机会几乎不存在，让我们这些投资人不得不感叹，捡漏的机会不好找了。

# 法国葡萄酒评级

## 1855年梅多克列级名庄评级（红葡萄酒）

### 第一级（5个）

| | |
|---|---|
| Chateau Lafite Rothschild | 拉菲庄园 |
| Chateau Latour | 拉图酒庄 |
| Chateau Margaux | 玛歌庄园 |
| Chateau Haut-Brion | 红颜容庄园 |
| Chateau Mouton Rothschild | 木桐庄园 |

### 第二级（14个）

| | |
|---|---|
| Chateau Rauzan Segla | 鲁臣世家 |
| Chateau Rauzan Gassies | 露仙歌庄园 |
| Chateau Leoville Las Cases | 雄狮庄园 |
| Chateau Leoville Poyferre | 波菲庄园 |
| Chateau Leoville Barton | 路易斯巴顿庄园 |
| Chateau Durfor Vivens | 杜霍庄园 |
| Chateau Lascombes | 力士金庄园 |
| Chateau Gruaud Larose | 拉路斯庄园 |
| Chateau Brane Cantenac | 布莱恩康特纳庄园 |
| Chateau Pichon Longueville Baron | 碧尚男爵庄园 |
| Chateau Pichon Lalande | 碧尚女爵庄园 |
| Chateau Ducru Beaucaillou | 宝嘉隆庄园 |
| Chateau Cos D'Estournel | 爱士图尔庄园 |
| Chateau Montrose | 玫瑰庄园 |

### 第三级（14个）

| | |
|---|---|
| Chateau Giscours | 美人鱼庄园 |

| | |
|---|---|
| Chateau Kirwan | 麒麟酒庄 |
| Chateau D'Issan | 迪仙庄园 |
| Chateau Lagrange | 拉格喜庄园 |
| Chateau Langoa Barton | 丽冠巴顿酒庄 |
| Chateau Malescot St. Exupery | 马利哥酒庄 |
| Chateau Cantenac Brown | 肯德布朗庄园 |
| Chateau Palmer | 宝马庄园 |
| Chateau La Lagune | 拉拉贡酒庄 |
| Chateau Desmirail | 狄士美酒庄 |
| Chateau Calon Segur | 凯隆世家庄园 |
| Chateau Ferriere | 费里埃酒庄 |
| Chateau Marquis D'Alesme Becker | 碧加侯爵庄园 |
| Chateau Boyd Cantenac | 贝卡塔纳酒庄 |

## 第四级（10个）

| | |
|---|---|
| Chateau St. Pierre | 圣皮尔庄园 |
| Chateau Branaire Ducru | 班尼尔庄园 |
| Chateau Talbot | 大宝庄园 |
| Chateau Duhart Milon | 都夏美隆庄园 |
| Chateau Pouget | 宝爵酒庄 |
| Chateau la Tour Carnet | 拉图嘉利庄园 |
| Chateau Lafon Rochet | 拉科鲁锡酒庄 |
| Chateau Beychevelle | 龙船庄园 |
| Chateau Prieure Lichine | 荔仙酒庄 |
| Chateau Marquis De Terme | 德达侯爵酒庄 |

## 第五级（18个）

| | |
|---|---|
| Chateau Pontet Canet | 宝得根庄园 |
| Chateau Batailley | 巴特利庄园 |
| Chateau Grand Puy Lacoste | 拉古斯酒庄 |
| Chateau Grand Puy Ducasse | 都卡斯酒庄 |
| Chateau Haut Batailley | 奥巴特利酒庄 |

| | |
|---|---|
| Chateau Lynch Bages | 靓茨伯庄园 |
| Chateau Lynch Moussas | 靓茨摩酒庄 |
| Chateau Dauzac | 杜萨庄园 |
| Chateau d'Armhailhac | 达玛雅克酒庄 |
| Chateau Du Tertre | 杜特酒庄 |
| Chateau Haut Bages Liberal | 奥巴里奇庄园 |
| Chateau Pedesclaux | 百德诗歌酒庄 |
| Chateau Belgrave | 百家富庄园 |
| Chateau de Camensac | 卡门萨克酒庄 |
| Chateau Cos Labory | 柯斯拉柏丽庄园 |
| Chateau Clerc Milon Rothschild | 克拉米伦庄园 |
| Chateau Croizet Bages | 歌碧庄园 |
| Chateau Cantemerle Macau | 佳得美庄园 |

## 1855年苏玳和巴萨克评级（甜酒）

### 特级酒庄

| | |
|---|---|
| Chateau d'Yquem | 滴金庄园 |

### 第一级

| | |
|---|---|
| Chateau Guiraud | 芝路庄园 |
| Clos Haut-Peyraguey | 奥派瑞庄园 |
| Chateau Lafaurie-Peyraguey | 拉佛瑞佩拉庄园 |
| Chateau Rieussec | 拉菲丽丝庄园 |
| Chateau Sigalas-Rabaud | 斯格拉哈伯庄园 |
| Chateau Rabaud-Promis | 哈伯普诺庄园 |
| Chateau Coutet | 古岱庄园 |
| Chateau La Tour Blanche | 白塔庄园 |
| Chateau de Rayne-Vigneau | 海内威农庄园 |
| Chateau Suduiraut | 苏特罗庄园 |
| Chateau Climens | 克里门斯庄园 |

## 第二级

| | |
|---|---|
| Chateau Filhot | 飞跃庄园 |
| Chateall Romer du Hayot | 罗曼莱庄园 |
| Chateau Doisy–Dubroca | 多西–杜波卡庄园 |
| Chateau Doisy–Vedrines | 多西–威特林庄园 |
| Chateau de Myrat | 米拉特庄园 |
| Chateau Caillou | 嘉佑酒庄 |
| Chateau Romer | 罗曼庄园 |
| Chateau Nairac | 奈哈克庄园 |
| Chateau d'Arche | 方舟庄园 |

# 1987年格拉芙评级（红、白葡萄酒）

## 红葡萄酒

| | |
|---|---|
| Chateau Bouscaut | 宝斯高庄园 |
| Chateau Carbonnieux | 卡尔邦女庄园 |
| Domaine De Chevalier | 骑士庄园 |
| Chateau De Fieuzal | 佛泽庄园 |
| Chateau Guiraud （Sauternes） | 芝路庄园 |
| Chateau Haut–Bailly | 高柏丽庄园 |
| Chateau Haut–Brion | 红颜容庄园 |
| Chateau Latour–Martillac | 拉图玛蒂雅克庄园 |
| Chateau La Tour Haut–Brion | 拉图红颜容庄园 |
| Chateau Malartic–Lagraviere | 马拉蒂克–拉格维尔庄园 |
| Chateau La Mission Haut–Brion | 修道院红颜容庄园 |
| Chateau Olivier | 奥莉薇庄园 |
| Chateau Pape Clement | 黑教皇庄园 |
| Chateau Smith Haut Lafitte | 史密拉菲庄园 |

## 白葡萄酒

| | |
|---|---|
| Chateau Bouscaut | 宝斯高庄园 |

| Chateau Carbonnieux | 卡尔邦女庄园 |
| Chateau Couhins | 歌欣庄园 |
| Chateau Couhins-Lurton | 歌欣乐顿庄园 |
| Chateau Latour-Martillac | 拉图玛蒂亚克庄园 |
| Chateau Laville Haut-Brion | 拉维尔红颜容庄园 |
| Chateau Olivier | 奥莉薇庄园 |
| Domaine De Chevalier | 骑士庄园 |

## 2012年圣达美隆列级名庄评级

### 第一级A级

| Chateau Angelus | 金钟庄园 |
| Chateau Ausone | 欧颂庄园 |
| Chateau Pavie | 柏菲庄园 |
| Chateau Cheval Blanc | 白马庄 |

### 第一级B级

| Clos Fourtet | 弗禾岱庄园 |
| Chateau La Gaffeliere | 嘉芙丽庄园 |
| Beausejour Duffau | 博塞庄园 |
| Chateau Larcis Ducasse | 拉斯杜嘉庄园 |
| Chateau Beau-Sejour Becot | 博塞贝戈庄园 |
| La Mondotte | 拉梦多庄园 |
| Chateau Belair-Monange | 宝雅庄园 |
| Chateau Canon | 大炮酒庄 |
| Chateau Pavie Macquin | 柏菲马昆酒庄 |
| Chateau Canon-la-Gaffeliere | 大炮嘉芙丽 |
| Chateau Troplong Mondot | 卓龙梦特庄园 |
| Chateau Trottevieille | 老托特庄园 |
| Chateau Figeac | 飞卓庄园 |
| Chateau Valandraud | 瓦伦德庄园 |

## 圣达美隆列级名庄

| | |
|---|---|
| Chateau L'Arrosee | 拉罗塞庄 |
| Chateau Fleur Cardinale | 卡迪娜庄园 |
| Chateau Monbousquet | 梦宝石庄园 |
| Chateau Balestard-La-Tonnelle | 贝拉斯达堡 |
| Chateau La Fleur Morange | 芙蓉莫朗庄园 |
| Chateau Moulin-du-Cadet | 加迪磨坊庄园 |
| Chateau Barde-Haut | 巴德奥庄园 |
| Chateau Fombrauge | 丰厚庄园 |
| Clos De L'Oratoire | 奥拉托利庄园 |
| Chateau Bellefont-Belcier | 贝勒丰庄园 |
| Chateau Fonplegade | 凤乐佳城堡 |
| Chateau Pavie Decesse | 帕菲德凯斯庄园 |
| Chateau Bellevue | 美景庄园 |
| Chateau Fonroque | 弗兰克庄园 |
| Chateau Peby Faugeres | 福日尔庄园 |
| Chateau Berliquet | 贝尔里盖庄园 |
| Chateau Franc-Mayne | 弗朗梅庄园 |
| Chateau Petit-Faurie-de-Soutard | 弗海德·苏查尔庄园 |
| Chateau Cadet-Bon | 嘉德堡 |
| Chateau Grand-Corbin | 高班城堡 |
| Chateau de Pressac | 比萨庄园 |
| Chateau Cap-de-Mourlin | 卡地慕兰庄园 |
| Chateau Grand-Corbin-Despagne | 歌缤庄园 |
| Chateau Le Prieure | 佩邑庄园 |
| Chateau Le Chatelet | 夏乐庄园 |
| Chateau Grand-Mayne | 格兰梅庄园 |
| Chateau Quinault l'Enclos | 基诺龙谷庄园 |
| Chateau Chauvin | 舍宛庄园 |
| Chateau Les Grandes-Murailles | 长城庄园 |
| Chateau Ripeau | 赫伯庄园 |
| Chateau Clos de Sarpe | 萨尔普庄园 |
| Chateau Grand-Pontet | 格兰庞特庄园 |

| | |
|---|---|
| Chateau Rochebelle | 罗斯贝尔庄园 |
| Chateau La Clotte | 克洛特庄园 |
| Chateau Guadet | 盖德庄园 |
| Chateau St-Georges-Cote-Pavie | 乔治柏菲庄园 |
| Chateau la Commanderie | 骑士庄园 |
| Chateau Haut-Sarpe | 上萨普庄园 |
| Chateau Clos St-Martin | 圣马丁庄园 |
| Chateau Corbin | 高尔班庄园 |
| Clos des Jacobins | 嘉科本庄园 |
| Chateau Sansonnet | 圣信力庄园 |
| Chateau Côte de Baleau | 贝露庄园 |
| Couvent des Jacobins | 库望德·嘉科本庄园 |
| Chateau La Serre | 拉赛尔庄园 |
| Chateau La Couspaude | 古斯博德庄园 |
| Chateau Jean Faure | 尚福尔庄园 |
| Chateau Soutard | 苏塔庄园 |
| Chateau Dassault | 达索特庄园 |
| Chateau Laniote | 拉尼奥特庄园 |
| Chateau Tertre-Daugay | 瞭望塔庄园 |
| Chateau Destieux | 迪斯特庄园 |
| Chateau Larmande | 拉曼德庄园 |
| Chateau La Tour-Figeac | 拉图飞卓庄园 |
| Chateau La Dominique | 多米尼克庄园 |
| Chateau Laroque | 拉洛克庄园 |
| Chateau Villemaurine | 威灵摩林庄园 |
| Chateau Faugeres | 佛格贺酒堡 |
| Chateau Laroze | 拉若姿庄园 |
| Chateau Yon-Figeac | 永卓庄园 |
| Chateau Faurie-de-Souchard | 弗海德·苏查尔庄园 |
| Clos la Madeleine | 玛特莱娜城堡 |
| Chateau de Ferrand | 德费朗酒庄（德飞鸿酒庄） |
| Chateau La Marzelle | 拉玛泽勒堡 |

## 33个勃艮第特级园

**夏布利 Chablis （1个）**
夏布利 Chablis（白）

**夜丘 Cote de Nuits （24个）**
吉菲－香贝天村 Geverey–Chambertin （9个）
香贝天 Chambertin （红）
贝思香贝天园 Chambertin Clos de Beze（红）
教堂香贝天 Chapelle Chambertin（红）
詹姆士香贝天园 Charmes Chambertin（红）
马索雅香贝天 Mazoyeres Ou Charmes Chambertin（红）
红索特香贝天 Ruchottes Chambertin（红）
吉优特香贝天 Griotte Chambertin（红）
美思香贝天园 Mazis Chambertin（红）
乐迪思雅香贝天 Latricieres Chambertin（红）

墨黑－圣丹尼村 Morey–St–Denis （5个）
宝马士 Bonnes Mares（红）
圣丹尼园 Clos Saint–Denis（红）
石头园 Clos de la Roche（红）
兰贝园 Clos des Lambrays（红）
塔尔园 Clos de Tart（红）

香波－蜜思妮村 Chambolle–Musigny （1个）
蜜思妮 Musigny（红）

扶旧村 Vougeot （1个）
扶旧园 Clos de Vougeot（红）

费格依切索村 Flagey–Echezeaux （2个）
大依切索 Grands Echezaux（红）
依切索 Echezaux（红）

华罗曼尼村 Vosne-Romanee （6个）

罗曼尼康帝 Romanee Conti（红）

罗曼尼 Romanee（红）

罗曼尼圣伟岸 Romanee Saint-Vivant（红）

莱塔希 La Tache（红）

李琪堡 Richebourg（红）

葛朗路 La Grande Rue（红）

**宝望丘 Cote de Beaune（8个）**

阿乐斯歌顿村 Aloxe-Corton（3个）

歌顿查理曼 Corton Charlemagne （白）

歌顿宝捷 Corton Pougets （白）

歌顿 Corton （红）

普利梦雪真村 Puligny-Montrachet （2个）

骑士梦雪真 Chevalier Montrachet （白）

欢迎巴塔梦雪真 Bienvenues Batard Montrachet （白）

梦雪真 Montrachet （白）

巴塔梦雪真 Batard Montrachet （白）

莎珊梦雪真村 Chassagne-Montrachet （1个）

克利优巴塔梦雪真 Criots Batard Montrachet （白）

梦雪真 Montrachet （白）

巴塔梦雪真 Batard Montrachet （白）

（说明：梦雪真和巴塔梦雪真 两个特级园同时跨越普利梦雪真村和莎珊梦雪真村两个村庄）

# 按平均价格索引

# 1000～2000元：

## 2000～5000元:

## 5000～10000元

## 10000元以上：